21世纪高等学校计算机类课程创新规划教材·微课版

Java面向对象程序设计教程
微课视频版

◎ 程杰 主编

清华大学出版社
北京

内 容 简 介

Java语言是目前互联网上最为流行的一种简单、安全、面向对象的程序设计语言。Java语言已成为"互联网+"时代最重要的语言之一。

全书共分为14章，按Java知识的系统性，由浅入深安排内容，全面介绍了Java语言基础、面向对象程序设计、集合与数据结构、图形用户界面开发、流和文件、面向对象设计模式、多线程机制、网络程序设计与数据库程序设计。每部分内容既有理论知识又有具体实例，通过具体实例帮助读者理解知识内容，将各个知识点结合起来，达到学以致用的目的。每章还配有思维导图、小结和习题，便于教和学。

本书内容丰富，实例经典，面向对象的编程思想突出，知识讲解系统全面，适合作为高等院校计算机专业的教材或教学参考书，也适合软件开发人员及其他相关人员作为参考书或培训教材。

本书封面贴有清华大学出版社防伪标签，无标签者不得销售。
版权所有，侵权必究。举报：010-62782989，beiqinquan@tup.tsinghua.edu.cn。

图书在版编目(CIP)数据

Java面向对象程序设计教程：微课视频版/程杰主编.—北京：清华大学出版社，2020.6(2025.1重印)
21世纪高等学校计算机类课程创新规划教材：微课版
ISBN 978-7-302-55514-8

Ⅰ.①J… Ⅱ.①程… Ⅲ.①JAVA语言－程序设计－高等学校－教材 Ⅳ.①TP312.8

中国版本图书馆CIP数据核字(2020)第084271号

责任编辑：黄 芝 薛 阳
封面设计：刘 键
责任校对：时翠兰
责任印制：宋 林

出版发行：清华大学出版社
网 址：https://www.tup.com.cn，https://www.wqxuetang.com
地 址：北京清华大学学研大厦A座　　　　　邮 编：100084
社 总 机：010-83470000　　　　　　　　　　邮 购：010-62786544
投稿与读者服务：010-62776969，c-service@tup.tsinghua.edu.cn
质量反馈：010-62772015，zhiliang@tup.tsinghua.edu.cn
课件下载：https://www.tup.com.cn，010-83470236

印 装 者：三河市铭诚印务有限公司
经 销：全国新华书店
开 本：185mm×260mm　　印 张：28　　　　字 数：679千字
版 次：2020年8月第1版　　　　　　　　印 次：2025年1月第6次印刷
印 数：6901～8400
定 价：69.80元

产品编号：086128-01

前言

新一轮科技革命和产业变革带动了传统产业的升级改造。党的二十大报告强调"必须坚持科技是第一生产力、人才是第一资源、创新是第一动力,深入实施科教兴国战略、人才强国战略、创新驱动发展战略,开辟发展新领域新赛道,不断塑造发展新动能新优势"。建设高质量高等教育体系是摆在高等教育面前的重大历史使命和政治责任。高等教育要坚持国家战略引领,聚焦重大需求布局,推进新工科、新医科、新农科、新文科建设,加快培养紧缺型人才。

Java 程序设计语言及编程技术是随着互联网的发展而被推广应用的,它是目前国内外广泛使用的程序设计语言。Java 语言是面向对象技术成功应用在程序设计语言中的著名典范,它的内容与特点与以往的其他程序设计语言有很大的不同。面向对象技术被认为是程序设计方法学的一场革命,它已经逐步替代面向过程的程序设计技术,成为计算机应用开发领域的主流。

本书以初学为起点,由浅入深、循序渐进地介绍 Java 程序设计语言及应用的基本概念和基本方法,在内容上突出重点,把 Java 面向对象的内容和思想方法介绍给读者,希望在有限的篇幅中帮助读者比较完整地掌握 Java 面向对象程序设计的思想和方法。

全书共分为 14 章,前 3 章主要涵盖了 Java 语言程序设计中的基本概念和应用。对于程序设计语言的初学者,将会在这部分学习程序设计语言所共有的概念和知识,同时还可以学习和了解最新的 Java 开发平台。第 4 章和第 5 章详细介绍了面向对象程序设计的思想和方法以及在 Java 语言中的实现。通过这部分内容的学习,读者会对面向对象程序设计的思想在 Java 中的具体应用有比较完整和深入的认识。第 6、7、8 章分别介绍了 Java 异常处理机制、常用 API 以及集合与数据结构的知识。第 9 章介绍了使用 AWT、Swing 组件进行图形用户界面设计的方法,其中,Swing 组件在技术上要比 AWT 组件先进。完成这部分内容的学习,读者将能够设计出专业化的图形用户界面。第 10 章介绍了 Java 关于输入/输出流的实现方法。第 11 章介绍了 Java 在设计模式方面的应用技术。第 12 章介绍了 Java 特有的多线程开发技术,并通过具体的实例帮助读者理解多线程的程序开发思想。第 13 章介绍了 Java 的网络编程,并结合 Java 在多线程上的开发思想介绍基于 TCP 和 UDP 的网络通信程序设计的具体实现。第 14 章主要讲解了 Java 如何使用 JDBC API 操作数据库,并讲解了预处理和事务的实现与应用。

本书突出面向对象的程序设计思想与应用。面向对象技术的概念、原理、设计模式复杂且抽象,难以理解。为了使初学者能够尽快理解并掌握面向对象的程序设计思想,本书采用了以下两种方法。一是内容由浅入深、循序渐进地展开,并结合计算机专业相关课程的专业知识,如输入输出流结合了计算机组成原理中流的概念;多线程机制结合了操作系统中进程调度的机制；网络编程中结合了计算机网络中的传输层协议；数据库开发则结合了数据库原理中数据表的设计与操作等内容，这样能够借助于Java语言将计算机学科的一些专业知识具体应用起来，通过具体应用来更好地去体会面向对象在具体实践中所起的作用。二是本书除第1,6,7,11章外，每章都配有应用实例，利用各章所学知识可以实现相应实际案例，在学习技能的同时进一步理解并能够灵活运用面向对象的程序设计思想，进一步积累软件开发的经验。

书中部分例题配有视频讲解，读者先用微信扫一扫封底刮刮卡内的二维码，获得权限，再扫一扫书中例题旁的二维码，即可观看视频。

本书在编写过程中得到了郑州升达经贸管理学院信息工程学院领导和同事的关心与支持，并得到了第九批河南省计算机应用技术重点学科建设项目、郑州升达经贸管理学院第三批校级软件工程重点学科建设项目、混合课程建设项目、本科专业核心课程建设等项目的资助。在编写本书的过程中参考了相关文献，在此向这些文献的作者深表感谢。

本书作者具有多年的项目开发经验和教学工作经验，注重案例体验式教学和学生实际能力的培养。作者在写作过程中力求准确、完善，但书中仍难免有疏漏与不妥之处，恳请广大读者批评指正。

编　者
2020年2月

目　　录

第 1 章　Java 语言概述 ··· 1
1.1　Java 的诞生与发展过程 ··· 2
1.2　Java 的特点 ·· 3
1.3　三种平台简介 ·· 6
1.4　Java JDK 的安装和配置 ·· 7
1.4.1　JDK 的安装 ·· 7
1.4.2　JDK 的配置 ·· 8
1.4.3　Java 开发工具包 JDK ·· 11
1.5　Java 运行系统与开发流程 ··· 13
1.5.1　Java 运行系统 ·· 13
1.5.2　Java 程序开发流程 ·· 14
1.5.3　编写并运行 Application 程序 ·································· 15
1.6　常用开发工具简介 ··· 16
1.7　注释 ·· 19
1.7.1　代码注释 ·· 19
1.7.2　文档注释 ·· 19
小结 ·· 22
习题 ·· 22

第 2 章　基本类型、数组和枚举类型 ··· 23
2.1　标识符和关键字 ·· 24
2.1.1　标识符 ··· 24
2.1.2　关键字 ··· 24
2.2　基本数据类型 ··· 25
2.2.1　布尔类型 ·· 25
2.2.2　整数类型 ·· 25
2.2.3　字符类型 ·· 25
2.2.4　浮点类型 ·· 26
2.2.5　基本数据类型的转换 ·· 26
2.3　从命令行输入输出数据 ·· 27

2.3.1　输入基本型数据 29
　　2.3.2　输出基本型数据 30
2.4　数组 31
　　2.4.1　声明数组 31
　　2.4.2　创建数组 31
　　2.4.3　数组元素的使用 32
　　2.4.4　length的使用 33
　　2.4.5　数组的初始化 33
　　2.4.6　数组的引用 34
　　2.4.7　排序 34
2.5　枚举类型 35
2.6　应用实例：控制台简单计算器 36
小结 37
习题 37

第3章　运算符、表达式和语句 38

3.1　运算符 38
　　3.1.1　赋值运算符与赋值表达式 38
　　3.1.2　算术运算符与算术表达式 39
　　3.1.3　关系运算符与关系表达式 40
　　3.1.4　逻辑运算符与逻辑表达式 41
　　3.1.5　位运算符 42
　　3.1.6　三目运算符和复杂运算符 42
　　3.1.7　instanceof运算符 43
　　3.1.8　运算符优先级 43
3.2　选择(条件)控制 44
　　3.2.1　条件语句(if…else) 44
　　3.2.2　多分支语句(switch…case) 45
3.3　循环控制 46
　　3.3.1　for语句 47
　　3.3.2　while语句 47
　　3.3.3　do…while语句 48
3.4　跳转控制 49
　　3.4.1　break语句 49
　　3.4.2　continue语句 50
　　3.4.3　return语句 51
3.5　其他语句 52
3.6　应用实例：图形界面的简单计算器 52
小结 59

习题 ········· 59

第 4 章　面向对象程序设计的基本概念 ········· 60

4.1 Java 面向对象基础 ········· 61
　　4.1.1 类和对象 ········· 61
　　4.1.2 类的定义 ········· 63
　　4.1.3 类修饰符 ········· 65
4.2 对象创建和引用 ········· 66
　　4.2.1 对象的定义 ········· 66
　　4.2.2 对象成员变量的引用 ········· 67
　　4.2.3 对象方法的调用 ········· 67
4.3 成员变量 ········· 69
　　4.3.1 成员变量的定义 ········· 69
　　4.3.2 成员变量修饰符 ········· 69
4.4 方法 ········· 71
　　4.4.1 方法声明 ········· 71
　　4.4.2 方法调用 ········· 71
　　4.4.3 方法参数的传递 ········· 72
　　4.4.4 方法修饰符 ········· 74
　　4.4.5 方法重载 ········· 75
　　4.4.6 构造方法 ········· 75
　　4.4.7 类方法和实例方法 ········· 76
4.5 包 ········· 80
　　4.5.1 包的定义 ········· 80
　　4.5.2 包的引用 ········· 81
4.6 访问权限 ········· 81
　　4.6.1 私有变量和私有方法 ········· 82
　　4.6.2 共有变量和共有方法 ········· 82
　　4.6.3 友好变量和友好方法 ········· 83
　　4.6.4 受保护的成员变量和方法 ········· 83
　　4.6.5 public 类与友好类 ········· 84
4.7 应用实例 1：面向对象的简单计算器 ········· 84
4.8 应用实例 2：饮料自动售货机 ········· 87
小结 ········· 91
习题 ········· 91

第 5 章　继承与多态 ········· 94

5.1 继承 ········· 94
　　5.1.1 子类与父类 ········· 95

      5.1.2 类的继承性 ·· 95
      5.1.3 子类对象的构造过程 ··· 97
      5.1.4 成员变量的隐藏和方法重写 ·· 99
      5.1.5 super 关键字 ··· 99
      5.1.6 对象的上转型对象 ··· 101
  5.2 抽象类 ··· 105
      5.2.1 抽象类的定义 ·· 105
      5.2.2 抽象类的实现 ·· 105
      5.2.3 抽象类与多态 ·· 106
  5.3 接口 ·· 109
      5.3.1 接口的声明 ··· 109
      5.3.2 理解接口 ·· 110
      5.3.3 接口回调 ·· 111
      5.3.4 接口与多态 ··· 115
      5.3.5 抽象类与接口的比较 ·· 116
  5.4 应用实例：POS 刷卡机 ··· 117
  小结 ··· 121
  习题 ··· 121

第 6 章 异常处理 ··· 123

  6.1 异常的概念 ··· 123
  6.2 异常处理机制 ··· 125
  6.3 异常处理方式 ··· 126
  6.4 捕获异常 ·· 127
  6.5 抛出异常 ·· 129
  6.6 自定义异常 ··· 131
  小结 ··· 133
  习题 ··· 133

第 7 章 Java API 简介 ··· 134

  7.1 Java API 中的包 ··· 134
  7.2 java.lang 包 ··· 135
      7.2.1 java.lang.System 类 ··· 135
      7.2.2 java.lang.String 类 ··· 136
      7.2.3 java.lang.StringBuilder 类 ·· 141
      7.2.4 基本数据类型的封装类 ·· 144
  7.3 java.Math 包 ··· 145
      7.3.1 BigInteger ·· 146
      7.3.2 BigDecimal ·· 149

7.4 java.util 包 ··· 149
　　7.4.1 日期类 Calendar ································· 149
　　7.4.2 随机数类 Random ································ 155
小结 ··· 156
习题 ··· 157

第 8 章　泛型与集合框架 ··································· 158

8.1 泛型 ·· 159
　　8.1.1 泛型类声明 ·· 159
　　8.1.2 使用泛型类声明对象 ··························· 161
　　8.1.3 有界类型 ··· 162
　　8.1.4 通配符泛型 ·· 163
　　8.1.5 泛型方法 ··· 164
　　8.1.6 泛型接口 ··· 165
8.2 集合框架 ·· 166
　　8.2.1 Collection 接口 ··································· 166
　　8.2.2 List 接口 ··· 168
　　8.2.3 Set 接口 ·· 169
　　8.2.4 Map 接口 ··· 169
8.3 List 集合 ·· 170
　　8.3.1 ArrayList＜E＞类 ································· 170
　　8.3.2 LinkedList＜E＞类 ······························· 174
　　8.3.3 Vector＜E＞类 ···································· 177
　　8.3.4 Stack＜E＞类 ····································· 178
8.4 Set 集合 ··· 178
　　8.4.1 TreeSet 类 ··· 178
　　8.4.2 HashSet 类 ·· 180
8.5 Map 集合 ·· 182
　　8.5.1 TreeMap 类 ·· 182
　　8.5.2 HashMap 类 ······································· 185
8.6 应用实例：混合运算计算器应用 ····················· 187
小结 ··· 190
习题 ··· 190

第 9 章　Java Swing 图形用户界面 ···················· 191

9.1 Java Swing 概述 ·· 192
9.2 JFrame 窗口 ··· 193
9.3 布局管理器 ··· 195
　　9.3.1 FlowLayout 布局 ································· 195

9.3.2 BorderLayout 布局 …… 197
9.3.3 GridLayout 布局 …… 199
9.3.4 CardLayout 布局 …… 202
9.3.5 BoxLayout 布局 …… 204
9.3.6 SpringLayout 布局 …… 206
9.4 常用控件 …… 209
9.4.1 标签 JLabel …… 209
9.4.2 文本框 JTextField …… 210
9.4.3 按钮 JButton …… 211
9.4.4 菜单 JMenu …… 212
9.4.5 文本区 JTextArea …… 214
9.4.6 下拉列表 JList …… 216
9.4.7 表格 JTable …… 219
9.4.8 树 JTree …… 221
9.5 事件处理机制 …… 225
9.5.1 窗口事件 …… 226
9.5.2 键盘事件 …… 228
9.5.3 鼠标事件 …… 230
9.5.4 焦点事件 …… 232
9.5.5 文档事件 …… 232
9.6 JDialog 对话框 …… 236
9.6.1 JDialog 类的主要方法 …… 236
9.6.2 对话框的模式 …… 237
9.7 应用实例：打地鼠小游戏 …… 239
小结 …… 243
习题 …… 243

第10章 输入输出流 …… 245

10.1 File 类 …… 246
　10.1.1 文件 …… 246
　10.1.2 目录 …… 247
10.2 文件字节流 …… 249
10.3 文件字符流 …… 251
10.4 缓冲流 …… 252
10.5 随机流 …… 254
10.6 对象流 …… 256
10.7 XML 文件的解析 …… 259
10.8 JSON 数据解析 …… 262
10.9 应用实例：记事本应用 …… 263

| 小结 | 267 |
| 习题 | 267 |

第 11 章 Java 设计模式 268

11.1 设计模式概述 269
11.1.1 设计模式的类型 269
11.1.2 设计模式的基本原则 270

11.2 统一建模语言 UML 271
11.2.1 UML 模型 271
11.2.2 UML 概念 271
11.2.3 UML 图 272

11.3 常见的几种设计模式 273
11.3.1 组合模式 273
11.3.2 策略模式 277
11.3.3 装饰模式 282
11.3.4 工厂方法模式 287

小结 291
习题 291

第 12 章 Java 多线程机制 292

12.1 多线程基础 293
12.1.1 程序、进程与线程 293
12.1.2 多线程基本概念 294

12.2 线程的创建 295
12.2.1 继承 Thread 类创建线程 296
12.2.2 实现 Runnable 接口创建线程 297
12.2.3 两种创建线程方法的优缺点 298

12.3 线程的生命周期及控制 299
12.3.1 线程的生命周期 299
12.3.2 线程的休眠 300
12.3.3 线程的优先级 301

12.4 线程的同步与互斥 303
12.4.1 synchronized 关键字 303
12.4.2 线程同步常用的方法 305
12.4.3 堆栈问题 305
12.4.4 生产者-消费者问题 308
12.4.5 线程同步的辅助类 CountDownLatch 311

12.5 线程联合 313
12.6 守护线程 314

| 12.7 | 本章实例：飘雪花程序 | 316 |

小结 318

习题 319

第 13 章　Java 网络编程 321

13.1　TCP/IP 简介 322
- 13.1.1　互联网络协议 IP 322
- 13.1.2　端口的概念 323
- 13.1.3　传输控制协议 TCP 323
- 13.1.4　用户数据报协议 UDP 324

13.2　网络开发中的常用工具类 325
- 13.2.1　URL 类简介与使用 325
- 13.2.2　InetAddress 类简介与使用 329

13.3　面向连接的 TCP 通信 329
- 13.3.1　类 Socket 330
- 13.3.2　类 ServerSocket 331
- 13.3.3　TCP Socket 通信 331
- 13.3.4　多线程 TCP 通信 338

13.4　无连接的 UDP 通信 346

13.5　UDP 广播通信 351

13.6　局域网通信工具 355

小结 369

习题 369

第 14 章　JDBC 数据库编程 370

14.1　MySQL 数据库管理系统 371
- 14.1.1　MySQL 数据库的安装与配置 371
- 14.1.2　Navicat 数据库管理工具 375
- 14.1.3　创建数据库 377

14.2　JDBC 概述 381
- 14.2.1　JDBC 原理 381
- 14.2.2　JDBC 的功能 382
- 14.2.3　ODBC 和 JDBC 的比较 382
- 14.2.4　JDBC 两层结构和三层结构 383
- 14.2.5　JDBC 应用程序接口 384

14.3　JDBC 驱动程序 384
- 14.3.1　JDBC 的驱动程序管理器 384
- 14.3.2　JDBC 驱动程序类型 385
- 14.3.3　使用 JDBC-ODBC 桥连接 Access 386

14.3.4　使用本地 API JDBC 驱动程序连接 MySQL ……………………… 390
14.4　JDBC 数据库访问流程 ……………………………………………………… 390
　　　14.4.1　加载 JDBC 驱动程序 ……………………………………………… 391
　　　14.4.2　创建数据库连接 …………………………………………………… 393
　　　14.4.3　执行 SQL 语句 ……………………………………………………… 393
　　　14.4.4　接收并处理 SQL 的返回结果 ……………………………………… 393
　　　14.4.5　关闭连接释放资源 ………………………………………………… 393
14.5　查询操作 ……………………………………………………………………… 394
　　　14.5.1　Statement 与 ResultSet 接口 ……………………………………… 394
　　　14.5.2　顺序查询 …………………………………………………………… 396
　　　14.5.3　随机查询 …………………………………………………………… 398
　　　14.5.4　预编译与参数化查询 ……………………………………………… 400
　　　14.5.5　离线查询 …………………………………………………………… 403
14.6　更新、添加与删除操作 ……………………………………………………… 405
　　　14.6.1　常规操作 …………………………………………………………… 405
　　　14.6.2　参数化操作 ………………………………………………………… 407
14.7　批处理与事务处理 …………………………………………………………… 408
14.8　本章实例：简单学生管理系统 ……………………………………………… 411
　　　14.8.1　持久化 ……………………………………………………………… 411
　　　14.8.2　对象关系映射 ……………………………………………………… 411
　　　14.8.3　DAO 模式 …………………………………………………………… 411
　　　14.8.4　系统功能与实现 …………………………………………………… 412
小结 ………………………………………………………………………………… 430
习题 ………………………………………………………………………………… 430

参考文献 …………………………………………………………………………… 431

第 1 章 Java 语言概述

本章导图：

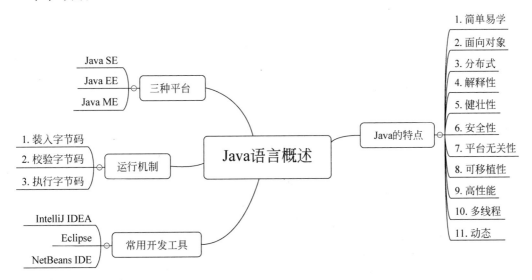

主要内容：
- Java 的诞生与发展过程。
- Java 语言的特点。
- Java 开发环境的配置方法。
- Java 程序开发流程。
- 常用开发工具。

难点：
- Java 程序的运行机制。

  Java 是一门具有创新性的编程语言，对于必须在各种不同计算机系统中运行的程序来说，它已经成为首选语言，Java 具有面向对象、跨平台、分布式应用、健壮性、安全性、多线程、高度可移植等诸多优点，因此得到了广泛的应用。

  本章主要介绍了 Java 的诞生、Java 的主要特点、Java 的三大平台以及 Java 的运行机制，学习完本章，读者将可以自行下载并安装配置 Java 的开发环境，使用常用的开发工具进行编写运行 Java 程序。

1.1 Java 的诞生与发展过程

Java 的诞生颇有一种"有心栽花花不开,无心插柳柳成荫"的味道。就像当年 UNIX 和它的前身 MULTICS 系统一样。

Sun Microsystems 是创建于 1982 年的 IT 及互联网技术服务公司(已被甲骨文公司收购),主要产品是工作站及服务器,1986 年在美国成功上市。1992 年,Sun 公司推出了市场上第一台多处理器台式计算机 SPARCstation 10 system,并于 1993 年 Sun 公司进入世界财富 500 强。

20 世纪 90 年代,硬件领域出现了单片式计算机系统,这种价格低廉的系统一出现就立即引起了自动控制领域人员的注意,因为使用它可以大幅度提升消费类电子产品(如电视机顶盒、面包烤箱、移动电话等)的智能化程度。为了抢占市场先机,1991 年 4 月,Sun 公司的 James Gosling 领导的绿色计划(Green Project)开始着力开发一种新技术,使其能够在各种消费性电子产品上运行。而 Green 项目组的成员一开始使用 C++ 语言来完成这个项目。由于 Green 项目组的成员都具有 C++ 的技术背景,所以他们首先把目光锁定了 C++ 编译器,Gosling 首先改写了 C++ 编译器,但很快他就感到 C++ 的很多不足之处。消费电子产品所采用的嵌入式处理器芯片的种类繁杂,如何让编写的程序能跨平台运行是个很大的难题。于是 Gosling 对 C++ 进行了改造,去除了留在 C++ 中的一些不太实用及影响安全的成分,并结合嵌入式系统的实时性要求,开发了一种称为 Oak 的面向对象编程语言。

Sun 公司曾经用 Oak 对一个交互式电视项目进行投标,但被 SGI 打败。这时一款 Web 浏览器 Mosaic 启发了 Oak 项目组成员,由于 Oak 独立于平台、可靠性高、安全性好等特性,非常适合互联网的 Web 应用,因此他们把 Oak 作为一种软件程序语言,编制了 HotJava 浏览器。后来,因为 Oak 这个商标已被注册,项目组成员把 Oak 重新命名为 Java。在 1995 年的 Sun 公司的 Sun World 会议上正式发布,并得到了 Sun 公司首席执行官 Scott McNealy 的支持,从此以后,Java 进军 Internet 领域,并随着软件的快速发展而成为程序设计语言家族中的一颗璀璨明珠。

Sun 公司在 1995 年发布第一个 Java 版本后,于 1996 年 1 月宣布成立新的业务部门——JavaSoft 部门,这个部门主要负责开发、销售并支持基于 Java 技术的产品。

Sun 公司在 1996 年 1 月 23 日发布了 JDK 1.0。这个版本包括两部分:运行环境(JRE)和开发环境(JDK)。

Sun 公司在推出 JDK 1.0 后,紧跟着,又在 1997 年 2 月 18 日发布了 JDK 1.1。JDK 1.1 相对于 JDK 1.0 最大的改进就是为 JVM 增加了 JIT(即时编译)编译器。

Sun 公司在推出 JDK 1.1 后,接着又推出了数个 JDK 1.x 版本。自从 Sun 公司推出 Java 后,JDK 的下载量不断飙升,1997 年,JDK 的下载量突破了 220 000 次,而在 1998 年,JDK 的下载量已经超过了 2 000 000 次。

1998 年是 Java 开始迅猛发展的一年。1998 年 12 月 4 日,Sun 公司发布了 Java 历史上最重要的一个 JDK 版本:JDK 1.2。这个版本标志着 Java 已经进入 Java 2 时代,这个时期也是 Java 飞速发展的时期。在这一年中 Sun 公司发布了 JSP/Servlet、EJB 规范以及将 Java 分成了 J2EE、J2SE 和 J2ME。标志着 Java 已经吹响了向企业、桌面和移动 3 个领域进军的号角。

2000 年 5 月 8 日，JDK 1.3 发布。

2002 年 2 月 26 日，J2SE 1.4 发布。

2004 年 9 月 30 日，J2SE 1.5 发布，成为 Java 语言发展史上的又一个里程碑。为了表示该版本的重要性，J2SE 1.5 更名为 Java SE 5.0。

2005 年 6 月，JavaOne 大会召开，Sun 公司发布 Java SE 6。

2006 年 11 月 13 日，Java 技术的发明者 Sun 公司宣布，将 Java 技术作为免费软件对外发布。Sun 公司正式发布的有关 Java 平台标准版的第一批源代码，以及 Java 迷你版的可执行源代码。从 2007 年 3 月起，全世界所有的开发人员均可对 Java 源代码进行修改。

2009 年 4 月 20 日，甲骨文(Oracle)公司以 74 亿美元收购 Sun 公司，取得 Java 的版权。

2011 年 7 月 28 日，甲骨文公司发布 Java 7.0 的正式版。

2014 年，甲骨文公司发布了 Java 8 正式版。

2017 年，甲骨文公司宣布 Java 9 正式发布。

2018 年 3 月 20 日，甲骨文公司宣布 Java 10 正式发布。

2018 年 9 月 26 日，甲骨文公司官方宣布 Java 11 (18.9LTS)正式发布，这也是自 Java 8 后的首个长期支持版本。与 Java 9 和 Java 10 这两个被称为"功能性的版本"不同(两者均只提供半年的技术支持)，Java 11 不仅提供长期支持服务，还将作为 Java 平台的参考实现。Oracle 公司直到 2023 年 9 月都会为 Java 11 提供技术支持，而补丁和安全警告等扩展支持将持续到 2026 年。新的长期支持版本每三年发布一次，根据后续的发布计划，下一个长期支持版 Java 17 将于 2021 年发布。

2019 年 3 月 19 日，甲骨文公司宣布 Java 12 正式发布。

1.2 Java 的特点

由于 Java 是一种定位于网络应用的软件开发语言，因此 Java 是一种跨平台，适合于分布式计算环境的面向对象编程语言。Java 性能优异，其主要特点集中在简单易学、面向对象、分布式、解释性、健壮性、安全性、平台无关性、可移植性、高性能、多线程、动态等多方面，下面简单介绍 Java 的主要特点。

1. 简单易学

Java 语言是一种面向对象的语言，它通过提供最基本的方法来完成指定的任务，只需理解一些基本的概念，就可以用它编写出适合于各种情况的应用程序。Java 的简单易学主要体现在以下三个方面。

(1) Java 的风格类似于 C++，因而 C++ 程序员对 Java 是不陌生的。从某种意义上讲，Java 语言是 C 及 C++ 语言的一个变种，因此，C/C++ 程序员可以很快掌握 Java 编程技术。

(2) Java 摒弃了 C/C++ 中容易引发程序错误的、不易理解和掌握的部分，如指针操作、结构类型、运算符和内存管理。

(3) Java 语言对计算机的硬件环境要求很低。用 Java 编写的程序，可以在内存很小的计算机独立运行。

2. 面向对象

面向对象其实是现实世界模型的自然延伸。现实世界中任何实体都可以看作对象。对象之间通过消息相互作用。另外,现实世界中任何实体都可归属于某类事物,任何对象都是某一类事物的实例。如果说传统的过程式编程语言是以过程为中心以算法为驱动,面向对象的编程语言则是以对象为中心以消息为驱动。用公式表示,过程式编程语言可以表示为:程序＝算法＋数据;面向对象编程语言可以表示为:程序＝对象＋消息。

面向对象可以说是 Java 最重要的特性。面向对象技术的核心是,以更接近于人类思维的方式建立解决问题的逻辑模型,它利用类和对象机制将数据及其操作封装在一起,并通过统一的接口与外界交互,使反映现实世界实体的各个类在程序中能够独立及继承。通常人们所说的面向对象的特性一般要包括封装性、继承性、多态性。人们所使用的面向对象的语言,很多都不是完全面向对象的,只是部分地用到了面向对象的技术。Java 是完全面向对象的,它不支持类似 C 语言那样的面向过程的程序设计技术,并且做到了 C++ 所不具备的动态链接功能。Java 支持静态和动态风格的代码继承及重用。单从面向对象的特性来看,Java 类似于 SmallTalk,但其他特性尤其是适用于分布式计算环境的特性远远超越了 SmallTalk。编写 Java 程序的过程就是设计、实现类、定义类的属性、行为的过程。

3. 分布式

分布式包括数据分布和操作分布。数据分布是指数据可以分散在网络的不同主机上,操作分布是指把一个计算分散在不同主机上处理。Java 在网络程序设计上极为优异,用 Java 编写网络程序就好像只是从一个文件调用或存入数据。Java 包含一个支持 HTTP、FTP 等基于 TCP/IP 的子库。因此,Java 应用程序可凭借 URL 打开并访问网络上的对象,其访问方式与访问本地文件系统几乎完全相同。在分布式环境中尤其是在 Internet 上实现动态内容无疑是一项非常宏伟的任务,但 Java 的语言特性却使人们很容易地实现这个目标。

4. 解释性

Java 解释器(虚拟机系统)能直接解释、运行目标代码指令,解释程序通常比编译程序所需资源少。

5. 健壮性

Java 的强类型机制、异常处理、垃圾的自动收集等是 Java 程序健壮性的重要保证。对指针的丢弃是 Java 的明智选择。Java 的安全检查机制使得 Java 更具健壮性。

6. 安全性

Java 通常被用在网络环境中,为此,Java 提供了一个安全机制以防恶意代码的攻击。除了 Java 语言具有的许多安全特性以外,Java 对通过网络下载的类具有一个安全防范机制(Class Loader),如分配不同的名字空间以防替代本地的同名类、字节代码检查,并提供安全管理机制(Security Manager)让 Java 应用设置安全哨兵。

首先,在 Java 中,像 C/C++ 中的指针和内存释放等功能被取消,从根本上避免了程序产生的非法内存操作。另外,当 Java 程序嵌入在网页内时,Java 程序的功能受到严格限制,以确保整个系统的安全。Java 程序在执行前要经过三次检查,分别是 Java 本身的代码检查、对字节码(Byte Code)的检查以及程序执行系统也即 Java 解释器的检查,如图 1.1 所示。

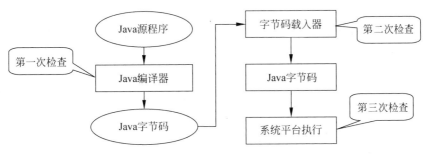

图 1.1 Java 对安全维护的三次检查

(1) 代码检查包括:检查代码段的格式,检查指针操作,检查是否试图改变一个对象的类型等。

(2) 字节码检查包括:检查代码有无引起堆栈溢出,检查所有操作代码参数类型是否都是正确的,检查是否发生非法数据转换(如将整数转换成指针),检查访问对象操作是否合法。

(3) 程序执行系统的检查:类装载(Class Loader)通过将本机类与网络资源类的名称分开,来保持安全性。因为调入类时总要经过检查,这样就避免了特洛伊木马现象的出现。从网络上下载的类被调进一个与源相关的私有的名字域。当一个私有类访问另一个类时,本机类(Build-In)首先被检查,然后检查相关的类,这样就避免了本机类被破坏的情况出现。

7. 平台无关性

平台无关性就是一种语言在计算机上的运行不受平台的约束,一次编译,到处运行。Java 主要靠 Java 虚拟机(JVM)在目标码级实现平台无关性。JVM 是一种抽象机器,它附着在具体操作系统之上,本身具有一套虚机器指令,并有自己的栈、寄存器组等。但 JVM 通常是在软件上而不是在硬件上实现。JVM 是 Java 平台无关的基础,在 JVM 上,有一个 Java 解释器用来解释 Java 编译器编译后的程序。Java 编程人员在编写完软件后,通过 Java 编译器将 Java 源程序编译为 JVM 的字节代码。任何一台机器只要配备了 Java 解释器,就可以运行这个程序,而不管这种字节码是在何种平台上生成的。另外,Java 采用的是基于 IEEE 标准的数据类型。通过 JVM 保证数据类型的一致性,也确保了 Java 的平台无关性,如图 1.2 所示。

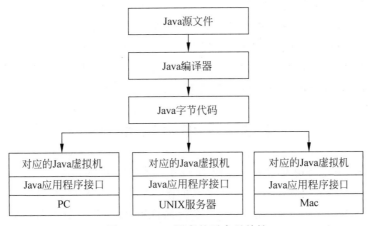

图 1.2 Java 语言的平台无关性

8．可移植性

同具体平台无关的特性使得 Java 应用程序可以在安装了 Java 解释器和运行环境的任何计算机系统上运行,这成为 Java 应用软件移植的良好基础。但仅仅如此还不够。如果基本数据类型设计依赖于具体实现,也将为程序的移植带来很大不便。例如,在 Windows 98 中整数为 32b,而在 DEC Alpha 中整数为 64b。通过定义独立于平台的基本数据类型及其运算,Java 数据可以在任何硬件平台上保持一致。

Java 的数据类型都是依据以上思想具体实现的。因为目前几乎所有 CPU 都能支持常用的数据类型和运算,如 8～64 位整数格式的补码运算和单/双精度浮点运算。Java 编译器本身就是用 Java 语言编写的,Java 语言规范中也没有任何"同具体实现相关"的内容。

9．高性能

Java 是一种解释性语言,Java 的字节码经过仔细设计,加入 JIT 实时编译技术,Java 可以在运行时直接将目标代码翻译成机器指令。目前翻译目标代码的速度与 C/C++几乎已经没什么区别。

10．多线程

在 Java 语言中,线程是一种特殊的对象,它必须由 Thread 类或其子类来创建。通常有两种方法来创建线程:其一,使用 Thread 类构造一个实现了 Runnable 接口的对象封装成一个线程;其二,从 Thread 类派生出子类并重写 run()方法,使用该子类创建的对象即为线程。值得注意的是,Thread 类已经实现了 Runnable 接口,因此,任何一个线程均有它的 run() 方法,而 run()方法中包含线程所要运行的代码。线程的活动由一组方法来控制。Java 语言支持多个线程的同时执行,并提供多线程之间的同步机制(关键字为 synchronized)。

11．动态

Java 的动态特性是其面向对象特性的扩展。它允许程序在运行过程中动态地装入所需要的类,这是 C++无法实现的。在 C++程序设计过程中,每当在类中增加一个实例变量或一种成员函数后,引用该类的所有子类都必须重新编译,否则将导致程序崩溃。Java 从几方面采取措施来实现动态性。Java 编译器不是将对实例变量和成员函数的引用编译为数值引用,而是将符号引用信息在字节码中保存后传递给解释器,再由解释器完成动态连接类,最后将符号引用信息转换为数值偏移量。这样,一个在存储器中生成的对象不是在编译过程中决定,而是延迟到运行时由解释器确定,因而在对类中的变量和方法进行更新时就不至于影响现存的代码。当解释、执行字节码时,这种符号信息的查找和转换过程仅在一个新的名字出现时才进行一次,随后代码便可以全速执行。在运行时确定引用的好处是可以使用已被更新的类,而不必担心会影响原有的代码。如果程序连接了网络中另一系统中的某一个类,该类的所有者也可以自由地对该类进行更新,而不会使任何引用该类的程序崩溃。

1.3　三种平台简介

1999 年 6 月,Sun 公司发布了第二代 Java 平台(简称为 Java 2),Java 2 推出了 3 个版本:J2ME(Java 2 Micro Edition,Java 2 平台的微型版),应用于移动、无线及有限资源的环境;J2SE(Java 2 Standard Edition,Java 2 平台的标准版),应用于桌面环境;J2EE(Java 2 Enterprise Edition,Java 2 平台的企业版),应用于基于 Java 的应用服务器。Java 2 平台的

发布,是 Java 发展过程中最重要的一个里程碑。

2005 年 6 月,在 Java One 大会上,Sun 公司发布了 Java SE 6。此时,Java 的各种版本已经更名,已取消其中的数字 2,将 J2EE 更名为 JavaEE,J2SE 更名为 JavaSE,J2ME 更名为 JavaME,如图 1.3 所示。

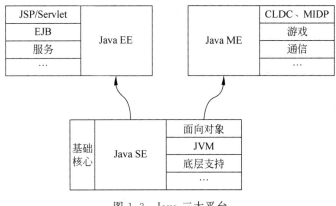

图 1.3 Java 三大平台

Java SE(Java Platform,Standard Edition)以前被称为 J2SE,它允许开发和部署在桌面、服务器、嵌入式环境和实施环境中使用的 Java 应用程序。Java SE 包括支持 Java Web 服务开发的类,并为 Java EE 提供基础。

Java EE(Java Platform,Enterprise Edition)以前被称为 J2EE。企业版本帮助开发和部署可移植、健壮、可伸缩且安全的服务端 Java 应用。Java EE 是在 Java SE 的基础上构建的,提供 Web 服务、组建模型、管理和通信 API,可以用来实现企业级的面向服务体系结构(Service-Oriented Architecture,SOA)和 Web 2.0 应用程序。

Java ME(Java Platform,Micro Edition)为在移动设备和嵌入式设备(比如手机、PDA、电视机顶盒和打印机)上运行的应用程序提供一个健壮且灵活的环境。Java ME 包括灵活的用户界面、健壮的安全模式、许多内置的网络协议以及对于动态下载的联网和离线应用程序的丰富支持。基于 Java ME 规范的应用程序只需要编写一次,就可以用于许多设备,而且可以利用每个设备的本级功能。

1.4 Java JDK 的安装和配置

Sun 公司在推出 Java 语言的同时,还推出了一套 Java 的开发工具包(JDK)。JDK 提供了 Java 的编译器和解释器等开发程序时所必需的工具,还有可供 Java 程序设计人员使用的一些标准包及程序范例。

1.4.1 JDK 的安装

要编写 Java 程序必须先获得并安装 JDK,为特定操作系统安装 JDK 的详细说明可以从 JDK 下载网站获得,网址为 www.oracle.com/technetwork/java/javase/downloads/index.html(图 1.4)。JDK 开发工具包有 UNIX、Window 98/Windows NT、Mac 等多种版本。

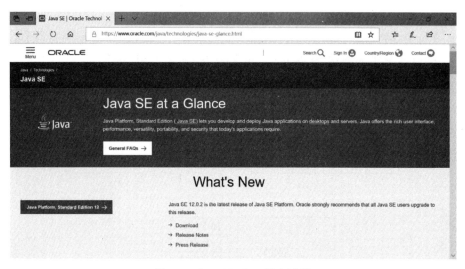

图 1.4　Java SE JDK 版本选择

安装 JDK 很简单，只需要按照安装向导一步一步进行即可。JDK 和文档是分离的，而且是分开安装，如果硬盘空间有限，可以不必安装文档，可以在线访问。下载的 JDK 文档包含一个 ZIP 归档文件，其中包含大量按等级组织的 HTML 文件。JDK 文件结构出现在 C:\Program Files\Java 目录下（如果是在一个 64 位 Windows 版本上安装 32 位版本的 JDK，将会出现在 C:\Program Files(x86)\Java 目录下）。该目录有时候也被称为 Java 根目录；在某些环境中，它也被称为 Java 主目录。实际的根目录名称可能会附加上发布版本号。

1.4.2　JDK 的配置

在 Oracle 官网下载 Java SE JDK 后，直接双击 exe 文件就可以安装了。以 Java JDK 1.8 为例，双击文件 jdk_8.0.1310.11_64.exe，如图 1.5 所示。

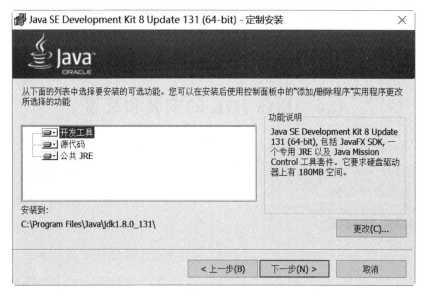

图 1.5　JKD 1.8 安装

设置 Java JDK 1.8 安装的路径后单击"下一步"按钮,直至安装完成。

安装 Java JDK 1.8 最重要的也最容易出错的是设置环境变量。一共需要设置 3 个环境变量:PATH、CLASSPATH 和 JAVA_HOME(大小写无关)。

(1) 右击"计算机",选择"属性"命令(图 1.6)。

图 1.6 JDK 配置步骤 1

(2) 打开"高级系统设置"选项卡,选择"环境变量"(图 1.7)。

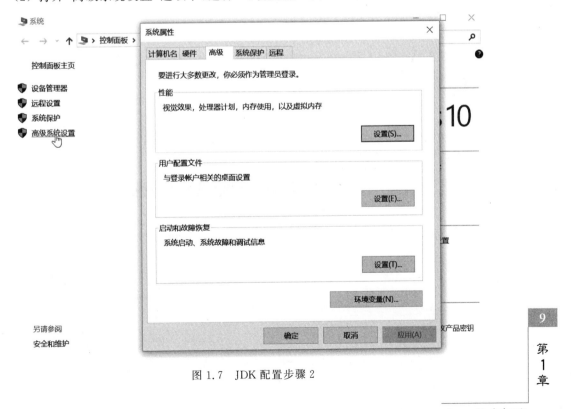

图 1.7 JDK 配置步骤 2

(3) 在"系统环境变量"中设置上面提到的 3 个环境变量,单击"新建"按钮。

① JAVA_HOME:指明 JDK 安装路径,就是刚才安装 JDK1.8 时所选择的路径(假设安装在 C:\Program Files\Java\jdk1.8.0_131),此路径下包括 lib、bin、jre 等文件夹(此变量最好设置,因为以后运行 Tomcat 或 Eclipse 等时都需要依靠此变量,如图 1.8 所示)。

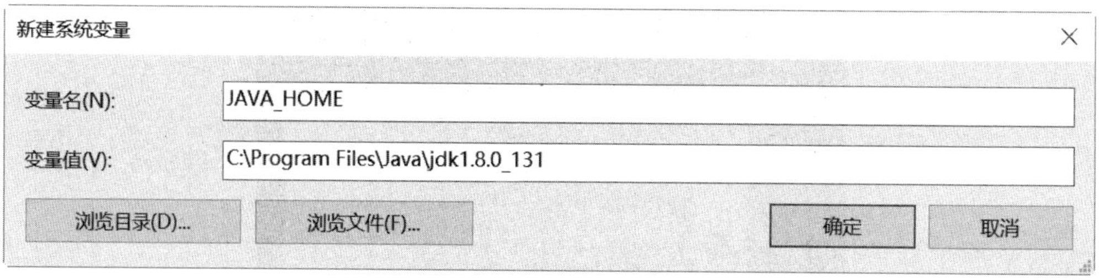

图 1.8 JAVA_HOME 设置

② PATH:使得系统可以在任何路径下识别 Java 命令。在编辑环境变量中单击"新建"按钮,输入 JDK 中 Java 命令所在的路径(C:\Program Files\Java\jdk1.8.0_131\bin)即可,如图 1.9 所示。

图 1.9 PATH 设置

③ CLASSPATH：为 Java 加载类路径，只有类在 CLASSPATH 中 Java 命令才能识别，设为 C:\Program Files\Java\jdk1.8.0_131\lib \tools.jar。

最后，在命令行窗口下输入"java-version"命令可以查看到安装的 JDK 版本信息；输入"java"命令，可以看到此命令的帮助信息（图 1.10）。如果都正确显示，则说明配置成功。

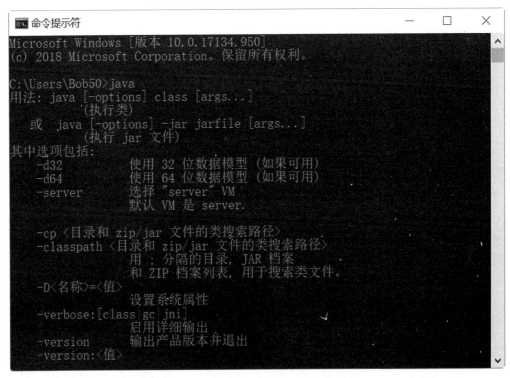

图 1.10　运行 java 命令显示的帮助信息

1.4.3　Java 开发工具包 JDK

Java 不仅提供了一个丰富的语言和运行环境，而且提供了一个免费的 Java 开发工具包 (Java Developers Kits, JDK)，其目的是为程序开发者提供编写、测试、执行程序的一套完备的工具体系，Java 的编译器 javac、解释器 java 以及 Applet 浏览器 AppletViewer 实际上都包含在 JDK 中。总体说来，JDK 由 javac（字节码编译器）、java（字节码解释器）、AppletViewer(Applet 浏览器)、jdb(Java 调试器)、javap(Java 分解器)、javadoc(Java 文档生成器)、javah(C 语言头文件生成器) 七个部分组成。下面将对这些工具进行简要的介绍。

1. 字节码编译器 (javac)

这里所说的 javac 就是 Java 程序的编译器，是 JDK 包中的一个文件，文件名是 javac.exe，在 JDK 包的 bin 目录下。编译器 javac 负责对扩展名为 .java 的源文件进行翻译转换，生成扩展名为 .class 的可执行的类文件 (字节码 Byte Code)。

使用编译器的命令格式为：

javac [选项] 源文件名

Java 的源代码文件必须以 .java 为文件扩展名。在源代码文件中定义的每个类在 javac

中是独立的编译单元,在编译时它们相互之间不会产生影响。javac 将每个类编译后的字节码存放在 classname.class 的文件中,如果 Java 程序中包含多个类,则 Java 将生成多个 .class 文件,每个 .class 文件中只存入一个类的字节码,其文件名与类名相同。

2. 字节码解释器(java)

同样,解释器也是 JDK 包中 bin 目录下的一个文件,文件名是 java.exe。Java 解释器是面向 Java 程序的一个独立运行系统,它以一种稳定、高性能的方式运行那些独立于平台的 Java 字节码。在字节码下载和执行过程中,解释器负责维护它的完整性、正确性和安全性,解释器 java 执行编译后产生的扩展名为 .class 的类文件。

使用解释器的命令行格式为:

```
java [选项] 类名 [参数]
```

被解释执行的类中必须有且仅有一个有效的 main()方法,相当于 C 和 C++ 中的 main()函数,上述命令行中所带的参数将在执行时传递给相应类的 main()方法。

3. Applet 浏览器(AppletViewer)

AppletViewer 展示 Web 页面中包含的 Applet,通常用于 Applet 开发过程中的测试。
使用 AppletViewer 的格式为:

```
appletviewer [选项] URL
```

其中,URL 是包含被显示 Applet 的 HTML 文件的统一资源定位符(Universal Resource Locator)。当 HTML 文件位于本地机上时,只需写出文件名。

4. 调试器(jdb)

调试器 jdb 也可执行字节码,同时提供设置断点中断执行和显示变量值等功能,是查找程序错误的有效工具。Java 调试器 jdb 用于监督检测 Java 程序的执行。启动 jdb 的方法有两种:常用的方法是用 jdb 解释执行被调试的类,格式与由 Java 解释器执行相类似;第二种方法是把 jdb 附加到一个已运行的 Java 解释器上,该解释器必须是带 -debug 项启动的。

5. 分解器(javap)

分解器 javap 将字节码分解还原成源文件。对于从 Web 上获取的无法得到源文件的类,分解器是十分有用的。Java 的分解器 javap 将经编译生成的字节码分解,给出指定类中成员变量和方法的有关信息。使用格式为:

```
javap [选项] 类名
```

其中,类名无 .class 扩展名。它的用途在于:当用户从网上下载了某可执行的类文件而又无法取得源码时,对类文件加以分解,能迅速了解该类的组成结构,以便更好地理解和使用。

6. 文档生成器(javadoc)

文档生成器 javadoc 接受源文件(扩展名为 .java)输入,然后自动生成一个 HTML 文件,内容包括 Java 源文件中的类、变量、方法、接口、异常等。javadoc 的使用格式有下面三种。

```
javadoc [选项] 包名
javadoc [选项] 类名
javadoc [选项] 源文件名
```

7. C 语言头文件生成器（javah）

C 语言头文件生成器 javah 用以从 Java 的字节码上生成 C 语言的头文件和源文件，这些文件用来在 Java 的类中融入 C 语言的原生方法。使用格式为：

javah [选项] 类名

1.5　Java 运行系统与开发流程

Java 运行系统的功能是对字节码进行解释和执行，Java 字节代码在执行时需要有 Java 运行系统的支持。Java 中有两类应用程序，一类是有自己独立运行入口点的 Java 应用程序；另一类是被嵌入在 Web 页面中由 Web 浏览器来控制运行的 Java 小程序（Applet）。它们都需要 Java 运行系统的支持。对于 Java 应用程序，Java 运行系统一般是指 Java 解释器；而对于 Applet，Java 运行系统一般是指能运行 Applet 的与 Java 兼容的 Web 浏览器，并且其中包含支持 Applet 运行的环境。

1.5.1　Java 运行系统

Java 运行系统一般都包括类装载器、字节码校验器、解释器、代码生成器和运行支持库等几个组成部分。其基本结构如图 1.11 所示。

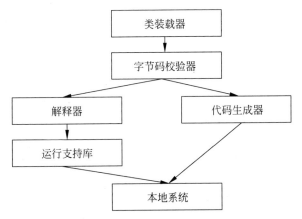

图 1.11　Java 运行系统的基本结构

Java 字节码的运行过程可以分为装入字节码、校验字节码和执行字节码三步。

1. 装入字节码

装入字节码的工作由类装配器来完成。类装配器负责装入程序运行所需要的代码，包括程序代码中调用到的所有的类。这些类都被安放在自己的名字空间中，不会对其他类所在的空间造成影响。在装入类之后，运行系统就可以确定程序执行的内存布局，即建立符号引用和具体内存地址之间的查找表。

2. 校验字节码

由字节码校验器对字节码进行校验，以确保所装入的字节码不违背 Java 语言的安全性规则。

3. 执行字节码

在经过了装入和校验两个步骤之后,字节码就可以提交运行了。在 Java 语言中,字节码的执行有编译执行和解释执行两种方式。通常采用解释执行方式,即由 Java 解释器通过每次翻译并执行一小段代码来完成字节码程序的所有操作。但是,如果对程序的运行速度有较高的要求,就应该采用编译方式,即由代码生成器先将整个程序转换为机器指令,而后再执行。

由于 Java 字节代码在执行时需要有 Java 运行系统的支持,因此,虽然 Java 运行系统是建立在不同的平台上,但是为了做到 Java 程序的可移植性,对 Java 运行系统的功能要求应该统一,即该系统可以看作是一个与具体的软、硬件环境无关的"Java 平台"。

Java 平台是 Java 语言编程和操作环境的基础,它由两个部分组成:Java 虚拟机(JVM)和 Java 应用程序接口(API)。Java 虚拟机是 Java 平台的核心部件,它可以看作是一个虚拟的、能运行 Java 字节码的操作平台。Java 应用程序接口是供 Java 应用程序使用的 JVM 的标准接口,它又可以分为 Java 基本 API 和 Java 标准扩展 API 两大部分。Java 标准扩展 API 包含面向不同领域和范畴的 API 规范,它们随着 Java 语言的发展而不断完善,并逐渐成为 Java 基本 API 的组成部分。

1.5.2 Java 程序开发流程

Java 程序分为本地应用程序(Application),包含在 Web 网页 HTML 文件中依靠浏览器解释、执行的小程序(Applet)和后端 Web 服务器程序(Servlets)三类。这一节主要介绍 Java SE 支持的应用程序的开发流程。Java 应用程序的开发流程如图 1.12 所示。

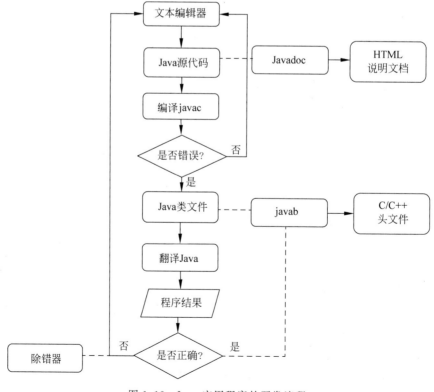

图 1.12 Java 应用程序的开发流程

首先，通过文本编辑器对 Java 源代码进行编辑。

其次，对 Java 源代码进行编译生成 Java 类文件。若生成过程中有错，则返回第一步，对源文件进行编辑修改，而后编译，直到生成正确的类文件。

最后，解释执行 Java 类文件。若运行结果错误，需要重新返回第一步，进行编辑、生成类文件，直至运行结果正确。若运行结果正确，则可以利用源文件生成 HTML 说明文档（此步骤为可选步骤）。

1.5.3 编写并运行 Application 程序

下面介绍最简单的 Java 应用程序例子，来了解它的结构和开发流程。例 1.1 给出了一个简单的 Java Application 输出程序。首先打开 NetBeans 开发工具，在菜单栏中选择"文件"，单击"新建项目"，新建一个 Java 项目"Project"，如图 1.13 所示。

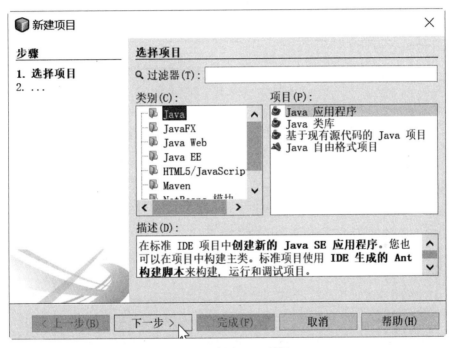

图 1.13　新建 Java 项目

在"项目名称"文本框中输入 MyFirstApp，创建主类 myfirstapp.Main，单击"完成"按钮，如图 1.14 所示。

例 1.1　MyFirstApp

```
public class Main {
    public static void main(String[] args) {
        //输出字符串"Hello World!"到屏幕
        System.out.println(" Hello World!");
    }
}
```

例 1.1
视频讲解

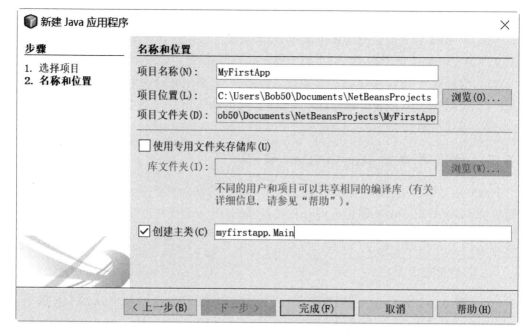

图 1.14 输入新建项目名称

程序的运行结果如图 1.15 所示。

程序说明：

（1）第 1 行用关键字 class 声明一个新的类，其类名为 MyFirstApp，MyFirstApp 是一个公共类(public)，必须是一个有效的标识符。这里，类名与使用的文件名（包括字母的大小写）必须完全

图 1.15 例 1.1 的运行结果

一样，因为 Java 解释器要求公共类必须放在与其同名的文件中。整个类定义必须用大括号括起来。

（2）第 2 行中的 public 是一个表示访问权限的关键字，表示此成员函数是公有的，可以被其他类直接调用，包括 Java 解释器。相对应的关键字有 private 和 protected、friend。private 表示只能被本类访问，protected 表示只能被子类访问，friend 是默认的访问权限，表示能被本包(package)中任意类访问，而对于其他包中的类是不可被访问的。static 指明该方法是一个类方法，它可以通过类名直接调用；void 表示 main()函数没有返回值，如果有返回类型值，则可加上 Integer 或 Boolean 等。对于有返回值的函数，其函数实体的最后应加上 return 语句。main()方法是必需的，是应用程序运行的入口点，必须按照如上格式来定义。

（3）第 3 行是 main()函数里的功能语句，System.out.println 是 java.lang.System 包里 out 类的 println()成员函数，是标准输出语句，和 C++语句中的 cout <<语句功能相同。

1.6　常用开发工具简介

为创建可以在 JDK 中使用的 Java 程序源文件，需要一个代码编辑器。有很多非常不错的专业的 Java 代码开发工具，它们提供友好的环境来创建和编辑 Java 源代码，并能编译和调试程序。这些强大的工具对于有经验的程序员而言，能够提高工作效率并且提供多方面的调试功能，下面简单介绍3种编辑器。

1. IntelliJ IDEA

IntelliJ IDEA 是 Java 编程语言开发的集成环境。IntelliJ IDEA 在业界被公认为最好的 Java 开发工具之一，尤其在智能代码助手、代码自动提示、重构、J2EE 支持、各类版本工具（Git、SVN 等）、JUnit、CVS 整合、代码分析、创新的 GUI 设计等方面的功能可以说是超常的。IntelliJ IDEA 是 JetBrains 公司的产品，这家公司总部位于捷克共和国的首都布拉格，开发人员以严谨著称的东欧程序员为主。它的旗舰版本还支持 HTML、CSS、PHP、MySQL、Python 等。免费版只支持 Python 等少数编程语言。

下载网址如图 1.16 所示（http://www.jetbrains.com/idea/download/#section=windows）。

图 1.16　IntelliJ IDEA 官方网站

2. Eclipse

Eclipse 是著名的跨平台的自由集成开发环境（IDE）。Eclipse 最初是由 IBM 公司开发的替代商业软件 Visual Age for Java 的下一代 IDE 开发环境，2001 年 11 月贡献给开源社区，现在由非营利软件供应商联盟 Eclipse 基金会（Eclipse Foundation）管理。尽管 Eclipse 是使用 Java 语言开发的，但它的用途并不限于 Java 语言；例如，支持诸如 C/C++、COBOL、PHP、Android 等编程语言的插件已经可用。

下载网址如图 1.17 所示（https://www.eclipse.org/downloads/）。

3. NetBeans IDE

NetBeans IDE 是 Sun 公司（2009 年被甲骨文公司收购）在 2000 年创立的一个开放框架，可扩展的开发平台项目，使开发人员能够利用 Java 平台快速创建 Web、企业、桌面以及移动的应用程序，旨在构建世界级的 Java IDE。NetBeans IDE 当前可以在 Solaris、

Windows、Linux 和 Macintosh OS X 平台上进行开发,并在 SPL(Sun 公用许可)范围内使用。NetBeans IDE 可以使开发人员利用 Java 平台快速创建 Web、企业、桌面以及移动的应用程序。NetBeans IDE 目前已经支持 PHP、Ruby、JavaScript、Groovy、Grails 和 C/C++等开发语言。本书推荐使用 NetBeans IDE,便于初学者安装使用,待较为熟练地使用 Java 语言后,选择何种开发工具则并不会有太大影响。

下载网址如图 1.18 所示(https://netbeans.org/)。

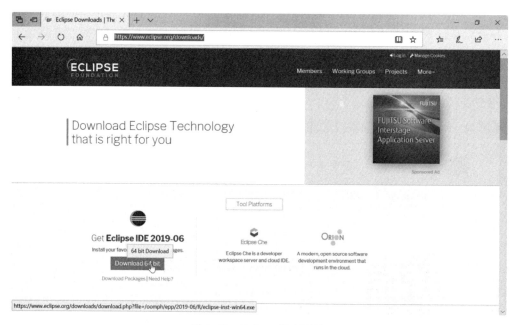

图 1.17　Eclipse 官方网站

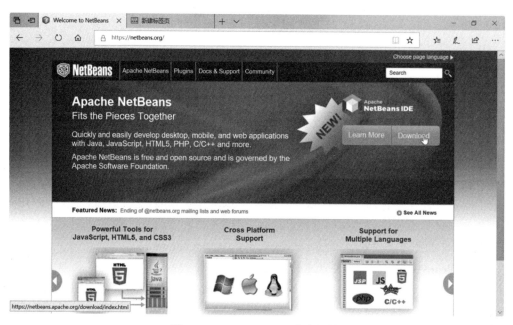

图 1.18　NetBeans IDE 官方网站

1.7 注 释

1.7.1 代码注释

到目前为止，所有的例子中都添加了注释，所以读者可能已经知道编译器会忽略一行中"//"之后的所有内容（当然除了"//"出现在由双引号引起来的字符串中的情况）。"//"的另一个用法是将代码行修改为注释，从而使得它们不再执行——将它们"注释掉"。如果想要暂时从程序中移除一些代码，只需要在想要移除的每行代码前加"//"，之后再删除"//"就可以将代码恢复。

通常，在程序中包含多行注释会很方便，例如，在方法的开头解释其作用。在注释块中，除了在每行代码的开头使用"//"之外，还有一种方法，就是在第一行注释的开头加入"/*"，然后在最后一行注释的末尾加入"*/"。在"/*"和"*/"之间的所有内容都会被忽略。通过这种方法可以为程序作注解，如下例所示。

```
/******************************
 * This is a long explanation of  *
 * some particularly important    *
 * aspect of program operation.   *
 ******************************/
```

这里是用星号来高亮显示注释。当然，可以用任何方法来构建这样的代码块，或者什么都不用，只要开头有/*并且结尾有*/即可。

1.7.2 文档注释

也可以在程序中包含注释，以便能为程序生成单独的文档，它们称为文档注释。一个称为javadoc的程序可为程序处理源代码中的文档注释，从而为代码生成单独的文档。从SDK中得到的所有文档都是这样产生的。

由javadoc产生的文档是HTML网页形式，可以使用浏览器（比如Firefox或Internet Explorer）查看。

文档注释由/**开始并且由*/结束。一个简单的文档注释示例如下。

```
/**
 * This is a documentation comment.
 */
```

在文档注释中会忽略每行开头的任何星号，在第一个星号前面的任何空格也是一样的。文档注释还能够包含HTML标签，以及用于在标准表格中记录方法和类的以@开头的特殊标签。@字符会跟有一个关键字，从而定义标签的目的。表1.1展示了一些可以使用的关键字。

表 1.1 HTML 标签关键字

关 键 字	描 述
@author	用于定义代码的作者。例如,可以通过添加如下标签来指定作者: /** 　* @author Ivor Horton */
@deprecated	在库中类和方法的文档中使用,指示已经替换它们并且不应该在新的应用程序中使用。主要用于标识类库中废弃的方法
@exception	用于记录代码可能抛出的异常以及可能导致这种情况发生的条件。例如,可以将如下文档注释添加到一个方法的定义之前,从而指示该方法可能抛出的异常类型: /** 　* @exception IOException When an I/O error occurs */
{@link}	生成到所生成文档中另一部分文档的链接。可以使用这个标签在代码的描述文本中插入另一个类或方法的链接。花括号用来分离链接和其他的文本
@param	用来描述一个方法的参数
@return	用来记录从一个方法返回的值
@see	用来设定到另一个类或方法的其他部分代码的交叉引用。例如: /** 　* @see Object#clone() */ 也可以只设定一个代表外部引用的字符串,不识别为 URL。例如: /** 　* @see "Beginning Java 7" */ 它还可以引用一个 URL
@throws	@exception 的同义词
@version	用来描述代码的当前版本

除了 header 标签外,可以在文档注释中使用任何 HTML 标签。在浏览文档时,会用插入的 HTML 标签来对文档进行构建和格式化。

在 NetBeans IDE 中选中项目 MyFirstApp,在右键菜单中单击"生成 Javadoc"命令,将在项目路径下的 dist 目录中生成 Javadoc 目录(图 1.19)。

单击 Javadoc 目录中的 index.html 文档将可查阅由文档注释所生成的程序文档(图 1.20)。

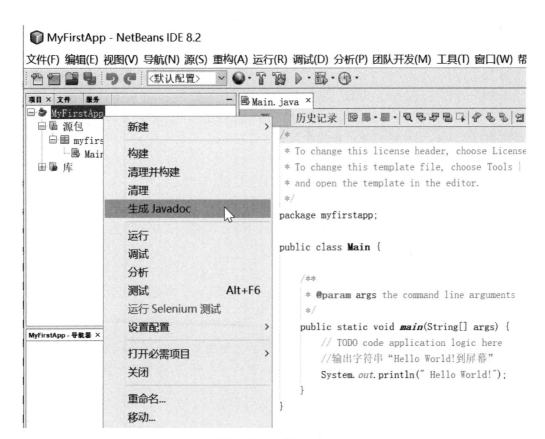

图 1.19　生成 Javadoc

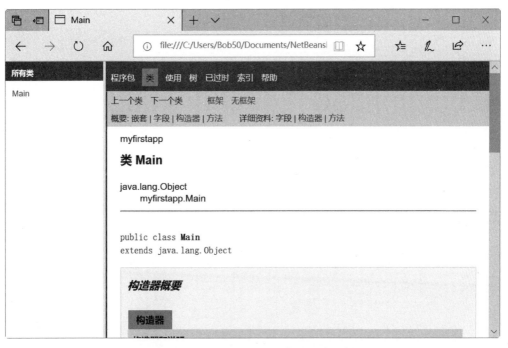

图 1.20　由文档注释所生成的程序文档

小　　结

本章介绍了 Java 的产生背景、特性、影响等方面的基础知识,并对 Java 程序的分类及应用作了介绍,阐述了 Java 的发展与流行同 Internet 是密不可分的关系。对于 Java 开发环境的搭建以及 Java 程序的开发运行流程做了详细的阐述,同时介绍了几种常用的集成开发工具,可以提高编写 Java 程序的效率。通过本章的学习,读者应能对 Java 的特点及用途有一个总体的、较为明确的认识和了解,为下面的学习奠定基础。

习　　题

1. Java 语言与 Internet 有什么关系?
2. Java 语言如何达到跨平台的特性?
3. 列出 5 个 Java 语言的特性,并举例说明。
4. 试说明 Java 虚拟机的概念及作用。
5. Java 源程序的扩展名是什么? 经过编译后产生的文件的扩展名又是什么?
6. 编写一个 Java Application 程序,编译并运行这个程序,在控制台窗口中输出"欢迎你进入 Java 奇妙世界!"的信息。

第 2 章　基本类型、数组和枚举类型

本章导图：

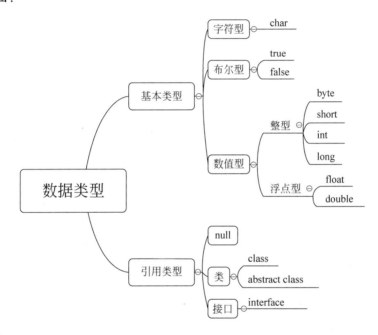

主要内容：
- Java 标识符。
- 基本数据类型。
- 基本类型之间的选择。
- 数组。
- 枚举类型。

难点：
- 基本类型之间的转换。

Java 要求程序中的每一个变量和表达式都应有确定的类型，这样有助于编译时期错误的检查。Java 语言的数据类型可以分为基本类型和引用类型，基本类型主要包括整型、浮点型、字符型和布尔型，引用类型主要包括类、接口等。

本章介绍了 Java 语言的基本数据类型，对标识符、关键字、变量、常量等的基本概念和用法进行了讨论，最后对引用类型——数组的定义及用法进行了说明和举例。

2.1 标识符和关键字

标识符用于对变量、类和方法的命名。对变量、类等做适当的命名,可以大大提高程序的可读性。关键字都由小写字母组成,每一个关键字都有特定的含义和严格的使用规定,关键字不能当作程序中的标识符,否则会出错。

2.1.1 标识符

标识符是除关键字以外的任意一串以合法字母、下画线(_)或美元符号($)开头的由合法字母、数字、下画线(_)和美元符号($)组成的字符串。

其具体规定如下。

(1) Java 中标识符必须使用字母、下划线(_)或美元符号($)开头。

(2) Java 中合法字母除了大小写的英文字母外,还包括所有位置在 00C0 以前的 Unicode 字符集中的字符。

(3) 同 C/C++ 中规定一样,关键字不能用作标识符。关键字是 Java 语言本身使用的标识符,每个关键字均有其特殊意义,设计者只能按指定的意义使用,并不能重新定义,因此用户的标识符不能使用关键字(具体的关键字请参见 2.1.2 节)。

(4) 保留字是为以后 Java 语言扩展使用的,保留字不是关键字,也不能用作标识符,如 true,false,null 等。

(5) Java 是区别大小写的语言,例如,MyClass 和 myclass 分别代表不同的标识符,在声明类时要特别注意。

(6) 一般标识符用小写字母开头。同一个标识符中,中间的单词以大写字母开头,或用下画线进行分隔。

(7) 使用的标识符在一定程度上反映它所表示的变量、常量、对象或类的意义。

例如,openOn,day_24_hours,x,value 是合法的标识符。24_hours,day-24-hours,Boolean,value# 是不合法的标识符。

2.1.2 关键字

Java 中预定义的关键字如下所示。

abstract	assert	boolean	break	byte
case	catch	char	class	continue
default	do	double	else	enum
extends	final	finally	float	for
if	implements	import	instanceof	int
interface	long	native	new	package
private	protected	public	return	strictfp
short	static	super	switch	synchronized
this	throw	throws	transient	try
void	volatile	while		

2.2 基本数据类型

Java 的数据类型如图 2.1 所示。Java 不支持 C/C++ 中的指针类型、结构体类型和共用体类型。本节主要介绍几种基本数据类型。

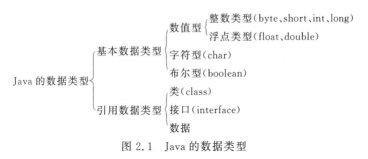

图 2.1 Java 的数据类型

2.2.1 布尔类型

布尔类型数据只有两个值：true 和 false。布尔类型数据常用于程序的比较和流程控制。

布尔类型变量的声明示例如下。

```
boolean b = true;              //定义 b 为逻辑类型变量,且初值为 true
```

2.2.2 整数类型

整型数据有 int、long、byte、short 四种。

int 类型,是最常使用的一种整数类型,它以 4B 表示整型数。

long 类型,以 8B 表示整型数。当遇到超出 int 类表示范围的整数时需要使用 long 类型的整数。声明为 long 型的整数值最后需要加上"L"或"l"。

byte 类型,以 1B 来表示整型数,它有八进制、十进制和十六进制 3 种表示方法。由于 byte 类型表示的数据范围很小,使用时应避免造成溢出。

short 类型,以 2B 表示整型数。

以上四种数据类型的声明示例如下。

```
byte b = 0x1a;                 //指定变量 b 为 byte 型十六进制数
short s = 017;                 //指定变量 s 为 short 型八进制数
int i = 10;                    //指定变量 i 为 int 型十进制数
long k = 2020L;                //指定变量 k 为 long 型十进制数
```

2.2.3 字符类型

字符型 char 用 2B 表示一个字符,其整数值范围为 0~65 535。Java 的字符型数据采用国际标准 Unicode 编码,它所包含的信息量远远多于 8 位的 ASCII 码。

使用 char 类型定义字符时,必须使用一对单引号将字符括起来。

字符型变量的声明示例如下。

```
char c = 'a';                              //指定变量 c 为 char 型,且赋初值为 'a'
```

与 C/C++不同,Java 中的字符型数据不能用作整数,因为 Java 不提供无符号整数类型。但是同样可以把它当作整型数据来操作。例如:

```
int three = 3;
char one = '1';
char four = (char)(three + one);           //four = '4'
```

字符型变量 one 被转换为整数,进行相加,最后把结果又转换为字符型。

2.2.4 浮点类型

实型有单精度类型 float 和双精度类型 double 两种。双精度类型 double 比单精度类型 float 具有更高的精度和更大的表示范围。声明为 float 型的数值最后需要加上"F"或"f",否则会被默认为 double 型。

float 类型是 32 位的单精度浮点数,表示的数的范围为 $3.4e-038 \sim 3.4e+038$。

double 类型是 64 位的双精度浮点数,表示的数的范围为 $1.7e-308 \sim 1.7e+308$。

以上两种数据类型的声明示例如下。

```
float p = 3.141592653F;                    //指定变量 p 为 float 型
double d = 2.71828;                        //指定变量 d 为 double 型
```

与 C/C++不同,Java 中没有无符号型整数,并且 Java 明确规定了整型和浮点型数据所占的内存字节数,这样就保证了程序的安全性、健壮性和平台无关性。

2.2.5 基本数据类型的转换

赋值运算要求赋值号左右两边的数据类型一致,如果遇到赋值号两边的数据类型不一致的情况,就需要把赋值号右边的数据类型转换为赋值号左边的数据类型。通常情况下,如果类型不一致,需要在程序中进行数据的类型转换。

1. 自动类型转换

字符型、整型、浮点型不同类型的数据可以混合运算。运算中,不同类型的数据先转换为同一类型,然后进行运算,转换自动由低级到高级:

低------------------------------------>高
byte,short,char→int→long→float→double

2. 强制类型转换

当需要把精度高的值转换为精度低的值时,就需要强制类型转换。强制类型转换采用截取的方法,不进行四舍五入,因此截取时可能会损失精度。

强制类型转换的格式是:

(数据类型) 变量名或者表达式

由于 Java 中不同类型所占字节数不同,转换后可能丢失信息,所以当较长的数据类型转换为较短的数据类型时必须使用强制类型转换,用户需自己确保赋值号右边的数在类型转换后不会丢失信息。下面是一些具体的例子。

```
int a;
long b;
float c;
a = (int)b;          //将 b 转换成 int 类型并赋值给 a,有可能丢失信息
b = (long)a;         //将 a 转换成 long 类型并赋值给 b,不会丢失信息
a = (int)c;          //将 c 转换成 int 类型并赋值给 a,有可能丢失信息
```

例 2.1 几种数据类型间进行自动转换(即隐式转换)。

例 2.1

Example2_1.java

```
public class Example2_1{
  public static void main(String args[]){
      byte b = 10;
char c = 'a';
int i = 90;
long l = 555L;
float f = 3.5f;
double d = 1.234;
float f1 = f * b;                //float * byte→float
    int i1 = c + i;              //char + int→int
    long l1 = l + i1;            //long + int→long
double d1 = f1/i1 - d;           //float/int→float,float - double→double
      System.out.println("f1 = " + f1);
      System.out.println("i1 = " + i1);
      System.out.println("l1 = " + l1);
      System.out.println("d1 = " + d1);
      }
}
```

例 2.1 的程序运行结果如图 2.2 所示。

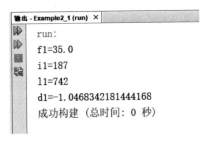

图 2.2 例 2.1 的程序运行结果

2.3 从命令行输入输出数据

Java 应用程序通常是在命令行下运行,允许用户在命令行中向它传递信息,所传递的信息称为命令行参数。

例 2.2 接收命令行参数的应用程序。

NetBeans 中可在项目属性中直接设置运行的参数,这里将运行参数设置为 arg1 arg2

arg3,如图 2.3 所示。

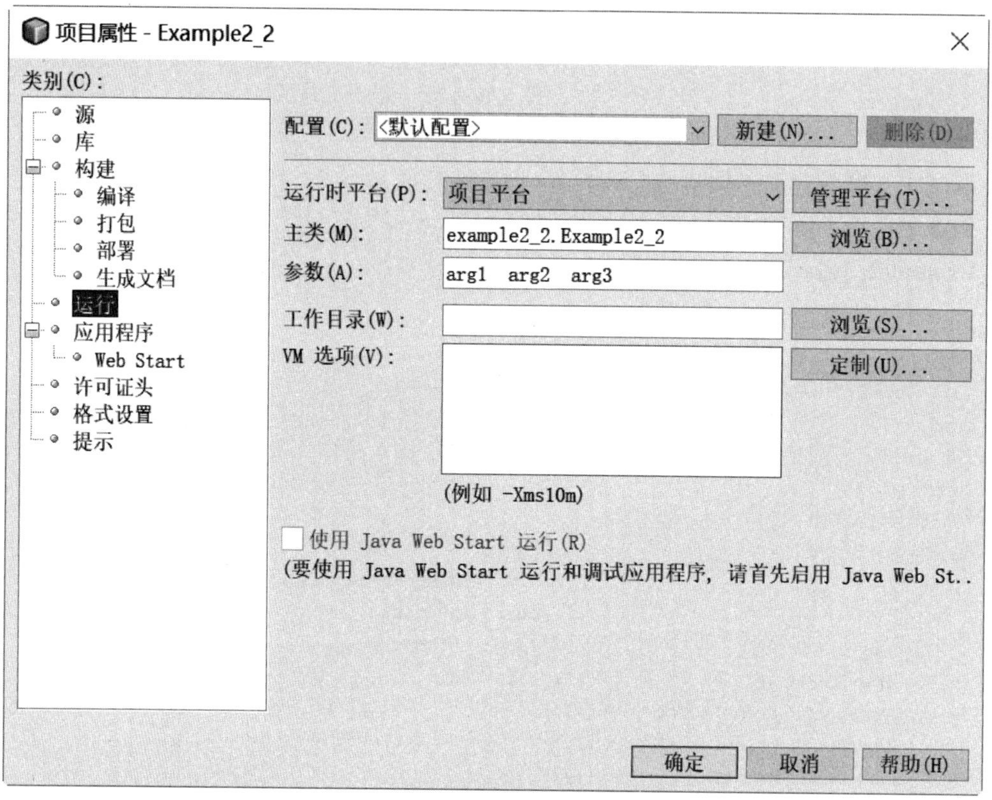

图 2.3 在项目属性中设置运行参数

例 2.2
视频讲解

例 2.2

Example2_2.java

```java
public class Example2_2 {
    public static void main(String[] args) {
        // TODO code application logic here
        int i;
        if( args.length > 0 )        //have some command arguments
        {
            for( i = 0; i < args.length; i++)
            {
                System.out.println("arg[" + i + "] = " + args[i]);
            }
        }
        else                        //no command argument
        {
            System.out.println("No arguments!");
        }
    }
}
```

例 2.2 的程序运行结果如图 2.4 所示。

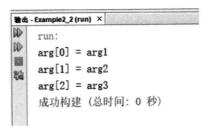

图 2.4　例 2.2 的程序运行结果

2.3.1　输入基本型数据

在 JDK 5.0 版本之前,实现字符界面的输入操作也不是一件容易的事情。由于 Java 本身没有直接提供通过键盘完成输入各种数据类型数据的简便接口,所以需要用户利用若干个标准类自行编写能够解析各种数据类型数据的程序代码,这给初学 Java 的人带来了不少困难。

在 JDK 5.0 版本中,Java 增加了一个专门用于处理数据输入的 Scanner 类,用户利用它可以方便地实现各种数据类型的数据输入。

Scanner 类在包 java.util.Scanner 中。

构造方法:

1. Scanner(File source)

构造一个新的 Scanner,数据源是指定的文件。

2. Scanner(InputStream source)

构造一个新的 Scanner,数据源是指定输入流。

3. Scanner(String source)

构造一个新的 Scanner,数据源是指定字符串。

例:

```
Scanner input = new Scanner(System.in);
```

创建从键盘输入数据的 Scanner 对象。

例 2.3 通过控制台输入数据。

例 2.3

Example2_3.java

```
import java.util.Scanner;

public class Example2_3 {
    public static void main(String[] args) {
        // TODO code application logic here
        Scanner sin = new Scanner(System.in);
        System.out.println("请输入一个整数:");
        int num1 = sin.nextInt();
        System.out.println("输入的整数是:" + num1);

        System.out.println("请输入一个小数:");
```

```
            double num2 = sin.nextDouble();
            System.out.println("输入的小数是: " + num2);

            System.out.println("请输入一个字符: ");
            char ch = sin.next().charAt(0);
            System.out.println("输入的字符是: " + ch);
        }
    }
```

运行结果如图 2.5 所示。

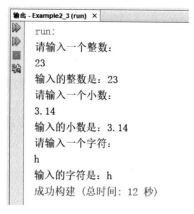

图 2.5 例 2.3 的程序运行结果

2.3.2 输出基本型数据

System.out.println()或 System.out.print()可输出串值、表达式的值，二者的区别是前者输出数据后换行，后者不换行。允许使用并置符号"+"将变量、表达式或一个常数值与一个字符串并置一起输出，例如：

```
System.out.println(m + "个数的和为" + sum);
System.out.println(":" + 123 + "大于" + 122);
```

如果需要输出的字符串的长度较长，可以将字符串分解成几部分，然后使用并置符号"+"将它们首尾相接。例如，以下是正确的写法。

```
System.out.println()("你好," + "很高兴认识你。");
```

另外，JDK 1.5 新增了和 C 语言中 printf 函数类似的数据输出方法，该方法使用格式如下。

```
System.out.println("格式控制部分", 表达式 1, 表达式 2, …, 表达式 n);
```

格式控制部分由格式控制符号%d,%c,%f,%s 和普通的字符组成，普通字符原样输出，格式符号用来输出表达式的值。

%d：输出整型数据值。

%c：输出字符型数据值。

%f：输出浮点型数据值，小数部分最多保留 6 位。

%s：输出字符串数据。

输出数据时也可以控制数据在命令行中的位置。

%md：输出的整型数据占 m 列。

%m.nf：输出的浮点型数据占 m 列,小数点后保留 n 位。

例如：

```
System.out.println("%d,%f",12,23.45);
```

2.4 数　　组

数组是数据的有序集合,它作为构造数据类型广泛地应用在程序设计中。几乎所有程序设计语言都支持数组。在 C 和 C++ 中使用数组是非常危险的,因为那些数组只是内存块。若程序访问自己内存块以外的数组,或者在初始化之前使用内存(属于常规编程错误),会产生不可预测的后果。

数组中的每个元素具有相同的数组名,数组名和下标用来唯一地确定数组中的元素。Java 的数组在使用前,必须要声明数据类型和分配存储空间。

2.4.1 声明数组

Java 的数组从本质上说是一维的,多维数组都是在一维数组的基础上扩展而成。

一维数组是程序设计中一种常用的数据结构,它的声明方式有两种：

```
数组的数据类型   数组名[];
数组的数据类型[]  数组名;
```

语法说明：

数据类型可以是 Java 中任意的数据类型,数组名为一个合法的标识符,[]指明该变量是一个数组类型变量。例如：

```
int MyArray[];                        //声明了一个整型数组 MyArray
```

Java 在数组的定义中并不为数组元素分配内存,这与 C/C++ 不同。因此在声明时,[]中可不用指出数组中元素的个数,即数组长度。数组在分配内存空间前是不能访问的。

2.4.2 创建数组

数组的内存空间分配要用到运算符 new,其格式如下。

```
数组名 = new 数组的数据类型[数组长度];
MyArray[] = new int[3];              //为有 3 个元素的整型数组 MyArray 分配内存空间
```

通常,数组的声明和存储空间的分配这两部分可以合在一起,格式如下。

```
数组的数据类型 数组名 = new 数组的数据类型[数组长度];
```

例如：

```
int MyArray = new int[3];            //声明有 3 个元素的整型数组 MyArray 并分配空间
```

Java 的一项主要设计目标就是安全性。所以在 C 和 C++ 中困扰程序员的许多问题都未在 Java 里重复。一个 Java 数组可以保证被初始化,而且不可在它的范围之外访问。由于系统自动进行范围检查,所以必然要付出一些代价:针对每个数组,以及在运行期间对索引的校验,都会造成少量的内存开销。但由此换回的是更高的安全性,以及更高的工作效率。为此付出少许代价是值得的。

创建对象数组时,实际创建的是一个句柄数组。而且每个句柄都会自动初始化成一个特殊值,并带有自己的关键字:null(空)。一旦 Java 遇到 null,就知道该句柄并未指向一个对象。正式使用前,必须为每个句柄都分配一个对象。若试图使用依然为 null 的一个句柄,就会在运行期报告问题。因此,典型的数组错误在 Java 里就得到了避免。

也可以创建主类型数组。同样地,编译器能够担保对它的初始化,因为会将那个数组的内存划分成零。

2.4.3 数组元素的使用

例 2.4 演示了如何运用数组,其功能是对数组中的每个元素赋值,然后按逆序输出。

例 2.4

Example2_4.java

例 2.4
视频讲解

```java
public class Example2_4 {
    public static void main(String[] args) {
        int i;
        int a[] = new int[5];
        for (i = 0; i < 5; i++) {
            a[i] = i;
        }
        for (i = a.length - 1; i >= 0; i--) {
            System.out.println("a[" + i + "]=" + a[i]);
        }
    }
}
```

例 2.4 的程序运行结果如图 2.6 所示。

```
example2_4.Example2_4
输出 - Example2_4 (run) ×
    run:
    a[4]=4
    a[3]=3
    a[2]=2
    a[1]=1
    a[0]=0
    成功构建 (总时间: 0 秒)
```

图 2.6 例 2.4 的程序运行结果

2.4.4 length 的使用

length 属性表示数组的长度,即其中元素的个数。因为数组的索引总是由 0 开始,所以一个数组的上下限分别是 0 和 length-1。和其他大多数语言不同的是,JavaScript 数组的 length 属性是可变的,这一点需要特别注意。当 length 属性被设置得更大时,整个数组的状态事实上不会发生变化,仅仅是 length 属性变大;当 length 属性被设置得比原来小时,则原先数组中索引大于或等于 length 的元素的值全部被丢失。

```
ar.arr = [12,23,5,3,25,98,76,54,56,76];  //定义了一个包含10个数字的数组
alert(arr.length);                        //显示数组的长度10
arr.length = 12;                          //增大数组的长度
alert(arr.length);                        //显示数组的长度已经变为12
alert(arr[8]);                            //显示第9个元素的值,为56
arr.length = 5;                           //将数组的长度减少到5,索引等于或超过5的元素被丢弃
alert(arr[8]);                            //显示第9个元素已经变为"undefined"
arr.length = 10;                          //将数组长度恢复为10
alert(arr[8]);                            //虽然长度被恢复为10,但第9个元素却无法收回,显示
                                          //"undefined"
```

2.4.5 数组的初始化

对数组元素可以按照上述例子进行赋值,也可以在定义数组的同时进行初始化。
例如:

```
int a[] = {1,2,3,4,5};
```

用逗号","分隔数组的各个元素,系统自动为数组分配一定的空间。与 C 语言不同,这时 Java 不要求数组为静态(static)。

例 2.5 为一个一维数组程序举例:Fibonacci 数列。Fibonacci 数列的定义为:$F_1 = F_2 = 1, F_n = F_{n-1} + F_{n-2} (n \geqslant 3)$。

例 2.5

Example2_5.java

```java
public class Example2_5 {
    public static void main(String[] args) {
        int i;
        int f[] = new int[10];
        f[0] = f[1] = 1;
        for (i = 2; i < 10; i++) {
            f[i] = f[i - 1] + f[i - 2];
        }
        for (i = 1; i <= 10; i++) {
            System.out.println("F[" + i + "] = " + f[i - 1]);
        }
    }
}
```

例 2.5 的程序运行结果如图 2.7 所示。

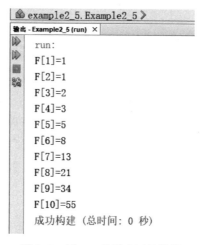

图 2.7 例 2.5 的程序运行结果

2.4.6 数组的引用

声明了一个数组,并用运算符 new 为它分配了内存空间后,就可以引用数组中的每一个元素了。数组元素的引用方式为:

数组名[数组下标]

语法说明:

数组下标可以为整型常数或表达式,如 a[3],b[i](i 为整型),c[6 * i]等。下标从 0 开始,一直到数组的长度减 1。对于上面例子中的 MyArray 数数组来说,它有 3 个元素,分别为 MyArray[0]、MyArray[1]、MyArray[2]。注意,没有 MyArray[3]。

另外,与 C/C++语言不同,Java 对数组元素要进行越界检查以保证安全性。同时,每个数组都有一个属性 length,用来指明数组的长度。例如,MyArray.length 指明数组 MyArray 的长度。

2.4.7 排序

Java 中在运用数组进行排序功能时,一般有四种方法:快速排序法,冒泡法,选择排序法,插入排序法。

快速排序法主要是运用了 Arrays 中的一个方法 Arrays.sort()实现的。

冒泡法是运用遍历数组进行比较,通过不断的比较将最小值或者最大值一个一个地遍历出来。

例 2.6 首先利用 Arrays 带有的排序方法快速排序。然后使用 bubbleSort(int[] args)方法对数组使用冒泡法进行排序,并分别输出排序的结果。

Example2_6.java

```
import java.util.Arrays;
public class Example2_6 {
    public static void main(String[] args) {
        int[] a = {5, 4, 2, 4, 9, 1};
```

```
            Arrays.sort(a);              //进行排序
            for (int i : a) {
                System.out.print(i + ",");
            }
            System.out.println();
            int[] b = {5, 4, 2, 4, 9, 1};
            bubbleSort(b);
            for (int i : a) {
                System.out.print(i + ",");
            }
        }
        public static int[] bubbleSort(int[] args) {    //冒泡排序算法
            for (int i = 0; i < args.length - 1; i++) {
                for (int j = i + 1; j < args.length; j++) {
                    if (args[i] > args[j]) {
                        int temp = args[i];
                        args[i] = args[j];
                        args[j] = temp;
                    }
                }
            }
            return args;
        }
    }
```

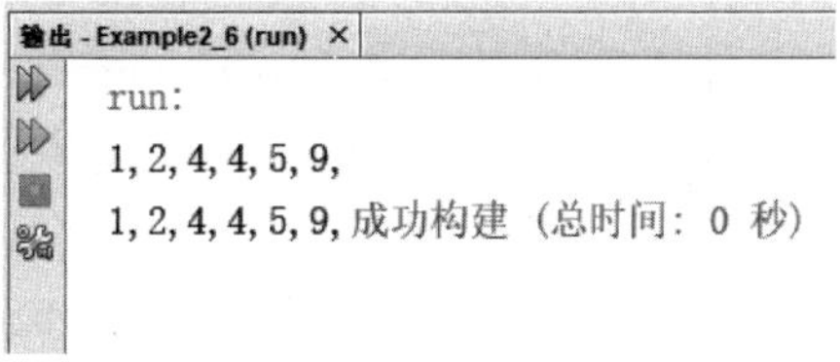

例 2.6 的程序运行结果如图 2.8 所示。

图 2.8　例 2.6 的程序运行结果

2.5　枚举类型

枚举类型是 JDK5.0 的新特征。Sun 公司引进了一个全新的关键字 enum 来定义一个枚举类。下面就是一个典型枚举类型的定义。

```
public enum Color{RED, BLUE, BLACK, YELLOW, GREEN}
```

显然，enum 很像特殊的 class，实际上 enum 声明定义的类型就是一个类。而这些类都是类库中 Enum 类的子类(java.lang.Enum<E>)。它们继承了这个 Enum 中的许多有用的方法。对代码编译之后发现，编译器将 enum 类型单独编译成了一个字节码文件：Color.class。

Color 枚举类就是 class，而且是一个不可以被继承的 final 类。其枚举值(RED,BLUE,…)都是 Color 类型的类静态常量。

可以通过下面的方式来得到 Color 枚举类的一个实例。

```
Color c = Color.RED;
```

注意：这些枚举值都是 public static final 的，也就是我们经常定义的常量方式，因此枚举类中的枚举值最好全部大写。

例 2.7　定义枚举类型 Color 并赋值后输出。

Example2_7.java

```
public class Example2_7 {
```

```
public enum Color {
    RED, BLUE, BLACK, YELLOW, GREEN
};
public static void main(String[] args) {
    Color c1 = Color.RED;
    System.out.println(c1);
    Color c2 = Color.valueOf("BLACK");
    System.out.println(c2);
}
```

例2.7的程序运行结果如图2.9所示。

图2.9　例2.7的程序运行结果

2.6　应用实例：控制台简单计算器

通过本节的学习可以实现一个运行在控制台的简单计算器程序。在控制台分别输入两个操作数和一个运算符(＋、－、＊、/)，来进行相应的加减乘除的四则运算。

在程序中用double类型的num1和num2这两个变量来接收控制台录入的操作数1和操作数2；用char类型的sign变量来接收控制台录入的运算符。通过switch-case语句判断是哪种运算符从而进行相应的运算，并将运算结果保留在double类型的变量result中。最后在控制台中将运算结果打印输出。

ConsoleCal.java

```
import java.util.Scanner;

public class ConsoleCal {
    public static void main(String[] args) {
        Scanner sin = new Scanner(System.in);
        double num1;
        double num2;
        char sign;
        double result = 0;
        System.out.println("请输入第一个操作数：");
        num1 = sin.nextDouble();
        System.out.println("请输入第二个操作数：");
        num2 = sin.nextDouble();
        System.out.println("请输入一个运算符(＋、－、＊、/)：");
        sign = sin.next().charAt(0);
        switch (sign) {
            case '+':
                result = num1 + num2;
                break;
            case '-':
                result = num1 - num2;
                break;
            case '*':
                result = num1 * num2;
                break;
            case '/':
                result = num1 / num2;
```

```
            break;
        }
        System.out.println("运算结果为: " + result);
    }
}
```

控制台简单计算器的程序运行结果如图 2.10 所示。

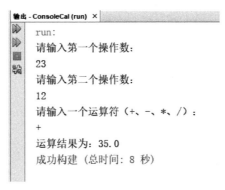

图 2.10 控制台简单计算器的程序运行结果

小　　结

本章介绍了 Java 语言的基础知识，包括 Java 语言的基本数据类型、数组的运用、排序等。在程序设计语言中，数据类型是对变量的一种抽象描述，也是确保程序正确性的重要手段，编译器根据变量的类型来检查程序中的变量是否执行了合法的操作。

习　　题

1. 下面哪一个是逻辑变量的合法值？
（1）"false"　（2）no　（3）yes
2. Java 语言的基本数据类型有哪些？给出 short 类型所能表达的最大、最小值。
3. Java 语言的字符型有什么特点？
4. 什么是强制类型转换？在进行强制类型转换时有哪些注意事项？
5. 试写出下面表达式的运算结果。设 a=8,b=12,c=16 且

x = a + b++;
y = a +-- c;
z = b + c++;

6. 设 a=5,b=-3,写出下面表达式的运算结果。
（1）-a%b++　（2）(a>=1&&a<=12? a:b)　（3）a++%b--
7. 编写一个 Java Application，将给定的摄氏温度转换为华氏温度。摄氏温度转换为华氏温度的公式为：$F=1.8\times C+32$。

第 3 章　运算符、表达式和语句

本章导图：

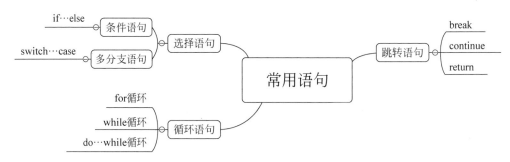

主要内容：
- 运算符与表达式。
- 选择控制。
- 循环控制。
- 跳转控制。

难点：
- 循环语句与跳转语句的掌握。

3.1　运　算　符

运算符就是用来进行运算的符号。运算符通常必须与操作数一起使用组成Java的表达式才有意义。Java的运算符有多种，分为赋值运算符、算术运算符、关系运算符和逻辑运算符等。运算符按操作数的个数又可为单目运算符（如++、—）、双目运算符（如＋、>）和三目运算符。

3.1.1　赋值运算符与赋值表达式

赋值运算符为"＝"，用于将运算符右边表达式的值赋给左边的变量。赋值运算符的使用格式如下。

变量 = 表达式;

下面是一些简单的赋值运算示例。

j = 1;

```
k = j;
l = i + j * 4;
```

3.1.2 算术运算符与算术表达式

算术运算符用于完成算术运算,有双目运算符、单目运算符两种。

1. 双目算术运算符

双目算术运算符如表 3.1 所示。

表 3.1 双目运算符

运算符	运算	例子	解释
+	加	a+b	求 a 与 b 相加的和
—	减	a—b	求 a 与 b 相减的差
*	乘	a*b	求 a 与 b 相乘的积
/	除	a/b	求 a 与 b 相除的商
%	求余	a%b	求 a 除以 b 所得的余数

Java 对加运算符进行了扩展,使它能够进行字符串的连接,如"abc"+"de",得到字符串"abcde"。与 C、C++不同,对取模运算符%来说,其操作数可以为浮点数,如 37.2%10=7.2。

2. 单目算术运算符

单目算术运算符如表 3.2 所示。

表 3.2 单目算术运算符

运算符	运算	例子	解释
++	自增 1	a++或++a	a=a+1
--	自减 1	a--或--a	a=a-1
-	求相反数	-a	a=-a

需要注意的是,"++"和"--"在变量左右使用的区别。例如,i++与++i 是不一样的,i++发生在使用 i 之后,使 i 的值加 1;++i 发生在使用 i 之前,使 i 的值加 1。i--与--i 类似。

例如:

```
int x = 2;
int y = (++x) * 3;
```

运行结果是 x=3;y=9。

又例如:

```
int x = 2;
int y = (x++) * 3;
```

运行结果是 x=3,y=6。

这是为什么呢?因为第一个例子中是 x 已经等于 3 后再算 y,而后一个例子中则是先用 x=2 算出 y 后,再算 x,因为++符号在后面,这就是++x 和 x++的区别。下面的例子说明了算术运算符的使用。

例 3.1

Example3_1.java

```java
public class Example3_1{
    public static void main(String[] args) {
        // TODO code application logic here
        int a = 5 + 4;          //a = 9
        int b = a * 2;          //b = 18
        int c = b / 4;          //c = 4
        int d = b - c;          //d = 14
        int e = -d;             //e = -14
        int f = e % 4;          //f = -2
        double g = 18.4;
        double h = g % 4;       //h = 2.4
        int i = 3;
        int j = i++;            //i = 4,j = 3
        int k = ++i;            //i = 5,k = 5
        System.out.print("a = " + a);
        System.out.println(" b = " + b);
        System.out.print("c = " + c);
        System.out.println(" d = " + d);
        System.out.print("e = " + e);
        System.out.println(" f = " + f);
        System.out.print("g = " + g);
        System.out.println(" h = " + h);
        System.out.print("i = " + i);
        System.out.println(" j = " + j);
        System.out.println("k = " + k);
    }
}
```

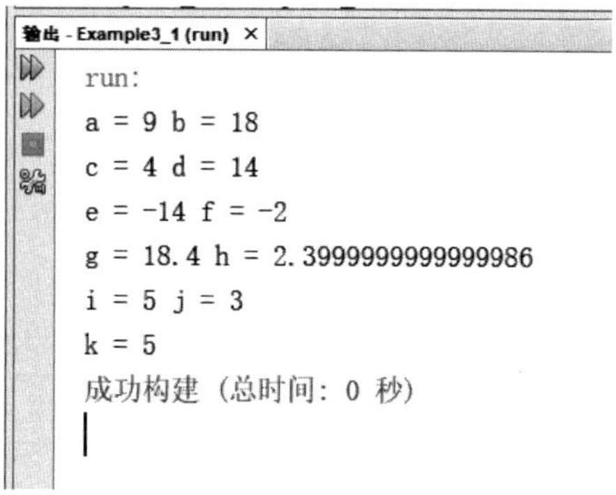

例 3.1 的程序运行结果如图 3.1 所示。

图 3.1 例 3.1 的程序运行结果

3.1.3 关系运算符与关系表达式

关系运算符用来比较两个值,比较结果是布尔类型的值 true 或 false。关系运算符都是二元运算符,如表 3.3 所示。

表 3.3 关系运算符

运算符	运算	例子	解释
==	等于	a==b	a 等于 b 为真,否则为假
!=	不等于	a!=b	a 不等于 b 为真,否则为假
>	大于	a>b	a 大于 b 为真,否则为假
<	小于	a<b	a 小于 b 为真,否则为假
>=	大于或等于	a>=b	a 大于或等于 b 为真,否则为假
<=	小于或等于	a<=b	a 小于或等于 b 为真,否则为假

关系运算的结果是布尔值,只有"真"和"假"两种取值,例如:

```java
int x = 5, y = 7;
boolean b = (x == y);
```

则 b 的值是 false。

Java 中，任何数据类型的数据（包括基本类型和组合类型）都可以通过==或!=来比较是否相等（这与 C/C++不同）。关系运算的结果返回 true 或 false，而不是 C/C++中的 1 或 0。关系运算符常与逻辑运算符一起使用，作为流控制语句的判断条件，如 if(a>b&&b==c)。

3.1.4 逻辑运算符与逻辑表达式

布尔逻辑运算符用来进行布尔逻辑运算，逻辑运算是针对布尔型数据进行的运算，运算的结果仍然是布尔型量。常用的布尔逻辑运算符如表 3.4 所示。

表 3.4 常用的逻辑运算符

运算符	运算	例子	解释
&	与	x&y	x,y 都为真时结果才为真
|	或	x|y	x,y 都为假时结果才为假
!	非	!x	x 为真时结果为假，x 为假时结果为真
^	异或	x^y	x,y 都为真或都为假时结果为假
&&	简洁与（条件与）	x&&y	x,y 都为真时结果才为真
||	简洁或	x||y	x,y 都为假时结果才为假

对于布尔逻辑运算，先求出运算符左边的表达式的值，对"或"运算，如果为 true，则整个表达式的结果为 true，不必对运算符右边的表达式再进行运算。同样，对"与"运算，如果左边表达式的值为 false，则不必对右边的表达式求值，整个表达式的结果为 false。

例 3.2 关系运算符和布尔逻辑运算符的使用。

Example3_2.java

```
public class Example3_2{
    public static void main(String args[]){
        int a = 25,b = 3;
        boolean d = a < b;           //d = false
        System.out.println("a<b = " + d);
        int e = 3;
        if(e!= 0 && a/e > 5)
            System.out.println("a/e = " + a/e);
        int f = 0;
        if(f!= 0 && a/f > 5)
            System.out.println("a/f = " + a/f);
        else
            System.out.println("f = " + f);
    }
}
```

例 3.2 的程序运行结果如图 3.2 所示。

注意：例 3.2 中，第二个 if 语句在运行时不会发生除 0 溢出的错，因为 e!=0 为 false，所以就不需要对 a/e 进行运算了。

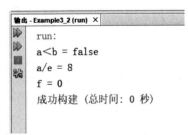

图 3.2 例 3.2 的程序运行结果

3.1.5 位运算符

位运算是对操作数以二进制位为单位进行的操作和运算,位运算的操作数和结果都是整形变量。Java 中提供了如表 3.5 所示的位运算符。

表 3.5 常见的位运算符

运算符	运算	例子	解释
~	位反	~x	将 x 逐位取反
&	位与	x&y	x、y 逐位进行与操作
|	位或	x|y	x、y 逐位进行或操作
^	位异或	x^y	x、y 逐位进行,相同取 0,相异取 1
<<	左移	x << y	x 向左移动,位数是 y
>>	右移	x >> y	x 向右移动,位数是 y
>>>	不带符号右移	x >>> y	x 向右移动,位数是 y,空位补 0

位运算符中,除"~"以外,其余均为二元运算符。操作数只能为整型和字符型数据。

3.1.6 三目运算符和复杂运算符

Java 除了一般的运算符外,还有三目运算符和复杂运算符。

Java 中的三元运算符与 C 语言中的三元运算符完全相同,使用格式为:

x?y:z;

运算时先计算 x 的值,若 x 为真,整个表达式的结果为表达式 y 的值;若 x 为假,则整个表达式的值为表达式 z 的值。

例如:

int x = 5, y = 8, z = 2;
int k = x < 3?y:z;   //因为 x<3,所以 k = 2
int j = x > 0?x: - x;   //y 的值始终为 x 的绝对值

复杂运算符是在先进行某种运算后,再把运算结果赋给变量。表 3.6 列举出了复杂运算符及相关运算实例。

表 3.6 复杂运算符

运算符	实例	解释
+=	x+=a	x=x+a
-=	x-=a	x=x-a
*=	x*=a	x=x*a
/=	x/=a	x=x/a
%=	x%=a	x=x%a
&=	x&=a	x=x&a
|=	x|=a	x=x|a
^=	x^=a	x=x^a

续表

运算符	实例	解释
<<=	x <<= a	x = x << a
>>=	x >>= a	x = x >> a
<<<=	x <<<= a	x = x <<< a

3.1.7 instanceof 运算符

在强制转换前，可使用 instanceof 运算符判断是否可以成功转换，从而避免异常产生。instanceof 运算符前面使用对象的引用，后面是一个类或接口。返回一个逻辑类型值，指出对象是否是特定类的一个实例。instanceof 运算符用法：

<引用变量> instanceof <类名称/接口名称>

如果引用变量是类名称/接口名称的一个实例，则 instanceof 运算符返回 true。如果引用变量不是类名称/接口名称的一个实例，或者引用变量是 null，则返回 false。

3.1.8 运算符优先级

运算符的优先级决定了表达式中不同运算执行的先后顺序，而运算符的结合性决定了并列的相同运算的先后执行顺序。表 3.7 列出了 Java 语言中主要运算符的优先级和结合性。

表 3.7 运算符优先级

优先级	运算符	描述	结合性
1	. [ ] ( )	域、数组、括号	从左至右
2	++ -- ! ~	单目运算符	从右至左
3	* / %	乘、除、取余	从左至右
4	+ -	加、减	从左至右
5	<< >> >>>	位运算	从左至右
6	< <= > >=	逻辑运算	从左至右
7	== !=	逻辑运算	从左至右
8	&	按位与	从左至右
9	^	按位异或	从左至右
10	|	按位或	从左至右
11	&&	逻辑与	从左至右
12	||	逻辑或	从左至右
13	?:	条件运算符	从右至左
14	= *= /= %= += -= <<= >>= >>>= &= ^= |=	赋值运算符	从右至左

3.2 选择(条件)控制

条件分支语句提供了一种根据条件判断的结果进行程序流程控制的方法,使得程序的执行可以跳过一些语句不执行,而转去执行特定的语句。

3.2.1 条件语句(if…else)

if…else 语句根据判定条件的真假来执行两种操作中的一种,它的格式为:

```
if (条件表达式)
语句块 1;
[else
语句块 2;]
```

语法说明:

(1) 若条件表达式的值为 true,则程序执行语句块 1,否则执行语句块 2。

(2) 每个单一的语句后都必须有分号。

(3) 语句块 1、2 可以为复合语句,这时要用大括号{}括起。建议对单一的语句也用大括号括起来,这样程序的可读性强,可以在其中添加新的语句,有利于程序的扩充。{}外面不加分号。

(4) else 子句是任选的。

(5) else 子句不能单独作为语句使用,它必须和 if 配对使用。else 总是与离它最近的 if 配对。可以通过使用大括号{}来改变配对关系。if…else 语句可以嵌套使用。

下面的例子中,嵌套使用了 if…else 语句。

```
if(testscore >= 90){
grade = 'A';
}else if(testscore >= 80){
grade = 'B';
}else if(testscore >= 70){
grade = 'C';
}else if(testscore >= 60){
grade = 'D';
}else{
grade = 'F';
}
```

例 3.3 比较两个数的大小,并按从小到大的次序输出。

Example3_3.java

```
public class Example3_3{
  public static void main(String args[]){
        double d1 = 23.4;
    double d2 = 35.1;
        if(d2 >= d1)
```

```
            System.out.println(d2 + " >= " + d1);
        else
            System.out.println(d1 + " >= " + d2);
    }
}
```

例 3.3 的程序运行结果如图 3.3 所示。

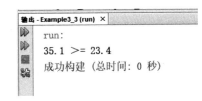

图 3.3　例 3.3 的程序运行结果

3.2.2　多分支语句(switch…case)

switch 语句又称为多分支语句,它根据表达式的值来选择执行多个操作中的一个,它的一般格式如下。

```
switch (表达式){
case 判断值 1: 语句块 1; break;
case 判断值 2: 语句块 2; break;
…
case 判断值 n: 语句块 n; break;
[default: 语句块 n + 1;]
}
```

语法说明:

(1) switch 语句首先计算表达式,根据表达式的返回值与每个 case 子句中的判断值进行比较,如果相等,则执行该 case 子句后的语句块。

(2) 表达式的类型必须是 byte、short、int 型和字符型,case 子句中的判断值必须为常量,类型与表达式的类型相同,所有 case 子句中的判断值的值是不同的。

(3) default 子句是可选的。当表达式的值与任一 case 子句中的判断值都不相等时,程序执行 default 后面的语句块。如果表达式的值与任一 case 子句中的判断值都不相等且没有 default 子句时,则程序不做任何操作,而是直接跳出 switch 语句。

(4) break 语句用来在执行完一个 case 分支后,跳出 switch 语句,即终止 switch 语句的执行。因为 case 子句只是起到一个标号的作用,用来查找匹配的入口值,从此处开始执行,对后面的 case 子句不再进行匹配,而是直接执行其后的语句序列,因此应该在每个 case 分支后,用 break 来终止后面的 case 分支语句的执行。

在一些特殊情况下,多个不同的 case 值要执行一组相同的操作,这时可以不用 break。

(5) switch 语句的功能可以用 if…else 来实现,但在某些情况下,使用 switch 语句更简练,可读性更强,且程序的执行效率更高。

例 3.4　根据考试成绩的等级打印出百分制分数段。从本例中可以看到 break 语句的作用。

Example3_4.java

```
public class Example3_4{
 public static void main( String args[] ){
    System.out.println(" ** 正确用法 ** ");
        char grade = 'C';            //正确用法
    switch( grade ){
            case 'A':
                System.out.println(grade + " is 85～100");
            break;
```

```java
                case 'B':
                System.out.println(grade + " is 70~84");
                break;
                case 'C':
                System.out.println(grade + " is 60~69");
                break;
                case 'D':
                System.out.println(grade + " is <60");
                break;
                default:
                    System.out.println("输入错误");
            }
            System.out.println(" ** 不含 break 的 case 语句 ** ");
            grade = 'A';           //一个不含 break 的 case 语句
        switch( grade ){
            case 'A':
                System.out.println(grade + " is 85~100");
            case 'B':
                System.out.println(grade + " is 70~84");
            case 'C':
                System.out.println(grade + " is 60~69");
            case 'D':
                System.out.println(grade + " is <60");
        default:
            System.out.println("输入错误");
            }
        System.out.println(" ** 部分含 break 的 case 语句 ** ");
        grade = 'B';              //部分含 break 的 case 语句
        switch( grade ){
          case 'A':
          case 'B':
          case 'C':
        System.out.println(grade + " is >= 60");
            break;
            case 'D':
        System.out.println(grade + " is <60");
            break;
            default:
            System.out.println("输入错误");
        }
    }
}
```

例 3.4 的程序运行结果如图 3.4 所示。

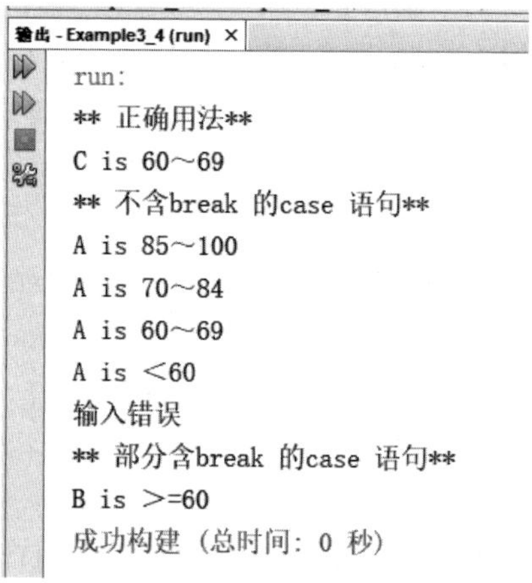

图 3.4 例 3.4 的程序运行结果

3.3 循环控制

循环语句的作用是反复执行一段代码,直到满足终止循环的条件为止。

一个循环语句一般应包括以下四部分内容。

循环初始化部分,用来设置循环的一些初始条件,使计数器清零等。

循环体部分,这是反复循环的一段代码,可以是单一的一条语句,也可以是复合语句。

迭代部分,这是在当前循环结束后,下一次循环开始前时执行的语句,常常用来使循环计数器加1或减1。

终止部分,通常是一个条件表达式,每一次循环要对该表达式求值,以验证是否满足循环终止条件。

Java 提供的循环语句有 for 语句、while 语句、do…while 语句等。

3.3.1 for 语句

for 语句是最常使用的一种循环语句,它的一般格式为:

for(初始化表达式;终止表达式;迭代表达式){
循环体}

语法说明:

(1) for 语句执行时,首先执行初始化操作,然后判断终止条件是否满足,如果满足,则执行循环体中的语句,最后执行迭代部分。完成一次循环后,重新判断终止条件。

(2) 可以在 for 语句的初始化部分声明一个变量,它的作用域为整个 for 语句。

(3) for 语句通常用来执行循环次数确定的情况(如对数组元素进行操作),也可以根据循环结束条件执行循环次数不确定的情况。

(4) 在初始化部分和迭代部分可以使用逗号语句,来进行多个操作。逗号语句是用逗号分隔的语句序列。例如:

```
for(i = 0,j = 10;i < j;i++,j-- ){
   …
}
```

(5) 初始化、终止以及迭代部分都可以为空语句(但分号不能省),三者均为空的时候,相当于一个无限循环。

3.3.2 while 语句

while 语句实现当型循环,即先判断再决定是否执行循环体。while 语句的一般格式为:

while(条件表达式){
循环体
}

语法说明:

(1) 当条件表达式的值为 true 时,循环执行大括号中的语句。

(2) while 语句首先计算终止条件,当条件满足时,才去执行循环体中的语句,这是当型循环的特点。

例 3.5　一个双重循环的例子。程序的功能是在屏幕上输出一个三角形。

Example3_5.java

```
public class Example3_5 {
    public static void main(String[] args) {
```

```
        int i = 1, j, n = 5;
        while (i <= n) {
            for (j = 1; j <= i * 2 - 1; j++) {
                System.out.print(" * ");
            }
            i++;
            System.out.println();
        }
    }
}
```

例 3.5 的程序运行结果如图 3.5 所示。

程序的第一重循环即 while 循环,用于控制构成三角形的行数。第二重 for 循环用于控制每一行 * 的个数,它的循环次数要随着第一重的循环变量 i 变化。当 i=1 时,它要循环 i×2-1 遍,也就是 1 遍,当 i=5 时,它要循环 5×2-1=9 遍。

另外,程序打印出来的三角形高度不是固定的,可以通过修改 n 的值而使得三角形具有不同的高度。

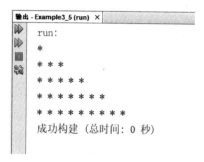

图 3.5 例 3.5 的程序运行结果

3.3.3 do…while 语句

do…while 语句的判断过程正好与 while 语句相反,它是先执行循环体再判断决定是否执行下一次循环。do…while 语句一般格式为:

```
do{
循环体
}while (条件表达式);
```

语法说明:

(1) do…while 语句首先执行循环体,然后计算终止条件,若结果为 true,则循环执行大括号中的语句,直到布尔表达式的结果为 false。

(2) 与 while 语句不同的是,do…while 语句的循环体至少执行一次,这是它的特点。

例 3.6 用 while、do…while 和 for 语句实现累加求和,可以比较这三种循环语句的使用方式。

Example3_6.java

```
public class Example3_6 {
    public static void main(String[] args) {
        System.out.println(" ** while 语句 ** ");
        int n = 10, sum = 0;
        while (n > 0) {
            sum += n;
            n--;
        }
        System.out.println("sum is " + sum);
```

```
        System.out.println(" ** do_while 语句 ** ");
        n = 0;
        sum = 0;
        do {
            sum += n;
            n++;
        } while (n <= 10);
        System.out.println("sum is " + sum);
        System.out.println(" ** for 语句 ** ");
        sum = 0;
        for (int i = 1; i <= 10; i++) {
            sum += i;
        }
        System.out.println("sum is " + sum);
    }
}
```

例 3.6 的程序运行结果如图 3.6 所示。

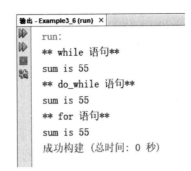

图 3.6　例 3.6 的程序运行结果

3.4　跳 转 控 制

在程序执行时，跳转控制语句可使程序的执行流程转向。Java 的跳转控制语句有 break、continue 和 return 三种。Java 中没有 goto 语句来实现任意的跳转，因为 goto 语句会破坏程序的可读性，而且影响编译的优化。

3.4.1　break 语句

在 switch 语中，break 用来终止 switch 语句的执行，程序流程转向 switch 语句后的第一条语句。同样，在循环语句 for、while、do…while 中，break 立即终止正在执行的循环，程序流程转向循环语句后的第一条语句。

break 语句分为不带标号的 break 语句和带标号的 break 语句。

不带标号的 break 的语法格式为：

break;

带标号的 break 的语法格式为：

标号：语句块
break 标号；

语法说明：

(1) 不带标号的 break 语句终止当前语句的执行，程序流程转向到从当前语句的下一条语句开始执行。

(2) 带标号的 break 语句从当前正在执行的程序中跳出，程序流程转向到标号后语句开始执行。

例如在以下代码中，执行了 break b 后，程序流程转向到用标号 b 标识的、用大括号{}

括起来的一段代码。

```
{ …
b:      { …                          //标号 b
        { …
        break b;                     //转移到标号 b 后的语句块执行
        …
        }
        …
        }
        …
}
```

可以看出,Java 用 break 语句可实现 goto 语句所特有的一些优点。如果 break 语句后指定的标号不是一个代码块的标号,而是一个语句,则这时 break 语句完全实现 goto 语句的功能,不过应该避免这种方式的使用。

3.4.2 continue 语句

continue 语句只能用在循环语句中,它中断本次循环,立即开始下次循环。

continue 语句也分为不带标号的 continue 语句和带标号的 continue 语句。

不带标号的格式为:

continue;

带标号的格式为:

continue 标号;

语法说明:

(1) 不带标号的 continue 语句使控制无条件地转移到循环语句的条件判定部分,即首先结束本次循环,跳过循环体中下面尚未执行的语句,接着进行终止条件的判断,以决定是否继续循环。对于 for 语句,在进行终止条件的判断前,还要先执行迭代语句。

(2) 带标号的 continue 语句通常用在多重循环中,标号应放在外循环的开始处。例如,在以下代码中,当满足 j>i 的条件时,程序执行 continue outer 后,立即从内循环跳转到标号 outer 标志的外循环。

```
outer: for( int i = 0; i < 10; i++){        //外循环
    for( int j = 0; j < 20; j++){           //内循环
        if( j > i ){
            …
            continue outer;                 //跳出内循环,开始下一次外循环
        }
        …
    }
    …
}
```

例 3.7 求 100~200 的所有素数。本例通过一个嵌套的 for 语句来实现。
Example3_7.java

```
public class Example3_7{
    public static void main(String args[]){
        System.out.println("　** 界于 100 —— 200 的素数 **");
        int n = 0;
            outer: for(int i = 101; i < 200; i += 2){
        int k = 15;
            for(int j = 2; j <= k; j++){
            if(i % j == 0)
continue outer;
            }
        System.out.print(" " + i);
        n++;
            if(n < 10)
continue;
            System.out.println();
        n = 0;
        }
        System.out.println();
    }
}
```

例 3.7 的程序运行结果如图 3.7 所示。

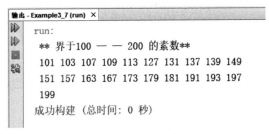

图 3.7　例 3.7 的程序运行结果

3.4.3　return 语句

return 语句从当前方法中返回到调用该方法的语句处，并继续执行后面的语句(有关方法的内容，将在第 6 章介绍)。返回语句有以下两种格式。

第一种格式：

return 表达式；

第二种格式：

return；

语法说明：

(1) 第一种 return 语句返回一个值给调用该方法的语句，返回值的数据类型必须与在方法声明中的返回值类型一致,如果不一致可以使用强制类型转换来使类型一致。

(2) 第二种 return 语句不返回任何值。

(3) return 语句通常用在一个方法体的最后,退出该方法并返回一个值。Java 中单独的 return 语句用在一个方法体的中间时,会产生编译错误,因为这时会有一些语句执行不到。但可以通过把 return 语句嵌入某些语句中(如 if…else)使程序在未执行完方法中的所有语句时退出。

例如在下例中,方法 method 根据 num 是否大于 0,决定是否返回整数 num。

```
int method (int num){
if (num>0)
return num;                          //如果 num>0 ,返回整数 num
…
}
```

3.5 其他语句

Java 除了常规的流程控制语句外,还有特殊的语句,如异常处理语句。另外,Java 同样也有注释语句,用来专门在程序中给出注释。

异常处理语句包括 try、catch、finally 以及 throw、throws 语句。异常处理语句是 Java 所特有的,将在后面章节中做专门的介绍。

Java 中可以采用下面三种注释方式。

//——用于单行注释。注释从//开始,终止于行尾。

/* … */——用于多行注释。注释从/* 开始,到 */结束,且这种注释不能互相嵌套。

/** … */——是 Java 所特有的 java doc 注释。它以/** 开始,到 */结束。这种注释主要是为支持 JDK 工具 javadoc 而采用的。javadoc 能识别注释中用标记@标识的一些特殊变量,并把 java doc 注释加入它所生成的 HTML 文件。对 javadoc 的详细讲述可参见 JDK 的相关工具参考书。

3.6 应用实例:图形界面的简单计算器

应用实例
视频讲解

利用 NetBeans 可视化的图形界面开发工具,结合本章所学内容可实现一个图形界面的简单计算器。

打开 NetBeans 开发工具,选择"文件"→"新建项目"命令,项目名称设置为"JFrameCal",主类设置为"Main",如图 3.8 所示。

项目建立完成后,鼠标右击主类 Main.java 所在的包 jframecal,在弹出的快捷菜单中选择"新建"→"JFrame 窗体"命令,如图 3.9 所示。

在新建窗体的对话框中将类命名为 CalJFrame,如图 3.10 所示。

选中新建的 CalJFrame.java,可以通过 NetBeans 的可视化功能对计算器的界面进行编辑,在开发工具右上侧的组件面板中选中"文本字段",可用鼠标拖放到窗体上,并可适当调整其大小和位置,如图 3.11 所示。文本字段可用于让用户输入文本信息。

图 3.8 新建 Java 应用程序

图 3.9 选择"新建"→"JFrame 窗体"命令

图 3.10 在"New JFrame 窗体"对话框设置名称和位置

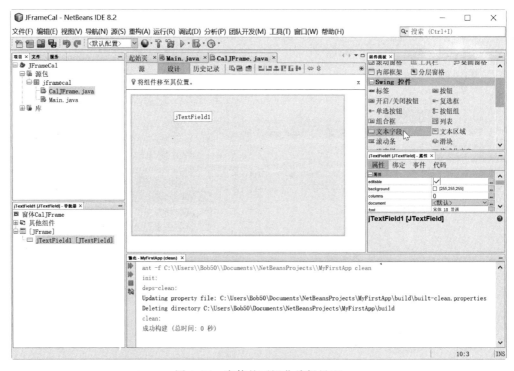

图 3.11 窗体的可视化编辑界面

继续在窗体中拖入另一个文本字段。这两个文本字段用于用户录入两个操作数。选中任一文本字段,在开发工具的右下侧属性窗体中,可将文本字段的 Text 属性设置为空,如图 3.12 所示。

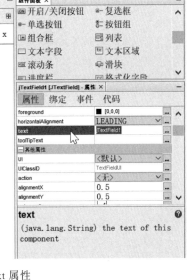

图 3.12　修改文本字段的 Text 属性

在窗体中继续拖放入一个组合框,单击组合框的 model 属性按钮,如图 3.13 所示。

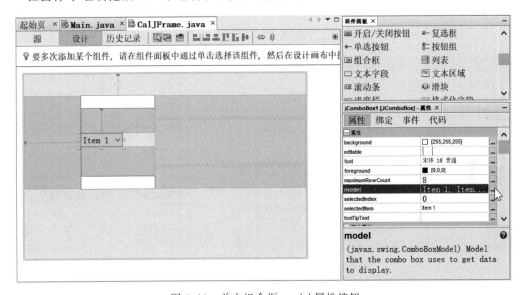

图 3.13　单击组合框 model 属性按钮

在 model 属性的设置对话框中,将组合框项设置为"＋、一、＊、/"四项,如图 3.14 所示。通过该组合框可让用户选中适当的运算符进行运算。

最后在窗体上拖入一个标签和一个按钮组件。将标签的 Text 属性设置为"结果",用于显示最终的运行结果。将按钮的 Text 属性设置为"运算",单击该按钮进行运算,并将运算结果显示在结果标签上。最终的界面如图 3.15 所示。

至此,整个计算器的界面由两个文本字段、一个组合框、一个标签和一个按钮构成。在开发工具左下角的"导航器"窗口中可以看到,这些组件所对应的对象名依次为

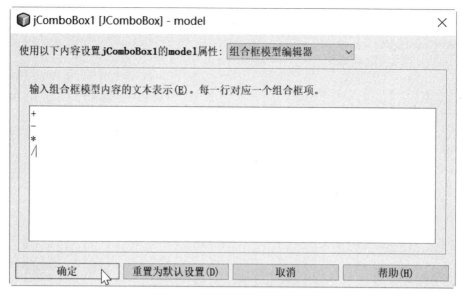

图 3.14 组合框 model 属性的设置

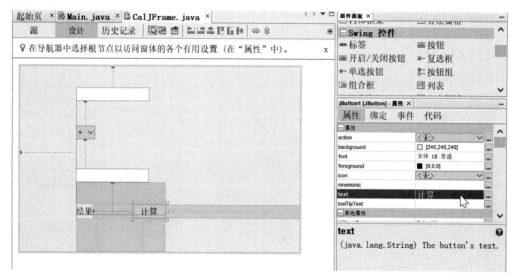

图 3.15 修改按钮的 Text 属性

jTextField1、jTextField2、jComboBox1、jLabel1 和 jButton1,如图 3.16 所示。

单击 CalFrame.java 的"源"视图可切换到该类的源代码编辑界面,单击"设计"视图可重新切换到可视化的编辑界面,如图 3.17 所示。

在源代码编辑界面,CalJFrame 类中定义三个私有成员变量,如图 3.18 所示。

同第 2 章控制台简单计算器类似,double 类型的 num1 和 num2 这两个变量用来保存运算用的操作数 1 和操作数 2;而 char 类型的 sign 变量用来保存所使用的运算符。

重新切换至"设计"视图,鼠标右击"计算"按钮,在弹出的右键菜单中依次选择"事件"→Action→actionPerformed 命令,为"计算"按钮增加相应的单击事件的处理程序(具体原理会

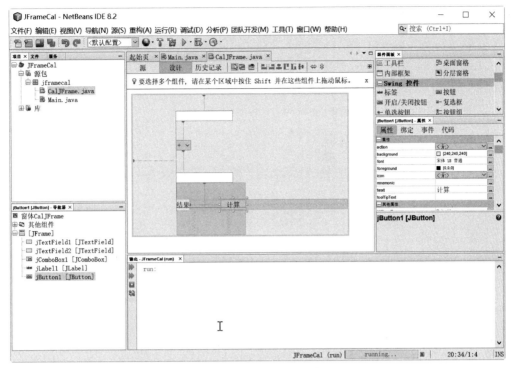

图 3.16 开发工具左下角的"导航器"窗体

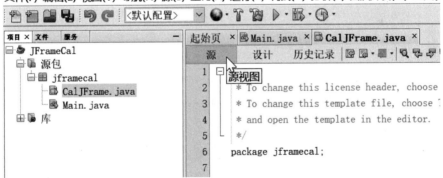

图 3.17 "源"视图与"设计"视图

在第 9 章 Java Swing 图形用户界面中进行详细阐述)。在自动生成的 jButton1ActionPerformed (java.awt.event.ActionEvent evt)方法中对计算过程进行具体实现,其详细代码如下。

```
private void jButton1ActionPerformed(java.awt.event.ActionEvent evt) {
    //通过文本字段获得第一个操作数
    String snum1 = this.jTextField1.getText().trim();
    //通过文本字段获得第二个操作数
    String snum2 = this.jTextField2.getText().trim();
```

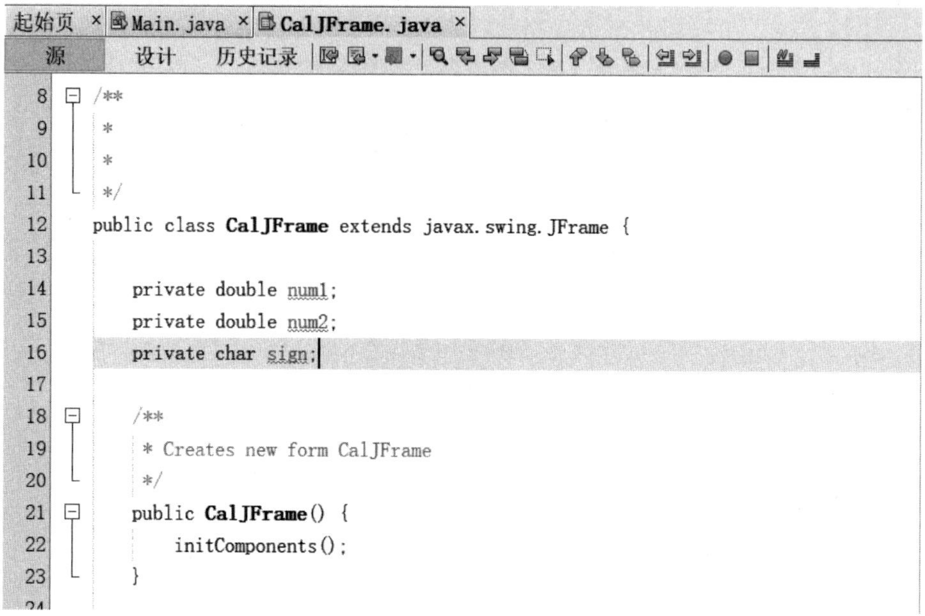

```
  8   /**
  9    *
 10    *
 11    */
 12   public class CalJFrame extends javax.swing.JFrame {
 13
 14       private double num1;
 15       private double num2;
 16       private char sign;
 17
 18       /**
 19        * Creates new form CalJFrame
 20        */
 21       public CalJFrame() {
 22           initComponents();
 23       }
```

图 3.18 在 CalJFrame 类中定义三个私有成员变量

```
//将第一个操作数由 String 类型转换为 double 类型
num1 = Double.parseDouble(snum1);
//将第二个操作数由 String 类型转换为 double 类型
num2 = Double.parseDouble(snum2);
//通过组合框获取运算符
sign = this.jComboBox1.getSelectedItem().toString().charAt(0);
//设置运算结果,初始值为 0
double result = 0;
//根据运算符进行相应运算
switch(sign)
{
    case '+':
        result = num1 + num2;
        break;
    case '-':
        result = num1 - num2;
        break;
    case '*':
        result = num1 * num2;
        break;
    case '/':
        result = num1 / num2;
        break;
}
//将运算结果转换为 String 类型设置到标签的 Text 属性
this.jLabel1.setText(String.valueOf(result));
}
```

图形界面的简单计算器的程序运行结果如图 3.19 所示。

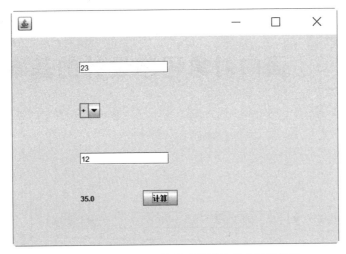

图 3.19　图形界面的简单计算器的程序运行结果

小　　结

本章重点介绍了 Java 表达式和各种运算符的使用方法、Java 的控制语句(用于判断的 if 和 if…else，选择结构 switch，循环结构 do…while、while、for)，并介绍了跳转语句的使用。在编写程序的时候，构造良好的控制结构，可提高整个程序的质量和可读性。

习　　题

1. 用 for 循环结构求出 1～100 中所有偶数的和。
2. 用 while 循环语句和计数变量 x 打印 1～50 中的奇数。要求每行只打印 6 个。
3. 编制程序计算 1+1/2+1/4+1/8+…+1/100 的和。
4. 编制程序输出一个杨辉三角形。
5. 求阶乘 $n!$，分别采用 int 和 long 数据类型，看 n 在什么取值范围内，结果不会溢出。
6. 输出 100 000 以内的所有完全数，如果一个数恰好等于它的所有真因子(即除了自身以外的约数)的和，则称该数为"完全数"。例如，第一个完全数是 6，它有约数 1、2、3、6，除去它本身 6 外，其余 3 个数相加 1+2+3=6。

第 4 章　面向对象程序设计的基本概念

本章导图：

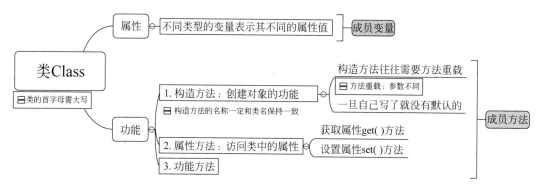

主要内容：
- 类和对象。
- 类的定义和引用。
- 对象的创建和引用。
- 成员变量的定义和引用。
- 方法的声明和调用。
- 方法的重载。
- 包的定义和引用。
- 访问权限的应用。

难点：
- 方法的重载。
- 类的定义和引用。
- 对象的创建和引用。
- 访问权限的应用。

面向对象的程序设计方法按照现实世界的特点，把复杂的事物抽象为对象。对象具有自己的状态和行为，通过对消息的反应来完成一定的任务。

本章介绍有关面向对象的基本概念，如类的定义与封装、对象的创建、成员变量及方法等，这些概念将在后面的章节中被使用，因为面向对象是 Java 的重要特征。

4.1　Java 面向对象基础

面向对象思想有两大特点,即抽象和封装。面向对象正是通过抽象和封装来反映和描述现实世界中存在的事物的。

抽象就是从研究的现实世界事物中抽取与工作有关的、能反映事物性质的东西,把它用对象来进行描述。类又是对一组具有相同特性对象的抽象,若将类进行实例化与具体化,则会生成这个类中的一个个对象。Java 是通过类来创建一个个对象,从而达到代码复用的目的的。

封装则是在描述对象时,把对象的数据和对这些数据进行处理的操作结合起来,形成对象的两大组成部分。封装使对象只表现出外部功能和特性,而内部的实现细节则不表现出来。Java 的对象就是变量和方法的集合,其中,变量表示这个对象的状态,方法实现这个对象所具有的行为。

面向对象的基本特征如下。

1. 封装性

封装就是隐藏对象的属性和实现细节,仅对外公开接口,控制在程序中属性的读和修改的访问级别,将抽象得到的数据和行为(或功能)相结合,形成一个有机的整体,也就是将数据与操作数据的源代码进行有机的结合,形成"类",其中,数据和函数都是类的成员。

封装的目的是增强安全性和简化编程,使用者不必了解具体的实现细节,而只是要通过外部接口,以特定的访问权限来使用类的成员。

面向对象与面向过程不同,面向过程关心处理的逻辑、流程等问题,而不关心事件主体。而面向对象即面向主体,所以在解决问题时应该先进行对象的封装(对象是封装类的实例,比如张三是人,人是一个封装类,张三只是对象中的一个实例、一个对象)。比如日常生活中的小兔子、小绵羊都可以封装为一个类。

2. 继承性

继承是面向对象的基本特征之一,继承机制允许创建分等级层次的类。继承就是子类继承父类的特征和行为,使得子类对象(实例)具有父类的实例域和方法,或子类从父类继承方法,使得子类具有父类相同的行为。

继承之间是子父类的关系。继承机制可以很好地描述一个类的生态,也提高了代码复用率,在 Java 中的 Object 类是所有类的超类,所有类都直接或间接派生于 Object 类。

3. 多态性

多态是同一个行为具有多个不同表现形式或形态的能力,是指一个类实例(对象)的相同方法在不同情形有不同表现形式。多态机制使具有不同内部结构的对象可以共享相同的外部接口。这意味着,虽然针对不同对象的具体操作不同,但通过一个公共的类,它们(那些操作)可以通过相同的方式予以调用。

本章主要阐述类的封装性,第 5 章将详细阐述面向对象的继承性和多态性。

4.1.1　类和对象

现实世界中的任何东西都可以是对象。通过封装对象的属性和反映对象行为的方法,可以构造与现实世界具体事物相对应的抽象模型。类是对象的抽象及描述。类刻画了一组具有公共特性的对象。

类是一个静态的概念,它是一个模型,而对象则对应一个值。对象是一个具体的存在,它是类的具体实例化。类与对象的关系相当于模型和具体实例的关系。

单一对象本身并不是很有用处,多个对象合作工作才能完成比较复杂的工作。在一个较大类型程序中往往包含许多对象,通过这些对象的信息交互,可以使程序完成各种功能。

在面向对象的程序设计语言中,世界被看成独立存在的各种对象的集合,对象相互间通过消息来通信。因而面向对象的程序设计语言以对象为中心,而不以具体的处理过程为中心。

例如,在现实生活中,我们想要在墙上钉上一幅画,那么首先会有一个解决问题的思路:用锤子敲钉子将画固定在墙上,如图4.1所示。

面向对象的思想更为接近人的自然思维,而人的自然思维更容易通过抽象的概念来解决问题。在上面固定画的这条思路中所使用到的锤子和钉子就是抽象的概念,可以理解为类。有了这些抽象的概念能够使我们更容易把握事物的本质特征,从而有利于解决问题。在具体的实践中,我们可能会选用一个羊角锤或平角锤,使用5颗3cm长的钉子,这些具体的锤子和钉子就可以看成是锤子或钉子的类所产生的对象,如图4.2所示。

图4.1 将画固定在墙上的示意图

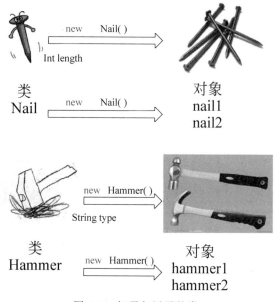

图4.2 钉子与锤子的类

钉子Nail类中有属性长度(length),使用该类可以生成各种不同长度的钉子的对象。而锤子Hammer类中有属性类型(type),可使用该类生成各种不同类型的锤子对象,如羊角锤或平角锤。而这些所生成的对象在内存中才会被分配空间,才是真正具体的存在。类是反映事物本质特征的抽象的概念,而对象是由类所生成的具体的事物。解决问题的关键是类,而在实际中真正解决问题的是具体的对象,因此具体的问题需要面向对象来解决。而在面向对象中关键是要定义好类,采用抽象的类的概念有利于我们形成解决问题的思路,最终通过类所创建的对象解决问题。

4.1.2 类的定义

把众多的事物归纳、划分成一些类是人类在认识客观世界时经常采用的思维方法。分类的原则是抽象。类是具有相同属性和功能的一组对象的集合,它为属于该类的所有对象提供了统一的抽象描述,其内部包括属性和功能两个主要部分。

Java 的类是组成 Java 程序的基本单位,因此编写 Java 程序的过程实际上就是编写类的过程。

下面的程序给出了一个简单 HelloWorldApp 类的定义。

```
public class HelloWorldApp{
    public static void main(String args[]){
        System.out.println("HelloWorld!");
    }
}
```

由上例可以看出,一个类在使用前必须要声明,类名 HelloWorldApp 后用大括号{}括起来的部分为类体(body)。

Java 的类是由类声明和类体两部分构成的。类中定义的成员变量和方法的数量不受限制。

1. 类声明

类声明定义的格式为:

[类修饰符] class 类名 [extends 父类名][implements 接口名[,接口名]] {类体}

语法说明:

(1) 类修饰符用于指明类的性质,可省略。

(2) 关键字 class 指示定义类的名称,类名最好是唯一的。

(3) "extends 父类名"通过指出所定义的类的父类名称来表明类间的继承关系,当省略时意味着所定义类为 Object 类的子类。

(4) "implements 接口名"用来指出定义的类实现的接口名称。一个类可以同时实现多个接口。

下面给出了定义钉子 Nail 类和锤子 Hammer 类的例子。

Nail.java

```
public class Nail
{
    private int length;

    public Nail()
    {
    }

    public Nail(int length)
    {
        this.length = length;
    }
```

```java
    public int getLength() {
        return length;
    }
}
```

Hammer.java

```java
public class Hammer
{
    private String type;

    public Hammer()
    {
    }

    public Hammer(String type)
    {
        this.type = type;
    }

    public String getType() {
        return type;
    }

    public void hit(Nail nail)
    {
        System.out.println(this.type + "敲击一个" + nail.getLength() + "厘米的钉子");
    }
}
```

程序说明：

Nail 类中定义了属性 length 表示钉子的长度；Hammer 类中定义了属性 type 表示锤子的类型；在类中与类名同名的方法是类的构造方法；Hammer 类中还定义了一个敲钉子的方法 hit(Nail nail)。

2. 类体

类体中定义了该类所有的成员变量和方法。通常变量在方法前进行定义，如下所示。

```
class 类名{
    变量声明；
    方法声明；
}
```

类中所定义的变量和方法都是类的成员。对类的成员可以给定访问权限，来限定其他对象对它的访问，访问权限有以下几种：private，protected，public，friend。同时，对类的成员来说，又可以分为实例成员和类成员两种，将在后面章节中详细讨论。

3. 类生成对象

通过调用类的构造方法可以生成对象，利用上面定义好的类，创建相应的钉子对象和锤子对象，最终通过具体的对象实现锤子钉钉子。其主类具体调用的代码如下。

例 4.1

Example4_1.java

Main.java

```java
public class Main
{
    public static void main(String[ ] args)
    {
        Hammer hammer1 = new Hammer("羊角锤");
        Hammer hammer2 = new Hammer("平角锤");
        Nail nail1 = new Nail(5);
        Nail nail2 = new Nail(6);
        Nail nail3 = new Nail(7);
        hammer1.hit(nail1);
        hammer1.hit(nail2);
        hammer2.hit(nail3);
    }
}
```

例 4.1 视频讲解

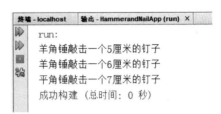

图 4.3 例 4.1 的程序运行结果

例 4.1 的程序运行结果如图 4.3 所示。

4.1.3 类修饰符

类修饰符是用以指明类的性质的关键字。用户在自定义类时,指定不同的修饰符,就可以让类具备不同的存取权限。一个类总能访问和调用它自己定义的成员变量和方法,但在这个类之外的其他类能否访问和调用,除与类的修饰符有关外,还与类的成员变量和方法的控制符有关。基本的类修饰符有 public、abstract 和 final 三个。

1. public 修饰符

如果一个类被声明为 public(公共类),那么与它不在同一个包中的类也可以通过引用它所在的包来使用这个类,也就是说在同一包中的类可自由取用此类,而别的包中的类也可通过 import 关键词来引入此类所属的包加以运用。如果不被声明为 public,这个类就只能被同一个包中的类使用。

使用 public 修饰符的类有以下几个特性。

(1) 一个程序里只能有一个类被修饰为 public,否则编译会报错。

(2) 源程序文件中有用 public 修饰的类,则该源文件名必须同 public 类名。

(3) 若程序中没有任何 public 类,则文件名可任取。

2. 默认修饰符

如果一个类没有修饰符,就说明它具有默认的访问控制特性。默认修饰符的类只允许与该类处于同一个包中的类访问和调用,而不允许被其他包中的类使用。

3. abstract 修饰符

如果一个类被声明为 abstract,那么它是一个抽象的类,抽象类不需要给出类中每个方法的完整实现。如果某个方法没有完整实现,必须要由子类的方法来覆盖,因此含有抽象型方法的类也必须声明为抽象的。为了把一个类声明为抽象的,只需在类定义的 class 关键词前放置关键词 abstract。抽象类与面向对象的多态性会在第 5 章中做详细阐述。

4. final 修饰符

如果一个类被声明为 final,则意味着它不能再派生出新的子类,不能作为父类被继承。因此一个类不能既被声明为 abstract 的,又被声明为 final 的。final 类是不能有子类的类,它可以避免盲目地继承,以提高系统的安全性。将一个类声明为 final 类可以提高系统安全性。

例如,为防止意外情况的发生,可以将某些处理关键问题的信息类说明为 final 类。另外,将一些具有固定作用的类说明为 final 类,可以保证调用这个类时所实现的功能正确无误。Java 系统用来实现网络功能的 InetAddress、Socket 及 ServerSocket 等类都是 final 类,因为实现网络应用程序需要与服务器进行通信,对安全性要求比较高。

使用 final 类,就意味着不能继承并覆盖其内容。用两个修饰符 public final 的意思是:此 final 类可被 import 来引用,但不能被继承。System 类关系到系统级控制,为了安全性,故必须为 final 类,以避免被覆盖。

4.2 对象创建和引用

类名可以作为变量的类型来使用,如果一个变量的类型是某个类,那么它将指向这个类的实例,称为对象实例。所有对象实例和它们的类型(某个类)的子类的实例都是相容的。就像可以把 byte 型的值赋值给 int 型的变量一样,可以把 Object 的子类的任何实例赋给一个 Object 型的变量。

4.2.1 对象的定义

对象是这样一个实例,它是类模板的单独的复制,带有自己的称为实例变量的数据集。当定义一个变量的类型是某个类时,它的默认值是 null,null 是 Object 的一个实例。null 是没有任何值的意思,它和整数 0 不同。

下面这个例子中,声明变量 u 的类型是类 University。

```
University u;                    //变量 u 的值是 null
```

对象的创建包括声明、实例化和初始化三方面的内容。

(1) 对象的声明格式为:

类型 对象名

注意:类型可以是组合类型(包括类和接口)。对象的声明并不为对象分配内存空间。

(2) 对象的实例化,返回对该对象的一个引用(即该对象所在的内存地址)。用 new 可以为一个类实例化多个不同的对象。这些对象分别占用不同的内存空间,因此改变其中一个对象的状态不会影响其他对象。

(3) 执行构造函数,进行初始化。由于对构造函数可以进行重写,所以通过给出不同个数或类型的参数会分别调用不同的构造函数。

以所定义的类 Point 为例:

```
class Point {
```

```
    int x,y ;
    void init (int ix, int iy) {
      x = ix ;
      y = iy ;
    }
}
```

生成类 Point 的对象：

```
Point p1 = new Point ( );
Point p2 = new Point (5, 10);
```

这里为类 Point 生成了两个对象 p1、p2，它们分别调用不同的构造函数，p1 调用默认的构造函数（即没有参数），p2 则调用带参数的构造函数。

虽然 new 运算符返回对一个对象的引用，但与 C/C++ 中的指针不同，对象的引用是指向一个中间的数据结构，它存储有关数据类型的信息以及当前对象所在的堆的地址，而对于对象所在的实际内存地址是不可以进行操作的，这就保证了安全性。对象的使用包括引用对象的成员变量和方法，通过运算符可以实现对变量的访问和方法的调用，变量和方法可以设定一定的访问权限。

4.2.2 对象成员变量的引用

要访问对象的某个成员变量，其格式为：

对象名.成员变量名

语法说明：

对象名是对象的一个引用，这种引用包括对象的成员变量。

例如，用 Point p＝new Point ( );生成了类 Point 的对象 p 后，可以用 p.x,p.y 来访问该点的 x、y 坐标。

p.x = 10; p.y = 20;

4.2.3 对象方法的调用

对象方法的调用格式为：

对象名.方法名

通过方法调用才体现了面向对象的特点，因为对象的行为实际上是通过方法表现出来的。

例 4.2 先定义一个 Point 类，然后在 main( )中演示如何引用 Point 的构造函数产生对象及如何调用成员变量和方法。

Example4_2.java

```
public class Main{
    public static void main (String args [ ]) {
        Point p = new Point ( );
        p.print ( );                    //调用成员方法
```

```
            p.move (50,50);
            System.out.println (" ** 移动之后 ** ");
            System.out.println ("直接得到 x,y");
            System.out.println ("x = " + p.x + " y = " + p.y);    //访问成员变量
            System.out.println ("通过调用得到 x,y");
            System.out.println ("x = " + p.getY( ) + " y = " + p.getY( ));
            if (p.equal (50,50))
                System.out.println ("找到(50,50)");
            else
                System.out.println ("未找到(50,50)");
            p.newPoint ("新产生的点").print ( );
            new Point (10,15,"其他新产生的点").print ( );
        }
    }
```

Point.java

```
public class Point {
        int x, y;
        String name = "apoint";
Point( ) {
        x = 0;
        y = 0;
    }
    Point (int x, int y, String name) {
        this.x = x;
        this.y = y;
        this.name = name;
    }
    int getX ( ){                    //得到参数 x 的值
        return x;
    }
    int getY ( ){                    //得到参数 y 的值
        return y;
    }
    void move (int newX, int newY) {    //移至对应的坐标(x,y)
        x = newX;
        y = newY;
    }
    Point newPoint (String name) {    //产生新的坐标(-x,-y)
        Point newP = new Point(-x, -y, name);
        return newP;
    }
    boolean equal( int x, int y){    //判断对应值是否相等
        if (this.x == x && this.y == y)
            return true;
        else
            return false;
    }
    void print ( ) {                 //输出对应的点及坐标(x,y)
```

```
            System.out.println (name + ": x = " + x + " y = " + y);
        }
}
```

例 4.2 的程序运行结果如图 4.4 所示。

程序说明：

（1）程序中定义了 Point 类，类中定义了一系列方法，定义了两个 Point()构造函数，调用时依据参数来判断使用哪一个构造函数，这是方法的多态性，将在第 5 章中介绍。

（2）程序中定义了类的其他方法。其中，方法 equal()返回布尔值，以用来作为判断条件；方法 newPoint()返回该点关于原点的对称点，返回值也是一个 Point 类型。

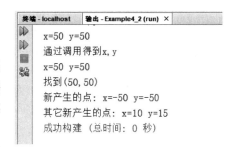

图 4.4　例 4.2 的程序运行结果

（3）程序演示了如何调用类中的方法及变量。

4.3　成员变量

成员变量和方法是类的两大组成部分，因此成员变量只能存在于类体中，而不能出现在方法中，否则编译会产生错误。

4.3.1　成员变量的定义

成员变量声明：

[变量修饰符] 类型 变量名[= 初值][,变量名[= 初值]];

语法说明：

（1）类型是成员变量的类型。

（2）变量名称是 Java 的合法定义标识符，它可以是多个。在多个变量名称间必须用"，"隔开。每个变量可以设置自己的初始值。

（3）修饰符说明了成员变量的访问权限和使用规则。

变量可一次定义一个或多个，定义时可以给出初值。例如，以下代码定义了几个成员变量，其中对后变量 b 和变量 s 进行了初始化。

```
public int a,b = 12 ;
protected String s = "Hot Java";
```

4.3.2　成员变量修饰符

变量修饰符是用来指明特性的关键字，它的修饰符可分为存取性修饰符和存在性修饰符两类。所谓存取性指的是控制类间的存取，存在性指的是成员变量本身在类中存在的特性。存取性修饰符包括 public、protected 和 private，存在性修饰符包括 static 和 final。

1. public 修饰符

一个类中被声明为 public 的变量和方法是"公开"的，意味着只要能使用这个类，就可以直接存取这个变量的数据，或直接使用这个方法。public 变量允许变量自身所属的类访问，也允许同一个包中的其他类访问，还允许其他包中的类访问该变量。

2. protected 修饰符

一个类中被声明为 protected 的变量和方法是"受保护"的，意味着它们仅能被与该类处于同一个包的类及该类的子类所直接存取和使用。

3. private 修饰符

被声明为 private 的变量和方法是"私有"的，表示除了声明它们的类外，不能被任何其他类直接存取和使用。此修饰符使变量受限于仅能在该类里面存取，而与其他类无关，扩展的子类也无法实现。此类变量属特殊类内部数据，用于类内部处理。

当变量或方法前不加以上三种修饰符时，被认为是 friend 状态，即只允许定义它的类自身以及在同一个包中的类访问和调用。但不存在 friend 关键字。

4. static 修饰符

被声明为 static 的变量是属于类而不是属于对象的，因此这种变量又被称为类变量。类变量不是被保存在由该类所创建的某个具体对象的内存单元中，而是保存在该类的内存区域的公共存储单元中。类变量由该类所创建的对象共享，因此不管这个类产生了多少个对象，它们都共享这个类变量。static 变量是独立于该类中的任何对象的，可以直接进行访问，而不必通过类的对象去访问它。被声明为 static 的方法，称为类方法，它的原理与类变量一样。

可以在不创建类实例对象时直接使用类变量和类方法。一般来说，在 Java 中，引用一个特定的变量或方法的形式是：

对象名.变量名
对象名.方法名

例如：

int a = rectangle.length ;
g.drawString ("Welcome to Java World!");

即变量和方法是受限于对象的，但声明为 static 的变量或方法受限于类，使用形式是：

类名.变量名
类名.方法名

例如：

System.out.println ("Welcome to Java World!");
String s = String.valueOf (123);

这里并没有创建 System 类或 String 类的对象，而直接调用 System 类的类变量 out 和 String 类的类方法 valueOf。其中，valueOf 方法将整型参数转换为 String 类对象。被声明为 static 的类方法在使用时有以下两点要特别注意。

(1) 类方法的方法体中只能使用类中其他同样是 static 的变量或方法。
(2) 类方法不能被子类修改或重新定义。

5. final 修饰符

将变量或方法声明为 final，可以保证它们在使用中不被改变。被声明为 final 的变量必须在声明时给定初值,而在以后的引用中只能读取,不可修改。被声明为 final 的方法也同样只能使用,不能重载。此修饰符使变量的值只能被设置一次,不能被其他类或本身类更改。此类变量就相当于一般程序语言中的常数(constant)。但 const 这个关键词仍被保留着,尚未成为正式的 Java 语言的一部分。

4.4 方 法

在 Java 中,成员变量和方法是类的两大组成部分,成员变量反映了类的性质,而方法反映了类的行为。

4.4.1 方法声明

方法的声明格式如下:

[方法修饰符] 返回值类型 方法名(参数表) {方法体}

语法说明:

定义方法时一定要给出返回值类型和参数表。当没有返回值时,返回值类型记为 void。参数表的形式为:

参数类型 参数值[,参数类型 参数值]

各参数间以逗号分隔。下面是一些简单的例子。

```
public static void main (String args[ ]){…}
public void paint (Graphics g){…}
public int area (int length, int width){return length * width;}
```

其中,前两个是我们已经见过的方法声明,这里略去了具体语句组成的方法体;第三个则是一个计算长方形面积的简单方法,接受整数类型的长度和宽度参数并返回它们的乘积作为结果。

4.4.2 方法调用

在程序中通常需要调用已经声明的方法,Java 根据具体情况使用了不同的调用方法。

1. 欲调用的方法是否有返回值

(1) 若方法有返回值,则将这些方法的调用当作一个数值来处理(数值类型与返回值的类型需一致)。例如:

```
int x = avg (a,b,c);
```

有时可直接使用此方法的调用,而不用再另行设置一个变量来存储返回值。例如:

```
System.out.println (avg(a,b,c));
```

(2) 若方法没有返回值,就可自行调用。例如:

```
equipment();
```

2. 调用方法的所在位置

程序中调用一个方法的所在位置,通常是在类方法或实例方法中,而方法调用的写法就要看被调用的方法所在位置,被调用的方法有可能是在本身这个类中,也有可能是在超类或其他的类中。因此,原则如下。

(1) this 与 super 不能用在由 static 修饰的类方法里,否则会产生编译错误信息:

non - static variable this cannot be referenced from a static context
non - static variable super cannot be referenced from a static context

(2) 在类方法中可直接调用本身类方法,但不可直接调用实例方法。

(3) 在实例方法中可直接调用本身类中的类方法与实例方法。

(4) this 与 super 能用在实例方法中。

(5) [xx 实例].[xx 方法]的方式可用于任何情况里。

4.4.3 方法参数的传递

在前面方法声明格式里,有一个参数表。在方法声明参数表里的参数,称为形式参数。当方法真正要被调用时,才被变量或其他数据所取代,而这些被称为实际参数。要调用一个方法时,需要提供实际参数(参数是可选择性的),这些实际参数的类型与次序,需完全与每一个相对应的形式参数吻合。

方法的参数传递,依参数的类型分为传值调用与传址调用两种。若方法的参数为一般变量,这时采用传值调用;若方法的参数为对象时,则采用传址调用。传值调用并不会改变所传参数的值,而传址调用因所传的参数是一个指向对象的地址,这个对象内容是可以改变的。

例 4.3 方法参数的传递实例。从本例中可以看出传值和传址的区别。

Example4_3. java

```java
public class Example4_3 {
    static class OneObject {
        public String Y = "a";
    }
    static void changeParam(int xx, OneObject oobject1){
        xx = 3;
        oobject1.Y = "A";
    }
    public static void main (String args[ ]) {
        int x = 1;
        OneObject oobject = new OneObject ( );   //创建对象 oobject
        System.out.println ("传递前的参数值: x = " + x + "y = " + oobject.Y);
        Example4_3.changeParam (x, oobject);   //传递变量 x 和对象 oobject 地址
        System.out.println ("传递后的参数值: x = " + x + "y = " + oobject.Y);
    }
}
```

例4.3的程序运行结果如图4.5所示。

在Java中传递参数时,要注意可变参数的传递。可变参数是指在声明方法时不给出参数列表中从某项直至最后一项参数的名字和个数,但这些参数的类型必须相同。可变参数使用"…"表示若干个参数,这些参数的类型必须相同,最后一个参数必须是参数列表中的最后一个参数。例如:

图4.5 例4.3的程序运行结果

```
public void f (int … x)
```

那么,方法f的参数列表中,从第一个至最后一个参数都是int型,但连续出现的int型参数的个数不确定。称x是方法f的参数列表中可变参数的"参数代表"。

再例如:

```
public void g (double a, int … x)
```

那么,方法g的参数列表中,第一个参数是double型,第二个至最后一个参数是int型,但连续出现的int型参数的个数不确定。称x是方法g的参数列表中可变参数的"参数代表"。

在下面的例4.4中,Computer类的方法getResult()使用了参数代表,可以计算若干个整数的平均值。

例4.4

Example4_4.java

```java
public class Example4_4 {
    public static void main(String args[ ]) {
        computer computer = new Computer( );
        double result = computer.getResult (1.0/3, 10, 20, 30);  //x代表了3个参数
        System.out.println("10,20,30 的平均数: " + result);
        result = computer.getResult (1.0/6, 66, 12, 5,89,2,51);  //x代表了6个参数
        System.out.println("66, 12, 5,89,2,51 的平均数: " + result);
    }
}
```

Computer.java

```java
public class Computer {
    public double getResult (double a, int … x) {
        double result = 0;
        int sum = 0;
        for (int i = 0; i< x.length; i++) {
            sum = sum + x[i];
        }
        result = a * sum;
        return result;
    }
}
```

例4.4的程序运行结果如图4.6所示。

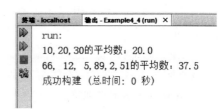

图4.6 例4.4的程序运行结果

4.4.4 方法修饰符

方法修饰符大部分的种类及意义与变量修饰符一样,不同的是多了存在性的 abstract 以及动作性修饰符 synchronized。由于存取性修饰符 public、protected 和 private 与变量修饰符的功能类似,这里只讨论存在性修饰符 static、abstract、final 和动作性修饰符 synchronized。

1. static 修饰符

静态方法即类方法,是用 static 修饰的方法,它是属于整个类的,也就相当于非面向对象语言中的全局方法、函数,所以静态方法不能处理属于某个对象的成员变量,只能处理静态变量。使用时要特别注意静态方法只能使用静态变量与静态方法,也就是只能使用 static 修饰的变量与方法,而不能使用其余的实例变量。如果要使用,只能用[对象].[数据]的方式。静态方法在内存中的代码是随着类的定义而分配和装载的,不属于任何对象,应直接用类名作前缀来调用静态方法。

此修饰符会使方法成为唯一,与类相同,不会因实例的产生而受影响。static 方法在使用上,应注意以下几点。

(1) static 方法只能使用 static 变量,否则编译会出错。像在 main() 中,方法通常是用 public static 来修饰,所以只能用 static 的变量。

(2) 一个类的 static 变量与 static 方法,可直接用该类的名称,按下面的方法来取用。

[类名称].[静态方法]
[类名称].[静态变量]
[类名称].[静态变量].[静态方法]

例如:

```
color = Color.blue;
String password = System.getProperty ("user.password");
System.out.println ();
```

2. abstract 修饰符

抽象方法存在于抽象类中,并不建立程序代码,而是留给继承的子类来覆盖。被声明为 abstract 的方法不需要实际的方法体,只要提供方法原型接口,即给出方法的名称、返回值类型和参数表。

格式如下:

abstract 返回值类型 方法名(参数表);

即声明抽象方法时,并不用写出大括号{}。定义了 abstract 抽象方法的类必须被声明为 abstract 的抽象类。

3. final 修饰符

被声明为 final 的方法不能被其他类变更方法里的内容,即使是继承的子类。

4. synchronized 修饰符

此方法修饰符用于同步化监控处理。被 synchronized 的方法,一次只能被一个线程使用,就好像一台 PC,虽然有很多人会操作,但同时只能有一个人可以使用,必须等待计算机有空闲时,另一位才能使用。

4.4.5 方法重载

重载可理解为一个方法名有两个或两个以上的含义,即在 Java 中,可以在同一个类中定义多个同名的方法。在方法重载时,根据方法参数的个数、类型、顺序来决定采用哪个方法。

例如:

```
void f ( )
  {
      代码块 1
  }
void f (long number)
  {
      代码块 2
  }
```

根据方法的参数决定到底采用哪一个 f()方法,f ( ) 与 f (12)会在编译时自动对应不同代码行。

所以,方法重载的意思是:一个类中可以有多个方法具有相同的名字,但这些方法的参数必须不同,即或者是参数的个数不同,或者是参数的类型不同。在下面的 Area 类中,getArea()方法是一个重载方法。

```
class Area {
 float getArea (float r) {
      return 3.14f * r * r;
 }
 double getArea (float x, int y) {
      return x * y;
 }
 float getArea (int x, float y) {
      return x * y;
 }
 double getArea (float x, float y, float z) {
      return (x * x + y * y + z * z) * 2.0;
 }
}
```

4.4.6 构造方法

构造函数是一种特殊的方法。Java 中的每个类都有构造函数(Constructor),用来初始化该类的一个新的对象。每创建一个类的实例都去初始化它的所有变量是乏味的,如果一个对象在被创建时就完成了所有的初始工作,将是简单的和简洁的。因此,Java 在类里提供了构造函数。

构造函数具有和类名相同的名称,而且不返回任何数据类型,在构造函数的实现中,也可以进行方法重载。一旦定义好一个构造函数,创建对象时就会自动调用它。构造函数没有返回类型，即使是void类型也没有。这是因为一个类的构造函数的返回值的类型就是这个类本身。构造函数的任务是初始化一个对象的内部状态，所以用new操作符创建一个实例后，立刻就会得到一个清楚、可用的对象。

当用运算符new为一个对象分配内存时，要调用对象的构造函数，而当创建一个对象时，必须用new为它分配内存。因此用构造函数进行初始化避免了在生成对象后每次都要调用对象的初始化方法。如果没有实现类的构造函数，则Java为其产生一个默认的空方法。另外，构造函数只能由new运算符调用。

```
class point {
    int x, y;
    point ( ) {
        x = 0; y = 0;
    }
    point(int x, int y){
        this.x = x; this.y = y;
    }
}
```

上例中，Point类实现了两个构造函数，方法名均为Point，与类名相同。而且使用了方法重载，根据不同的参数分别使用不同的同名构造函数对点的x、y坐标赋予不同值，对点的x、y坐标进行初始化。二者完成相同的功能。

例 4.5 用构造函数初始化对象，new语句中类名后的参数是传给构造函数的。

Example4_5.java

```
public class Example4_5 {
    public static void main(String args[ ]){
        University u = new University("北京大学", "北京");
        System.out.println("大学：" + u.name + " 城市：" + u.city);
    }
}
```

University.java

```
public class University{
    String name, city;
    University(String name, String city){
        this.name = name;
        this.city = city;
    }
}
```

例4.5的程序运行结果如图4.7所示。

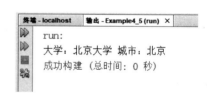

图4.7 例4.5的程序运行结果

4.4.7 类方法和实例方法

类体中的方法分为实例方法和类方法两种，用static修饰的是类方法。当一个类创建了一个对象后，这个对象就可以调用该类的方法。那么实例方法和类方法有什么区别呢？

当类的字节码文件被加载到内存时，类的实例方法不会被分配入口地址，当该类创建对象后,类中的实例方法才分配入口地址,从而实例方法可以被类创建的任何对象调用执行。需要注意的是,当创建第一个对象时,类中的实例方法就分配了入口地址,当再创建对象时,不再分配入口地址。也就是说,方法的入口地址被所有的对象共享,当所有的对象都不存在时,方法的入口地址才被取消。实例方法必须通过对象来调用,当某个对象调用实例方法时,该实例方法中出现的成员变量被认为是分配给该对象的成员变量,其中的类变量和其他对象共享,所以,实例方法既可以操作实例变量也可以操作类变量,而类方法只能对类变量进行操作。一个类中的方法可以互相调用,实例方法可以调用该类中的其他方法;类中的类方法只能调用该类的类方法,不能调用实例方法。

例 4.6 实例方法和类方法的应用。

Example4_6.java

```java
public class Example4_6{
    public static void main(String[] args) {
        Student s1 = new Student("Mike",97);
        Student s2 = new Student("Joy",98);
        Student s3 = new Student("Bob",100);
        Student s4 = new Student("Ben",89);

        System.out.println(s3.getName());
        System.out.println(Student.className);
        Student.doHomework();
        PrintStudent.showStudent(s3);

        Student.setCounter(90);
        Student s5 = new Student("Rose");
        Student s6 = new Student("Kely");
        if(!Student.errorMessage.equals(""))
            {
            PrintStudent.showErrorMessage(Student.errorMessage);
            return;
            }
        System.out.println("Hello World!");
    }}
```

Student.java

```java
public class Student
{
    private String name;
    private int num;
    private int englishGrade;

    static String className = "Computer Class 1";
    static String errorMessage = "";
    private static int counter = 0;

    public Student()
    {
        counter = counter + 1;
```

```java
        this.num = counter;
        checkedNum();
    }

    public Student(String name)
    {
        this.name = name;
        counter = counter + 1;
        this.num = counter;
         checkedNum();
    }

    public Student(String name, int englishGrade)
    {
        this.name = name;
        this.englishGrade = englishGrade;
        counter = counter + 1;
        this.num = counter;
         checkedNum();
    }

    public Student(String name, int num, int englishGrade)
    {
        this.name = name;
        this.num = num;
        this.englishGrade = englishGrade;
         checkedNum();
    }

    public String getName()
    {
        return name;
    }

    public void setName(String name)
    {
        this.name = name;
    }

    public int getNum()
    {
        return num;
    }

    public void setNum(int num)
    {
        this.num = num;
    }
```

```java
    public int getEnglishGrade()
    {
        return englishGrade;
    }

    public void setEnglishGrade(int englishGrade)
    {
        this.englishGrade = englishGrade;
    }

     public static int getCounter()
    {
        return counter;
    }

    public static void setCounter(int aCounter)
    {
        counter = aCounter;
    }

    public static void doHomework()
    {
        System.out.println("I am doing my Homework in " + className);
    }

    private void checkedNum()
    {
        if(this.num > 50) errorMessage = errorMessage + "The num " + this.num + " is out of range. His or her name is " + this.name + " .\n";
    }
}
```

PrintStudent. java

```java
public class PrintStudent {
    public static void showStudent(Student student)
    {
        System.out.println(student.getName() + " " + student.getNum ( ) + " " + student.getEnglishGrade());
    }

    public static void showErrorMessage(String errorMessage)
    {
        System.out.println(errorMessage);
    }
}
```

例4.6的程序运行结果如图4.8所示。

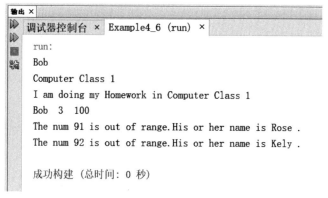

图 4.8　例 4.6 的程序运行结果

4.5　包

在 Java 中,包的概念和目的都与其他语言的函数库非常类似,所不同的只是其中封装的是一组类。为了开发和重用的方便,可以将写好的程序类整理成一个个程序包。Java 自身提供了多个预先设定好的包,具体包的定义及功能可参看 Java 的 API。设计时可以引用这些包,也可以创建自己的包。

Java 的包(package)中包含一系列相关的类,同一个包中的类可直接互相使用,对包外的类则有一定的使用限制。Java 的包近似于其他语言的函数库,方便重用。

4.5.1　包的定义

为了声明一个包,首先必须建立一个相应的目录结构,子目录名与包名一致。然后,在需要放入该包的类文件开头声明包,形式为:

package 包名;

这样,这个类文件中定义的所有类都被装入到该包中。例如:

```
package Family;
class Father{
    …//类 Father 装入包 Family
}
class Son{
    …//类 Son 装入包 Family
}
class Daughter{
    …//类 Daughter 装入包 Family 中
}
```

不同的程序文件内的类可以同属于一个包,只要在这些程序文件前都加上同一个包的说明即可。例如:

```
//文件 Cat.java
package Animals;
```

```
class Cat{ /*将类 Cat 放入包 Animals 中*/
    …
}
//文件 Dog.java
package Animals;
class Dog{ /*将类 Dog 放入包 Animals 中*/
    …
}
```

4.5.2 包的引用

在 Java 中,为了装载已编译好的包,通常可使用以下三种方法。

(1) 在要引用的类名前带上包名作为修饰符。例如:

```
Animals.Cat cat = new Animals.Cat();
```

其中,Animals 是包名,Cat 是包中的类,cat 是类的对象。

(2) 在文件开头使用 import 引用包中的类。例如:

```
import Animals.Cat;
class Check{
    Cat cat = new Cat( );
}
```

同样,Animals 是包名,Cat 是包中的类,cat 是创建的 Cat 类对象。

(3) 在文件前使用 import 引用整个包。例如:

```
import Animals.*;
class Check{
    Cat cat = new Cat( );
    Dog dog = new Dog( );
    …
}
```

Animals 整个包被引入,Cat 和 Dog 为包中的类,cat 和 dog 为对应类的对象。

在引用包时,可以用点"."表示出包所在的层次结构,如经常使用的:

```
import java.io.*;
import java.applet.*;
```

实际是引入了/java/io/或/java/applet/这样的目录结构下的所有内容。需要指出的是,java.lang 这个包无须显式地引用,它总是被编译器自动调入。使用包时还要特别注意系统 classpath 路径的设置情况,它需要将包名对应目录的父目录包含在 classpath 路径中,否则编译时会出错,提示用户编译器找不到指定的类。

4.6 访问权限

当用一个类创建了一个对象之后,该对象可以通过"."运算符操作自己的变量、使用类中的方法,但对象操作自己的变量和使用类中的方法是有一定限制的。访问权限是指对象是否可以通过"."运算符操作自己的变量或通过"."运算符使用类中的方法。访问限制修饰符有 private、protected 和 public,这些都是 Java 的关键字,如表 4.1 所示,用来修饰成员变量或方法。

表 4.1 访问权限表

位 置	private	默认	protected	public
同一个类	是	是	是	是
同一个包内的类	否	是	是	是
不同包内的子类	否	否	是	是
不同包并且不是子类	否	否	否	是

注:一个类中的实例方法总是可以操作该类中的成员变量;类方法总是可以操作该类中的类变量,与访问限制符没有关系。

4.6.1 私有变量和私有方法

用关键字 private 修饰的成员变量和方法称为私有变量和私有方法。例如:

```
class Tom {
    private float weight;                //weight 被修饰为私有的 float 型变量
    private float f (float a, float b) { //方法 f()是私有方法
        …
    }
}
```

当在另外一个类中用类 Tom 创建了一个对象后,该对象不能访问自己的私有变量和私有方法。例如:

```
class Jerry {
    void g( ) {
        Tom cat = new Tom( );
        cat.weight = 23f;          //非法
        cat.f(3f, 4f);             //非法
    }
}
```

面向对象编程提倡对象应当调用方法来改变自己的属性,类应当提供操作数据的方法,这些方法可以经过精心的设计,使得对数据的操作更加合理。

4.6.2 共有变量和共有方法

用 public 修饰的成员变量和方法称为共有变量和共有方法。例如:

```
class Tom {
    public float weight;                //weight 被修饰为 public 的 float 型变量
    public float f (float a, float b) { //方法 f()是 public 方法
        …
    }
}
```

当在任何一个类中用类 Tom 创建了一个对象后,该对象就访问自己的 public 变量和类中的 public 方法。例如:

```
class Jerry {
    void g( ) {
        Tom cat = new Tom ( );
        cat.weight = 23f;              //合法
        cat.f(3, 4);                   //合法
    }
}
```

4.6.3 友好变量和友好方法

不用 private、public、protected 修饰符的成员变量和方法被称为友好变量和友好方法。例如:

```
class Tom {
    float weight;                      //weight 是友好的 float 型变量
    float f (float a, float b) {       //方法 f()是友好方法
        …
    }
}
```

当在另外一个类中用类 Tom 创建了一个对象后,如果这个类与 Tom 类在同一个包中,那么该对象能访问自己的友好变量和友好方法。在任何一个与 Tom 同一包中的类中,也可以通过 Tom 类的类名访问 Tom 类的类友好成员变量和类友好方法。

假如 Jerry 与 Tom 是同一个包中的类,那么,下述 Jerry 类中的 cat.weight、cat.f (3, 4)都是合法的。

```
class Jerry {
    void g( ) {
        Tom cat = new Tom ( );
        cat.weight = 23f;              //合法
        cat.f(3, 4);                   //合法
    }
}
```

4.6.4 受保护的成员变量和方法

用 protected 修饰的成员变量和方法被称为受保护的成员变量和受保护的方法。例如:

```
class Tom {
    protected float weight;            //weight 被修饰为 protected 的 float 型变量
    protected float f (float a, float b) {  //方法 f()是 protected 方法
        …
    }
}
```

当在另外一个类中用类 Tom 创建了一个对象后,如果这个类与类 Tom 在同一个包中,

那么该对象能访问自己的 protected 变量和 protected 方法。在任何一个与 Tom 同一包中的类中,也可以通过 Tom 类的类名访问 Tom 类的 protected 类变量和 protected 类方法。

```
class Jerry {
    void g( ) {
        Tom cat =  new Tom ( );
        cat.weight = 23f;                //合法
        cat.f(3, 4);                     //合法
    }
}
```

4.6.5　public 类与友好类

类声明时,如果关键字 class 前面加上 public 关键字,就称这样的类是一个 public 类,例如:

```
public class A {
    …
}
```

可以在任何另外的一个类中,使用 public 类创建对象。如果一个类不加 public 修饰,例如:

```
class A {
    …
}
```

这样的类称为友好类,那么另外一个类中使用友好类创建对象时,要保证它们是在同一个包中。

4.7　应用实例 1:面向对象的简单计算器

应用实例 1
视频讲解

在第 3 章的应用实例中已经实现了一个图形界面的简单计算器,但其实现的思想仍然是面向过程的思想,具体的实现过程即为其运算过程。本章学习过面向对象的一些基本概念后,其实现可采用面向对象的思想。将两个操作数的二元运算表达式封装成一个表达式的类(Expression),该类中包含 double 类型的两个操作数(num1 和 num2),还包含一个 char 类型的运算符(sign),共三个属性。在方法上主要包含获取和设置操作数及运算符的 get 和 set 方法,以及常用的二元运算:加减乘除等方法。界面仍使用第 3 章的图形界面。新建项目 **JFrameOOPCal**。

其具体实现的核心代码如下。

Expression.java

```
public class Expression {

    private double num1;
    private double num2;
    private char sign;
```

```java
public Expression() {
}

public Expression(double num1, double num2) {
    this.num1 = num1;
    this.num2 = num2;
}

public Expression(double num1, double num2, char sign) {
    this.num1 = num1;
    this.num2 = num2;
    this.sign = sign;
}

public double getNum1() {
    return num1;
}

public void setNum1(String num1) {
    this.num1 = Double.parseDouble(num1);
}

public void setNum1(double num1) {
    this.num1 = num1;
}

public void setNum2(String num2) {
    this.num2 = Double.parseDouble(num2);
}

public double getNum2() {
    return num2;
}

public void setNum2(double num2) {
    this.num2 = num2;
}

public char getSign() {
    return sign;
}

public void setSign(char sign) {
    this.sign = sign;
}

private double add() {
    return this.num1 + this.num2;
```

```java
        }

        private double sub() {
            return this.num1 - this.num2;
        }

        private double mul() {
            return this.num1 * this.num2;
        }

        private double div() {
            return this.num1 / this.num2;
        }

        public double getResult() {
            double result = 0;
            switch (this.sign) {
                case '+':
                    result = this.add();
                    break;
                case '-':
                    result = this.sub();
                    break;
                case '*':
                    result = this.mul();
                    break;
                case '/':
                    result = this.div();
                    break;
            }
            return result;
        }
    }
```

在界面 CalJFrame 类中的"计算"按钮事件响应方法中的调用过程如下实现。

```java
    private void jButton1ActionPerformed(java.awt.event.ActionEvent evt) {
        // TODO add your handling code here:
        Expression expression = new Expression();
        expression.setNum1(this.jTextField1.getText());
        expression.setNum2(this.jTextField2.getText());
        expression.setSign(jComboBox1.getSelectedItem().toString().charAt(0));
        this.jLabel1.setText(String.valueOf(expression.getResult()));

    }
```

面向对象的简单计算器的程序运行结果如图 4.9 所示。

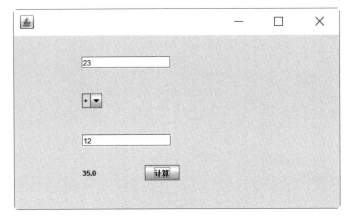

图 4.9 面向对象的简单计算器的程序运行结果

4.8 应用实例 2：饮料自动售货机

应用实例 2
视频讲解

有一个处理单价为 5 角钱的饮料的自动售货机软件设计，其规格说明：若投入 5 角钱或 1 元钱的硬币，按下"橙汁"或"啤酒"按钮，则相应的饮料就送出来。若售货机没有零钱找，则一个显示"零钱找完"的红灯亮，这时在投入 1 元硬币并按下按钮后，饮料不送出来而且 1 元硬币也退出来；若有零钱找，则显示"零钱找完"的红灯灭，在送出饮料的同时退还 5 角硬币，如图 4.10 所示。

使用面向对象的思想将能够很好地对该饮料自动售货机的处理逻辑进行具体实现。首先使用抽象的思维可以很容易规划出有硬币、饮料和自动售货机的类。硬币类有价值属性，可以生成各种不同价值的硬币对象，如 5 角的硬币对象和 1 元的硬币对象；饮料类有类型属性，可以生成各种不同类型的饮料对象，如橙汁和啤酒；自动售货机类有零钱的个数属性，可以设置初始状态的自动售货机有几个零钱，自动售货机除了有自己的属性外，还有出售饮料的功能和内部找钱的逻辑，故有公有的 sellDrink() 方法用于出售饮料，私有的 returnCharge 方法用于找钱。

新建项目 AutoBoothApp，其项目类结构如图 4.11 所示。

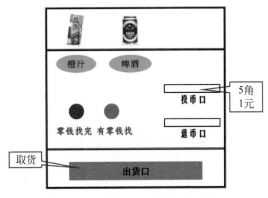

图 4.10 饮料自动售货机示意图

图 4.11 饮料自动售货机项目类结构图

主要类的具体定义如下。

硬币类 Coin.java

```java
public class Coin {
    private int value;

    public Coin() {
    }

    public Coin(int value) {
        this.value = value;
    }

    public int getValue() {
        return value;
    }
}
```

饮料类 Drink.java

```java
public class Drink {
    private String type;

    public Drink(String type) {
        this.type = type;
    }

    public String getType() {
        return type;
    }
}
```

自动售货机类 AutoBooth.java

```java
public class AutoBooth {

    private Coin coinOfReturn;
    private int numOfCharge;

    public AutoBooth(int numOfCharge) {
        this.numOfCharge = numOfCharge;
    }

    public Coin getCoinOfReturn() {
        return coinOfReturn;
    }

    public void setCoinOfReturn(Coin coinOfReturn) {
        this.coinOfReturn = coinOfReturn;
    }

    public int getNumOfCharge() {
```

```
        return numOfCharge;
    }

    public void setNumOfCharge(int numOfCharge) {
        this.numOfCharge = numOfCharge;
    }

    public Drink sellDrink(Coin coin,String type)
    {
        //用户投入1元钱
        if(coin.getValue() == 10)
        {
            //找钱
            this.coinOfReturn = returnCharge(coin);
            //卖饮料
            if(this.coinOfReturn.equals(coin))
            {
                return null;
            }
            else return new Drink(type);
        }
        //用户投入5角钱
        else
        {
            //卖给他饮料
            this.numOfCharge++;
            this.coinOfReturn = null;
            return new Drink(type);
        }
    }

    //找零钱
    private Coin returnCharge(Coin coin)
    {
        //有零钱,则找钱
        if(this.numOfCharge > 0)
        {
            this.numOfCharge -- ;
            return new Coin(5);
        }
        //无零钱,则退币
        else
        {
            return coin;
        }
    }
}
```

AutoBooth 类中出售饮料的公有方法：

public Drink sellDrink(Coin coin, String type)

参数 coin 和 type 用于接收用户投入的硬币和选择的饮料类型，返回值为 Drink 类型表示出售给用户的饮料。首先判读用户投入的是 1 元还是 5 角的硬币，如果是 5 角的硬币则卖饮料给用户，且零钱的数量加 1，无须找钱。如果用户投入的是 1 元的硬币，则需调用找钱的逻辑，如果找给用户的钱为用户投入的钱则无法卖给用户饮料，否则卖给用户所选择类型对应的饮料。

AutoBooth 类中找钱的私有方法：

private Coin returnCharge(Coin coin)

参数 coin 为用户投入的硬币，返回值为 Coin 类型表示找回给用户的硬币。首先判读自动售货机中是否有零钱，如果有则零钱数量减 1，找回 5 角硬币，否则零钱数量不足直接将用户投入的硬币退回。

整个饮料自动售货机的业务逻辑采用了面向对象的思想进行设计实现，可见和人们平时的自然思维十分相似，利用面向对象的思想更有利于人们在实际中解决问题。

饮料自动售货机初始状态的程序运行结果如图 4.12 所示。

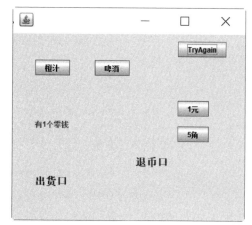

图 4.12 饮料自动售货机初始状态的程序运行结果

选择购买橙汁，投入 1 元硬币后程序运行结果如图 4.13 所示。

单击 TryAgain 按钮选择购买啤酒，投入 5 角硬币后程序运行结果如图 4.14 所示。

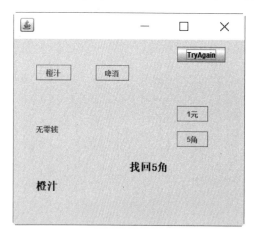

图 4.13 向饮料自动售货机投入 1 元硬币后程序运行结果

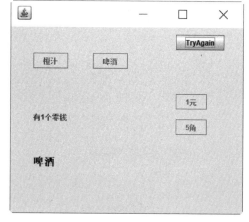

图 4.14 向饮料自动售货机投入 5 角硬币后程序运行结果

小　　结

（1）类是组成 Java 源文件的基本因素，一个源文件是由若干个类组成的。

（2）类体可以有两种重要的成员：成员变量和方法。

（3）成员变量分为实例变量和类变量。类变量被该类的所有对象共享；不同对象的实例变量互不相同。

（4）除构造方法外，其他方法分为实例方法和类方法。类方法不仅可以由该类的对象调用，也可以用类名调用；而实例方法必须由对象来调用。

（5）实例方法既可以操作实例变量也可以操作类变量，当对象调用实例方法时，方法中的成员变量就是指分配给该对象的成员变量，其中的实例变量和其他对象的不相同，即占有不同的内存空间；而类变量和其他对象的相同，即占有相同的内存空间。类方法只能操作类变量，当对象调用类方法时，方法中的成员变量一定都是类变量，也就是说，该对象和所有的对象共享类变量。

（6）在编写 Java 源文件时，可以使用 import 语句引入有包名的类；也可以使用静态导入引入有包名类的类变量。

（7）对象访问自己的变量以及调用方法受访问权限的限制。

习　　题

1. 什么叫方法的重载？构造方法可以重载吗？
2. 简述类变量和实例变量的区别。
3. 下列 A 类的类体中"代码 1"～"代码 5"哪些是错误的？

```
class Tom {
    private int x = 120;
    protected int y = 20;
    int z = 11;
    private void f ( ) {
        x = 200;
        System.out.println(x);
    }
    void g( ){
        x = 200;
        System.out.println(x);
    }
}
public class A {
    public static void main(String args[ ]) {
        Tom tom = new Tom( );
        tom.x = 22;              //"代码 1"
        tom.y = 33;              //"代码 2"
        tom.z = 55;              //"代码 3"
        tom.f ( );               //"代码 4"
```

```
        tom.g ( );                    //"代码 5"
    }
}
```

4. 请给出下面程序中 A 类的运行结果。

```
class B {
    int x = 100, y = 200;
    public void setX (int x) {
        x = x;
    }
    public void setY(int y) {
        this.y = y;
    }
    public int getXYSum( ) {
        return x + y;
    }
}
public class A {
    public static void main(String args[ ]) {
        B b = new B( );
        b.setX( -100);
        b.setY( -200);
        System.out.println("sum = " + b.getXYSum( ));
    }
}
```

5. 请给出下面程序中 A 类的运行结果。

```
class B {
    int n;
    static int sum = 0;
    void setN(int n) {
        this.n = n;
    }
    int getSum( ) {
        for(int i = 1; i <= n; i++)
            sum = sum + i;
        return sum;
    }
}
public class A {
    public static void main(String args[ ]) {
        B b1 = new B( ), b2 = new B( );
        b1.setN(3);
        b2.setN(5);
        int s1 = b1.getSum( );
        int s2 = b2.getSum( );
        System.out.println(s1 + s2);
    }
}
```

6. 请给出下面程序中 E 类的运行结果。

```
class A {
    int f (int x, byte y) {
        return x + y;
    }
    int f (int x, int y) {
        return x * y;
    }
}
public class E {
    public static void main(String args[ ]) {
        A a = new A( );
        System.out.println(" ** " + a.f(10, (byte)10));
        System.out.println(" ## " + a.f(10, 10));
    }
}
```

7. 封装点 Point 类和线段 Line 类。点有 x,y 属性；线段有起点和终点。主程序中创建两个点，用这两个点创建一条线段，输出线段的长度。要求：类封装完整，结果输出正确。

8. 使用面向对象的方法输入以下信息。

Mike：Joy，How do you do!

Joy：Mike，How do you do!

Mike：say something

Joy：say something

Mike：Nice to meet you again. Bye.

Joy：Nice to meet you again. Bye.

要求：具有较好的灵活性与可读性。

第 5 章　继承与多态

本章导图：

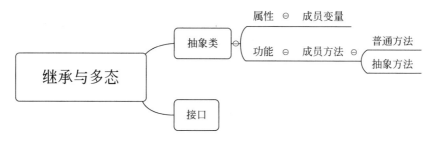

主要内容：
- 子类与父类。
- 子类的继承性。
- 子类对象的构造过程。
- 成员变量的隐藏和方法重写。
- super 关键字。
- final 关键字。
- 对象的上转型对象。
- 抽象类。
- 接口。

难点：
- 成员变量的隐藏和方法重写。
- 抽象类。

　　Java 程序设计的过程就是设计类的过程。Java 的类只能有一个直接父类，为了实现多重继承，Java 语言引入了接口的概念。在 Java 中定义好的类依据实现功能的不同，可以分为不同的集合，每个集合是一个包，所有的包合称为类库。

　　本章将进一步讨论 Java 类、包和接口等面向对象机制。首先给出基本概念，然后结合具体实例阐明 Java 的类、接口、包以及封装、继承、重载等有关内容。

5.1　继　　承

　　继承性是面向对象的重要特性。继承允许一个类成为另一个类的子类，子类继承了父类的所有特性，并且可以扩展出自己的特征。类的继承性提供了一种明确描述共性的方法,减少了类似的重复说明。继承机制提高了软件的可用性、代码的复用性以及界面的一致性。

通过使用子类,可以实现继承。从最一般的类开始,逐步特殊化,可派生出一系列的子类。父类和子类之间的关系呈现出层次化。同时,继承实现的代码复用,使程序复杂度线性地增长,而不是呈几何级数增长。在 Java 中任何一个类都有父类(除了 object 类以外)。Java 只支持单重继承,大大降低了继承的复杂度。

5.1.1 子类与父类

由继承而得到的类称为子类,被继承的类称为父类(超类)。Java 不支持多重继承(子类只能有一个父类)。

在类的声明中,通过使用关键字 extends 来声明一个类的子类,格式如下。

```
class 子类名 extends 父类名{
    …
}
```

例如:

```
class Student extends People {
    …
}
```

把 Student 声明为 People 类的子类,People 是 Students 的父类。

如果一个类的声明中没有使用 extends 关键字,这个类被系统默认为是 Object 的子类。Object 是 java.lang 包中的类。

5.1.2 类的继承性

类可以有两种重要的成员:成员变量和方法。子类的成员中有一部分是子类自己声明定义的,另一部分是从它的父类继承的。那么,什么叫继承呢?所谓子类继承父类的成员变量作为自己的一个成员变量,就好像它们是在子类中直接声明一样,可以被子类中自己声明的任何实例方法操作,也就是说,一个子类继承的成员应当是这个类的完全意义的成员,如果子类中声明的实例方法不能操作父类的某个成员变量,该成员变量就没有被子类继承;同样,子类继承父类的方法作为子类中的一个方法,就像它们是在子类中直接声明一样,可以被子类中自己声明的任何实例方法调用。

例 5.1
Example5_1. java

```
public class Example5_1{
    public static void main (String args[ ]) {
        Student mike = new Student("Mike", 18,47,98);
        System.out.println(mike.getName());
        mike.doHomework();
    }
}
```

例 5.1
视频讲解

Person.java

```java
public class Person {
protected String name;
protected int age;

public Person()
{
}

public Person(String name, int age)
{
    this.name = name;
    this.age = age;
}

public String getName()
{
    return name;
}

public void setName(String name)
{
    this.name = name;
}

public int getAge()
{
    return age;
}

public void setAge(int age)
{
    this.age = age;
}

public void eat()
{
    System.out.println(this.name + " am eating.");
}

public void sleep()
{
    System.out.println(this.name + " am sleeping.");
}
```

Student.java

```java
public class Student extends Person{
    int num;
    int javaGrade;
```

```java
    public Student()
    {
    }

    public Student(String name, int age)
    {
        super(name,age);
    }

    public Student(String name, int age, int num, int classNum)
    {
        super(name,age);
        this.num = num;
        this.javaGrade = classNum;
    }

    public int getNum()
    {
        return num;
    }

    public void setNum(int num)
    {
        this.num = num;
    }

    public int getJavaGrade()
    {
        return javaGrade;
    }

    public void setJavaGrade(int javaGrade)
    {
        this.javaGrade = javaGrade;
    }

    public void doHomework()
    {
        System.out.println(this.name + " do homework.");
    }
}
```

例 5.1 的程序运行结果如图 5.1 所示。

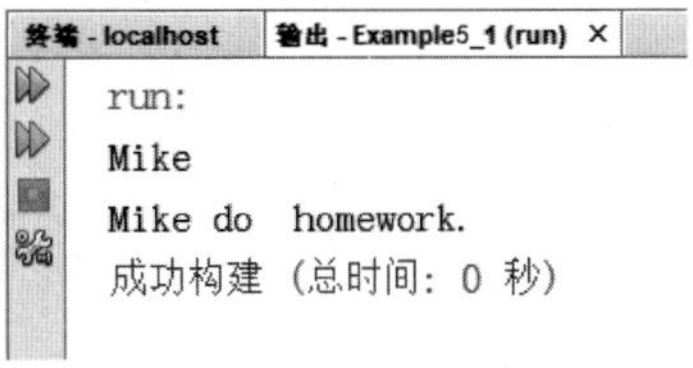

图 5.1　例 5.1 的程序运行结果

5.1.3　子类对象的构造过程

当用子类的构造方法创建一个子类的对象时，子类的构造方法总是先调用父类的某个构造方法，也就是说，如果子类的构造方法没有明显地指明使用父类的哪个构造方法，子类就调用父类不带参数的构造方法。因此,当用子类创建对象时,不仅子类中声明的成员变量被分配了内存,而且父类的成员变量也都分配了内存空间,但只将其中一部分(子类继承的那部分)作为分配给子类对象的变量。也就是说,父类中的 private 成员变量尽管分配了内存空间,也不作为子类对象的变量,即子类不继承父类的私有成员变量。同样,如果子类和父类不在同一包中,尽管父类的友好成员变量分配了内存空间,但也不作为子类的成员变量,即如果子类和父类不在同一包中,子类不继承父类的友好成员变量。

通过上面的讨论,读者可能有这样的感觉:子类创建对象时似乎浪费了一些内存,因为当用子类创建对象时,父类的成员变量也都分配了内存空间,但只将其中一部分作为分配给子类对象的变量,例如,父类中的 private 成员变量尽管分配了内存空间,也不作为子类对象的变量,当然它们也不是父类某个对象的变量,因为根本就没有使用父类创建任何对象。这部分内存似乎成了垃圾,但实际情况并非如此,需注意到,子类中还有一部分方法是从父类继承的,这部分方法却可以操作这部分未继承的变量。

在例 5.2 中,子类对象调用继承的方法操作这些未被子类继承却分配了内存空间的变量。

例 5.2
Example5_2. java

```java
public class Example5_2 {
    public static void main (String args[ ]) {
        ClassB b = new ClassB();
        b.setX(888);
        System.out.println("子类对象未继承的 x 的值是:" + b.getX());
        b.setY(12.678);
        System.out.println("子类对象的实例变量 y 的值是:" + b.getY());}
}
```

ClassA. java

```java
public class ClassA {
    private int x;
    public void setX(int x) {
        this.x = x;
    }

    public int getX() {
        return x;
    }
}
```

ClassB. java

```java
public class ClassB extends ClassA
{
    private double y = 12;
    public double getY() {
        return y;
    }
```

```
    public void setY(double y) {
        this.y = y;
        //this.y = y + x; 非法,子类没有继承 x
    }
}
```

例 5.2 的程序运行结果如图 5.2 所示。

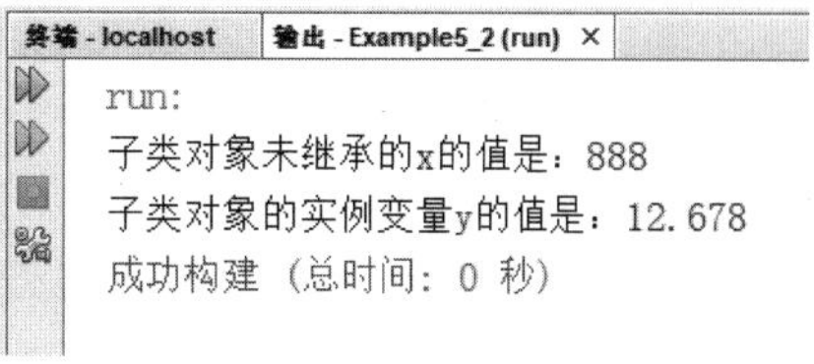

图 5.2　例 5.2 的程序运行结果

5.1.4　成员变量的隐藏和方法重写

子类也可以隐藏继承的成员变量,对于子类可以从父类继承成员变量,只要子类中定义的成员变量和父类中的成员变量同名时,子类就隐藏了继承的成员变量,即子类对象以及子类自己声明定义的方法操作与父类同名的成员变量是指子类重新声明定义的这个成员变量。

子类可以隐藏已继承的方法,子类通过方法重写来隐藏继承的方法。方法重写是指:子类中定义一个方法,并且这个方法的名字、返回类型、参数个数和类型与从父类继承的方法完全相同。子类通过方法的重写可以隐藏继承的方法,子类通过方法的重写可以把父类的状态和行为改变为自身的状态和行为。如果父类的方法 f( )可以被子类继承,子类就有权利重写 f( ),一旦子类重写了父类的方法 f( ),就隐藏了继承的方法 f( ),那么子类对象调用方法 f( )一定是调用重写的方法 f( ),重写的方法既可以操作继承的成员变量也可以操作子类声明定义的成员变量。如果子类想使用被隐藏的方法,必须使用关键字 super。

5.1.5　super 关键字

子类可以隐藏从父类继承的成员变量和方法,如果在子类中想使用被子类隐藏的成员变量或方法,就可以使用关键字 super。

1. 使用 super 调用父类的构造方法

子类不继承父类的构造方法,因此,子类如果想使用父类的构造方法,必须在子类的构造方法中使用,并且必须使用关键字 super 来表示,而且 super 必须是子类构造方法中的第一条语句。

需要注意的是,如果在子类的构造方法中,没有明显地写出 super 关键字来调用父类的某个构造方法,那么默认地有:

super( );

即调用父类的不带参数的构造方法。

如果类里定义了一个或多个构造方法,那么 Java 不提供默认的构造方法(不带参数的构造方法),因此,当在父类中定义多个构造方法时,应当包括一个不带参数的构造方法,以防子类省略 super 时出现错误。

2. 使用 super 操作被隐藏的成员变量和方法

在子类中想使用被子类隐藏的成员变量或方法时就可以使用关键字 super。例如,super.x、super.play( )就是访问和调用被子类隐藏的成员变量 x 和方法 play( )。

需要注意的是,当子类创建一个对象时,除了子类声明的成员变量和继承的成员变量要分配内存外(这些内存单元是属于子类对象的),被隐藏的成员变量也要分配内存,但该内存单元不属于任何对象,这些内存单元必须用 super 调用。同样,当子类创建一个对象时,除了子类声明的方法和继承的方法要分配入口地址外,被隐藏的方法也要分配入口地址,但该入口地址只对 super 可见,所以必须由 super 来调用。当 super 调用隐藏的方法时,该方法中出现的成员变量是指被隐藏的成员变量。

在下面的例 5.3 中,子类 Average 使用 super 调用隐藏的方法。

例 5.3

Example5_3.java

```java
public class Example5_3 {
    public static void main(String args[ ]) {
        ClassB classB = new ClassB();
        classB.n = 100;
        double result1 = classB.sum();
        double result2 = classB.sub();
        System.out.println("result1 = " + result1);
        System.out.println("result2 = " + result2);
    }
}
```

ClassA.java

```java
public class ClassA {
    int n;
    public double sum() {
        double sum = 0;
        for (int i = 1; i <= n; i++) {
            sum = sum + i;
        }
        return sum;
    }
}
```

ClassB.java

```java
public class ClassB extends ClassA {
    double n;
    public double sum() {
        double c;
        super.n = (int) n;
        c = super.sum();
        return c + n;
    }
    public double sub() {
        double c;
        c = super.sum();
        return c - n;
    }
}
```

例 5.3 的程序运行结果如图 5.3 所示。

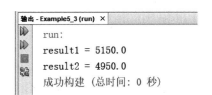

图 5.3　例 5.3 的程序运行结果

注意,如果将 Example5_3 类中的代码:

double result1 = classB.sum();
double result2 = classB.sub();

改写成(颠倒次序):

double result2 = classB.sub();
double result1 = classB.sum();

那么运行结果如图 5.4 所示。

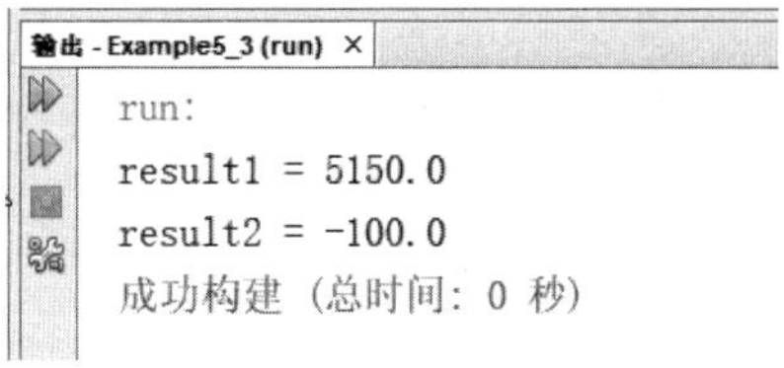

这是因为执行 classB.sub()过程中需要执行
super.sum(),那么 super.sum()中出现的 n 是隐藏的 n,而 n 还没有赋值(默认值是 0)。

图 5.4　例 5.3 修改后的程序运行结果

5.1.6　对象的上转型对象

我们经常说"老虎是哺乳动物""狗是哺乳动物"等,若哺乳类是老虎类的父类,这样说当然正确,但是,当说老虎是哺乳动物时,老虎将失掉老虎独有的属性和功能。下面介绍对象的上转型对象。

假设 A 类是 B 类的父类,当用子类创建一个对象,并把这个对象的引用放到父类的对象中时,例如:

A a;
a = new B( );

或

A a;
B b = new B( );
a = b;

称对象 a 是对象 b 的上转型对象。

对象的上转型对象的实体是由子类负责创建的,但上转型对象会失去原对象的一些属性和功能(上转型对象相当于子类对象的一个"简化"对象)。上转型对象具有如下特点。

(1)上转型对象不能操作子类新增的成员变量(失掉了这部分属性);不能使用子类新增的方法(失掉了一些功能)。

(2)上转型对象可以操作子类继承或隐藏成员变量,也可以使用子类继承的或重写的方法。上转型对象操作子类继承或重写的方法时,就是通知对应的子类对象去调用这些方法。因此,如果子类重写了父类的某个方法后,对象的上转型对象调用这个方法时,一定是调用了这个重写的方法。

(3)可以将对象的上转型对象再强制转换到一个子类对象,这时,该子类对象又具备了子类所有属性和功能。

例 5.4 中,班长类 Monitor 是学生类 Student 的子类,而学生类 Student 是人类 Person 的子类,运行时 aStudent 对象是班长类 Monitor 创建的对象 joy 的上转型对象。注意:Person 类更通用一些,故放在 general 包中,Student、Monitor 以及 HaveLesson 类都与学校相关,故放在 school 包中,通过该例可进一步观察不同包下各类中成员的访问权限。运行效果如图 5.4 所示。
例 5.4
Example5_4.java

```java
public class Example5_4
{
    public static void main(String args[ ]) {
        Student mike = new Student("MIke", 12, 55);              //Mike 是学生
        System.out.println(mike.getName());
        mike.doHomework();

        Monitor joy = new Monitor("Joy", 13, 5, "cleaning blackboard");  // Joy 是班长
        System.out.println(joy.getName());
        joy.doHomework();
        joy.onDuty();

        Student aStudent = joy;             //子类的对象能够赋值给父类的引用上转型对象
        aStudent.doHomework();              //上转型对象调用的仍然是子类覆盖后的方法
        //aStudent.onDuty();                //上转型对象会丢失子类新增的方法
        if(aStudent instanceof Monitor) ((Monitor)aStudent).onDuty(); /* 上转型对象能够被
转换成子类的对象,进而恢复子类所丢失的方法 */

        //Monitor aMonitor = mike;          //父类的对象不能够赋值给子类的引用

        System.out.println("");

        HaveLesson.study(mike);
        HaveLesson.study(joy);}
}

public class Anthropoid {
    double m = 12.58;
    void crySpeak (String s) {
        System.out.println(s);
    }
}
```

Person.java

```java
package example5_4.general;
public class Person
{
    protected String name;
    protected int age;

    public Person() {
    }

    public Person(String name, int age) {
        this.name = name;
        this.age = age;
```

```java
    }

    public String getName() {
        return name;
    }

    public void setName(String name) {
        this.name = name;
    }

    public int getAge() {
        return age;
    }

    public void setAge(int age) {
        this.age = age;
    }

    public void say(String something)
    {
        System.out.println(this.name + ":" + something);
    }

}
```

Student.java

```java
package example5_4.school;
import example5_4.general.Person;
public class Student extends Person
{
    int num;
    public Student() {
    }
    public Student( String name, int age, int num) {
        super(name, age);
        this.num = num;
    }

    public int getNum() {
        return num;
    }

    public void setNum( int num) {
        this.num = num;
    }

    public void doHomework()
    {
        System.out.println(this.name + " is doing homework.");
    }
}
```

Monitor.java

```java
package example5_4.school;
public class Monitor extends Student
{
    private String duty;
    public Monitor() {
    }

    public Monitor(String name, int age,int num, String duty ) {
        super( name, age,num);
        this.duty = duty;
    }

    public void onDuty()
    {
        System.out.println(this.name + " is " + duty);
    }

    @Override
    public void doHomework() {
        System.out.println(this.name + " do and collect homework.");
    }
}
```

HaveLesson.java

```java
package example5_4.school;
public class HaveLesson
{
    public static void study(Student student)
    {
        student.doHomework();
    }
}
```

例 5.4 的程序运行结果如图 5.5 所示。

通过例 5.4 可观察出,上转型对象会丢失子类新增的属性和方法。如果子类重写了父类的某个方法后,上转型对象调用这个方法时,一定是调用了重写后的方法。故在 HaveLesson 类中的 study()方法的参数是 Student 类型,在通过 Student 类型调用 doHomework()方法时,由于其子类 Monitor 中进行了不同的重写,故 mike 和 joy 对象对于同样的 HaveLesson.study()方法的调用其运行结果是不同的,而这就是由继承性的特点所产生的多态! 而在多态的应用中较多的是通过抽象类和接口进行实现。

图 5.5 例 5.4 的程序运行结果

5.2 抽　象　类

5.2.1 抽象类的定义

用关键字 abstract 修饰的类称为 abstract 类(抽象类)。例如：

```
abstract class A {
    …
}
```

5.2.2 抽象类的实现

abstract 类中可以有 abstract 方法。和普通的类相比，abstract 类可以有 abstract 方法（抽象方法），也可以有非 abstract 方法。

下面 A 类中的 min( )方法是 abstract 方法，max( )方法是普通方法。

```
abstract class A {
    abstract int min(int x, int y);
    int max(int x, int y) {
        return x > y?x:y;
    }
}
```

abstract 类不能用 new 运算创建对象。对于 abstract 类，不能使用 new 运算符创建该类的对象。如果一个非抽象类是某个抽象类的子类，那么它必须重写父类的抽象方法，给出方法体，这就是为什么不允许使用 final 和 abstract 同时修饰一个方法的原因。

下面的例 5.5 使用了 abstract 类。

例 5.5

Example5_5.java

```java
public class Example5_5 {
    public static void main(String args[ ]) {
        ClassB b = new ClassB();
        int sum = b.sum(30, 20);         //调用重写的方法
        int sub = b.sub(30, 20);         //调用继承的方法
        System.out.println("sum = " + sum);
        System.out.println("sub = " + sub);
    }
}
```

ClassA.java

```java
public abstract class ClassA {
    abstract int sum(int x, int y);
    int sub(int x, int y) {
        return x - y;
    }
}
```

ClassB.java

```
public class ClassB extends ClassA
{
    int sum (int x, int y) {              //子类必须重写父类的sum()方法
        return x + y;
    }
}
```

例5.5的程序运行结果如图5.6所示。

抽象类只关心操作,即只关心方法名字、类型以及参数,但不关心这些操作具体实现的细节,即不关心方法体。当在设计程序时,可以给出若干各抽象类表明程序的重要特征,也就是说,可以通过在一个抽象类中声明若干个抽象方法,表明这些方法的重要性。抽象类可以让程序设计者忽略具体的细节,以便更好地设计程序。例如,在设计地图时,首先考虑地图最重要的轮廓,不必去考虑诸如城市中的街道牌号等细节。细节应当由抽象类的非抽象子类去实现,这些子类可以给出具体的实例,来完成程序功能的具体实现。

图5.6 例5.5的程序运行结果

5.2.3 抽象类与多态

在设计程序时,经常会使用abstract类,其原因是,abstract类只关心操作,但不关心这些操作具体实现的细节,可以使程序的设计者把主要精力放在程序的设计上,而不必拘泥于细节的实现(将这些细节留给子类的设计者),即避免设计者把大量的时间和精力花费于具体的算法上。在设计一个程序时,可以通过在abstract类中声明若干个abstract方法,表明这些方法在整个系统设计中的重要性,方法体的内容细节由它的abstract子类去完成。

使用多态进行程序设计的核心技术之一是使用上转型对象,即将abstract类声明对象作为其子类的上转型对象,那么这个上转型对象就可以调用子类重写的方法。

下面的例5.6中,准备设计一个动物饲养员,希望所设计的饲养员可以喂养各种不同的动物,而不同的动物吃的是不同的食物。

首先设计了一个抽象类Animal,该抽象类有两个抽象方法eat()和sleep(),那么Animal的子类必须重写eat()和sleep()方法,即要求各种具体的动物给出自己吃的行为和睡的行为。

然后设计饲养员Raiser类,该类有一个feed(Animal animal)方法,该方法的参数是Animal类型。显然,参数animal可以是抽象类Animal的任何一个子类对象的上转型对象,即参数animal可以调用Animal的子类重写的eat()方法执行具体动物吃的行为,如图5.7所示。

该程序的代码如下。

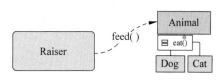

图5.7 饲养员喂养动物的类关系图

例 5.6
Example5_6. java

例 5.6
视频讲解

```java
public class Example5_6{
    public static void main(String args[ ]) {
        Cat cat = new Cat("Cat", "white");
        Dog dog = new Dog("Dog", "black");
        System.out.println(cat.getName());
        System.out.println(dog.getName());
        Raiser mike = new Raiser("Mike");
        mike.feed(cat);
        mike.feed(dog);}
}

public abstract class Animal
{
    String name;
    String color;
    public Animal(String name, String color) {
        this.name = name;
        this.color = color;
    }
    public Animal() {
    }
    public String getName() {
        return name;
    }
    public void setName(String name) {
        this.name = name;
    }
    public String getColor() {
        return color;
    }
    public void setColor(String color) {
        this.color = color;
    }
    public abstract void eat();
    public abstract void sleep();
}

public class Cat extends Animal
{
    public Cat(String name, String color) {
        super(name, color);
    }
    public Cat() {
    }
    @Override
    public void eat() {
        System.out.println(this.name + " is eating fish.");
```

```java
    }
    @Override
    public void sleep() {
        System.out.println(this.name + " is sleeping on the bed.");
    }
}

public class Dog extends Animal
{
    public Dog() {
    }
    public Dog(String name, String color) {
        super(name, color);
    }
    @Override
    public void eat() {
        System.out.println(this.name + " is gnawing bone.");
    }
    @Override
    public void sleep() {
        System.out.println(this.name + " is sleeping on the floor.");
    }
}

public class Raiser {
    private String name;
    public Raiser() {
    }
    public Raiser(String name) {
        this.name = name;
    }
    public String getName() {
        return name;
    }
    public void setName(String name) {
        this.name = name;
    }
    public void feed(Animal animal)
    {
        animal.eat();
    }
}
```

例 5.6 的程序运行结果如图 5.8 所示。

从例 5.6 可以看出,饲养员 Mike 在调用方法 feed(Animal animal)方法时,对于不同的上转型对象 cat 和 dog 所运行的结果是不同的:猫吃鱼而狗啃骨头。利用多态可以通过通用的调用方式而产生不同的结果形态,使程序更加灵活。再比如我们要设计一款象棋游戏的程序。我们无法预知用户下一步要走哪一枚棋子,就只能在用户走棋时判断用户所使用棋子的类型(如车、马、炮),再调用相应的走棋方法(如走直线、走日、翻山),而且每次走棋都要先判断棋子类型再调用走棋方法,非常烦琐,运行效率也很受影响。如果使用抽象类来实现多态的思想,可将棋子定义为抽象类,而走棋定义为抽象方法,由不同的棋子对走棋的抽象方法进行具体的实现,这样在下棋时,无论走哪一枚棋子只需调用走棋的方法就可以了,各种棋子的上转型对象自然会调用各自实现的具体方法,其类结构示意图为图5.9。

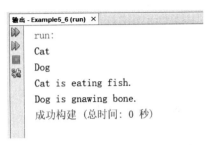

图5.8 例5.6的程序运行结果

图5.9 象棋棋子的类结构示意图

5.3 接　　口

5.3.1 接口的声明

1. 接口的声明

前面曾使用class关键字来声明类,接口通过使用关键字interface来声明。格式为:

interface 接口的名字

2. 接口体

接口体中包含常量定义和方法定义两部分。接口体中只进行方法的声明,不许提供方法的实现,所以,方法的定义没有方法体,且用分号";"结尾。例如:

```
interface Printable {
    final int MAX = 100;
    void add( );
    float sum (float x, float y);
}
class A implements Printable,Addable
```

3. 接口的使用

一个类通过使用关键字implements声明自己实现一个或多个接口。如果实现多个接口,用逗号隔开接口名,如A类实现Printable和Addable接口:

class A implements Printable,Addable

如果一个类实现了某个接口,那么这个类必须重写该接口的所有方法。需要注意的是,重写接口的方法时,接口中的方法一定是public abstract方法,所以类在重写接口方法时不仅要去掉abstract修饰给出方法体,而且方法的访问权限一定要明显地用public来修饰。

实现接口的类一定要重写接口的方法,因此也称这个类实现了接口中的方法。

类重写的接口方法以及接口中的常量可以被类的对象调用,而且常量也可以用类名或接口名直接调用。

接口声明时,如果关键字 interface 前面加上 public 关键字,就称这样的接口是一个 public 接口。public 接口可以被任何一个类声明实现。如果一个接口不加 public 修饰,就称为友好接口类,友好接口可以被与该接口在同一包中的类声明实现。

如果父类实现了某个接口,那么子类也就自然实现了该接口,子类不必再显式地使用关键字 implements 声明实现这个接口。

接口也可以被继承,即可以通过关键字 extends 声明一个接口是另一个接口的子接口。由于接口中的方法和常量都是 public 的,子接口将继承父接口中的全部方法和常量。

5.3.2 理解接口

接口的语法规则很容易记住,但真正理解接口更重要。假如计算机有 USB 接口,实现了 USB 接口的设备都可以连接到计算机上进行工作,比如打印机、扫描仪、摄像头、键盘、鼠标、移动硬盘等,很大程度上提高了计算机的扩展性。接口的思想就在于它可以增加很多类都需要实现的功能,使用相同接口的类不一定有继承关系。同一个类也可以实现多个接口。接口只关心功能,并不关心功能的具体实现。

例 5.7 视频讲解

例 5.7

Example5_7.java

```java
public class Example5_7 {
    public static void main(String[] args) {
        Printer hp = new Printer();
        USBStore seagate = new USBStore();
        Computer dell = new Computer();
        dell.workby(hp);
        dell.workby(seagate);
        
        Student mike = new Student();
        mike.turnOn(hp);
    }
}

public interface IUSB
{
    public void install();
    public void work();
}

public interface IPower
{
    public void start();
}

public class Printer implements IUSB, IPower
{
    @Override
```

```java
    public void install() {
        System.out.println("安装打印机驱动程序");
    }
    @Override
    public void work() {
        System.out.println("打印机打印资料.");
    }
    @Override
    public void start() {
        System.out.println("打印机复印文件资料.");
    }
}

public class USBStore implements IUSB
{
    @Override
    public void install() {
        System.out.println("安装 U 盘驱动程序");
    }
    @Override
    public void work() {
        System.out.println("传输并保存文件");
    }
}

public class Computer
{
    public void workby(IUSB usb)
    {
        usb.install();
        usb.work();
    }
}

public class Student {
    public void turnOn(IPower power)
    {
        power.start();
    }
}
```

例 5.7 的程序运行结果如图 5.10 所示。

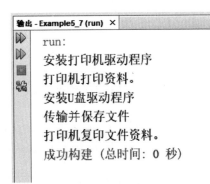

图 5.10　例 5.7 的程序运行结果

5.3.3　接口回调

接口回调是指：可以把实现某一接口的类创建的对象的引用赋给该接口声明的接口变量中。那么该接口变量就可以调用被类实现的接口中的方法。实际上，当接口变量调用被类实现的接口中的方法时，就是通知相应的对象调用接口的方法。

在下面的例 5.8 中，使用了接口的回调技术。

例 5.8
Example5_8.java

```java
public class Example5_8 {

    public static void main(String[] args) {
        Desk desk = new Desk(10 , 20);
        Cake cake = new Cake(12 , 8);
        BasketBall basketBall = new BasketBall(10);

        Student mike = new Student("Mike");
        mike.calArea(desk);
        mike.calArea(cake);
        mike.calArea(basketBall);
    }
}

public interface IArea {
    public float PI = 3.1415926f;
    public String getType();
    public float getArea();
}

public class BasketBall implements IArea
{
    private float radius;
    private String type = "BasketBall";
    public BasketBall()
    {
    }
    public BasketBall(float radius)
    {
        this.radius = radius;
    }
    public float getRadius()
    {
        return radius;
    }
    public void setRadius(float radius)
    {
        this.radius = radius;
    }
    @Override
    public String getType() {
        return type;
    }
    @Override
    public float getArea()
    {
        return this.radius * this.radius * IArea.PI;
```

```java
    }
}

public class Cake implements IArea
{
    private float width;
    private float height;
    private String type = "Cake";
    public Cake()
    {
    }
    public Cake(float width, float height)
    {
        this.width = width;
        this.height = height;
    }
    public float getWidth()
    {
        return width;
    }
    public void setWidth(float width)
    {
        this.width = width;
    }
    public float getHeight()
    {
        return height;
    }
    public void setHeight(float height)
    {
        this.height = height;
    }
    @Override
    public String getType() {
        return type;
    }
    @Override
    public float getArea()
    {
        return this.width * this.height/2;
    }
}

public class Desk implements IArea
{
    private float length;
    private float width;
    private String type = "Desk";
    public Desk()
    {
    }
```

```java
        public Desk(float length, float width)
        {
            this.length = length;
            this.width = width;
        }
        public float getLength()
        {
            return length;
        }
        public void setLength(float length)
        {
            this.length = length;
        }
        public float getWidth()
        {
            return width;
        }
        public void setWidth(float width)
        {
            this.width = width;
        }
        @Override
        public String getType() {
            return type;
        }
        @Override
        public float getArea()
        {
            return this.length * this.width;
        }
    }

    public class Student {
        private String name;
        public Student() {
        }
        public Student(String name) {
            this.name = name;
        }
        public String getName() {
            return name;
        }
        public void setName(String name) {
            this.name = name;
        }
        public void calArea(IArea area)
        {
            System.out.println("Area of " + area.getType() + " is " + area.getArea());
        }
    }
```

例 5.8 的程序运行结果如图 5.11 所示。

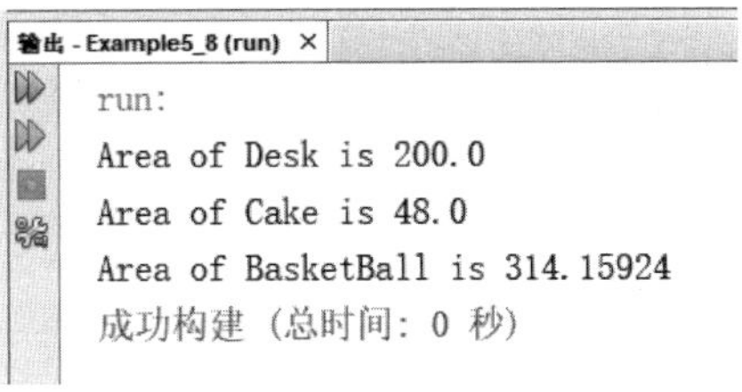

```
输出 - Example5_8 (run) ×
run:
Area of Desk is 200.0
Area of Cake is 48.0
Area of BasketBall is 314.15924
成功构建（总时间：0 秒）
```

图 5.11　例 5.8 的程序运行结果

5.3.4　接口与多态

5.3.3 节学习了接口回调，即当把实现接口的类的实例的引用赋值给接口变量后，该接口变量就可以回调类重写的接口方法。由接口产生的多态就是指不同的类在实现同一个接口时可能具有不同的实现方式，那么接口变量在回调接口方法时就可能具有多种形态。

在设计程序时，经常会使用接口，其原因是接口只关心操作，但不关心这些操作的具体实现细节，可以使我们把主要精力放在程序的设计上，而不必拘泥于细节的实现。也就是说，可以通过在接口中声明若干个 abstract 方法，表明这些方法的重要性，方法体的内容细节由实现接口的类去完成。使用接口进行程序设计的核心思想是使用接口回调，即接口变量存放实现该接口的类的对象的引用，从而接口变量就可以回调类实现的接口方法。

下面的例 5.9 中，准备设计一个广告牌，希望所设计的广告牌可以展示许多公司的广告词。

首先设计了一个接口 Advertisement，该接口有两个方法：showAdvertisement( ) 和 getCorpName( )，那么实现 Advertisement 接口的类必须重写 showAdvertisement( ) 和 getCorpName( ) 方法，即要求各个公司给出具体的广告词和公司的名称。

然后设计 AdvertisementBoard 类（广告牌），该类有一个 show(Advertisement adver) 方法，该方法的参数 adver 是 Advertisement 接口类型（就像人们常说的，广告牌对外留有接口）。显然，该参数 adver 可以存放任何实现 Advertisement 接口的类的对象的引用，并回调类重写的接口方法：showAdvertisement( ) 显示公司的广告词、回调类重写的接口方法；getCorpName( ) 显示公司的名称。

详细代码如下。

例 5.9

Example5_9.java

```java
public class Example5_9{
    public static void main(String agrs[ ]) {
        AdvertisementBoard board = new AdvertisementBoard( );
        board.show(new PhilipsCorp( ));
        board.show(new LenovoCorp( ));
    }
}
public interface Advertisement {            //接口
    public void showAdvertisement( );
```

```java
        public String getCorpName( );
}

public class AdvertisementBoard {            //负责创建广告牌
    public void show(Advertisement adver) {
        System.out.println("广告牌显示" + adver.getCorpName( ) + "公司的广告词: ");
        adver.showAdvertisement( );
    }
}

public class PhilipsCorp implements Advertisement {    //PhilipsCorp 实现 Advertisement 接口
    public void showAdvertisement( ) {
        System.out.println("@@@@@@@@@@@@@@@@@@");
        System.out.println("没有最好,只有更好");
        System.out.println("@@@@@@@@@@@@@@@@@@");
    }
    public String getCorpName( ) {
        return "飞利浦";
    }
}

public class LenovoCorp implements Advertisement {  //LenovoCorp 实现 Advertisement 接口
    public void showAdvertisement( ) {
        System.out.println(" ******************************* ");
        System.out.println("让世界变得很小");
        System.out.println(" ******************************* ");
    }
    public String getCorpName( ) {
        return "联想集团";
    }
}
```

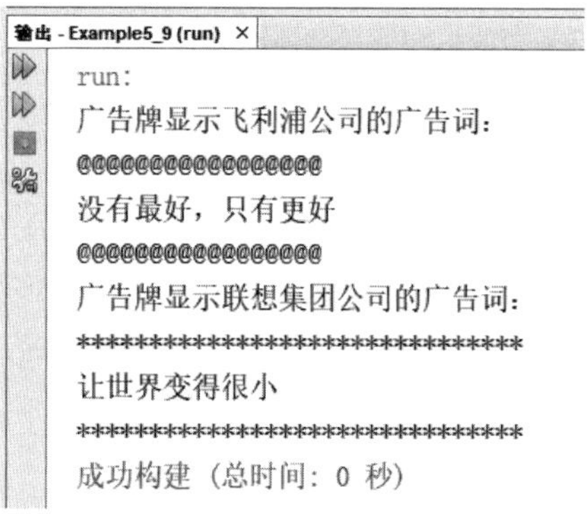

例 5.9 的程序运行结果如图 5.12 所示。

接口的用处具体体现在下面几方面。

(1) 通过接口实现不相关类的相同行为,而无须考虑这些类之间的关系。

(2) 通过接口指明多个类需要实现的方法。

(3) 通过接口了解对象的交互界面,而无须了解对象所对应的类。

图 5.12 例 5.9 的程序运行结果

5.3.5 抽象类与接口的比较

接口和抽象类的比较如下。

(1) 抽象类和接口都可以有 abstract 方法。

(2) 接口中只可以有常量,不能有变量;而抽象类中既可以有常量也可以有变量。

(3) 抽象类中也可以有非 abstract 方法,接口不可以。

在设计程序时应当根据具体的分析来确定是使用抽象类还是接口。抽象类除了提供重要的需要子类去实现的 abstract 方法外,也提供了子类可以继承的变量和非 abstract 方法。

如果某个问题需要使用继承才能更好地解决,比如,子类除了需要实现父类的 abstract 方法外,还需要从父类继承一些变量或继承一些重要的非 abstract 方法,就可以考虑用 abstract 类。如果某个问题不需要继承,只是需要若干个类给出某些重要的 abstract 方法的实现细节,就可以考虑使用接口。

5.4 应用实例:POS 刷卡机

在日常生活中商家为了促销往往会为消费者办理各种充值卡,不同的充值卡其打折的力度也不尽相同。模拟充值卡消费,POS 刷卡机能够按照相应的充值卡进行消费扣款,并且商家可以自定义多种不同类型的充值卡。这样的问题使用面向对象的多态就能够非常灵活地加以解决。比如可以设定一个抽象类 Card,含有充值卡的一些基本属性,如卡类型和卡内金额,并且含有一个抽象方法来计算打折后的实际应付金额。对于不同的充值卡可继承该抽象类,对于不同的打折策略进行具体计算应付金额,当需要增加新的充值卡类型时只需在 Card 类下再派生出一个新类就可以了,类之间的关系如图 5.13 所示。

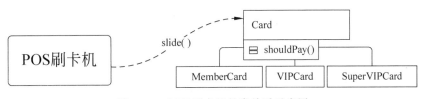

图 5.13 POS 刷卡机的类关系示意图

新建项目 **MemberCardDemoApp**,其类结构如图 5.14 所示。

在 cardpackage 包下是有关各种充值卡的类,其中,Card 是一个抽象类作为基类,下面分别派生出了会员卡(MemberCard 打 9 折)、VIP 卡(VIPCard 打 7 折)和超级 VIP 卡(SuperVIPCard 打 5 折);pospackage 包下面是 POS 刷卡机类(POS)和 POS 刷卡机的界面类(POSView),其中,POS 刷卡机类中包含一个刷卡的方法 public static boolean slide (Card card,float totalPrice),参数 card 为要刷的卡,totalPrice 为总的消费金额。在刷卡时会调用相应卡的消费方法,先计算应付金额,并与卡内金额相比较,卡内金额充足则扣款消费返回消费成功 true,否则返回消费失败 false。

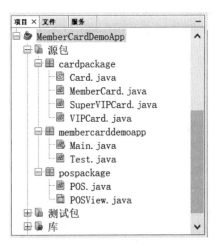

图 5.14 POS 刷卡机的类结构示意图

其主要类的实现代码如下。

```
package cardpackage;
public abstract class Card {
    String type;
    float amount;
    public Card() {
```

```java
    }
    public Card(String type) {
        this.type = type;
    }
    public Card(String type, int amount) {
        this.type = type;
        this.amount = amount;
    }
    /**
     * @return the type
     */
    public String getType() {
        return type;
    }
    public boolean comsume(float totalPrice) {
        if (this.amount >= this.shouldPay(totalPrice)) {
            this.amount = this.amount - this.shouldPay(totalPrice);
            return true;
        } else {
            return false;
        }
    }
    public abstract float shouldPay(float totalPrice);
    /**
     * @return the amount
     */
    public float getAmount() {
        return amount;
    }
    /**
     * @param amount the amount to set
     */
    public void setAmount(float amount) {
        this.amount = amount;
    }
}

package cardpackage;
public class MemberCard extends Card
{
    public MemberCard()
    {
        this.type = "MemberCard";
    }
    public MemberCard(String type, int amount)
    {
        super(type, amount);
    }
    @Override
    public float shouldPay(float totalPrice)
    {
        return totalPrice * 0.9f;
    }
}
```

```java
package cardpackage;
public class VIPCard extends Card
{
    public VIPCard()
    {
        this.type = "VIPCard";
    }
    public VIPCard(String type, int amount)
    {
        super(type, amount);
    }
    @Override
    public float shouldPay(float totalPrice)
    {
        return totalPrice * 0.7f;
    }
}
```

```java
package cardpackage;
public class SuperVIPCard extends Card
{
    public SuperVIPCard()
    {
        this.type = "SuperVIPCard";
    }
    public SuperVIPCard(String type, int amount)
    {
        super(type, amount);
    }
    @Override
    public float shouldPay(float totalPrice)
    {
        return totalPrice * 0.5f;
    }
}
```

```java
package pospackage;
import cardpackage.Card;
public class POS {
    public static boolean slide(Card card,float totalPrice)
    {
        return card.comsume(totalPrice);
    }
}
```

在 membercarddemoapp 包中创建了一个测试类，在类中分别创建了三种卡的对象，其中，会员卡（memberCard）充值 500 元，VIP 卡（vipCard）充值 1000 元，超级 VIP 卡（superVIPCard）充值 2000 元。POS 刷卡机的程序运行结果如图 5.15 所示。

如果选择会员卡消费 100 元，单击"刷卡消费"按钮后，结果是打 9 折，500 元的会员卡扣除 90 元，余额为 410 元，如图 5.16 所示。

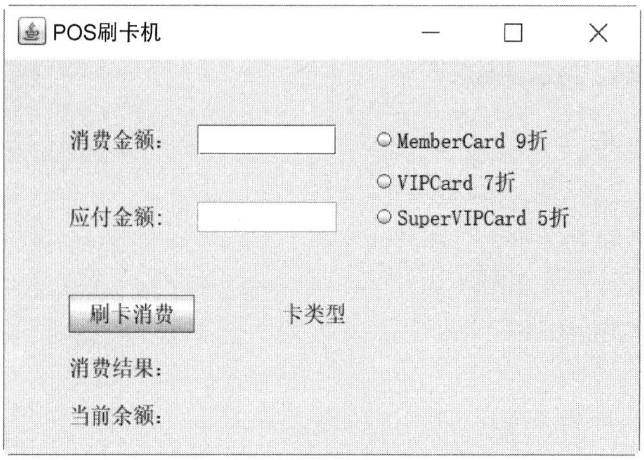

图 5.15　POS 刷卡机的程序运行结果

图 5.16　使用会员卡消费 100 元

如果选择超级 VIP 卡消费 1000 元，单击"刷卡消费"按钮后，结果是打 5 折，2000 元的会员卡扣除 500 元，余额为 1500 元，如图 5.17 所示。

图 5.17　使用超级 VIP 卡消费 1000 元

小　　结

（1）继承是一种由已有的类创建新类的机制。利用继承可以先创建一个共有属性的一般类，根据该一般类再创建具有特殊属性的新类。

（2）所谓子类继承父类的成员变量作为自己的一个成员变量，就好像它们是在子类中直接声明一样，可以被子类中自己声明的任何实例方法操作。

（3）所谓子类继承父类的方法作为子类中的一个方法，就像它们是在子类中直接声明一样，可以被子类中自己声明的任何实例方法调用。

（4）多态是面向对象编程的又一重要特性。子类可以体现多态，即子类可以根据各自的需要重写父类的某个方法，子类通过方法的重写可以把父类的状态和行为改变为自身的状态和行为。接口也可以体现多态，即不同的类在实现同一接口时，可以给出不同的实现手段。

习　　题

1. 子类将继承父类的哪些成员变量和方法？子类在什么情况下隐藏父类的成员变量和方法？

2. 什么叫对象的上转型对象？

3. 什么叫接口的回调？

4. 请给出下面程序的输出结果。

```
class A {
    double f(double x, double y) {
        return x + y;
    }
}
class B extends A {
    double f(int x, int y) {
        return x * y;
    }
}
public class E {
    public static void main(String args[ ]) {
        B b = new B( );
        System.out.println(b.f(3,5));
        System.out.println(b.f(3.0,5.0));
    }
}
```

5. 请给出下面程序中 E 类运行的结果。

```
class A {
    double f(double x, double y) {
        return x + y;
```

```
        }
        static int g(int n) {
            return n * n;
        }
    }
    class B extends A {
        double f(double x, double y) {
            double m = super.f(x,y);
            return m + x * y;
        }
        static int g(int n) {
            int m = A.g(n);
            return m + n;
        }
    }
    public class E {
        public static void main(String args[ ]) {
            B b = new B( );
            System.out.println(b.f(10.0,8.0));
            System.out.println(b.g(3));
        }
    }
```

6. 需要为一个景区实现计算景区门票的程序,已知成年人的门票价格是 100 元,儿童票打 3 折,老年票打 5 折。使用抽象类来为任意多张不同类型的票计算总价。其 UML 类图如图 5.18 所示。

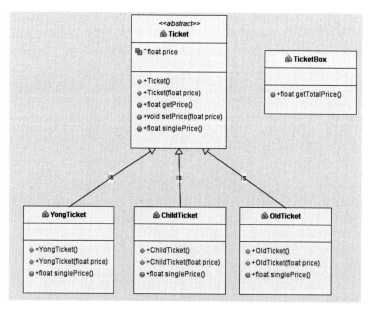

图 5.18 UML 类图

第 6 章　异常处理

本章导图：

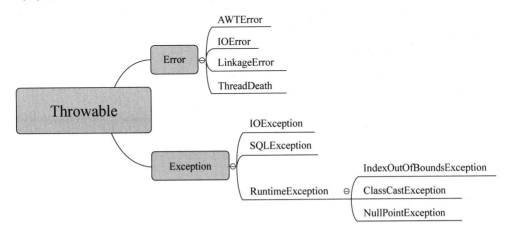

主要内容：
- 异常的定义。
- 异常处理的特点。
- 异常处理机制。
- try 语句与 catch 语句。
- 自定义异常。

难点：
- 异常处理机制。
- 自定义异常。

异常处理是指对程序运行时出现的非正常情况进行处理。异常处理可提高程序的健壮性和容错性。

本章首先给出异常处理的概念和基本过程，随后讨论异常处理的关键字，异常处理机制，如何捕捉异常、抛出异常及用户自定义异常，并对各种 Error 和 Exception 进行举例。

6.1　异常的概念

在用传统的语言编程时，程序员只能通过函数的返回值发出错误信息。这样容易导致很多错误，因为在很多情况下需要知道错误产生的内部细节。通常，用全局变量 errno 来存储异常的类型。这容易导致误用,因为一个 errno 的值有可能在被处理之前被另外的错误覆盖掉。即使是 C 语言程序,为了处理异常情况,也常求助于 goto 语句。Java 对异常的处理是面向对象的。Java 的一个 Exception 是一个描述异常情况的对象。当出现异常情况时,一个 Exception 对象就产生了,并放到产生这个异常的成员函数里。

1. 异常定义

在异常类层次的最上层有一个单独的类叫作 Throwable,这个类用来表示所有的异常情况,每个异常类型都是 Throwable 的子类。Throwable 有两个直接的子类,一个子类是 Exception,是用户程序能够捕捉到的异常情况,将通过产生它的子类来创建自己的异常;另一个子类是 Error,它定义了那些通常无法捕捉到的异常,要谨慎使用 Error 子类,因为它们通常会导致灾难性的失败。在 Exception 中有一个子类 RuntimeException,它是程序运行时自动地对某些错误作出反应而产生的。

2. Java 异常处理的特点

下面这三个例子分别是没有处理异常、用常规方法处理异常和用 Java 异常机制处理异常的三种处理方式的伪代码,从中可以体会 Java 异常处理的特点。

没有处理异常的程序:

```
read-file {
        openTheFile;
        determine it's size;
        allocate that much memory;
        closeTheFile;
}
```

用常规方法处理异常:

```
openFiles;
if (theFilesOpen) {
        determine the length of the file;
        if (gotTheFileLength){
            allocate that much memory;
            if (gotEnoughMemory) {
                read the file into memory;
                if (readFailed) errorCode = -1;
                  else errorCode = -2;
            }else errorCode = -3;
        }else errorCode = -4 ;
}else errorCode = -5;
```

用 Java 异常机制处理异常:

```
read-File;
{
        try{
            openTheFile;
            determine its size;
            allocate that much memory;
            closeTheFile;
        }
        catch(fileopenFailed) { DO SOMETHING; }
```

```
        catch(sizeDetermineFailed) { DO SOMETHING;}
        catch(memoryAllocateFailed){ DO SOMETHING;}
        catch(readFailed){ DO SOMETHING;}
        catch(fileCloseFailed) { DO SOMETHING; }
}
```

与传统的方法相比较,Java 异常处理具有以下特点。

(1) Java 通过面向对象的方法进行异常处理,把各种不同的异常事件进行分类,体现了良好的层次性,提供了良好的接口,这种机制对于具有动态特性的复杂程序提供了强有力的控制方式。

(2) Java 的异常处理机制使得处理异常的代码和常规代码分开,大大减少了代码量,增加了程序的可读性。

(3) Java 的异常处理机制使得异常事件可以沿调用栈自动向上传播,而不是 C 语言中通过函数的返回值来传播,这样可以传递更多的信息并且简化代码,如图 6.1 所示。

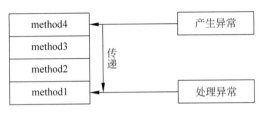

图 6.1 Java 的异常处理机制

(4) 由于把异常事件当成对象处理,利用类推层次性可以把多个具有相同父类的异常统一处理,也可以区分不同的异常分别处理,使用非常灵活。

6.2 异常处理机制

在 Java 语言中,所有的异常都是用类表示的。当程序发生异常时,会生成某个异常类的对象。Throwable 是 java.lang 包中一个专门用来处理异常的类,它有两个直接子类:Error 和 Exception,如图 6.2 所示。

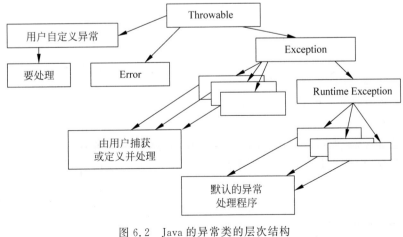

图 6.2 Java 的异常类的层次结构

1. Error 类

Error 类型的异常与 Java 虚拟机本身发生的错误有关,用户程序不需要处理这类异常。

2. Exception 类

程序产生的错误由 Exception 的子类表示,用户程序应该处理这类异常。Exception 中定义了许多异常类,每个异常类代表了一种执行错误,类中包含对应于这种运行错误的信息和处理错误的方法等内容。当程序执行期间发生一个可识别的执行错误时,如果该错误有一个异常类与之相对应,那么系统就会产生一个相应的该异常类的对象。一旦一个异常对象产生了,系统中就一定有相应的机制来处理它,从而保证用户程序在整个执行期间不会产生死机、死循环等异常情况。Java 语言采用这种异常处理机制来保证用户程序执行的安全性。

(1) Exception 类的两个构造函数如下。

public Exception(),系统提示异常信息。

public Exception(String s),接收字符串参数传入的信息,对异常对象所对应的错误进行描述。

(2) Exception 类从 Throwable 继承的常用方法如下。

public String toString(),返回当前 Exception 类信息的字符串。

public void printStackTrace(),向屏幕输出异常信息。

部分常见的异常类如表 6.1 所示。

表 6.1 部分常见的异常类

名 称	含 义
ArithmeticException	算术错误
ArrayIndexOutOfBandsException	数组越界
ArrayStoreException	数组存储空间不足
IOException	输入输出错误
FileNotFoundException	指定文件没有发现
NullPointerException	访问一个空对象成员
MalformedURLException	URL 格式错误
NumberFormatException	数据格式错误

6.3 异常处理方式

异常处理主要有以下三种方式。

(1) 对于运行时异常可以不作处理。

(2) 使用 try…catch…finally 语句捕获异常。

(3) 通过 throws 子句声明自己的异常,并用 throw 语句来抛出它。

Java 的异常处理是通过 5 个关键词来实现的:try,catch,throw,throws 和 finally。用 try 来执行一段程序,如果出现异常,系统抛出(throws)一个异常,用户可以通过它的类型来捕捉(catch)它,或最后(finally)由默认处理器来处理。

下面是异常处理程序的基本形式。

```
try { //程序块}
    catch (ExceptionType1 e) {           // 对 ExceptionType1 的处理}
    catch (ExceptionType2 e)
    {
        // 对 ExceptionType2 的处理
        throw(e);
        //再抛出这个异常
    }
finally { }
```

异常对象是 Java 在运行时对某些异常情况作出反应而产生的。下面的例子给出了一个包含一个整数被 0 除出现异常的小程序。

```
class Exception_Demo{
    public static void main(String args[]){
        int d = 0;
        int a = 42/d;
    }
}
```

程序说明：

当 Java 执行这个除法时，由于分母是 0，就会构造一个异常对象来使程序停下来并处理这个错误情况，在运行时抛出（throw）这个异常。程序流将会在除号操作符处被打断，然后检查当前的调用堆栈来查找异常。一个异常处理器是用来立即处理异常情况的。在这个例子里，没有编写异常处理器，所以默认的处理器就发挥作用了。默认的处理器打印 Exception 的字符值和发生异常的地点。

6.4 捕 获 异 常

通常，用户希望自己来处理异常并继续运行。可以用 try 来指定一块预防所有异常的程序。紧跟在 try 程序后面，应包含一个 catch 子句来指定想要捕捉的异常类型。

1. try 与 catch

下面的例子是一个基本的异常处理实例，它包含一个 try 程序块和一个 catch 子句。

例 6.1

Example6_1.java

```
class Example6_1{
    public static void main(String args[]) {
        try {
            int d = 0;
            int a = 42 / d;
        }
        catch(ArithmeticException e){
            System.out.println("被零除");
        }
    }
}
```

例 6.1 的程序运行结果如图 6.3 所示。

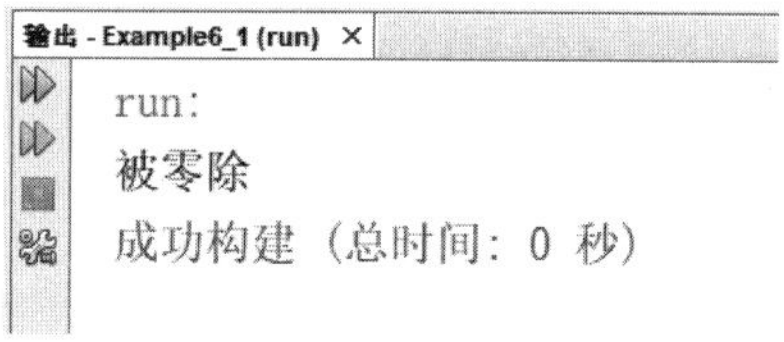

catch 子句的目标是解决异常情况，把一些变量设到合理的状态，并像没有出错一样继续运行。如果一个子程序不处理某个异常，则返回到上一级处理，直到最外一级。

图 6.3　例 6.1 的程序运行结果

2. 多个 catch 子句

在某些情况下，同一段程序可能产生不止一种"异常"情况。可以放置多个 catch 子句，其中每一种"异常"类型都将被检查，第一个与之匹配的子句就会被执行。如果一个类和其子类都有的话，应把子类放在前面，否则将永远不会到达子类。例 6.2 给出了一个有两个 catch 子句的程序的例子。

例 6.2

Example6_2.java

```java
class Example6_2{
    public static void main(String args[]) {
        try {
            int a = args.length;
            System.out.println("a = " + a);
            int b = 42/a; int[] c = {1};
            c[42] = 99;
        }
        catch(ArithmeticException e) {
            System.out.println("div by 0: " + e);
        }
        catch(ArrayIndexOutOfBoundsException e) {
            System.out.println("array index oob: " + e);
        }
    }
}
```

例 6.2 的程序运行结果如图 6.4 所示。

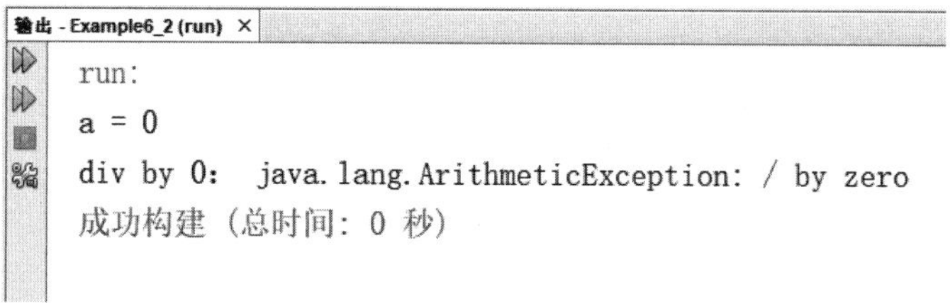

图 6.4　例 6.2 的程序运行结果

程序说明：

如果在程序运行时不跟参数，将会引起一个 0 作除数的异常，因为 a 的值为 0。如果提供一个命令行参数，将不会产生这个异常，因为 a 的值大于 0。但会引起一个 ArrayIndexOutOfBoundException 的异常，因为整型数组 c 的长度是 1，却给 c[42] 赋值。

3. try 语句的嵌套

可以在一个成员函数调用的外面写一个 try 语句，在这个成员函数内部，写另一个 try

语句保护其他代码。每当遇到一个 try 语句,异常的框架就放到堆栈上面,直到所有的 try 语句都完成。如果下一级的 try 语句没有对某种异常进行处理,堆栈就会展开,直到遇到有处理这种异常的 try 语句。例 6.3 为 try 语句嵌套的例子。

例 6.3

Example6_3.java

```java
class Example6_3{
    static void procedure() {
        try {
            int[] c = {1};
            c[42] = 99;
        } catch (ArrayIndexOutOfBoundsException e) {
            System.out.println("array index oob: " + e);
        }
    }

    public static void main(String args[]) {
        try {
            int a = args.length;
            System.out.println("a = " + a);
            int b = 42 / a;
            procedure();
        } catch (ArithmeticException e) {
            System.out.println("div by 0: " + e);
        }
    }
}
```

例 6.3 的程序运行结果如图 6.5 所示。

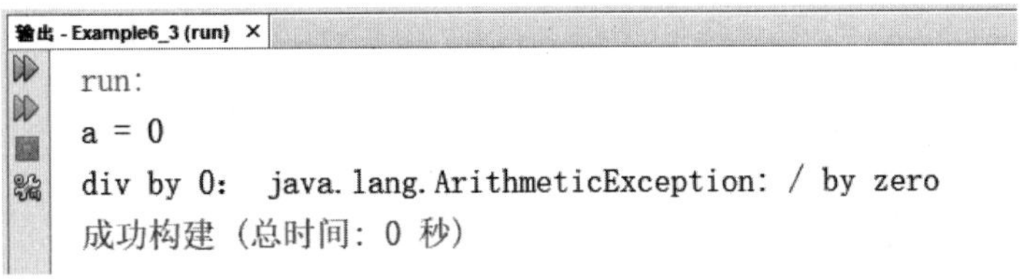

```
run:
a = 0
div by 0:  java.lang.ArithmeticException: / by zero
成功构建(总时间: 0 秒)
```

图 6.5 例 6.3 的程序运行结果

程序说明:

成员函数 procedure()里有自己的 try…catch 控制,所以 main()不用去处理 ArrayIndexOutOfBoundsException。

6.5 抛出异常

在执行期间,若引发一个 Java 系统能够识别的错误,就会产生一个相对应的异常类对象,这个过程称为抛出异常。

1. throw 语句

throw 语句用来明确地抛出一个"异常"。首先,必须得到一个 Throwable 的实例的控制柄,通过参数传到 catch 子句,或者用 new 操作符来创建一个。下面是 throw 语句的通常形式。

throw ThrowableInstance;

语法说明:

程序会在 throw 语句后立即终止,它后面的语句执行不到,然后在包含它的所有 try 块中从里向外寻找含有与其匹配的 catch 子句的 try 块。

例 6.4 给出了一个含有 throw 语句的例子。

例 6.4

Example6_4.java

```java
class Example6_4{
    static void demoproc(){
        try {
            throw new NullPointerException("抛出异常示例");
        }
        catch(NullPointerException e) {
            System.out.println("捕捉过程内部的异常");
            throw e;
        }
    }
    public static void main(String args[]) {
        try {
            demoproc();
        }
        catch(NullPointerException e) {
            system.out.println("捕捉抛出异常: " + e);
        }
    }
}
```

例 6.4 的程序运行结果如图 6.6 所示。

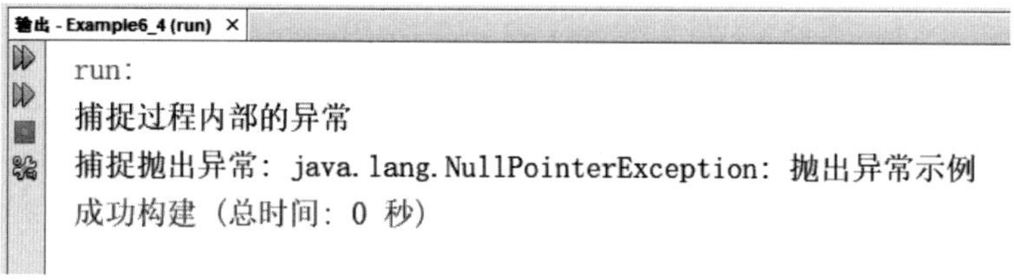

```
输出 - Example6_4 (run) ×
run:
捕捉过程内部的异常
捕捉抛出异常: java.lang.NullPointerException: 抛出异常示例
成功构建 (总时间: 0 秒)
```

图 6.6 例 6.4 的程序运行结果

2. throws 语句

throws 语句用来标明一个成员函数可能抛出的各种异常。对大多数 Exception 子类来说,Java 编译器会强迫用户声明在一个成员函数中抛出的异常类型。如果异常的类型是

Error 或 RuntimeException，或是它们的子类，则这个规则不起作用，因为这些在程序的正常部分中是不期待出现的。如果想明确地抛出一个 RuntimeException，必须用 throws 语句来声明它的类型。这就重新定义了成员函数的定义语法。

type method-name(arg-list) throws exception-list { }

例 6.5 中成员函数 procedure() 里抛出了异常 IllegalAccessException，但它本身没有去捕获处理，而是由调用它的主函数 main() 进行了捕捉才处理。

例 6.5
Example6_5.java

```
class Example6_5{
    static void procedure( ) throws IllegalAccessException{
        System.out.println("内部过程");
        throw new IllegalAccessException("抛出异常示例");
    }
    public static void main(String args[]){
        try{
            procedure( );
        }
        catch (IllegalAccessException e){
            System.out.println("捕捉异常" + e);
        }
    }
}
```

例 6.5 的程序运行结果如图 6.7 所示。

图 6.7　例 6.5 的程序运行结果

6.6　自定义异常

自定义异常是那些不能由 Java 系统监测到的异常（如下标越界，被 0 除等），而是由用户自己定义的异常。用户定义的异常同样要用 try…catch 捕获，但必须由用户自己抛出，格式为：

`throw new MyException`

由于异常是一个类，用户定义的异常必须继承自 Throwable 类或 Exception 类，建议用 Exception 类。例如：

`public class MyException extends Exception{//类体};`

例 6.6 给出一个计算两个数之和的例子。要求两个数都必须在 10~20，当任何一个数超出取值范围，则抛出一个异常，显示错误信息"计算数值不在指定范围内，无法计算！"。

例 6.6

Example6_6.java

```java
public class Example6_6 {
    public static void main(String[] args) {
        java.awt.EventQueue.invokeLater(new Runnable() {
            public void run() {
                new CalJFrame().setVisible(true);
            }
        });
    }
}
```

NumberRangeException.java

```java
public class NumberRangeException extends Exception
{
    public NumberRangeException(String msg) {
        super(msg);
    }
}
```

CalJFrame.java 部分核心代码：

```java
public int CalcAnswer() throws NumberRangeException {
    int int1, int2;
    int answer = -1;
    String str1 = jTextField1.getText();
    String str2 = jTextField2.getText();
    try {
        int1 = Integer.parseInt(str1);
        int2 = Integer.parseInt(str2);
        if ((int1 < 10) || (int1 > 20) || (int2 < 10) || (int2 > 20)) {
            NumberRangeException e = new NumberRangeException("计算数值不在指定范围内,无法计算!");
            throw e;
        }
        answer = int1 + int2;
    } catch (NumberFormatException e) {
        answerStr = e.toString();
    }
    return answer;
}

private void jButton1ActionPerformed(java.awt.event.ActionEvent evt) {
    // TODO add your handling code here:
    try {
        int answer = CalcAnswer();
        answerStr = String.valueOf(answer);
        this.jLabel1.setText(answerStr);
    } catch (NumberRangeException e) {
        answerStr = e.getMessage();
```

```
                this.jLabel1.setText(answerStr);
        }
}
```

程序说明:

NumberRangeException 类继承了 Exception 异常类,通过构造方法可为其异常信息进行初始化。

CalJFrame 类继承了 javax.swing.JFrame,是一个 Java 窗体,CalcAnswer()方法用来实现两个数相加,但要求两数必须在 10~20,如果超出范围则主动抛出异常 NumberRangeException(),该方法本身并不去捕获处理,而是交由调用它的方法捕获处理。

计算按钮的响应方法 jButton1ActionPerformed() 调用了 CalcAnswer() 方法,对 CalcAnswer()所抛出的异常 NumberRangeException 进行了捕获处理,并将计算结果或异常信息显示在标签上。

Num1 和 Num2 分别输入 12 和 13,则两数相加。

例 6.6 的程序运行如图 6.8 所示。

Num1 和 Num2 分别输入 17 和 33,则计算数据超出范围,捕获异常后显示。程序运行如图 6.9 所示。

图 6.8　例 6.6 的程序运行结果

图 6.9　例 6.6 程序处理异常的运行结果

小　　结

处理程序执行过程中出现的各种情况,是程序设计中非常重要的一个环节。只有那些能将各种问题充分考虑的程序,才能长期稳定地执行下去。

本章的内容涵盖了异常处理的基本概念以及 Java 中的异常处理机制,将异常处理妥善地运用到程序中,就可提高程序的稳定性。

习　　题

1. 在 Java 程序执行过程中,产生的异常通常有几种类型?
2. 简要说明 Java 的异常处理机制。
3. 异常类的最上层是什么类?它又有哪两个子类?

第 7 章　Java API 简介

本章导图：

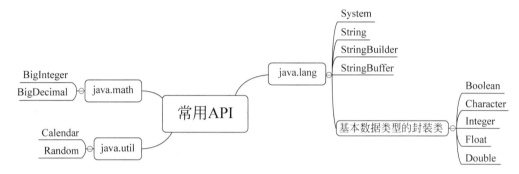

主要内容：
- Java API 中的包。
- java.lang 包。
- java.math 类。
- java.util 包。

难点：
- Java API 中的包。

7.1　Java API 中的包

Java 中的"包"是个很重要的概念，其英文称作 package，是这样定义的：

> **Definition:** A package is a collection of related classes and interface that Provides access protection and namespace management.

也就是说：一个包就是一些提供访问保护和命名空间管理的相关类与接口的集合，使用包的目的就是使类容易查找使用，防止命名冲突，以及控制访问。其作用就犹如 C♯ 中的命名空间。

简单一点来说，包就是一个目录，下面的子包就是子目录，这个包里的类就是目录下的文件。

当然，Java 为方便专业人员的开发以及程序的运行也提供了大量的包，以 API 的形式提供给使用者。Java API 就是一个运行库的集合，它提供了一套访问主机系统资源的标准方法。开发人员可以在需要的时候使用 import 关键字将相关包导入程序中。

在最新的 JDK 1.8 版本中，Java 提供了数千个不同功能的类，被分门别类地放置于 208 个包中供开发人员调用，其中最常用的有如下几个包。

（1）java.lang——提供利用 Java 编程语言进行程序设计的基础类。

（2）java.awt——包含用于创建用户界面和绘制图形图像的所有类。

（3）java.swing——提供一组"轻量级"（全部是 Java 语言）组件的类，尽量让这些组件在所有平台上的工作方式都相同。

（4）java.applet——提供创建 applet 所必需的类和用来与其 applet 进行通信的类。

（5）java.net——为实现网络应用程序提供的类。

（6）java.io——通过数据流、序列化和文件系统提供系统输入和输出的类。

（7）java.util——包含 collection 框架，继承了 collection 的类、事件模型、日期和时间、国际化和各种实用工具类（字符串标记生成器、随机数生成器和位数组等）。

7.2　java.lang 包

java.lang 是 JDK 中最重要的包，它包含 Java 程序设计中所需要的核心类，如 System、String、StringBuffer、Integer、Runtime 和 Math 等常用功能类。在 java.lang 包中还包含子包：java.lang.ref，提供了引用对象类，支持在某种程度上与垃圾回收器之间的交互；java.lang.reflect，提供类和接口，以获得关于类和对象的反射信息，等等。

7.2.1　java.lang.System 类

提起 System 类，读者应该已经很熟悉了，前文也不止一次地使用到这个类。当然，可能也会有人对它的功能不重视，认为它仅仅是提供在控制台接收和输出字符串的功能。需要注意的是，System 类是一个 final 类，不能有子类。

System 类也不能被实例化，但其中包含一些有用的类字段和方法，如标准输入、标准输出和错误输出流，访问外部定义的属性和以环境变量的方式加载文件和库。它还提供了一个快速复制数组的方法，如表 7.1 所示。

表 7.1　java.lang.System 类的字段和方法

字段		
名　称		说　明
public static InputStream in		"标准"输入流
public static PrintStream out		"标准"输出流
方法		
签　名		说　明
public static void arraycopy(Object src, int srcPos, Object dest, int destPos, int length)		将指定源数组中的全部或一部分复制到目标数组中
public static Properties getProperties()		获取当前的系统属性
public static void setProperties(Properties props)		设置系统属性
public static Console console()		获取与当前 Java 虚拟机关联的唯一 Console 对象或者空值

续表

签 名	说 明
public static long currentTimeMillis()	获取当前时间(以毫秒为单位)
public static long nanoTime()	获取可用系统计时器的当前的精确值(以毫微秒为单位)
public static void exit(int status)	终止当前正在运行的虚拟机
public static void load(String filename)	从本地动态库中加载代码文件
public static void loadLibrary(String libname)	加载指定的系统库
public static void gc()	运行垃圾回收器

7.2.2 java.lang.String 类

字符串指的是用双引号括起的字符序列,如"abc""3.1415""Java7面向对象程序设计"。在Java中有两种类型的字符串,一种是创建以后不会发生改变的,称为字符串常量,在Java中是用String类存储和处理字符串常量的;另一种是创建后需要进行改变的,称为字符串变量,在Java中是用StringBuffer类存储和操作字符串变量的(7.2.3节会详细介绍)。

1. 构造字符串(常量)对象

String类提供了数个重载的构造函数来帮助开发者在不同的情况下创建字符串常量。

可以声明一个字符串对象的引用,例如:

```
String s;
```

由于在操作字符串前,必须指向一个字符串对象,可以使用String的构造函数,例如:

```
String s = new String();
```

即创建了一个空串,也可简写作:

```
String s = "";
```

当然也可以创建非空串,例如:

```
String s = new String("Java面向对象程序设计");
```

也可以简写作:

```
String s = "Java7面向对象程序设计";
```

也可以用一个已经创建的字符串创建另一个字符串,例如:

```
String str = new String(s);
```

String类还提供其他一些常用的构造函数。

(1) String(char value[]):该构造函数用于根据一个已经存在的字符数组来创建一个

新的字符串常量，例如：

```
char value[ ] = {'J','a','v','a'};
String s = new String(value);
```

相当于：

```
String s = new String("Java");
```

（2）String(char value[ ], int startIndex, int count)：从字符数组 value 指定位置 startIndex 提取指定长度 count 个字符来创建字符串，例如：

```
char value[ ] = {'J','a','v','a'};
String s = new String(value,1,3);
```

相当于：

```
String s = new String("ava");
```

（3）String(StringBuilder sBuilder)：由字符串缓冲区参数中当前包含的字符序列来创建字符串（7.2.3 节详细介绍）。

2. 常用方法及操作

在 Java 中，String 类包含五十多个方法来实现字符串的各种操作，下面介绍一些经常使用到的。

1) public int length()

详解：使用 String 类中的 length()方法可以获取一个字符串中 Unicode 字符的个数。

2) public char charAt(int index)

详解：该方法返回字符串中 index 位置上的 Unicode 字符，需要指出的是，字符串中字符的索引方式与数组相同，即第一个字符索引为 0，第二个字符索引为 1，最后一个字符的索引为 length()－1。

例 7.1 中利用 length()和 charAt()方法获取字符串的长度及遍历每一个位置上的字符。

例 7.1

Example7_1.java

```java
public class Example7_1 {
    public static void main(String[ ] args) {
     String s = "Java 面向对象程序设计";
        int len = s.length();
        System.out.println("字符串 s 的长度为: " + len);
        for (int i = 0;i < len;i++)
        {
            char c = s.charAt(i);
            System.out.println("s 中的第" + i + "个字符是: " + c);
        }
    }
}
```

例 7.1 的程序运行结果如图 7.1 所示。

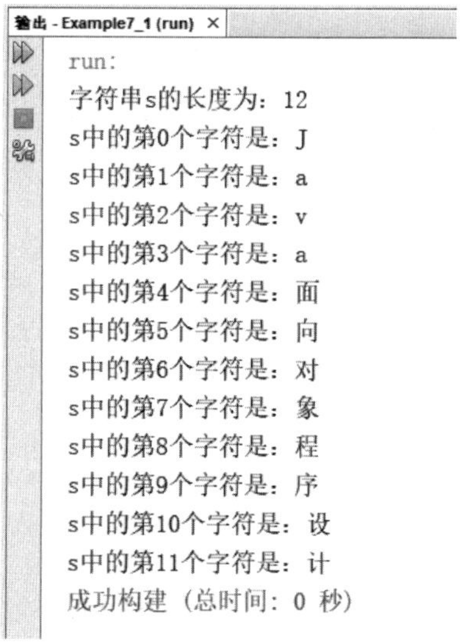

3) public boolean equals(String s)

详解：该方法比较当前字符串对象的实例是否与参数 s 指定的字符串的实例相同。实际上就是判断两个字符串对象是否引用相同的内存地址。

4) public boolean equalsIgnoreCase(String s)

详解：该方法比较当前字符串对象的内容与参数 s 的是否相同(忽略大小写的情况下)。

5) public int compareTo(String s)

详解：该方法按字典序与参数 s 指定的字符串比较大小。如果当前字符串与 s 相同，该方法返回值 0；如果当前字符串对象大于 s，该方法返回正值；如果当前字符串对象小于 s，该方法返回负值。

其比较过程实质上是两个字符串中相同位置上的字符按 Unicode 中排列顺序逐个比较的结果。如果在

图 7.1　例 7.1 的程序运行结果

整个比较过程中没有发现任何不同的地方，则表明两个字符串是完全相等的，compareTo() 方法返回 0；如果在比较过程中发现了不同的地方，则比较过程会停下来，这时一定是两个字符串在某个位置上不相同，如果当前字符串在这个位置上的字符大于参数中的这个位置上的字符，compareTo() 方法返回一个大于 0 的整数，否则返回一个小于 0 的整数。返回值的绝对值代表了导致函数返回的对位上的字符在 Unicode 序列中的距离。

6) public int compareToIgnoreCase(String s)

详解：该方法与 compareTo() 相似，只是忽略大小写。

7) public String subString(int startIndex)，public String subString(int startIndex, int endIndex)

详解：该方法返回从 startIndex 开始至 endIndex(不包含)间的子串。

例 7.2 中使用 subString() 方法来进行模式匹配。

例 7.2

Example7_2.java

```java
public class Example7_2{
    public static void main(String[] args) {
        String s1 = new String("Java 面向对象程序设计");
        String s2 = "面向对象";
        String s3 = "JavaScript";
        String result1 = "s2 未找到";
        String result2 = "s3 未找到";
        for(int i = 0;i < s1.length() - s2.length();i++)
        {
            if(s1.substring(i, i + s2.length()).compareTo(s2) == 0)
            {
                result1 = "s2 找到";
                break;
            }
```

```
        }
        for(int j = 0;j < s1.length() - s3.length();j++)
        {
            if(s1.substring(j, j + s3.length()).compareTo(s3) == 0)
            {
                result2 = "s3 找到";
                break;
            }
        }
        System.out.println(result1);
        System.out.println(result2);
    }
}
```

例 7.2 的程序运行结果如图 7.2 所示。

8) public String toLowerCase(),public String toUpperCase()

详解：该方法将字符串中的所有字符都转换成小写或大写。读者一定遇到过在填写验证码时，有时无论填写了大写或者小写字母，都会被认为是正确的，而大小写字母的二进制编码明明不同，此时就是这两个方法在起作用。例如：

```
String yzm = "love java!";
String yzm_l = yzm.toLowerCase();
String yzm_u = yzm.toUpperCase();
```

那么，yzm_l 为"i love java!"，yzm_2 为"I LOVE JAVA!"。

9) public static String format(String format,Object… args)

详解：该方法根据指定的格式字符串 format 和参数 args 返回一个格式化字符串。

10) public boolean regionMatches(int start,String other, int otherStart , int len),public boolean regionMatches(boolean ignorcase, int start, String other, int otherStart, int len)

详解：该方法从字符串 start 位置开始取长度为 len 的一个子串，与字符串 other 从 otherStart 开始的一个子串比较。若两个子串相等就返回 true,否则返回 false。其中，ignorcase 取 true 值时,表示忽略大小写。

例 7.3 中使用 regionMatches()方法统计字符串中子串"Java"出现的频率。

例 7.3

Example7_3.java

```
public class Example7_3{
    public static void main(String[] args) {
        String s = "Java 是一个高效的面向对象语言,我喜欢 Java,我在学习 Java";
        int count = 0,start = 0;
        while(start < s.length() - 3)
        {
            if(s.regionMatches(true, start, "java", 0, 4))
            {
                count++;
            }
            start++;
        }
```

run:
s2找到
s3未找到
成功生成（总时间：0 秒）

图 7.2 例 7.2 的程序运行结果

```
            System.out.println("统计结果为 count = " + count);
        }
    }
```

run:
统计结果为count=3
成功生成（总时间：0 秒）

图 7.3 例 7.3 的程序运行结果

例 7.3 的程序运行结果如图 7.3 所示。

11) public String trim()

详解：该方法返回去掉了前导空格和尾部空格的字符串副本。

注意 trim()方法不会去掉字符串非首非尾的空格。这个方法在实际应用中会经常用到，比如在注册会员时，要求用户名和密码不能为空，为了避免用户以纯空格作为用户名和密码，或者在注册时在首尾误输入了空格，就可以使用这个方法，例如：

```
String nickname = "海阔    天空";
String password = "   ";
nickname = nickname.trim();
password = password.trim();
```

那么，nickname 就是"海阔   天空"，password 就是""。

12) public String[] split(String regex)，public String[] split(String regex,int limit)

详解：该方法根据给定的正则表达式来拆分字符串为字符串数组。

何为正则表达式？在计算机科学中，正则表达式是指一个用来描述或者匹配一系列符合某个句法规则的字符串的单个字符串。

例 7.4 中使用 split()方法将一个字符串变为字符串数组。

例 7.4

Example7_4.java

```
public class Example7_4{
    public static void main(String[] args) {
        String names = "C,C++,C#,Java,Jsp,Asp.net,php";
        String[] name = names.split(",");
        System.out.println("共有" + name.length + "种语言,依次是");
        for(String s:name)
        {
            System.out.println(s);
        }
    }
}
```

run:
共有7种语言，依次是
C
C++
C#
Java
Jsp
Asp.net
php
成功生成（总时间：0 秒）

图 7.4 例 7.4 的程序运行结果

例 7.4 的程序运行结果如图 7.4 所示。

13) public byte[] getBytes()

详解：该方法使用平台的默认字符集将此 String 编码为 byte 序列，并将结果存储到一个新的 byte 数组中。

在网络编程中，传输的是字节流，数据以字节为单位，这就要求在传输数据之前需要转换成字节数组，例如：

```
String sendStr = "大家好,我正在学习 Java";
Byte[] sendBytes = sendStr.getBytes();
```

那么,sendBytes 就包含 31B。

14) public int indexOf(String str),public int indexOf(String str,int startIndex)

详解:该方法在字符串中查找并返回子串 str 第一次出现的位置索引,若不存在则返回 －1。其中,startIndex 表示查找的起始索引。

15) public int lastIndexOf(String str),public int lastIndexOf(String str,int startIndex)

详解:该方法在字符串中查找并返回子串 str 最后一次出现的位置索引,若不存在则返回 －1。其中,startIndex 表示查找的起始索引。需要注意的是,在指定了 startIndex 的情况下,查找是从 startIndex 开始逆向进行的。

7.2.3 java.lang.StringBuilder 类

在 7.2.2 节中介绍了用 String 类可以创建字符串常量,读者肯定会很疑惑,明明是创建了引用类型的对象,或者在某种程度上应称之为变量,为什么说是字符串常量呢?这就需要分析一下字符串在内存中是如何存储和引用的了。

1. 字符串的存储和引用

字符串本身是常量性质的,也就是当用双引号括住一个新的字符序列时,计算机就会为这个字符序列开辟一块内存空间,当创建一个 String 对象并复制为该字符序列时,该 String 对象就会指向那块内存空间;再创建一个 String 对象并复制为前面创建的字符序列时,新的 String 对象也会指向那块内存空间,例如:

```
String str1 = "I like Java!";
String str2 = "I like Java!";
```

从图 7.5 可以看到,两个字符串对象指向同一个存储位置。这种存储字符串的方法是大多数程序设计语言所采用的。

这种存储和引用字符串的方法固然方便了字符串常量的管理,但是对于下面的这种情况简直就是噩梦,例如:

```
String str1 = "I like Java!";
str1 = str1 + " I";
str1 = str1 + " study";
str1 = str1 + " Java!";
```

如图 7.6 所示,上面四行程序,虽然仅实现了字符串的顺序增长,但是却在内存中开辟了四块不同的区域用来存储,无疑增大了内存的开销。因此,对于经常发生变化的字符串,选择使用 StringBuilder 类。

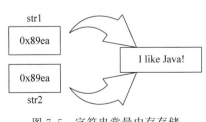

图 7.5 字符串常量内存存储

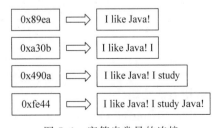

图 7.6 字符串常量的连接

StringBuilder 类创建的是可变的字符序列,其实质就是一个具有可变长度的 char 类型数组。虽然在任意的时刻,StringBuilder 对象代表的都是特定的字符串,但是可以通过特定的方法改变其内容和长度。

2. 构造字符串(变量)对象

StringBuilder 类提供了数个重载的构造函数来帮助开发者在不同的情况下创建字符串变量。

可以创建不带字符的内存区域(称为字符串缓冲区)用以存放字符串变量,例如:

StringBuilder sBuilder = new StringBuilder();

此时,就创建了一个初始容量为 16 的缓冲区,也就意味着当向该缓冲区中添加的字符个数只要不超过 16,该缓冲区都能够很好地存放。那么,字符串的长度超过了 16 怎么办?很简单,缓冲区的容量会自动增大以存放更多的字符。细心的人可能又会考虑到,如果要处理的字符串都超过 16,而且超过了很多,那么系统就会经常为缓冲区扩容,无疑极大地影响性能,当然,Java 的开发人员也想到了,他们提供了另一个构造函数,例如:

StringBuilder sBuilder = new StringBuilder(int capacity);

此时,就创建了一个指定容量 capacity 的缓冲区。

当然,如果在创建缓冲区之前,已经有了确定的字符串常量的话,可以直接创建一个非空的缓冲区,例如:

StringBuilder sBuilder = new StringBuilder(String s);

下面看一个例子,了解一下使用 StringBuilder 时,内存的变化情况。

StringBuilder sBuilder = new StringBuilder();
sBuilder.append("I");
sBuilder.append(" study");
sBuilder.append(" Java!");

由图 7.7 可以看到,由 StringBuilder 构造字符串时,StringBuilder 对象所引用的地址不会发生变化。

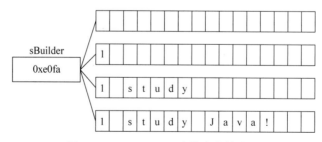

图 7.7 StringBuilder 字符串存储变化

3. 常用方法及属性

1) public StringBuilder append(String str)

详解:该方法向 StringBuilder 对象追加字符串 str,StringBuilder 对象的新长度等于原始长度加上 str 的长度。该方法有多个重载函数。

2) public StringBuilder delete(int start,int end)

详解：该方法删除字符串中从起点 start 到终点 end（不包含）间的子串。需要注意的是,end 不能小于 start,若 end 等于 start,不删除任何子串；若 end 大于或等于字符串长度,则删除从 start 开始所有字符。

3) public void getChars(int srcBegin,int srcEnd,char[] dst,int dstBegin)

详解：该方法可以从字符串中复制 srcEnd-srcBegin（不包含索引 srcEnd 处的字符）个字符到字符数组 dst 中,起始索引为 dstBegin。需要注意的是字符数组的长度要满足：

dst 的长度≥srcEnd - srcBegin + dstBegin

4) public int indexOf(String str)

详解：该方法同 String 类中的方法。

5) public StringBuilder insert(int offset,String str)

详解：该方法向 StringBuilder 对象指定索引 offset 处插入字符串 str,其中,str 的第一个字符放入索引 offset 处,str 其余字符依次放入。原 StringBuilder 对象中索引 offset 至其后 str 长度－1 个字符依次后移 str 长度位。

6) public int capacity()

详解：该方法获取的是 StringBuilder 对象再次扩容前能够存放的字符的个数。在前面提到,StringBuilder 对象在内存中开辟了一个适当大小的缓冲区（默认情况下是 16）,当该缓冲区中需要存放的字符串长度大于缓冲区大小时,系统会自动为缓冲区扩容。

7) public int length()

详解：该方法获取的是 StringBuilder 对象当前的有效字符的个数,即字符串的实际字符个数。应注意此方法与 capacity()方法的区别。

8) public StringBuilder reverse()

详解：该方法获取的是原字符串的反转字符串,即原字符串的逆序形式。

9) public void trimToSize()

详解：该方法调整 StringBuilder 对象的缓冲区容量正好适合当前缓冲区中有效字符的个数,以提高存储空间的利用率。调用该方法后,在对 StringBuilder 对象操作前,length()与 capacity()返回相同值。

例 7.5 演示了 StringBuilder 类中常用方法的使用。

例 7.5

Example7_5. java

```
public class Example7_5{
    public static void main(String[] args) {
        StringBuilder sBuilder = new StringBuilder("I study");
        sBuilder.append(" Java!");
        sBuilder.insert(2, "and Mike ");
        System.out.println(sBuilder.length());
        System.out.println(sBuilder.capacity());
        sBuilder.delete(2, 11);
        System.out.println(sBuilder);
        sBuilder.trimToSize();
```

```
            System.out.println(sBuilder.length());
            System.out.println(sBuilder.capacity());
            sBuilder.reverse();
            System.out.println(sBuilder.length());
            System.out.println(sBuilder.capacity());
    }
}
```

例 7.5 的程序运行结果如图 7.8 所示。

10) public void setLength(int newLength)

详解：该方法用于重新设置 StringBuilder 对象的长度，即字符串的长度将被设置为 newLength。

假设字符串的原始长度为 length，那么会有如下两种情况。

（1）若 length < newLength，则新增的长度将会用空格填充，即在原字符串的后面追加了 newLength-length 个空格。

（2）若 length > newLength，则原字符串本身没有变化，仅将长度这个属性修改了一下。

```
run:
22
23
I study Java!
13
13
13
13
成功生成（总时间：1 秒）
```

图 7.8　例 7.5 的程序运行结果

4. StringBuilder 和 StringBuffer 的比较

在 Java 的 JDK 中还提供了一个类来创建可变字符序列——StringBuffer 类。StringBuffer 类与 StringBuilder 类是等价类，唯一的区别是 StringBuffer 类是线程安全的，即可以用于多线程，而 StringBuilder 类不能。同时，StringBuffer 类出现的更早，始于 JDK1.0，而 StringBuilder 类始于 JDK1.5。

5. 关于字符串操作的一些经验

基于前面的讲解以及日常在开发过程中的经验，总结出以下一些经验。

（1）在定义字符串常量对象时，显示使用构造函数的方法效率要差一些：

String s = new String(); 或者 String s = new String("abc");

而下面这种方法效率要高一些：

String s; 或者 String s = "abc";

（2）在连接字符串常量时，用"＋"要比用 concat() 方法效率好。

（3）如果是操作大量数据的情况下，通常选择 StringBuilder，若是需要多线程操作，使用 StringBuffer。

这些结论读者可以编程验证，但是需要说明的是，这些结论是在统计意义上的，也就是绝大多数情况下，并且没有考虑 GC 回收机制，不排除在某些情况下出现的特殊情况。

7.2.4　基本数据类型的封装类

通过前面的学习，了解到尽管 Java 以 C++ 为基础，但是它是一种更为纯粹的面向对象语言，即 Java 中的一切都是对象。

在第 3 章中提到 Java 有八种基本数据类型，而这些基本数据类型都是值类型，也就是说不是类，不能够创建对象，显然与 Java 一切都是对象的思想相悖，为了能够创建与基本数据类型相对应的对象，Java 就为每一个基本数据类型准备了一个类，基本数据类型的值被封装在该类的对象中,基本数据类型对应封装类型如表 7.2 所示。

表 7.2　基本数据类型与封装类对照表

基本数据类型	封装类型
boolean	Boolean
byte	Byte
char	Character
double	Double
float	Float
int	Integer
long	Long
short	Short

JDK 1.5 版增加了基本数据类型与其对应的对象之间相互转换的功能,称为基本数据类型的自动装箱和拆箱(Autoboxing and Auto-Unboxing of Primitive Types)。

自动装箱,就是值类型实例到对象的自动转换,它暗示在运行时实例将携带完整的类型信息,并在堆中分配,例如,前例中 char 转换成 Character 类型的代码就可以写为

```
char c = 'a';
Character objC = c;
```

或者

```
Character objC = 'a';
```

自动拆箱,就是将对象自动转换为值类型实例,在栈中分配,例如,前例中 Character 类型转换成 char 类型的代码就可以写为

```
char b = objC;
```

那么为什么要将值类型装箱呢?

进行装箱操作常会出现在这样的情况下:

(1) 当所需要调用的函数的参数类型为 Object 时,而要处理的实参是基本数据类型的话就需要首先对其装箱。

(2) 为了保证一个非泛型的容器通用,而将元素类型定义为 Object。于是,要将值类型数据加入容器前,需要装箱。

7.3　java.Math 包

在介绍 java.Math 包之前,首先介绍一下容易混淆的,但又很常用的一个类:java.lang.Math 类。

Math 类包含用于执行基本数学运算的方法和常量值,如指数、对数、平方根和三角函数、自然对数等,如表 7.3 所示。

表 7.3　java.lang.Math 类字段和方法

字段	
名称	说明
public static double E	比任何其他值都更接近 e（即自然对数的底数）的 double 值，取值为 2.718 281 828 459 045
public static double PI	比任何其他值都更接近 pi（即圆周率）的 double 值，取值为 3.141 592 653 589 793

方法	
名称	说明
public static double abs(double a)	返回绝对值
public static double sin(double a)	返回三角正弦值
public static double tan(double a)	返回三角正切值
public static double toDegrees(double angrad)	将弧度值 angrad 近似转换成角度值
public static double toRadians(double angdeg)	将角度值 angdeg 近似转换成弧度值
public static double exp(double a)	返回欧拉数 e 的 double 次幂的值
public static double max(double a,double b)	返回两个数中的较大值
public static double min(double a,double b)	返回两个数中的较小值
public static double pow(double a,double b)	返回以 a 为底数，b 为幂的值
public static double random()	返回带正号的 double 值，该值大于或等于 0.0 且小于 1.0
public static long round(double a)	返回最接近参数的 long 值
public static ceil(double a)	返回不小于 a 的最小整数值的 double 形式
Public double floor(double a)	返回不大于 a 的最大整数值的 double 形式

相较于 java.lang.Math 类所提供的常用数学运算功能，java.math 包提供的则是专业的数学运算能力。在一些计算的应用中，还会遇到处理非常大的数的情况，往往可能超越了 long($-2^{63} \sim 2^{63}-1$) 和 double($1.7E^{-308} \sim 1.7E^{308}$)，此时就可以用到该包中所提供的也是最常用的两个类——BigInteger 类和 BigDecimal 类。

那么，BigInteger 类和 BigDecimal 类是怎样处理大数的呢？方法可能和读者在以前做过的一样借用字符串，也就是说，BigInteger 类和 BigDecimal 类所创建的对象本质上就是字符串常量，那么也就意味着每创建这两个类的对象，就在内存中创建了一个常量。

7.3.1　BigInteger

BigInteger 类提供用于执行任意精度整数算法的能力，它还类似于 Java 的基本数据类型，因此在 BigInteger 上执行的操作不产生溢出，也不会丢失精度。除标准算法操作外，BigInteger 还提供模算法、GCD 计算、基本测试、素数生成、位处理以及一些其他操作。

Java 提供了若干个构造函数来创建 BigInteger 对象，其中常用的有以下两个。

（1）public BigInteger(String val)：用字符串 val 的十进制形式创建 BigInteger 对象。例如：

```
BigInteger bi = new BigInteger("100");        //值等价于 100 的 BigInteger 对象
```

当 val 的形式上不是一个数值时，此方法会引起 NumberFormatException 异常，例如：

```
BigInteger bi = new BigInteger("100t");       //引发异常
```

（2）public BigInteger(String val,int radix)：用由基数 radix 所解释的字符串 val 来创建 BigInteger 对象。例如：

```
BigInteger bi = new BigInteger("100",2);    //值等价于 4 的 BigInteger 对象
BigInteger bi = new BigInteger("100",8);    //值等价于 64 的 BigInteger 对象
BigInteger bi = new BigInteger("100",16);   //值等价于 256 的 BigInteger 对象
```

此方法也会引起 NumberFormatException 异常，原因有以下三个。

① val 形式上不是一个数值。

② radix 越界。radix 的范围是 2≤radix≤36。

③ val 中的字符符号的数字形式超过了 radix 基数范围，例如：

```
BigInteger bi = new BigInteger("80",2);     //引发异常
BigInteger bi = new BigInteger("80",8);     //正确
BigInteger bi = new BigInteger("80",16);    //正确
```

表 7.4 为 BigInteger 类常用的字段和方法。

表 7.4　BigInteger 类常用的字段和方法

字段	
名　称	说　明
public static BigInteger ONE	值等价于 1 的 BigInteger
public static BigInteger TEN	值等价于 10 的 BigInteger
public static BigInteger ZERO	值等价于 0 的 BigInteger
方法	
名　称	说　明
public BigInteger abs()	获取值为该 BigInteger 的值的绝对值的 BigInteger 副本
public BigInteger add(BigInteger val)	获取值为该 BigInteger 与 val 和的 BigInteger 副本
public int compareTo(BigInteger val)	与 val 进行比较，大于 val 返回 1，等于 val 返回 0，小于 val 返回 －1
public BigInteger divide(BigInteger val)	获取值为该 BigInteger 与 val 整除的 BigInteger 副本。注意 val 的值不能为 0
public BigInteger [ ] divideAndReminder(BigInteger val)	获取由该 BigInteger 与 val 整除(/)和余(%)运算所得 BigInteger 副本组成的数组
public double doubleValue()	获取该 BigInteger 的 double 形式
public BigInteger gcd(BigInteger val)	获取值为该 BigInteger 和 val 最大公约数绝对值的 BigInteger 副本
public int intValue()	获取该 BigInteger 的 int 形式
public BigInteger max(BigInteger val)	获取该 BigInteger 和 val 中较大值的副本
public BigInteger min(BigInterger val)	获取该 BigInteger 和 val 中较小值的副本
public BigInterger mod(BigInteger m)	获取值为 BigInteger 模 m（即对 m 求余）的 BigInteger 副本
public BigInteger modInverse(BigInteger m)	获取值为 BigInteger 的倒数模 m（即对 m 求余）的 BigInteger 副本
public BigInteger negate()	获取值为该 BigInteger 相反数的 BigInteger 副本

续表

名称	说明
public BigInteger and(BigInteger val)	获取该 BigInteger 与 val 做与(&)运算的结果的 BigInteger 副本(当且仅当该 BigInteger 和 val 都为负时,该副本才为负)
public BigInteger pow(int exponent)	获取值为该 BigInteger 的 exponent 的 BigInteger 副本
public int signum()	获取该 BigInteger 的符号
public static BigInteger probablePrime(int bitLength,Random rand)	以很大概率(不低于 $1-2^{-100}$)获取一个指定长度(二进制长度)的质数
public String toString()	获取该 BigInteger 的十进制值的字符串形式
public String toString(int radix)	获取该 BigInteger 的 radix 进制值的字符串形式

例 7.6 中给出了 BigInteger 类的基本用法。

例 7.6 网络的发展,尤其是电子商务的兴起,使得数字证书得到极大的应用。数字证书采用的是 RSA 公钥算法,该算法的安全性基础的数学依据是一个数学难题——大质数难于分解。本例通过 BigInteger 列出了从 300 000 000 到 300 000 300 的所有质数。

Exampler7_6.java

```
import java.math.*;
import java.util.*;
public class Example7_6{
    public static void main(String[] args) {
        BigInteger bigPrime = new BigInteger("300000000");
        BigInteger maxNum = new BigInteger("300000300");
        while(bigPrime.compareTo(maxNum)!= 0)
        {
            if(bigPrime.isProbablePrime(23)) System.out.println(bigPrime);
            bigPrime = bigPrime.add(BigInteger.ONE);
        }
    }
}
```

例 7.6 的程序运行结果如图 7.9 所示。

图 7.9 例 7.6 的程序运行结果

7.3.2 BigDecimal

BigDecimal 类提供任意精度小数算法的能力,提供适用于货币计算和类似计算的任意精度的有符号十进制数字。BigDecimal 允许用户对舍入行为进行完全控制,并允许用户选择所有八个舍入模式。关于 BigDecimal 类的使用和 BigInteger 类相似。

7.4 java.util 包

7.4.1 日期类 Calendar

使用程序进行时间和日期处理,是程序员必备的一种常用技能,在不同的程序设计语言中提供了不同的格式进行实现。

在程序中,某个固定的时间代表的都是一个时间点,也就是一个时间的瞬间,例如,2012 年 12 月 22 日 22 点 22 分 22 秒。在实际的应用中,经常需要对两个时间进行比较或计算时间之间的差值,这些功能在 Java 语言中都可以很方便地实现。

在 Java 中,时间以毫秒为单位,表达时间的方式有以下两种。

(1) 绝对时间:以直观的形式来表达某个时间点,例如 2012 年 12 月 25 号 0 点 0 分 0 秒。使用这种形式表达时间,使用起来比较直观,但是不方便进行时间之间的计算。例如,无法很直观地计算 2013 年 1 月 1 号 0 点 0 分 0 秒和上面这个时间之间相差多少天。绝对时间以对象的形式进行表达,Java API 中提供了 java.util 包中的 Date 类和 Calendar 类的对象进行表达。

(2) 相对时间:以一个 long 型的数字表达某个时间点,例如 123456789012。使用这种方式的优缺点和绝对时间刚好相反。这种方式很方便时间之间的计算,但是阅读起来很不直观。在 Java API 中以需要表达的时间点,例如 2012 年 12 月 25 号 0 点 0 分 0 秒和 GMT (格林尼治时间,也就是伦敦时间)1970 年 1 月 1 号 0 点 0 分 0 秒之间相差的毫秒数作为相对时间的数值,如果该时间在这个时间之后,则相对时间为正数,否则相对时间为负数。Java API 中提供了 java.lang 包中的 System 类的 currentTimeMillis 方法,获得以相对时间形式描述的当前系统时间。

Date 类和 Calendar 类都表示的是绝对时间,即特定的瞬间。Date 类允许把日期解释为年、月、日、小时、分钟和秒值,也可以格式化和解析日期字符串。不过,这些函数的 API 不易于实现国际化。从 JDK1.1 开始,应该使用 Calendar 类实现日期和时间字段之间的转换,使用 DateFormat 类来格式化和解析日期字符串。Date 中的相应方法已废弃。

Calendar 类是一个抽象类,它为特定瞬间与一组诸如 YEAR、MONTH、DAY_OF_MONTH、HOUR 等日历字段之间的转换提供了一些方法,并为操作日历字段(例如获得下星期的日期)提供了一些方法。瞬间可用毫秒值来表示,它是距历元(即格林尼治标准时间 1970 年 1 月 1 日的 00:00:00.000,格里高利历)的偏移量。Java 还提供了一个 Calendar 的子类 GregorianCalendar,提供了世界上大多数国家和地区使用的标准日历系统。

1. 创建 Calendar 对象

Calendar 是抽象类,所以不能直接使用构造函数创建其对象,根据需要,可以使用其子类 GregorianCalendar 的构造函数,也可以编写自己的类继承 Calendar。当然,还有一个最简单的方法,就是直接调用其静态成员函数 getInstance()获取一个基于当前时间的实例,例如:

```
Calendar cld = Calendar.getInstance();
```

此时,获得了一个使用默认时区和语言环境的 Calendar 实例。当然,Calendar 类相对于 Date 类最大的好处就是易于全球化,那么,可以在获取 Calendar 实例时指定时区和(或)语言环境,例如:

```
Calendar cld = Calendar.getInstance(TimeZone zone);    //指定时区
Calendar cld = Calendar.getInstance(Locale aLocale);   //指定语言环境
Calendar cld = Calendar.getInstance(TimeZone zone,Locale aLocale);    //指定时区和语言环境
```

例 7.7 中使用 Calendar 类获取本地时间和指定时区的当地时间。

例 7.7

Example7_7.java

```java
import java.text.*;
import java.util.*;
public class Example7_7 {
    public static void main(String[] args) throws IOException {
        TimeZone timezoneAL = TimeZone.getTimeZone("America/Los_Angeles");
        Calendar calDefault = Calendar.getInstance();
        Calendar calAL = Calendar.getInstance(timezoneAL);
        String DATE_FORMAT = "yyyy-MM-dd HH:mm:ss";
        SimpleDateFormat sdf = new SimpleDateFormat(DATE_FORMAT);
        sdf.setTimeZone(TimeZone.getTimeZone(calDefault.getTimeZone().getID()));
        System.out.println("本机所在时区为: " + calDefault.getTimeZone().getID() + ",当前时间是: " + sdf.format(calDefault.getTime()));
        sdf.setTimeZone(TimeZone.getTimeZone(calAL.getTimeZone().getID()));
        System.out.println("洛杉矶所在时区为: " + calAL.getTimeZone().getID() + ",当地时间是: " + sdf.format(calAL.getTime()));
    }
}
```

例 7.7 的程序运行结果如图 7.10 所示。

```
输出 - Example7_7 (run)  ×
run:
本机所在时区为: Asia/Shanghai,当前时间是: 2019-09-22 11:33:13
洛杉矶所在时区为: America/Los_Angeles,当地时间是: 2019-09-21 20:33:13
成功构建(总时间: 0 秒)
```

图 7.10 例 7.7 的程序运行结果

2. 相关字段及方法

在 Calendar 类中,Java 提供了许多静态的字段以方便获取当前时区及语言地区的日期时间信息,同时也提供了大量方法,方便进行时间的获取、设置及计算,如表 7.5 所示。

表 7.5 Calendar 类字段和方法

字段

名 称	说 明
public static int AM	若 AM_PM 字段的值为 AM,则表示时间在午夜到正午
public static int PM	若 AM_PM 字段的值为 PM,则表示时间在正午到午夜
public static int AM_PM	指示 HOUR 在中午前还是中午后,可以用于 set 和 get 方法
public static int JANUARY	获取在格里高利历和罗马儒略历中第一个月的 MONTH 字段值
public static int FEBRUARY	获取在格里高利历和罗马儒略历中第二个月的 MONTH 字段值
public static int MARCH	获取在格里高利历和罗马儒略历中第三个月的 MONTH 字段值
public static int JUNE	获取在格里高利历和罗马儒略历中第六个月的 MONTH 字段值
public static int SEPTEMBER	获取在格里高利历和罗马儒略历中第九个月的 MONTH 字段值
public static int DECEMBER	获取在格里高利历和罗马儒略历中第十二个月的 MONTH 字段值
public static int MONDAY	获取星期一的 DAY_OF_WEEK 字段值
public static int THURSDAY	获取星期二的 DAY_OF_WEEK 字段值
public static int SUNDAY	获取星期日的 DAY_OF_WEEK 字段值
public static int DAY_OF_WEEK	指示当天是一周的第几天,可用于 set 和 get 方法
public static int MONTH	指示当前月份对应的字段数字,可用于 set 和 get 方法
public static int DATE	指示当天是一个月的第几天,可用于 set 和 get 方法
public static int DAY_OF_MONTH	与 DATE 同
public static int DAY_OF_WEEK_IN_MONTH	指示当前处在当月的第几周,可用于 set 和 get 方法
public static int DAY_OF_YEAR	指示当前是一年中的第几天,可用于 set 和 get 方法
public static int HOUR	指示上午或下午的小时,可用于 set 和 get 方法
public static int HOUR_OF_DAY	指示一天中的小时,可用于 set 和 get 方法
public static int MINUTE	指示当前是一小时中的第几分钟,可用于 set 和 get 方法
public static int ZONE_OFFSET	当前时区与 GMT 的大致偏移量,以毫秒为单位,可用于 set 和 get 方法

方法

名 称	说 明
public abstract void add(int field,int amount)	根据日历规则,为给定字段添加或减去指定的时间量
public boolean after(Object date)	判断当前时间是否在 date 表示的时间之后

续表

名 称	说 明
public boolean before(Object date)	判断当前时间是否在 date 表示的时间之前
public void clear()	清除当前日历的所有字段值和时间值
public void clear(int field)	清除指定日历字段值和时间值
public int compareTo(Calendar anotherCalendar)	比较两个 Calendar 对象的时间值,相等返回 0,在 anotherCalendar 之前,返回小于 0,在 anotherCalendar 之后,返回大于 0
public int get(int field)	返回给定日历字段的值(如前面列出的静态字段的值)
public int getActualMaximum(int field)	返回给定字段可拥有的最大值
public int getActualMinimum(int field)	返回给定字段可拥有的最小值
public Date getTime()	返回此 Calendar 对象对应的 Date 对象
public long getTimeInMillis()	返回此 Calendar 的时间值,以毫秒为单位
public TimeZone getTimeZone()	获得时区
public void roll(int field,int amount)	同 add()方法。区别在于不会更改更大的字段
public void set(int field,int value)	设置指定字段为给定值
public void set(int year,int month,int date)	设置日历字段 YEAR、MONTH 和 DAY_OF_MONTH 的值
public void setFirstDayOfWeek(int value)	设置一周的第一天是哪天。例如,在美国,这一天是 SUNDAY,而在法国,这一天是 MONDAY
public void setTime(Date date)	使用 date 设置 Calendar 的时间
public void setLenient(boolean lenient)	指定日期/时间是否是宽松的,例如:在宽松的情况下,"February 100, 2013"之类的日期视为等同于 1996 年 1 月 1 日后的 941 天。而对于严格的解释,上述日期会抛出异常。默认是宽松的
public void setTimeZone(TimeZone value)	将当前时区设置为指定的时区 value

注意:

(1) 在 Calendar 的多个重载的 set()方法中,可以设置年、月、日、时、分、秒,但无法设置毫秒。要设置毫秒必须用代码手动设置。例如:

```
Calendar c = Calendar.getInstance();
c.set(2013,2,14,0,0,0);
System.out.println(c.getTimeInMillis());
c.set(Calendar.MILLISECOND,0);
System.out.println(c.getTimeInMillis());
```

运行结果为:

1363190400626
1363190400000

(2) 一年中第一个月对应的整数为 0,而不是 1。如在(1)的代码中,c.set(2013,2,14,0,0,0)所设置的月份为 3 月。

(3) 理论上的时间原点(即历元)为 1970 年 1 月 1 日 00:00:00.000,但在实际应用中的时间原点为 1970 年 1 月 1 日 08:00:00.000。例如：

```
Calendar c = Calendar.getInstance();
c.set(1970,0,1,8,0,0);
c.set(Calendar.MILLISECOND,0);
System.out.println(cal1.getTimeInMillis());
```

运行结果为：0。而如果把时间改为 c.set(1970,0,1,0,0,0)，运行结果为：-28800000。

(4) 通过调用 setLenient() 方法可以设置 Calendar 的容错能力，例如：

```
Calendar c = Calendar.getInstance();
c.set(2013,1,32);
System.out.println(c.getTime());
```

运行结果为：Mon Mar 04 20:12:34 CST 2013。而如果将容错能力设置为 false，例如：

```
Calendar c = Calendar.getInstance();
c.setLenient(false);
c.set(2013,1,32);
System.out.println(c.getTime());
```

这时将会出现异常：

```
Exception in thread "main" java.lang.IllegalArgumentException: DAY_OF_MONTH
    at java.util.GregorianCalendar.computeTime(GregorianCalendar.java:2583)
    at java.util.Calendar.updateTime(Calendar.java:2606)
    at java.util.Calendar.getTimeInMillis(Calendar.java:1118)
    at java.util.Calendar.getTime(Calendar.java:1091)
    at javaapplication1.JavaApplication1.main(JavaApplication1.java:58)
```

(5) add() 方法与 roll() 的差别在于，add 会影响更大的单位，而 roll 则不会，例如：

```
Calendar c = Calendar.getInstance();
c.set(2013,1,20);
c.roll(Calendar.DAY_OF_MONTH, 20);
System.out.println(c.getTime());
```

运行结果为：Tue Feb 12 20:23:30 CST 2013。而把 c.roll(Calendar.DAY_OF_MONTH, 20) 改为 c.add(Calendar.DAY_OF_MONTH, 20)，运行结果为：Tue Mar 12 20:26:39 CST 2013。

3. Calendar 程序常用功能

(1) 计算 year 年第 month 月的天数。

```
public int getDayCountOfMonthInYear(int year, int month)
{
    Calendar c = Calendar.getInstance();
    c.clear();
    c.set(Calendar.YEAR, year);
    c.set(Calendar.MONTH, month - 1);
    return c.getActualMaximum(Calendar.DAY_OF_MONTH);
}
```

(2) 计算 month 月 day 日在 year 年的第几周。

```java
public int getNumberOfWeekInYear(int year,int month,int day)
{
    Calendar c = Calendar.getInstance();
    c.set(Calendar.YEAR, year);
    c.set(Calendar.MONTH,month - 1);
    c.set(Calendar.DAY_OF_MONTH, day);
    return weekno = cal.get(Calendar.WEEK_OF_YEAR);
}
```

(3) 显示 year 年 week 周每天的日期。

```java
public void showDateOfWeekDay(int year,int week)
{
    java.Text.SimpleDateFormat df = new java.Text.SimpleDateFormat("yyyy - MM - dd");
    Calendar c = Calendar.getInstance();
    c.set(Calendar.YEAR, year);
    c.set(Calendar.WEEK_OF_YEAR, week);
    for(int weekday = Calendar.SUNDAY;weekday <= Calendar.SATURDAY;weekday++)
    {
        c.set(Calendar.DAY_OF_WEEK, weekday);
        System.out.println(df.format(c.getTime()));
    }
}
```

(4) 计算任意两天的时间间隔。

```java
public int getIntervalDays(Calendar startday,Calendar endday){
    if(startday.after(endday)){
        Calendar cal = startday;
        startday = endday;
        endday = cal;
    }
    int intervalDays =
     endDay.get(Calendar.DAY_OF_YEAR) - startDay.get(Calendar.DAY_OF_YEAR);
    int startYear = startDay.get(Calendar.YEAR);
    int endYear = endDay.get(Calendar.YEAR);
    if (startYear!= endStart){
        do
        {
            intervalDays += startDay.getActualMaximum(Calendar.DAY_OF_YEAR);
            startDay.add(Calendar.YEAR, 1);
        } while (startDay.get(Calendar.YEAR) != endYear);
    }
    return days;
}
```

(5) 日期/时间格式化输出。

对日期/时间的格式化输出,Java 在 java.text 包中提供了 DateFormat 类。

```
DateFormat.getDateInstance(); // 2013 - 2 - 14
```

```
DateFormat.getDateInstance(DateFormat.LONG,Locale.CHINA);  //2013 年 2 月 14 日
DateFormat.getDateInstance(DateFormat.MEDIUM,Locale.CHINA);  // 2013－2－14
DateFormat.getDateInstance(DateFormat.SHORT,Locale.CHINA);  //13－2－14
DateFormat.getTimeInstance();  //17:38:25
DateFormat.getTimeInstance(DateFormat.LONG,Locale.CHINA);  //下午 05 时 38 分 25
DateFormat.getTimeInstance(DateFormat.MEDIUM,Locale.CHINA);  //17:38:25
DateFormat.getTimeInstance(DateFormat.SHORT,Locale.CHINA);  //下午 5:38
```

7.4.2 随机数类 Random

在实际的项目开发过程中,经常需要产生一些随机数字,比如网站登录中的验证码,或者需要以一定概率实现某种效果,比如游戏程序中的物品掉落等。

在 Java API 中的 java.util 包中专门提供了一个和随机处理有关的类,这个类就是 Random 类。随机数字的生成相关的方法都包含在该类的内部。

Random 类中实现的随机算法是伪随机,也就是有规则的随机,而不是真正的随机。在进行随机时,随机算法的起源数字称为种子数,在种子数的基础上进行一定的变换,从而产生需要的随机数字。

相同种子数的 Random 对象,相同次数生成的随机数字是完全相同的。也就是说,两个种子数相同的 Random 对象,第一次生成的随机数字完全相同,第二次生成的随机数字也完全相同。这一点在生成多个随机数字时需要特别注意。

1. 创建 Random 对象

为了生成随机数,首先需要创建随机数发生器,也就是 Random 对象,例如:

```
Random rand = new Random();
```

此时就创建了一个全新的随机数发生器(所谓全新就是此发生器产生随机数的序列与其他的完全不同)。那么,当需要创建两个相同的随机数发生器时,就需要指定相同的随机种子数,例如:

```
Random rand1 = new Random(3);
Random rand2 = new Random(3);
```

rand1 和 rand2 就是两个完全相同的随机数发生器,可以用来同步产生随机数。

2. 常用方法

实际上,Random 对象作为随机数发生器所产生的是一个随机数的流,在这个流中有整数、双精度数、布尔值等,Random 类提供了一些方法来帮助从流中选取符合要求的随机数。

(1) public int nextInt():获取一个随机整数。

(2) public int nextInt(int n):获取一个小于指定值 n 的非负的随机整数。

(3) public long nextLong():获取一个随机长整数。

(4) public float nextFloat():获取一个随机的单精度数。

(5) public double nextDouble():获取一个随机的双精度数。

(6) public boolean nextBoolean():获取一个随机的布尔值。

(7) public void nextBytes(byte[ ] bytes):获取随机字节存入字节数组 bytes 中,数量等于 bytes 的长度。

(8) public double nextGaussian()：获取一个呈高斯("正态")分布的双精度数。
(9) public void setSeed(long seed)：重新设置随机数发生器的种子数。

3. 典型应用

例 7.8 中演示了利用 Random 类生成验证码。

例 7.8　利用 Random 类创建了一个随机数发生器，在指定的随机数范围内产生 4 个数字，利用这 4 个数字从字符数组中取出字符，就组成了包含 4 个字符的验证码。

例 7.8
视频讲解

Example7_8.java

```java
import java.util.Random;
public class Example7_8 {
    public static void main(String[] args) {
        String yzmStr = "0123456789abcdefghijklmnopqrstuvwxyz";
        StringBuilder sBuilder = new StringBuilder(4);
        char[] yzmArr = yzmStr.toCharArray();
        Random rand = new Random();
        for(int i = 0;i < 10;i++)
        {
            for(int j = 0;j < 4;j++)
            {
                int pos = rand.nextInt(36);
                sBuilder.append(yzmArr[pos]);
            }
            System.out.println("第" + new Integer(i).toString() + "个验证码为: " + sBuilder.toString());
            sBuilder.delete(0, 4);
        }
    }
}
```

例 7.8 的程序运行结果如图 7.11 所示。

```
run:
第0个验证码为: wsfg
第1个验证码为: xr1s
第2个验证码为: r0sr
第3个验证码为: uofh
第4个验证码为: abfx
第5个验证码为: h5gq
第6个验证码为: gpn7
第7个验证码为: kyj1
第8个验证码为: ja8z
第9个验证码为: i1im
成功构建 (总时间: 2 秒)
```

图 7.11　例 7.8 的程序运行结果

小　　结

本章讨论了 Java API 的使用，介绍了常用的 Java 包及其常用的类。

Java 中的 API 其实就是提供给应用程序与开发人员的可供其使用的函数，基于这些函数，可以访问某些软件或者硬件。Java 将这些 API 按用途分门别类地放在一个文件中，称为包。

在 Java 中，java.lang 包是默认导入的、最基本的包，其中常用的类有 System、String、StringBuffer 等，还提供了对基本数据类型的封装支持；java.util 包提供了大量的工具类，如 Calendar、Random，在很多应用中都会用到。

习　　题

1. 选择题

(1) 已知 s 为一个 String 对象，且 s="abcdefg"，则 s.charAt(1)的返回值是(　　)。

　　A. a　　　　　　B. b　　　　　　C. d　　　　　　D. g

(2) 已知 String 对象 s1="abcde"，chs[]={h,i,j,k}，则执行完 s.getChars(1,3,chs,1)之后，chs[]的值为(　　)。

　　A. {a,b,c,d}　　B. {b,c,d,e}　　C. {h,b,c,d}　　D. {h,i,j,k}

(3) 已知 String 对象 s="android"，则以下说法中正确的是(　　)。

　　A. s.startsWith('啊')的返回值为 false

　　B. s.endsWith('a')的返回值为 true

　　C. s.equals("ANDROID")的返回值为 true

　　D. s.equalsIgnoreCase("ANDROID")的返回值为 true

(4) 已知 String 对象 s="abcdefg"，则 s.substring(2,4)的返回值为(　　)。

　　A. "cde"　　　　B. "abc"　　　　C. "efg"　　　　D. "def"

(5) 已知 StringBuffer 对象 sBuffer="I Java"，则执行 sBuffer.insert(2,"love")之后，sBuffer 的值为(　　)。

　　A. "I loveJava"　　B. "IloveJava"　　C. "I love Java"　　D. "Ilove Java"

2. 填空题

(1) Java 7 API 中提供的最重要的字符串处理类为_____和_____。

(2) String.valueOf(12)+String.valueOf(34)的值为_____。

(3) 已知 sb 为 StringBuffer 的一个实例，且 sb="abcde"，则 sb.reverse()后的 sb 的值为_____。

(4) 已知 sb 为 StringBuffer 的一个实例，且 sb="abcde"，则 sb.delete(1,2)之后的 sb 的值为_____。

3. 问答题

(1) System 类有何作用？

(2) Random 类有何作用？

(3) 获取你当前使用的 Java 开发环境的配置信息。

4. 程序设计

(1) 编写一个程序对字符串进行字典排序。

(2) 编程实现一个简单的万年历。要求在控制台输入任意年月都可以按照日历的格式在控制台输出当月。

在上题(2)的基础上继续完善万年历的功能。

(3) 利用 Math 类在控制台模拟计算器的功能。

第 8 章　泛型与集合框架

本章导图：

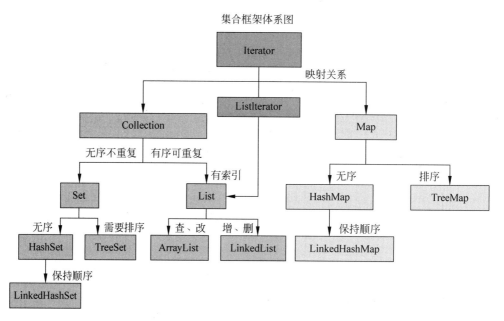

主要内容：
- 泛型。
- 集合框架。
- List 集合。
- Set 集合。
- Map 集合。
- 自动装箱与拆箱。

难点：
- 泛型。
- 集合框架。
- 自动装箱与拆箱。

在编写程序的过程中，常常需要和各种数据打交道，需要将注意力集中于数据的组织和处理方式上，比如在编写一个学生信息管理系统时，会使用诸如链表、树等数据结构，它们都可以存放若干个对象,其区别在于按不同的逻辑方式来存放对象。在学习数据结构这门课时,人们需要用具体的算法来实现相应的数据结构,比如,为了实现树这种数据结构,需要实现添加结点和删除结点的方法。Java 在 JDK1.2 之前没有完整的集合框架,只有一些简单的可以自扩展的容器类,例如 Vector、Stack、Hashtable 等。从 JDK1.2(也就是 Java2 的)开始,专门设计了一组用来存储各式各样数据对象的类,一般被称为对象容器类,简称容器类,这组类和接口的设计结构也被统称为集合框架,位于 java.util 包中。从 JDK1.5 开始,又加入了对泛型的支持。本章首先介绍泛型,然后讲解常见数据结构类的用法。

8.1 泛 型

从 Java SE 1.5 开始,引入了泛型。泛型是对 Java 原有的类型系统的一种扩展,本质上是参数化类型,也就是所操作的数据类型被指定为一个参数,可以把它看作是一个占位符,就像是定义方法时所使用的形参那样。

对于 Java,所熟悉的是一种基于继承机制而实现的类型系统结构。通过对类型 Object 的引用来实现参数的"任意化"。"任意化"带来的缺点是要进行显式的强制类型转换,而这种转换是要求开发者对实际参数类型在可以预知的情况下进行的。对于强制类型转换错误的情况,编译器可能不提示错误,在运行的时候才出现异常,这是一个安全隐患,比如 String 继承自 Object。根据 Liskov 替换原则,子类是可以替换父类的。当需要 Object 类的引用的时候,如果传入一个 String 对象是没有任何问题的。但是反过来的话,即用父类的引用替换子类引用的时候,就需要进行强制类型转换。比如 String 继承自 Object。根据 Liskov 替换原则,子类是可以替换父类的。当需要 Object 类的引用的时候,如果传入一个 String 对象是没有任何问题的。但是反过来,即用父类的引用替换子类引用的时候,就需要进行强制类型转换。

泛型的好处是在编译的时候检查类型安全,并且所有的强制转换都是自动的和隐式的,可提高代码的重用率。

8.1.1 泛型类声明

泛型,即泛泛的类型。所谓泛泛,就是不指定特定的类型,即"参数化类型"。泛型的本质是为了参数化类型(在不创建新的类型的情况下,通过泛型指定的不同类型来控制形参具体限制的类型)。也就是说在泛型使用过程中,操作的数据类型被指定为一个参数,这种参数类型可以用在类、接口和方法中,分别被称为泛型类、泛型接口、泛型方法。

下面使用一段简单的例程来讲解下泛型类的声明。

例 8.1 演示了泛型类的声明。

例 8.1

Gen.java

```
public class Gen<T>{
    private T obj;
    private int a;
    public Gen(T o,int a){
```

```
            obj = o;
            this.a = a;
        }

        public T getObj(){
            return obj;
        }

        public void SetObj(T o){
            obj = o;
    }

        public void showRuntimeType(){
            System.out.println("T 当前的类型是" + obj.getClass().getName());
        }
    }
```

详解：

（1）泛型类 Gen 的声明：

```
public class Gen<T>
```

其中，T 是类型参数的名称（注意 T 不是必需的，可以自己指定为 K，V 等）。在创建一个对象时，这个名称用于传递给 Gen 的实际类型的占位符。因此，在 Generic 中，每当需要类型参数时，就会用到 T。注意，T 是被括在"<>"中的。每个被声明的类型参数，都要放在尖括号中。由于 Gen 使用了类型参数，所以它是一个泛型类，也被称为参数化类型。

（2）泛型成员的声明：

```
T obj
```

由于 obj 是泛型成员，所以该成员声明中类型位置需要有 T 这个占位符，其实际类型需要在运行时确定，如在程序运行过程中，传递给 T 的类型是 String，那么 obj 就为 String 类型；如果传递给 T 的类型是 Integer，那么 obj 就为 Integer 类型。可以对比一下该类中另一个成员 a 的声明，它不是泛型成员，那么类型需要在编译时指定。泛型成员不能为静态成员。

（3）带参构造函数的定义：

```
public Gen(T o, int a){
    obj = o;
    this.a = a;
}
```

通过构造函数需要给泛型成员赋值时，对应的参数类型也要用占位符 T，如形参 a。这就保证了无论在什么情况下，o 和 obj 都是相同的实际类型。

（4）泛型类中泛型方法的定义：

```
public T getObj(){
    return obj;
}
```

```
public void SetObj(T o){
    obj = o;
}
```

与构造函数的定义类似,泛型方法中的参数值或者返回值需要给泛型类型赋值或者获取泛型类型的值时,对应的形参或者方法返回值的类型也要用占位符 T。

(5) 运行时泛型类型的实际类型。

可以使用对象的 GetClass()方法获取其所属的类,再使用 getName()方法打印出其名称。在下面例程的运行结果中,将看到泛型类型的不同指定类型。

8.1.2 使用泛型类声明对象

创建泛型类的对象,即为占位符指定具体的数据类型,以在运行过程中使泛型变量拥有具体数据类型。

在下面的示例中演示了泛型类的使用。利用例 8.1 中所定义的 Gen 类,可以分别创建一个泛型为 String 的对象 g,以及一个泛型为 Integer 的对象 g1。

例 8.2

Example8_2.java

```
public class Example8_2 {
    public static void main(String[] args) {
        Gen < String > g;
        g = new Gen < String >("helloworld",20);
        g.showRuntimeType();
        String s = g.getObj();
        System.out.println("s = " + s);
        Gen < Integer > g1 = new Gen < Integer >(21,20);
        g1.showRuntimeType();
        int a = g1.getObj();
        System.out.println("a = " + a);
        g1.setObj(31);
        a = g1.getObj();
        System.out.println("a = " + a);
    }
}
```

例 8.2 的程序的运行结果如图 8.1 所示。

详解:

(1) 泛型对象的创建:

```
Gen g;
g = new Gen < String >("helloworld",20);
Gen < Integer > g1 = new Gen < Integer >(21,20);
```

图 8.1 例 8.2 的程序运行结果

在创建泛型对象时只需将<>中的 T 替换为要指定的具体类型,如上面代码中的 String 和 Integer。在此构造函数处的<>和类型不能省略,并且要和等号左面的一致。有两点需要注意。

① <>中的类型必须是引用类型,而不能是值类型,例如:

Gen < int > g1 = new Gen < int >(21,20);   //错误

② 实际参数可以是值类型,因为 Java 有自动装箱机制,例如:

Gen < Integer > g1 = new Gen < Integer >(21,20); //21 为 int 类型,Java 会自动包装成 Integer

(2) 泛型类中泛型方法的调用:

g1.setObj(31);
a = g1.getObj();

与前面泛型对象的创建时构造函数的调用相似,也需要在此时将 T 替换为要指定的具体类型,但此处要注意类型要和泛型对象创建时所指定的类型一致,并且泛型类中的泛型方法不能是静态的。

8.1.3 有界类型

在前面的例子中,参数类型可以替换成类的任意类型。但是在某些特定情况下,需要对传递给类型参数的类型加以限制。比如现在要实现计算一组数字的和以及平均数的类。这就要求在编写泛型类时,要把参数类型限定在一定范围内。

Java 提供了一种被称为有界类型的方法来解决上面的问题,即为参数类型可以指定一个上界,声明所有的实际类型都必须是这个超类的直接或间接子类。语法形式如下。

```
class 类名 < T extends superclass >
```

此时,可以正确地编写 Calc 类。

例 8.3 中演示了有界类型的使用。

例 8.3

Example8_3.java

```
class Calc < T extends Number >{
    private T[ ] a;

    public Calc(T[ ] a){
        this.a = a;
    }
    public double sum()
    {
        double sum = 0;
        for(T n:a)
        {
            sum += n.doubleValue();
        }
        return sum;
    }

    public double average()
```

```
        {
            return sum()/a.length;
        }
}
public class Example8_3{
    public static void main(String[] args) {
        Integer iNums[] = {1,2,3,4,5,6};
        Calc< Integer > c1 = new Calc< Integer >(iNums);
        System.out.println("整数组 iNums 的和值为" + c1.sum() + ",平均值为" + c1.average());
        Double dNums[] = {1.1,2.2,3.3,4.4};
        Calc< Double > c2 = new Calc< Double >(dNums);
        System.out.println("整数组 dNums 的和值为" + c2.sum() + ",平均值为" + c2.average());
    }
}
```

例8.3的程序运行结果如图8.2所示。

注意：为参数类型指定的上界可以包含多个接口，但类只能是一个，语法结构是：

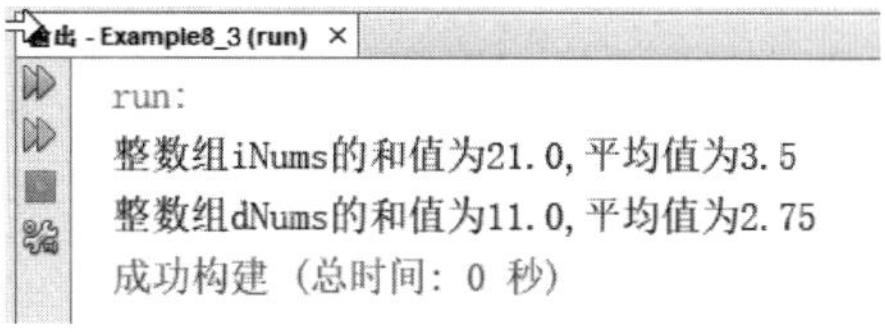

图8.2 例8.3的程序运行结果

```
interface 接口名< T extends BaseClass & BaseInterface1,BaseInterface2, …>
```

8.1.4 通配符泛型

前面有界类型的使用将参数类型限定在某个类（或接口）及其子类（或子接口）的范围内，根据前面的学习，我们知道面向对象里有一个很重要的特性就是多态，其中有一个很重要的应用就是动态地指定类型，也就是可以定义一个父类（或父接口）的引用，在运行过程中动态地指向其子类（或子接口），但是在泛型类的使用时，这一点却出现了问题。对例8.3做一些改动，改动后代码如下。

Example8_3.java

```
public class Example8_3{
    public static void main(String[] args) {
        Integer iNums[] = {1,2,3,4,5,6};
        Calc< Number > c1 = null;
        c1 = new Calc< Integer >(iNums);          //有错误
        System.out.println("整数组 iNums 的和值为" + c1.sum() + ",平均值为" + c1.average());
        Double dNums[] = {1.1,2.2,3.3,4.4};
        c1 = new Calc< Double >(dNums);           //有错误
        System.out.println("整数组 dNums 的和值为" + c1.sum() + ",平均值为" + c1.average());
    }
}
```

程序的运行结果如图8.3所示。

如图8.3所示，程序在两个地方（代码中有标记）出现编译错误。难道必须像前例代码中为每一个应用都要编写子类型的实例？这无疑太麻烦了。为了解决这个问题，Java引入了"通配符类型"，就是在创建泛型引用时，使用"?"来代替未知类型，格式为：

```
<? extends BaseClass >
```

```
run:
Exception in thread "main" java.lang.RuntimeException: Uncompilable source code -
不兼容的类型: example8_2.Calc<java.lang.Integer>无法转换为
example8_2.Calc<java.lang.Number>
    at example8_2.Example8_2.main(Example8_2.java:21)
Java returned: 1
构建失败 (总时间: 1 秒)
```

图 8.3 泛型错误使用

可以把例 8.2 改为下面正确的版本,如例 8.4 所示。

例 8.4

Example8_4.java

```
public class Example8_4{
    public static void main(String[] args) {
        Integer iNums[] = {1,2,3,4,5,6};
        Calc<? extends Number> c1 = null;        //使用通配符
        c1 = new Calc<Integer>(iNums);
        System.out.println("整数组 iNums 的和值为" + c1.sum() + ",平均值为" + c1.average());
        Double dNums[] = {1.1,2.2,3.3,4.4};
        c1 = new Calc<Double>(dNums);
        System.out.println("整数组 dNums 的和值为" + c1.sum() + ",平均值为" + c1.average());
    }
}
```

例 8.4 的程序运行结果如图 8.4 所示。

```
输出 - Example8_4 (run)
run:
整数组 iNums的和值为21.0,平均值为3.5
整数组 dNums的和值为11.0,平均值为2.75
成功构建 (总时间: 0 秒)
```

图 8.4 例 8.4 的程序运行结果

8.1.5 泛型方法

泛型方法,即在一个非泛型类中定义使用泛型参数的方法。要定义泛型方法,只需将泛型参数列表置于返回值前,语法形式如下。

<T> 返回值 函数名(包含 T 的参数列表)

例如:

<T> void f(T a, int b)

例 8.5 中演示了泛型方法的定义与使用。

例 8.5

Calc.java

```
class Calc{
    public static <T extends Number> double sum(T[] a)
```

```
    {
        double sum = 0;
        for(T n:a)
        {
            sum += n.doubleValue();
        }
        return sum;
    }
    public static < T extends Number > double average(T[ ] b)
    {
        double sum = 0;
        for(T n:b)
        {
            sum += n.doubleValue();
        }
        return sum/b.length;
    }
}
```

Example8_5.java

```
public class Example8_5 {
    public static void main(String[ ] args) {
        Integer iNums[ ] = {1,2,3,4,5,6};
        System.out.println("整数组 iNums 的和值为" + Calc.sum(iNums) + ",平均值为" + Calc.average(iNums));
        Double dNums[ ] = {1.1,2.2,3.3,4.4};
        System.out.println("整数组 dNums 的和值为" + Calc.sum(dNums) + ",平均值为" + Calc.average(dNums));
    }
}
```

例8.5的程序运行结果如图8.5所示。

例8.5中定义了一个包含泛型方法的一般类,这里还显示了泛型方法的一个优势——泛型方法可以为静态的。

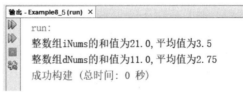

图8.5 例8.5的程序运行结果

注意:

(1) 如果只指定了< ? >,而没有extends,则默认是允许Object及其下的任何Java类了,也就是任意类。

(2) 通配符泛型不单可以向下限制,如<? extends Number >,还可以向上限制,如<? super Double >,表示类型只能接受Double及其上层父类类型,如Number、Object类型的实例。

8.1.6 泛型接口

泛型接口的定义语法结构与泛型类的定义相似,只是关键字class换成了interface。

在Java中就提供了用处很广的泛型接口,尤其是为集合框架中泛型集合类和泛型集合子接口提供了强大的支持,比如以下几个泛型接口,在很多子类和子接口中都有应用。

(1) Comparable＜T＞：为实现该接口的类提供排序功能支持。

(2) Iterator＜T＞：为实现该接口的类提供获得迭代器的功能。

8.2 集合框架

　　集合框架是为表示和操作集合而规定的一种标准统一的体系结构。任何集合框架都包含三大块内容：对外的接口、接口的实现和集合运算算法。图 8.6 所示为 Java 集合框架图。

　　接口：表示集合的抽象数据类型，提供了对集合中所表示的内容进行单独操作的可能。

　　实现：是集合框架中接口的具体实现，也就是可复用的数据结构。

　　算法：是实现了某个接口的对象所能调用的方法的具体实现，例如，查找、排序等。这些算法通常是多态的，因为相同的方法可以在同一个接口被多个类实现时有不同的表现。事实上，算法是可复用的函数。如果读者学过 C++，对 C++ 中的标准模板库(STL)应该不陌生，它是众所周知的集合框架的绝好例子。

　　接下来，首先介绍接口，然后分别介绍接口的实现和算法。

8.2.1 Collection 接口

　　Collection 接口部分允许重复的对象(List)，而部分不允许(Set)，是层次接口的根接口，List 接口和 Set 接口都实现了 Collection 接口。Collection 接口按照索引值的方式存放数据，即存储的第一个数据索引为 0，存储的第二个数据索引为 1，……，以此类推。

　　通常情况下，并不去创建实现这个接口的对象，而是将这个接口的引用去指向实现了其子接口的类的对象，比如 ArrayList 类的对象。

　　下面介绍 Collection 接口的功能。

　　(1) 单个元素的添加、删除。

　　public boolean add(Object obj)：向 collection 中添加指定元素。

　　public boolean remove(Object obj)：删除 collection 中的指定元素。

　　(2) 组元素的添加、删除。

　　public boolean addAll(Collection col)：向 collection 中添加指定的一组对象。

　　public boolean removeAll(Collection col)：删除 collection 中指定的一组对象。

　　public boolean retainAll(Collection col)：删除仅在 collection 中而不在 col 中的对象。

　　public void clear()：清空 collection 中的所有对象。

　　(3) 查询。

　　public boolean contains(Object obj)：查询 collection 中是否包含指定的对象 obj。

　　public boolean isEmpty()：查询 collection 中是否存在对象。

　　public int size()：获取 collection 中对象的个数。

　　(4) 组查询。

　　public boolean comtainsAll(Collection col)：查询 collection 中是否包含指定的一组对象 col。

　　public Iterator iterator()：获取 collection 的一个迭代器，用以遍历该 collection。需要特别强调一点，collection 没有提供 get()方法，遍历 collection 必须使用 iterator。

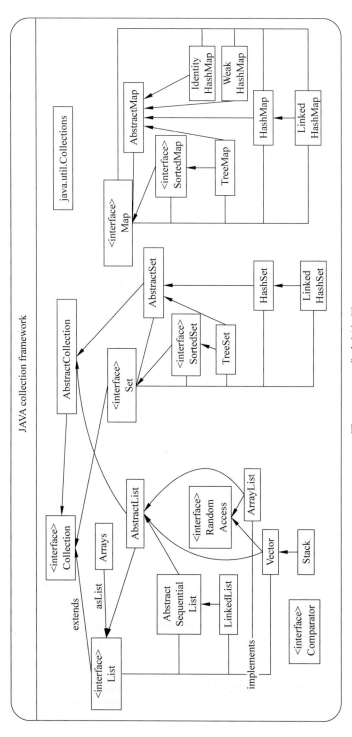

图 8.6　Java 集合框架图

(5) Collection 转换为 Object 数组。

public Object[] toArray()：返回包含 collection 中所有元素的数组。

public Object[] toArray(Object[] a)：返回一个与参数 a 类型相同的包含 collection 中所有元素的数组。

8.2.2 List 接口

List(列表)接口，实现并扩展了 Collection 接口，允许包含重复的元素，但不能有 null 值。该接口提供 get()方法和 set()方法，用户可以根据元素的整数索引(在列表中的位置)访问元素，并搜索列表中的元素。

Java 提供了多个实现 List 接口的类，大多以 List 作为命名的后缀，如 AbstractList、AbstractSequentialList、ArrayList、AttributeList、CopyOnWriteArrayList、LinkedList、RoleList、RoleUnresolvedList 等。其中，以 ArrayList 和 LinkedList 最为常用(后面章节会有详细介绍)，以及特殊的类 Stack 和 Vector(后面章节会有详细介绍)。

List 主要在 iterator、add、remove 和 equals 等方法上增加了一些约定。

(1) 单个元素的添加、删除。

public boolean add(Object obj)：向列表的尾部添加指定的对象。

public void add(int index, Object obj)：向列表的指定位置添加指定的对象。

public object remove(int index)：移除列表中指定位置的对象。

public boolean remove(Object obj)：移除列表中第一次出现的指定对象。

(2) 组元素的添加、删除。

public boolean addAll(Collection col)：将 col 中的所有元素添加到列表的结尾。

public boolean addAll(int index, Collection col)：将 col 中的所有元素插入到列表中的指定位置。

public boolean removeAll(Collection col)：移除列表中 col 包含的所有元素。

public boolean retainAll(Collection col)：移除列表中非 col 包含的所有元素。

public boolean clear()：清空列表。

(3) 查询。

public boolean contains(Object obj)：判断列表中是否包含 obj 对象。

public Object get(int index)：获取指定索引处的元素。

public int indexOf(Object obj)：返回指定对象在列表中第一次出现的索引。

public boolean isEmpty()：判断列表是否为空。

public int lastIndexOf()：获取指定对象在列表中最后一次出现的索引。

public int size()：获取列表中的元素个数。

(4) 组查询。

public boolean containsAll(Collection col)：判断 col 中的所有元素是否都包含在列表中。

public List subList(int fromIndex, int toIndex)：获取列表中 fromIndex(包含)至 toIndex(不包含)的部分列表。

public Iterator iterator()：获取列表的一个迭代器，用以遍历该列表。

public ListIterator listIterator()：获取列表的一个列表迭代器。

public ListIterator listIterator(int index)：获取从指定位置开始的列表迭代器。

(5) List 转换为 Object 数组。

public Object[] toArray()：返回包含 collection 中所有元素的数组。

public Object[] toArray(Object[] a)：返回一个与参数 a 类型相同的包含 collection 中所有元素的数组。

此外，List 还提供了替换指定位置元素的方法：**public Object set(int index,Object obj)**。

8.2.3 Set 接口

Set 接口实现并扩展了 Collection 接口，不允许存在重复项(包括唯一 null 值)。每个具体的 Set 实现类依赖 equals()方法来检查唯一性。Set 中也没有 get()方法，遍历 Set 时也需要依靠 Iterator，需要注意的是遍历时顺序和在 Set 中存储的顺序可能不同。

Java 提供了多个实现了 Set 接口的类，名称大多以 Set 为后缀，如 AbstractSet、ConcurrentSkipListSet、CopyOnWriteArraySet、EnumSet、HashSet、JobStateReasonsSet、LinkedHashSet、TreeSet 等，其中，以 TreeSet 和 HashSet(后面章节会有详细介绍)最为常用。

在 Set 接口中没有引入新方法，所以 Set 就是一个 Collection，只是重写了原有的方法。

(1) 单个元素的添加、删除。

public boolean add(Object obj)：如果 Set 中尚未存在指定的元素，则添加此元素。

public boolean remove(Object obj)：如果 Set 中存在指定的元素，则移除。

(2) 组元素的添加、删除。

public boolean addAll(Collection c)：如果 Set 中没有 c 中的所有元素，则将其添加到此 set 中。

public boolean removeAll(Collection c)：移除 Set 中那些包含在 c 中的元素。

public boolean retainAll(Collection c)：移除 Set 中那些没有包含在 c 中的元素。

public void clear()：清空 Set。

(3) 查询。

public boolean contains(Object obj)：判断 Set 中是否包含 obj。

public boolean isEmpty()：判断 Set 是否为空。

public int size()：获取 Set 中元素的个数。

(4) 组查询。

public boolean containsAll(Collection c)：判断 Set 中是否包含 c 中的所有元素。

public Iterator iterator()：返回 Set 中的元素上迭代的迭代器。

(5) Set 转换为 Object 数组。

public Object[] toArray()：返回一个包含 Set 中所有元素的数组。

public Object[] toArray(Object[] a)：返回一个包含 Set 中所有元素的数组(类型与 a 相同)。

8.2.4 Map 接口

Map 接口采用了一种与上面三种接口完全不同的方式来存储数据，在这种存储方式中，为每个存储的数据设定一个名称(任意非 null 的对象都可以作为名称)，以后按照该名称操作该数据,要求名称不能重复,每个名称对应唯一的一个值。这种存储数据的方式也称作名称-数值对,也就是名值对存储,常称为键值对存储。Map 接口还提供了一个嵌套接口:

Static interface Map.Entry< Object K, Object V >。

Java 提供了多个实现 Map 接口的类,名称大多以 Map 为后缀,如 AbstractMap、ConcurrentHashMap、ConcurrentSkipListMap、EnumMap、HashMap、IdentityHashMap、LinkedHashMap、TreeMap、WeakHashMap 等,其中,以 HashMap 和 TreeMap 最为常用(后面章节会有详细介绍),以及特殊的类 UIDefaults、WeakHashMapAttributes、AuthProvider、Hashtable、PrinterStateReasons、Properties、Provider、RenderingHints、SimpleBindings、TabularDataSupport。

(1) 单个元素的添加、删除。

public Object put(Object key, Object value):将值 value 以名称 key 的形式存储到 Map 中。

public Object remove(Object key):删除 Map 中名称为 key 的值。

(2) 组元素的添加。

public void putAll(Map m):将 Map 对象 m 中的所有数据按照原来的格式存储到当前 Map 中,相当于合并两个 Map 容器对象。

public void clear():清空当前 Map。

(3) 查询。

public boolean containsKey(Object key):判断 Map 是否包含关键字为 key 的键值对。

public boolean containsValue(Object value):判断 Map 是否包含值为 value 的键值对。

public Object get(Object key):获取当前 Map 中关键字 key 对应的值。

public boolean isEmpty():判断当前 Map 是否为空。

public int size():获取当前 Map 中键值对的个数。

(4) 组查询。

public Set < Map.Entry < Object K, Object V >> entrySet():返回当前 Map 中所有的键值对,以 Set 的形式返回,Set 中的元素类型为 Map.Entry。

public Set keySet():返回当前 Map 中所有的名称,将所有的名称以 Set 的形式返回。使用这个方法可以实现对于 Map 中所有元素的遍历。

public Collection values():返回当前 Map 的 Collection 形式。

8.3 List 集合

前面提到 List 接口有若干个实现类,下面详细介绍常用的四个:ArrayList 类、LinkedList 类、Stack 类和 Vector 类。

8.3.1 ArrayList < E > 类

如果要处理一些类型相同的数据,人们习惯上使用数组这种数据结构。但是数组在使用之前必须定义其元素的个数,即数组的大小,而且大小一旦确定就无法改变,这就要求在定义数组时要么指定一个尽可能大的数组大小,这就造成了存储空间的浪费;要么指定一个适当的大小,当数据量超出了数组大小时,就需要重新再定义一个新的更大的数组,这意味着放弃了原有的所有数据。Java 提供了 ArrayList 类以弥补传统数组这方面的缺陷,ArrayList 类实现大小可变的数组。

1. ArrayList＜E＞泛型类

java.util 包中的 ArrayList＜E＞泛型类创建的对象以数组结构存储数据,称为动态数组对象。

使用 ArrayList＜E＞泛型类声明并创建链表时,必须要指定 E 的具体类型,例如,可以创建一个空的数组：

ArrayList＜String＞ stuList = new ArrayList＜String＞();

此时就创建了一个初始容量为 10 的空数组。当然,在创建 ArrayList 对象时,可以指定初始容量的大小,例如：

ArrayList＜String＞ stuList = new ArrayList＜String＞(20);

此时就创建了一个初始容量为 20 的空数组。当数组中需要存储的元素超出了当前容量时,容量会动态增长。数组创建后,就可以使用 add(Object obj)方法向数组中添加元素,例如：

stuList.add("李明");
stuList.add("张琪");
stuList.add("韩梅梅");

stuList 数组中就包含了 3 个元素。

注意,ArrayList 类不是线程安全的,即不能应用于多线程。

2. 常用方法

下面是 ArrayList＜E＞泛型类实现 List＜E＞泛型接口中的一些常用方法。

(1) 单元素的添加、删除。

public boolean add(E element)：向数组尾部添加一个新元素 element。

public void add(int index, E element)：向数组指定位置添加一个新元素 element。

public E remove(int index)：移除链表指定索引处的元素。

public boolean remove(Object obj)：移除在数组中首次出现的 obj。

(2) 组元素的添加、删除。

public boolean addAll(Collection＜? extends E＞ c)：将 c 中的所有元素添加到链表的尾部,需要注意的是 c 的泛型类型要和链表一致。

public boolean addAll(int index, Collection＜? extends E＞ c)：将 c 中的所有元素添加到链表的指定位置,需要注意的是 c 的泛型类型要和链表一致。

protected void removeRange(int fromIndex, int toIndex)：移除数组中 fromIndex(包含)和 toIndex(不包含)之间的所有元素。

public void clear()：清空数组。

(3) 查询。

public boolean contains(Object obj)：判断数组中是否包含 obj。

public int indexOf(Object obj)：返回 obj 在数组中首次出现的索引。
public int lastIndexOf(Object obj)：返回 obj 在数组中最后一次出现的索引。
public int size()：返回数组的元素数。

（4）值获取及相关设置。
public E get(int index)：返回链表指定位置的元素。
public E set(int index,E element)：将数组 index 处的元素替换为 element。
public void ensureCapacity(int minCapacity)：设置数组大小的底线。
public void trimToSize()：将数组长度缩小至当前元素的个数。
public Object clone()：返回此数组的浅表副本。浅表副本是指仅复制值类型，而不复制引用类型，此处链表中元素本身没有复制。

（5）ArrayList 转换为 Object 数组。
public Object[] toArray()：返回一个包含 ArrayList 中所有元素的数组。
public Object[] toArray(Object[] a)：返回一个包含 ArrayList 中所有元素的数组（类型与 a 相同）。

3. 实例程序
例 8.6 中演示了 ArrayList 类的使用。Student 为自定义的一个学生类。

例 8.6
Student.java

```java
class Student{
    private String _stuNo;
    private String _stuName;
    private int _stuAge;
    private static int _STUNumber = 0;
    
    public Student(){
        _STUNumber++;
        if(_STUNumber < 10){
            _stuNo = "1001100" + String.valueOf(_STUNumber);
        }
        else{
            _stuNo = "100110" + String.valueOf(_STUNumber);
        }
    }
    public Student(String stuName,int stuAge){
        _STUNumber++;
        if(_STUNumber < 10){
            _stuNo = "1001100" + String.valueOf(_STUNumber);
        }
        else{
            _stuNo = "100110" + String.valueOf(_STUNumber);
        }
        _stuName = stuName;
        _stuAge = stuAge;
    }
```

```java
        public void setStuName(String name){
            _stuName = name;
        }
        public void setStuAge(int age){
            _stuAge = age;
        }
        public String printStuInfo(){
            String output = _stuNo + "," + _stuName + "," + String.valueOf(_stuAge);
            return output;
        }
}
```

Example8_6.java

```java
import java.util.ArrayList;
import java.util.Iterator;
public class Example8_6{
    public static void main(String[] args){
        ArrayList<Student> students = new ArrayList<Student>();
        Student stu1 = new Student();
        stu1.setStuName("李雷");
        stu1.setStuAge(21);
        students.add(0,stu1);
        Student stu2 = new Student();
        stu2.setStuName("韩梅梅");
        stu2.setStuAge(22);
        students.add(stu2);
        Student stu3 = new Student();
        stu3.setStuName("Jack");
        stu3.setStuAge(20);
        students.add(stu3);
        System.out.println("当前学生人数为：" + students.size() + ",分别为：");
        Iterator iterator = students.iterator();
        while(iterator.hasNext()){
            Student stu = (Student)iterator.next();
            System.out.println(stu.printStuInfo());
        }
        if(students.contains(stu1)){
            System.out.println("李雷存在于当前列表 students 中.");
        }
        ArrayList studentsCopy = (ArrayList)students.clone();
        Student stu1Copy = (Student)studentsCopy.get(0);
        stu1Copy.setStuAge(30);
        System.out.println("students 的克隆列表,对第一个元素修改后：");
        iterator = students.iterator();
        while(iterator.hasNext()){
            Student stu = (Student)iterator.next();
            System.out.println(stu.printStuInfo());
        }
        if(students.remove(stu3))
        {
```

```
                System.out.println(stu3.printStuInfo() + "被从 students 中移除.");
            }
            System.out.println("经过一系列处理后的 students 列表: ");
            Object[] s = students.toArray();
            for(int j = 0;j < s.length;j++){
                System.out.println(((Student)s[j]).printStuInfo());
            }
        }
    }
```

例 8.6 的程序运行结果如图 8.7 所示。

图 8.7　例 8.6 的程序运行结果

8.3.2　LinkedList＜E＞类

前面提到,如果在处理类型相同的一组数据时,可以选择使用 ArrayList 类,但是当程序需要频繁地进行插入或者删除的操作,并且对该组数据的访问仅限于顺序访问时,那么 ArrayList 类就显得性能低下了,因为 ArrayList 保持了数组的基本特性,那么就需要使用另一种更便于数据移动的数据结构——链表。

链表是由若干个称作结点的对象组成的一种数据结构,每个结点含有一个数据和下一个结点的引用(单链表,如图 8.8(a)所示),或含有一个数据并含有上一个结点的引用和下一个结点的引用(双链表,如图 8.8(b)所示)。

1. LinkedList＜E＞泛型类

java.util 包中的 LinkedList＜E＞泛型类创建的对象以链表结构存储数据,称为链表对象。LinkedList 创建的是双向链表。例如:

LinkedList＜String＞ stuList = new LinkedList＜String＞();

创建了一个空链表。

使用 LinkedList＜E＞泛型类声明并创建链表时,必须要指定 E 的具体类型,然后就可以用 add(E obj)方法向链表依次增加结点。例如，上述链表 stuList 使用 add 方法添加结点，结点中的数据必须是 String 对象，例如：

```
stuList.add("李明");
stuList.add("张琪");
stuList.add("韩梅梅");
```

这时，链表 stuList 就有了 3 个结点，结点是自动链接在一起的。

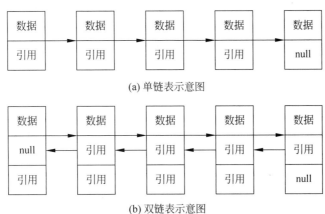

图 8.8　链表逻辑结构图

2. 常用方法

下面是 LinkedList<E>泛型类实现 List<E>泛型接口中的一些常用方法。

（1）单元素的添加、删除。

public boolean add(E element)：向链表尾部添加一个新元素 element。

public void add(int index, E element)：向链表指定位置添加一个新元素 element。

public void addFirst(E element)：向链表头部添加一个新元素 element。

public void addLast(E element)：同 add(E element)方法。

public boolean offer(E element)：同 add(E element)方法。

public boolean offerFirst(E element)：同 addFirst(E element)方法。

public E poll()：移除链表的第一个元素。

public E pollFirst()：同 poll()方法。

public E pollLast()：移除链表的最后一个元素。

public E pop()：从此链表所表示的堆栈处弹出一个元素，同 poll()方法。

public void push(E element)：将 element 推入链表所表示的堆栈，同 addFirst()方法。

public E remove()：同 poll()方法。

public E remove(int index)：移除链表指定索引处的元素。

public boolean remove(Object obj)：移除在链表中首次出现的 obj。

public E removeFirst()：同 poll()方法。

public boolean removeFirstOccurrence(Object obj)：同 remove(Object obj)方法。

public E removeLast()：同 pollLast()方法。

public boolean removeLastOccurrence(Object obj)：移除在链表中最后一次出现的 obj。

（2）组元素的添加、删除。

public boolean addAll(Collection<? extends E> c)：将 c 中的所有元素添加到链表的尾部，需要注意的是 c 的泛型类型要和链表一致。

public boolean addAll(int index,Collection<? extends E> c)：将 c 中的所有元素添加到链表的指定位置，需要注意的是 c 的泛型类型要和链表一致。

public void clear()：清空链表。

（3）值查询及设置。

public boolean contains(Object obj)：判断链表中是否包含 obj。

public int indexOf(Object obj)：返回 obj 在链表中首次出现的索引。

public int lastIndexOf(Object obj)：返回 obj 在链表中最后一次出现的索引。

public E peek()：读取链表的第一个元素。

public E peekFirst()：同 peek()方法。

public E peekLast()：读取链表的最后一个元素。

public int size()：返回链表的元素数。

public E element()：返回链表第一个元素。

public E get(int index)：返回链表指定位置的元素。

public E getFirst()：返回链表第一个元素。

public E getLast()：返回链表最后一个元素。

public Object clone()：返回此链表的浅表副本。浅表副本是指仅复制值类型，而不复制引用类型，此处链表中元素本身没有复制。

public E set(int index,E element)：将链表 index 处的元素替换为 element。

（4）组查询。

public Iterator<E> descendingIterator()：返回此链表反向迭代的迭代器。

public ListIterator<E> listIterator(int index)：返回链表从 index 开始的迭代器。

（5）LinkedList 转换为 Object 数组。

public Object[] toArray()：返回一个包含 LinkedList 中所有元素的数组。

public Object[] toArray(Object[] a)：返回一个包含 LinkedList 中所有元素的数组(类型与 a 相同)。

3．实例程序

例 8.7 中演示了 LinkedList 类的使用。

例 8.7

Example8_7.java

实例背景：本例演示 LinkedList 类的使用方法，其中，Student 类仍采用例 8.6 中定义的。

```
import java.util.LinkedList;
import java.util.Iterator;
public class Example8_6{
    public static void main(String[] args){
```

```java
            LinkedList < Student > students = new LinkedList < Student >();
            Student stu1 = new Student();
            stu1.setStuName("李雷");
            stu1.setStuAge(21);
            students.add(0,stu1);
            Student stu2 = new Student();
            stu2.setStuName("韩梅梅");
            stu2.setStuAge(22);
            students.add(stu2);
            Student stu3 = new Student();
            stu3.setStuName("张琪");
            stu3.setStuAge(20);
            students.addFirst(stu3);
            students.addLast(stu1);
            System.out.println("当前学生人数为: " + students.size());
            System.out.println("正序遍历: ");
            Iterator iterator = students.iterator();
            while(iterator.hasNext()){
                Student stu = (Student)iterator.next();
                System.out.println(stu.printStuInfo());
            }
            students.removeFirstOccurrence(stu1);
            System.out.println("倒序遍历: ");
            iterator = students.descendingIterator();
            while(iterator.hasNext()){
                Student stu = (Student)iterator.next();
                System.out.println(stu.printStuInfo());
            }
            Student stu4 = new Student();
            stu4.setStuName("刘鑫");
            stu4.setStuAge(24);
            students.set(1, stu4);
            System.out.println("从指定处遍历: ");
            iterator = students.listIterator(1);
            while(iterator.hasNext()){
                Student stu = (Student)iterator.next();
                System.out.println(stu.printStuInfo());
            }
        }
    }
```

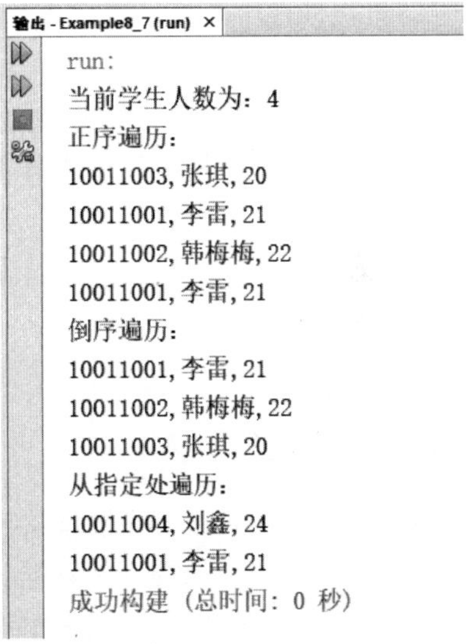

例 8.7 的程序运行结果如图 8.9 所示。

图 8.9　例 8.7 的程序运行结果

8.3.3　Vector < E > 类

向量(Vector)是有方向的量,可以朝一个方向增长或者缩减。

Java.util 的 Vector < E > 泛型类实现了类似动态数组的功能。在 Java 语言中是没有指针概念的,但如果能正确灵活地使用指针又确实可以大大提高程序的质量,例如在 C、C++ 中所谓"动态数组"一般都由指针来实现。为了弥补这个缺陷,Java 提供了丰富的类库来方便编程者使用,Vector 类便是其中之一。事实上,灵活使用数组也可完成 Vector 类的功能,但

Vector 类中提供的大量方法大大方便了用户的使用。从功能上讲，Vector 类可以看作是老版本的 ArrayList 类，并且 ArrayList 类的效率要优于 Vector，在很多情况下都可以使用 ArrayList 来代替 Vector，只有一点例外，Vector 是线程安全的，而 ArrayList 不是，在多线程操作时，只能用 Vector。

8.3.4 Stack < E > 类

栈（Stack）是一种"先进后出"（FILO）的数据结构，是一种在列表（List）上加了若干限制的数据结构（如图 8.10 所示）。

(1) 只能在栈的一端进行操作。

(2) 允许插入和删除的一端称为"栈顶"。

(3) 不允许插入或删除的一端称为"栈底"。

java.util 包中的 Stack < E > 泛型类创建一个空的堆栈对象。并且它通过五个方法扩展了 Vector 类，使其成为堆栈。使用 public push(E item) 方法实现入栈操作；使用 public pop() 方法实现出栈操作，如果栈为空，则抛出 EmptyStackException 异常；使用 public boolean empty() 方法测试堆栈是否为空；还可以使用 public E peek() 方法查看一下栈顶元素，如栈为空，也抛出 EmptyStackException 异常；也可以使用 public int search(Object obj) 方法获取目标对象在堆栈中出现的距栈顶的最近距离，以 1 为基数，若返回－1，则表明目标 obj 不在堆栈中。

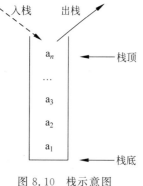

图 8.10 栈示意图

堆栈是一个很灵活的数据结构，并且在实际应用中也有很广泛的使用，尤其是在涉及递归操作的应用中，堆栈的使用能节省内存的开销。

8.4 Set 集合

前面介绍的 Set 集合有若干个类实现，下面介绍常用的两个：TreeSet 类和 HashSet 类。

8.4.1 TreeSet 类

TreeSet 类实现了 Set 接口及其子接口 SortedSet，它的大多数方法都是接口方法的实现。TreeSet 采用树结构存储数据，树结点上的数据会按存放数据的"大小"顺序按层次排列，在同一层中的结点从上到下、从左到右按字从小到大递增顺序排列，如输入顺序为：c a b d e,则 TreeSet 对象的逻辑存储结构如图 8.11 所示。

1. TreeSet 对象的创建

Java 主要提供了四个构造函数以方便在不同情况下来创建 TreeSet 类的对象。如果要使用键值的自然顺序构造一个新的、空的 TreeSet 对象，则可以：

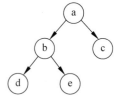

图 8.11 TreeSet 的逻辑结构

```
TreeSet tm = new TreeSet();
```

而如果使用自定义的比较器来限定排序的话,则可以:

```
TreeSet tm = new TreeSet(Comparator <? super K> comparator);
```

当然,也可以使用一个已存在的有序映射来创建 TreeSet 对象,则可以:

```
TreeSet tm = new TreeSet(SortedSet<E> s);
```

2. 常用方法

(1) 单值的添加、删除。

public boolean add(E element):向 TreeSet 互斥地添加新元素 element,如果 TreeSet 中已经存在,则返回 false。

public E pollFirst():获取并移除 TreeSet 中的第一个元素(最低的元素)。若 TreeSet 为空,则返回 null。

public E pollLast():获取并移除 TreeSet 中的最后一个元素(最高的元素)。若 TreeSet 为空,则返回 null。

(2) 组值的添加、删除。

public boolean addAll(Collection c):将指定的集合 c 中的所有元素添加到 TreeSet 中。在添加的过程中,如果 c 中元素的类型无法与 TreeSet 中的数据类型比较,则引发 ClassCastException 异常;如果 c 为 null,或者 TreeSet 被指定为不能包含 null 的情况下,c 中包含 null 元素的话,引发 NullPointerException 异常。

public void clear():移除 TreeSet 中的所有元素。

(3) 单查询。

public E ceiling(E element):返回 TreeSet 中大于或等于给定元素 element 的最小元素。如果 element 的元素不能与 TreeMap 中的元素比较,则引发 ClassCaseException;如果 element 为 null,而 TreeSet 被指定为不能包含 null 的情况下,则引发 NullPointerException 异常。

public boolean contains(Object obj):判断 TreeSet 中是否包含元素 obj。此方法会引发 ClassCaseException 异常或者 NullPointerException 异常。

public E first():返回 TreeSet 中当前第一个元素(最低的元素)。如果 TreeSet 为空,则引发 NoSuchElementException 异常。

public E floor(E element):返回 TreeSet 中小于或等于 element 的最大元素。此方法会引发 ClassCaseException 异常或者 NullPointerException 异常。

public E higher(E element):返回 TreeSet 中大于 element 的最小元素。此方法会引发 ClassCaseException 异常或者 NullPointerException 异常。

(4) 组查询。

public Iterator<E> descendingIterator():返回 TreeSet 上按降序迭代的迭代器。

public SortedSet<E> headSet(E element):返回 TreeSet 中小于 element 的所有元素的有序集合。

public boolean isEmpty():判断 TreeSet 是否为空。

public Iterator<E> iterator():返回 TreeSet 上元素按升序迭代的迭代器。

public E last():返回 TreeSet 中当前最后一个元素(最高的元素)。若 TreeSet 为空,则会引起 NoSuchElementException 异常。

public E lower(E element)：返回 TreeSet 中小于 element 的最大元素。此方法可能引发 ClassCaseException 异常或者 NullPointerException 异常。

（5）其他。

public Object clone()：对 TreeMap 浅表复制。

public Comparator comparator()：返回当前集合上的比较器。

public int size()：返回 TreeSet 当前的元素数。

3. 实例程序

例 8.8 中演示了 TreeSet 类的使用方法。

例 8.8

Example8_8.java

例 8.8 视频讲解

```java
import java.util.Collection;
import java.util.Iterator;
import java.util.TreeSet;

public class Example8_8 {
    public static void main(String[] args) {
        TreeSet < Integer > treeSet1 = new TreeSet < Integer >();
        treeSet1.add(97);
        treeSet1.add(123);
        treeSet1.add(22);
        treeSet1.add(4);
        treeSet1.add(69);
        treeSet1.remove(69);
        treeSet1.add(100);
        show(treeSet1);
    }

    public static void show(Collection collection)
    {
        Iterator it = collection.iterator();
        while (it.hasNext())
        {
            System.out.print(it.next() + " ");
        }
        System.out.println();
    }
}
```

例 8.8 的程序运行结果如图 8.12 所示。

程序说明：treeSet1 在遍历输出每个元素时可以看出并不是按照加入数值的顺序输出的，而是自排序的。

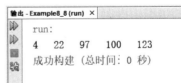

图 8.12 例 8.8 的程序运行结果

8.4.2 HashSet 类

Hash 一般称作"散列"，也常音译为"哈希"，就是把任意长度的输入，通过散列算法，得到固定长度的输出，这个输出即是散列值。当一组数据经同一散列函数转换存储于一个集合中时，若任两个数据相同，必会得到相同的散列值，而此散列值常常被当作该数据的存储地址。此特点使得 Hash 结构在进行查询时效率上大大优于其他数据结构。

HashSet 正是采用 Hash 算法决定集合元素的存储位置,因此具有很好的存取和查找性能。

那么 HashSet 是如何向集合中添加新元素的呢?

HashSet 利用的是一个特殊的数组,说它特殊,是因为这个数组里存放的是一个链表。当调用了 HashSet 的 add()方法存放新元素 newObj 时,HashSet 首先会调用 newObj 的 hashCode()方法获取散列码,然后将散列码转换成数组下标,该下标即为 newObj 的位置。如果这个位置上没有元素,那么 newObj 就存放于该位置;如果在该位置上发生了冲突,则遍历链表,调用 newObj 的 equals()方法,查找是否与其中某个元素相同,如没有重复,则将 newObj 添加到链表上,如有重复,则放弃存储。当然,在使用 HashSet 时应尽可能地避免发生冲突,否则 HashSet 就失去了散列的优势了。

Java 实现的 HashSet 类实际上是基于另一个类——HashMap,也就是由 HashMap 的一个实例作为前面所说的那个链表的。HashSet 不保证集合中元素的迭代顺序,特别是不保证顺序的恒定不变,它允许使用 null 元素,同时 HashSet 类不是线程安全的。

1. HashSet 类的创建

Java 为 HashSet 对象的创建提供了默认的配置,例如:

HashSet hSet = new HashSet();

这就创建了一个初始容量(即 HashMap 实例的容量)为 16,加载因子(即有效元素占容量的比例值,当这个比例值达到指定值时,就要通过"再散列"进行扩容和重新计算所有元素的哈希值)为 0.75 的空 Set。

显而易见,初始容量和加载因子的选择对 HashSet 的性能有着很大的影响,此时可以选择另外两个构造函数:

public HashSet(int initialCapacity);
public HashSet(int initialCapacity,float loadFactor);

2. 常用方法

public boolean add(E element):如果 HashSet 中没有指定元素 element,则添加该元素。

public void clear():清空 HashSet。

public Object clone():对 HashSet 浅表复制。

public boolean contains(Object obj):判断 HashSet 中是否包含对象 obj。

public boolean isEmpty():判断 HashSet 是否为空。

public Iterator＜E＞ iterator():返回一个迭代器,用来对 HashSet 进行遍历。注意:迭代器中的迭代顺序不是固定的。

public boolean remove(Object obj):如果对象 obj 存在于此 HashSet 中,则移除。

public int size():返回 HashSet 中元素的数量。

3. 实例程序

例 8.9 中演示了 HashSet 类的使用。

例 8.9

Example8_9.java

```java
import java.util.Collection;
import java.util.HashSet;
import java.util.Iterator;
public class Example8_9 {
    public static void main(String[] args) {
        // TODO code application logic here
        HashSet<Integer> hashSet1 = new HashSet<Integer>();
        hashSet1.add(97);
        hashSet1.add(123);
        hashSet1.add(22);
        hashSet1.add(4);
        hashSet1.add(69);
        hashSet1.remove(69);
        hashSet1.add(100);
        System.out.println(hashSet1.contains(100));
        show(hashSet1);
        System.out.println();
    }

    public static void show(Collection collection) {
        Iterator it = collection.iterator();
        while (it.hasNext()) {
            System.out.print(it.next() + " ");
        }
        System.out.println();
    }
}
```

例 8.9 的程序运行结果如图 8.13 所示。

程序说明：hashSet1 在遍历输出每个元素时可以看出并不是按照加入数值的顺序输出的，而是散列的。

图 8.13 例 8.9 的程序进行结果

8.5 Map 集合

8.5.1 TreeMap 类

TreeMap 类实现了 Map 接口及其子接口 java.util.SortedMap，实现该类的 Map 集合不允许键对象为 null。同时，该类实现的树基于红黑树，总是处于平衡状态。该类适用于按自然顺序或自定义顺序遍历键值，并且在一般情况下，TreeMap 的效率略低于后面介绍的 HashMap。

1. TreeMap 类的创建

Java 主要提供了四个构造函数以方便在不同情况下创建 TreeMap 类的对象。如果要

创建一个使用键值的自然顺序构造一个新的、空的 TreeMap 对象,则可以:

TreeMap tm = new TreeMap();

而如果使用自定义的比较器限定排序的话,则可以:

TreeMap tm = new TreeMap(Comparator<? super K> comparator);

当然,也可以使用一个已存在的有序映射创建 TreeMap 对象,则可以:

TreeMap tm = new TreeMap(SortedMap<K,? extends V> m);

2. 常用方法

public K ceilingKey(K key):返回大于或等于给定键的最小键,若不存在,则返回 null。
public void clear():移除映射中所有的映射关系。
public boolean containsKey(Object key):判断当前映射中是否包含指定键的映射关系。
public boolean containsValue(Object value):判断当前映射中是否有以 value 为值的映射关系。
public K firstKey():返回当前映射中第一个(最低)键值。
public K floorKey(K key):返回当前映射中小于或等于给定键的映射关系中最大的键值,如不存在,则返回 null。
public SortedMap<K,V> headMap(K toKey):返回当前映射中键值小于 toKey 的映射关系视图。
public Set<K> keySet():返回当前映射中包含的所有键值的集合。
public SortedMap<K,V> subMap(K fromKey,K toKey):返回当前映射中键值大于或等于 fromKey 而小于 toKey 的所有映射关系的视图。
public Collection<V> values():返回当前映射中包含的所有值的集合视图。

3. 实例程序

例 8.10 中演示了 TreeMap 类的使用。

例 8.10

Example8_10.java

```
import java.util.Collection;
import java.util.Iterator;
import java.util.TreeMap;
import java.util.Map;

public class Example8_10 {

    /**
     * @param args the command line arguments
     */
    public static void main(String[] args) {
        // TODO code application logic here
        TreeMap<Integer, String> treeMap1 = new TreeMap<>();
        treeMap1.put(97, "abc79");
        treeMap1.put(123, "abc123");
```

```java
            treeMap1.put(22, "abc22");
            treeMap1.put(4, "abc14");
            treeMap1.put(69, "abc69");
            treeMap1.remove(69);
            treeMap1.put(100, "xyz100");
            System.out.println(treeMap1.get(100));   //get Value by its Key

            show(treeMap1.keySet());              //show Key
            show(treeMap1.values());              //show Value
            show(treeMap1.entrySet());            //show Entry
            Map.Entry<Integer, String> entry = treeMap1.ceilingEntry(100);
            System.out.println("Key is " + entry.getKey() + ", Value is " + entry.getValue());
            showMap(treeMap1);
            System.out.println();
        }

        public static void show(Collection collection) {
            Iterator it = collection.iterator();
            while (it.hasNext()) {
                System.out.print(it.next() + " ");
            }
            System.out.println();
        }

        public static void showMap(Map map) {
            Iterator it = map.entrySet().iterator();
            while (it.hasNext()) {
                Map.Entry entry = (Map.Entry) it.next();
                System.out.println("Key is " + entry.getKey() + ",Value is" + entry.getValue() + "  ");
            }
            System.out.println();
        }
    }
```

例 8.10 的程序运行结果如图 8.14 所示。

```
输出 - Example8_10 (run) ×
  run:
  xyz100
  4    22    97    100    123
  abc14    abc22    abc79    xyz100    abc123
  4=abc14    22=abc22    97=abc79    100=xyz100    123=abc123
  Key is 100, Value is xyz100
  Key is 4, Value is abc14
  Key is 22, Value is abc22
  Key is 97, Value is abc79
  Key is 100, Value is xyz100
  Key is 123, Value is abc123
```

图 8.14　例 8.10 的程序运行结果

程序说明：treeMap1 按照键进行自排序。

8.5.2 HashMap 类

HashMap 类实现了接口 Map，使用散列表存储数据，不对数据进行排序，并且允许 null 键和 null 值的存在。有一点需要指出，对于加入 HashMap 中的元素（键值对），可以重写 hashCode()方法和 equals()方法。一般情况下，HashMap 效率好于 TreeMap，适用于在 Map 中插入、删除、定位。

1. 创建 HashMap 对象

Java 提供了四个构造函数来创建 HashMap 对象，使用方法与 HashSet 相似。

```
public HashMap();
public HashMap(int initialCapacity);
public HashMap(int initialCapacity,float loadFacter);
public HashMap(Map<? extends K,? extends V> m);
```

2. 常用方法

public void clear()：清空 HashMap 中的所有映射关系。

public Object clone()：对 HashMap 进行浅表复制。

public boolean containsKey(Object key)：判断 HashMap 中是否包含 key 所对应的映射关系，即判断是否包含 key 所对应的值。

public boolean containsValue(Object value)：判断 HashMap 中包含值为 value 的映射关系（可能有一组关系，也可能有多组关系）。

public Object put(Object key, Object value)：向 HashMap 中添加一个键值对。如果 HashMap 中已经存在关于 key 的键值对，则用 value 替换原值，并返回原值；若不存在，则返回 null。

public Object remove(Object key)：移除 HashMap 中 key 指定的键值对，若该键值对存在，返回键值对的值；若不存在，则返回 null。

public int size()：返回 HashMap 中键值对的个数。

3. 实例程序

例 8.11 中演示了 HashMap 类的使用。

例 8.11

Example8_11.java

```java
import java.util.Collection;
import java.util.HashMap;
import java.util.Iterator;
import java.util.Map;

public class Example8_11 {
    public static void main(String[] args) {
        // TODO code application logic here
        HashMap<Integer, String> hashMap1 = new HashMap<Integer, String>();
        hashMap1.put(97, "abc79");
```

```java
            hashMap1.put(123, "abc123");
            hashMap1.put(22, "abc22");
            hashMap1.put(4, "abc14");
            hashMap1.put(69, "abc69");
            hashMap1.remove(69);
            hashMap1.put(100, "xyz100");
            System.out.println(hashMap1.get(100));  //get Value by its Key
            show(hashMap1.keySet());          //show Key
            show(hashMap1.values());          //show Value
            show(hashMap1.entrySet());        //show Entry
            showMap(hashMap1);
            System.out.println();

        }

    public static void show(Collection collection) {
        Iterator it = collection.iterator();
        while (it.hasNext()) {
            System.out.print(it.next() + "  ");
        }
        System.out.println();
    }

    public static void showMap(Map map) {
        Iterator it = map.entrySet().iterator();
        while (it.hasNext()) {
            Map.Entry entry = (Map.Entry) it.next();
            System.out.println("Key is" + entry.getKey() + ",Value is" + entry.getValue() + "  ");
        }
        System.out.println();
    }
}
```

例 8.11 的程序运行结果如图 8.15 所示。

```
输出 - Example8_11 (run)  ×
run:
xyz100
97    4    100    22    123
abc79    abc14    xyz100    abc22    abc123
97=abc79    4=abc14    100=xyz100    22=abc22    123=abc123
Key is 97, Value is abc79
Key is 4, Value is abc14
Key is 100, Value is xyz100
Key is 22, Value is abc22
Key is 123, Value is abc123
```

图 8.15 例 8.11 的程序运行结果

8.6 应用实例：混合运算计算器应用

在前面的章节中曾开发过一个简单的计算器应用，虽然有一个窗体界面但计算功能较为简单，仅能够进行加、减、乘、除双操作数的基本运算。而在实际应用中的运算往往是既含有乘、除运算又含有加、减运算的混合表达式。对于这样混合运算的表达式，在通过面向过程的思想进行解决时，往往会用到双栈操作或通过更为复杂的逆波兰表达式实现。而通过面向对象的思想利用集合的功能实现起来会更为简单。

混合运算的表达式可以看作是一系列关于操作数和运算符构成的一个集合（如单链表）。因此可以创建一个包含一个操作数和一个运算符的类 NumSign，含有多个不同操作数和运算符对象的集合就构成了一个完整的表达式。对于该集合中的元素进行遍历，首先对运算符为乘号或除号的两个元素进行计算，计算后把运算结果进行合并，然后对运算符为加号或减号的两个元素进行计算，计算后同样把运算结果进行合并，直至整个集合剩余一个元素表示运算结束，而这个元素中的操作数即为最终运算结果。

项目名称为 RemixCalApp，具体的程序结构如图 8.16 所示。

图 8.16 混合运算计算器应用程序结构

混合运算计算器应用项目 RemixCalApp 中主要包含四个类，分别是关于操作数和运算符的 NumSign 类；通过链表来组织 NumSign 的集合类 Expression；计算器的界面类 RemixCaFrame 类；启动应用的主类 Main。（这里仅对混合运算的具体实现进行讨论，而对于界面的实现将在第 9 章中作具体讲解。）

核心代码如下。

NumSign. java

```java
public class NumSign {
    private String strNum;
    private char sign;
    public NumSign() {
    }
    public NumSign(String strNum, char sign) {
        this.strNum = strNum;
        this.sign = sign;
    }
    public String getStrNum() {
        return strNum;
    }
    public void setStrNum(String strNum) {
        this.strNum = strNum;
    }
    public char getSign() {
        return sign;
    }
    public void setSign(char sign) {
```

```java
            this.sign = sign;
    }
    public double getNum()
    {
        return Double.parseDouble(strNum);
    }
    public void setNum(double num)
    {
        this.strNum = String.valueOf(num);
    }
}
```

Expression.java

```java
import java.util.LinkedList;
public class Expression extends LinkedList<NumSign>
{
    @Override
    public String toString() {
        String str = "";
        for(NumSign numSign:this)
        {
            str = str + numSign.getStrNum() + numSign.getSign();
        }
        return str;
    }

    public double calculate()
    {
        calMulAndDiv();
        calAddAndSub();
        return this.get(0).getNum();
    }

    private void calMulAndDiv()
    {
        for(int i = 0;i < this.size();i++)
        {
            System.out.println(this.toString());
            if(this.size() == 1) return;
            if(this.get(i).getSign() == '*')
            {
                double temp = this.get(i).getNum() * this.get(i + 1).getNum();
                this.get(i + 1).setNum(temp);
                this.remove(i);
                i = -1;
                continue;
            }
            if(this.get(i).getSign() == '/')
            {
                double temp = this.get(i).getNum()/this.get(i + 1).getNum();
```

```
                this.get(i + 1).setNum(temp);
                this.remove(i);
                i = - 1;
                continue;
            }
        }
    }

    private void calAddAndSub()
    {
        for(int i = 0;i < this.size();i++)
        {
            System.out.println(this.toString());
            if(this.size() == 1) return;
            if(this.get(i).getSign() == ' + ')
            {
                double temp = this.get(i).getNum() + this.get(i + 1).getNum();
                this.get(i + 1).setNum(temp);
                this.remove(i);
                i = - 1;
                continue;
            }
            if(this.get(i).getSign() == ' - ')
            {
                double temp = this.get(i).getNum() - this.get(i + 1).getNum();
                this.get(i + 1).setNum(temp);
                this.remove(i);
                i = - 1;
                continue;
            }
        }
    }
}
```

程序说明：NumSign 类中仅包含一个字符串类型的操作数成员和一个字符类型的运算符成员。setNum()和 getNum()方法能够通过 double 类型设置和获取操作数。

Expression 类是一个关于一系列操作数和运算符的表达式类。通过链表来组织多个不同的 NumSign 成员，最终构成一个完整的表达式。因此，Expression 类继承了 LinkedList 类，泛型为< NumSign >。在表达式类 Expression 中私有方法主要有两个，分别是 calMulAndDiv()和 calAddAndSub()。其中，calMulAndDiv()用来计算表达式中的乘除法，calAddAndSub()用来计算表达式中的加减法。在共有方法 calculate()中可以很明显地看到先调用 calMulAndDiv()方法，而后调用 calAddAndSub()方法，最终返回表达式的计算结果。面向对象的这种实现方法与人们日常计算混合表达式的先乘除后加减的思路是完全一致的。

在运行的界面中输入表达式"5＋2＊3－8/4"的运行结果如图 8.17 所示。

表达式的计算结果为 9.0，计算过程符合先乘除后加减的计算顺序。其具体的执行过程如图 8.18 所示。

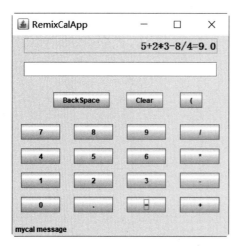 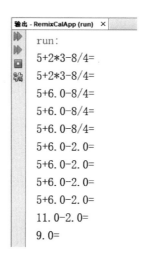

图 8.17　混合运算计算器运行结果　　　图 8.18　混合运算计算器计算过程

可见结合集合框架采用面向对象的思想对于解决实际问题更加直观便捷。

小　　结

本章介绍了 Java 泛型的来源及使用，概述了 Java 集合框架的内容及框架继承结构，随后介绍了 Java 集合框架中重要和常用的接口，最后重点介绍了具体的集合的特点及使用方法，并给出示例程序。

习　　题

1. 使用泛型类的好处是什么？
2. ArrayList、Vector 和 LinkedList 有什么不同？
3. TreeMap 和 TreeSet 有什么区别？
4. HashMap 和 HashSet 有什么区别？
5. ＿＿＿＿＿＿集合类使用链表作为底层实现的方式。
6. HashSet 类使用＿＿＿＿＿＿作为底层实现的方式。
7. 编写一个类，用于处理将输入的字符串按照指定的排序方法来重新排序。例如，输入的字符串为"hello"，现设置为自然排序，得到的输出是"ehllo"。
8. 重新设计本章中的 Student 类，并以 name 为 Key，以 Student 类的对象为 Value，写一个 HashMap。再次设计 Student 类，其中至少包含两个属性：姓名和年龄。设计程序使用 TreeMap<K,V>类，分别按照姓名和年龄排序输出 Student 对象。

第 9 章　Java Swing 图形用户界面

本章导图：

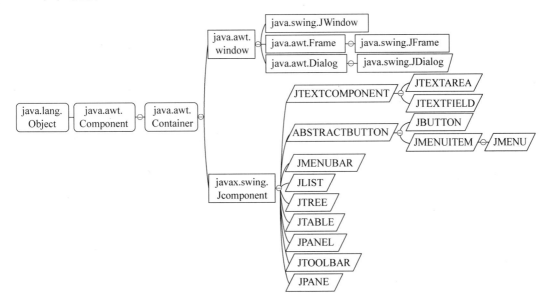

主要内容：
- Swing 组件。
- 布局管理器。
- AWT 事件。

难点：
- 布局管理器。
- AWT 事件。

AWT(Abstract Window Toolkit, 抽象窗口工具包)，提供了一套与本地图形界面进行交互的接口，是 Java 提供的用来建立和设置 Java 的图形用户界面的基本工具。当利用 AWT 编写图形用户界面时，实际上是在利用本地操作系统所提供的图形库。由于不同操作系统的图形库所提供的样式和功能是不一样的，在一个平台上存在的功能在另一个平台上则可能不存在。为了实现 Java 语言所宣称的"一次编写，到处运行(write once, run anywhere)"的概念，AWT 不得不通过牺牲功能来实现平台无关性，也即 AWT 所提供的图形功能是各种操作系统所提供的图形功能的交集。

在新的 Java 开发包中，AWT 的组件很大程度上被 Swing 工具包替代。Swing 通过自己绘制组件而避免了 AWT 的种种弊端；Swing 调用本地图形子系统中的底层例程，而不是依赖操作系统的高层用户界面模块。以抽象窗口工具包(AWT)为基础使跨平台应用程序可以使用统一的外观风格。本章将介绍 AWT 的扩展图形界面类库 Swing。Swing 除了传统的组件如按钮、复选框和标签外，还包括许多新的组件，如选项板、滚动窗口、树、表格。

Swing 组件实现不包括任何与平台相关的代码，因此与平台无关。一般用轻量级(lightweight)这个术语描述这类组件。在 Swing 包中的类和接口的数量众多，本章只对其中的一部分进行简要描述。

9.1 Java Swing 概述

通过 GUI(Graphic User Interface，图形用户界面)，用户与程序之间可以方便地进行交互。Java 的 java.awt 包，即 Java 的 AWT 提供了许多用来设计 GUI 的组件类。Java 早期进行用户界面设计时，主要使用 java.awt 包提供的类，如 Button(按钮)、TextField(文本框)和 List(列表)等。

JDK1.2 推出后，增加了一个新的 javax.swing 包，该包提供了功能更为强大的用来设计 GUI 的类。在学习 GUI 编程时，必须很好地理解并掌握两个概念：容器类和组件类。javax.swing 包中 JComponent 类是 java.awt 包中 Container 类的一个直接子类，是 Component 类的一个间接子类，学习 GUI 编程主要是学习掌握使用 Component 类的一些重要的子类。下面是 GUI 编程经常提到的基本知识点。

(1) Java 把 Component 类的子类或间接子类创建的对象称为一个组件。

(2) Java 把 Container 的子类或间接子类创建的对象称为一个容器。

(3) 可以向容器添加组件。Container 类提供了一个 public 方法 add()，一个容器可以调用这个方法将组件添加到该容器中。

(4) 容器调用 removeAll()方法可以移掉容器中的全部组件；调用 remove(component c)方法可以移掉容器参数 c 指定的 component 组件。

(5) 每当容器添加新的组件或移掉组件时，应当让容器调用 validate()方法，以保证容器中的组件能正确地显示出来。

(6) 注意到容器本身也是一个组件，因此可以把一个容器添加到另一个容器中实现容器嵌套。

(7) Java Swing 是采用 Java 语言编写 GUI(图形用户接口)程序的类库，它是轻量级的类库，所有 Swing 中的图形组件都是以大写字母"J"开头，如容器 JFrame、按钮 JButton、文本区域 JTextField 等。

本节将首先介绍 Swing 中的容器，因为容器是放置组件的场所，所以一旦用户明白容器的创建后再使用，就可以方便地向容器添加组件了。在 Swing 编程中对事件的处理也是很重要的部分，用户图形接口是一个交互性的平台，需要响应用户的输入或行为(如单击菜单选项打开一个窗口等)。

容器是放置界面组件的地方，在 Swing 中提供了两个容器：一个是 JFrame，它是一个最基本的窗口容器；一个是 JPanel，也称为面板，面板可以放置在 JFrame 容器或 Applet

上,使界面的布局更灵活。

　　常用的布局方式是首先设计几个 JPanel 面板,再将组件添加到 JPanel 上,然后将 JPanel 按照布局要求再添加到 JFrame 上,当然这种嵌套关系可以进一步深入,如在 JPanel 上可以继续添加 JPanel,只是一般的界面不会设计得这么复杂。其实界面一定要保持简洁、美观、功能齐全且布局规范,最好不要使用过于复杂的界面布局。下面首先介绍 JFrame 容器。

9.2　JFrame 窗口

　　一个基于 GUI 的应用程序应当提供一个能和操作系统直接交互的容器,该容器可以被直接显示、绘制在操作系统所控制的平台上,比如显示器上,这样的容器被称作 GUI 设计中的底层容器。

　　Java 提供的 JFrame 类的实例是一个底层容器,即通常所说的窗口。其他组件必须被添加到底层容器中,以便借助这个底层容器和操作系统进行信息交互。简单地讲,如果应用程序需要一个按钮,并希望用户和按钮交互,即用户单击按钮使程序作出某种相应的操作,那么这个按钮必须出现在底层容器中,否则用户无法看到按钮,更无法让用户和按钮交互。

　　Swing 有三个基本构造块:标签、按钮和文本字段。但是现在需要个地方安放它们,并希望用户知道如何处理它们。JFrame 类就是解决这个问题的——它是一个容器,允许程序员把其他组件添加到它里面,把它们组织起来,并把它们呈现给用户。JFrame 实际上不仅让程序员把组件放入其中并呈现给用户,比起它表面上的简单性,它实际上是 Swing 包中最复杂的组件。为了最大限度地简化组件,在独立于操作系统的 Swing 组件与实际运行这些组件的操作系统之间,JFrame 起着桥梁的作用。JFrame 在本机操作系统中是以窗口的形式注册的,这么做之后,就可以得到许多熟悉的操作系统窗口的特性:最小化/最大化、改变大小、移动。

　　JFrame 是 java.awt.Frame 的扩展版本,是容器 Window 的一个子类,在使用 Swing 类库实现用户图形时,往往需要继承该类。JFrame 容器包括窗口标题、窗口外观、窗口边界、调整窗口大小的图标、关闭和最小化窗口的图标。并且可以直接在容器上添加组件,如按钮、文本等。

　　1. JFrame 常用的构造方法

　　(1) JFrame():构造一个初始时不可见的新窗体。

　　(2) JFrame(GraphicsConfiguration gc):以屏幕设备的指定 GraphicsConfiguration 和空白标题创建一个 Frame。

　　(3) JFrame(String title):创建一个新的、初始不可见的、具有指定标题的 Frame。

　　(4) JFrame(String title, GraphicsConfiguration gc):创建一个具有指定标题和指定屏幕设备的 GraphicsConfiguration 的 JFrame。

　　2. JFrame 常用的方法

　　(1) public void setBounds(int a, int b, int width, int height):窗口调用该方法可以设置出现在屏幕上时的初始位置是(a,b),即距屏幕左侧 a 像素,距屏幕上方 b 像素,窗口的宽度是 width,高度是 height。

　　(2) public void setSize(int width, int height):设置窗口的大小,窗口在屏幕出现的默

认位置是(0,0)。

(3) public void setVisible(Boolean b)：设置窗口是可见还是不可见,窗口默认是不可见的。

(4) public void setResizable(Boolean b)：设置窗口是否可调整大小,窗口默认是可调整大小的。

(5) public void setExtendedState(int state)：设置窗口的扩展状态,其中,参数 state 取 Frame 类中的下列类常量：MAXIMIZED_HORIZ、MAXIMIZED_VERT、MAXMIZED_BOTH。

(6) public void dispose()：窗口调用该方法可以撤销当前窗口,并释放当前窗口所占用的资源。

(7) public void Container getContentPane()：返回一个框架对象,使用该框架对象来添加组件,如增加按钮、菜单、工具栏、列表等组件。

例 9.1 中通过类 JFrame 创建一个自定义的窗体,其代码如下。

例 9.1

MyFrame.java

```java
import javax.swing.JFrame;
public class MyFrame extends JFrame
{
    public MyFrame() {
        this.setTitle("我的窗体");
        this.setBounds(260,100,600,400);
        this.setDefaultCloseOperation(EXIT_ON_CLOSE);
    }
}
```

Example9_1.java

```java
public class Example9_1 {
    public static void main(String[] args) {
        MyFrame myFrame = new MyFrame();
        myFrame.setVisible(true);
    }
}
```

例 9.1 的程序运行结果如图 9.1 所示。

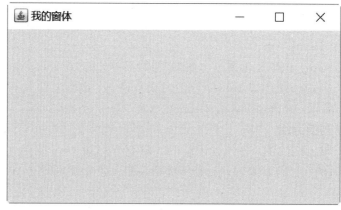

图 9.1　例 9.1 的程序运行结果

程序说明：MyFrame 类继承了 JFrame 类自然就成为一个窗体，在构造方法中，setTitle()方法设置了窗体的标题，setBounds()方法设置了窗体的位置和大小，setDefaultCloseOperation()方法设置在关闭窗体时应用程序自动退出。

9.3 布局管理器

当把一个组件添加到容器中时，希望控制组件在容器中的位置和尺寸，这就需要学习布局设计的知识，因为组件在容器中的位置和尺寸是由布局管理器决定的。所有的容器都会引用一个布局管理器实例，通过它来自动进行组件的布局管理。

1. 默认布局管理器

当一个容器被创建后，它们有相应的默认布局管理器。Window、Frame 和 Dialog 的默认布局管理器是 BorderLayout，Panel 和 Applet 的默认布局管理器是 FlowLayout。可以通过 setLayout()方法来重新设置容器的布局管理器。例如，以下代码把一个 Frame 的布局管理器设为 FlowLayout。

```
Frame f = new frame("hello");
f.setLayout(new flowlayout());
```

2. 取消布局管理器

如果不希望通过布局管理器来管理布局，可以调用容器的 setLayout(null)方法，这样布局管理器就被取消了。

接下来必须调用容器中每个组件的 setLocation()、setSize()或 setBounds()方法，为这些组件在容器中一一定位。

和布局管理器管理方式不同的是，这种手工布局将导致图形界面的布局不再是和平台无关的。相反，图形界面的布局将依赖于操作系统环境。

java.awt 包提供了 5 种布局管理器：FlowLayout 流布局管理器、BorderLayout 边界布局管理器、CardLayout 卡片布局管理器、GridLayout 网格布局管理器和 BoxLayout 盒子布局管理器。为了方便和直观，所有的示例程序都使用按钮作为组件，使用布局管理器管理这些组件在面板上的布局。本节主要介绍常用的几种布局管理器。

9.3.1 FlowLayout 布局

流布局管理器是最简单的布局管理器，FlowLayout 布局管理器是 Panel 和 Applet 的默认布局管理器。按照组件的添加次序将它们从左到右地放置在容器中。当到达容器边界时，组件将放置在下一行中。FlowLayout 允许以左对齐、居中对齐（默认方式）或右对齐的方式排列组件，FlowLayout 的特性如下。

(1) 流布局管理器将组件依次添加到容器中，组件在容器中按照从左到右、从上到下的顺序排列。

(2) 不限制它所管理的组件的大小，而是允许它们有自己的最佳大小。

(3) 当容器被缩放时，组件的位置可能会变化，但组件的大小不改变。

FlowLayout 的构造方法如下。

```
flowLayout()
FlowLayout(int align)
flowLayout(int align,int hgap,int vgap)
```

参数 align 用来决定组件在每一行中相对于容器的边界的对齐方式,可选值有:FlowLayout.LEFT(左对齐)、FlowLayout.RIGHT(右对齐)、FlowLayout.CENTER(居中对齐)。参数 hgap 和参数 vgap 分别设定组件之间的水平和垂直间隙。

例 9.2 中首先创建一个窗体,并设置其布局为流式布局,在设置了该布局管理器后添加上组件,这里使用 JButton 组件,其代码如下。

例 9.2
视频讲解

例 9.2
Example9_2.java

```java
public class Example9_2 {
    public static void main(String args[]) {
        FlowLayoutFrame frame1 = new FlowLayoutFrame();
    }
}
```

FlowLayoutFrame.java

```java
import java.awt.*;
import javax.swing.*;
public class FlowLayoutFrame extends JFrame{

    private JButton button1;
    private JButton button2;
    private JButton button3;
    private JButton button4;
    private JButton button5;
    public FlowLayoutFrame()
    {
        button1 = new JButton("Button1");
        button2 = new JButton("Button2");
        button3 = new JButton("Button3");
        button4 = new JButton("Button4");
        button5 = new JButton("Button5");

        this.setLayout(new FlowLayout(FlowLayout.CENTER, 50, 20));
        this.add(button1);
        this.add(button2);
        this.add(button3);
        this.add(button4);
        this.add(button5);

        this.setTitle("FlowLayout 流式布局");
        this.setDefaultCloseOperation(JFrame.EXIT_ON_CLOSE);
        this.setSize(600, 400);
        this.setLocation(100, 50);
        this.setVisible(true);
    }
}
```

例9.2的程序运行结果如图9.2所示。

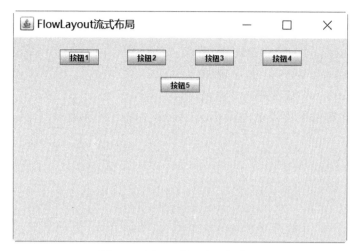

图9.2 例9.2的程序运行结果

9.3.2 BorderLayout布局

BorderLayout为在容器中放置组件提供了一个稍微复杂的布局方案。边界布局管理器将整个容器分为5个区域，分别为东、西、南、北和中间。北占据容器上方，东占据容器右侧，以此类推。中区域是东、南、西、北都填满后剩下的区域，组件可以放置在一个指定的区域。

BorderLayout的特性如下。

（1）位于东和西区域的组件保持最佳宽度，高度被垂直拉伸至和所在区域一样高；位于南和北区域的组件保持最佳宽度，宽度被水平拉伸至和所在区域一样宽；位于中区域的组件的宽度和高度都被拉伸至和所在区域一样大小。

（2）当窗口垂直拉伸时，东、西和中区域也拉伸；而当窗口水平拉伸时，南、北和中区域也拉伸。

（3）对于容器的东、南、西和北区域，如果某个区域没有组件，则这个区域面积为零；对于中区域，不管有没有组件，BorderLayout都会为它分配空间，如果该区域没有组件，在中区域显示容器的背景颜色。

（4）当容器被缩放时，组件所在的相对位置不变化，但组件大小改变。

（5）如果在某个区域添加的组件不止一个，则只有最后添加的一个是可见的。
BorderLayout的构造方法如下。

```
BorderLayout();
BorderLayout(int hgap,int vgap);
```

参数hgap和vgap分别设定组件之间的水平和垂直间隙。

对于采用BorderLayout的容器，当它用add()方法添加一个组件时，可以同时为组件指定在容器中的区域。

```
Void add(component comp,object constraints);
```

这里的 constraints 是 string 类型，可选值为 BorderLayout 提供的 5 个常量。

(1) BorderLayout.NORTH：北区域，值为 north。
(2) BorderLayout.SOUTH：南区域，值为 south。
(3) BorderLayout.EAST：东区域，值为 east。
(4) BorderLayout.WEST：西区域，值为 west。
(5) BorderLayout.CENTER：中区域，值为 center。

Frame 的默认布局管理器就是 BorderLayout。以下代码把 Button 放在 Frame 的北区域。

```
Frame f = new frame("Test");
f.add(new button ("b1", borderlayout.North));
//或者：f.add(new button ("b1", "North"));
```

如果不指定 add() 方法的 constraints 参数，在默认情况下把组件放在中区域。以下代码向 Frame 的中区域加入两个 Button，但是只有最后加入的 Button 是可见的。

```
Frame f = new frame("test");
f.add(new button("b1"));
f.add(new button("b2"));
f.setsize(100,100);
f.setvisible(true);
```

在例 9.3 中窗体中设置其布局为边界布局，其代码如下。

例 9.3
Example9_3.java

```
public class Example9_3 {
    public static void main(String args[]) {
        BorderLayoutFrame frame2 = new BorderLayoutFrame();
    }
}
```

WindowBorderLayout.java

```
import java.awt.BorderLayout;
import javax.swing.JButton;
import javax.swing.JFrame;

public class BorderLayoutFrame extends JFrame {

    private JButton button1;
    private JButton button2;
    private JButton button3;
    private JButton button4;
    private JButton button5;

    public BorderLayoutFrame() {
        button1 = new JButton("按钮 1");
        button2 = new JButton("按钮 2");
```

```
        button3 = new JButton("按钮 3");
        button4 = new JButton("按钮 4");
        button5 = new JButton("按钮 5");

        this.setLayout(new BorderLayout(20, 20));
        this.add(button1, BorderLayout.NORTH);
        this.add(button2, BorderLayout.SOUTH);
        this.add(button3, BorderLayout.WEST);
        this.add(button4, BorderLayout.EAST);
        this.add(button5, BorderLayout.CENTER);

        this.setTitle("BorderLayout 边框式布局");
        this.setSize(600, 400);
        this.setDefaultCloseOperation(JFrame.EXIT_ON_CLOSE);
        this.setVisible(true);
    }
}
```

例 9.3 的程序运行结果如图 9.3 所示。

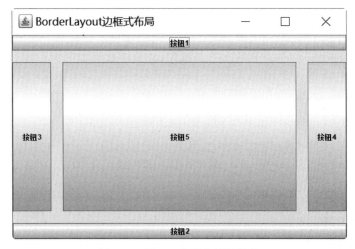

图 9.3 例 9.3 的程序运行结果

9.3.3 GridLayout 布局

GridLayout 是使用较多的布局,其基本的布局策略是把容器划分成若干行乘以若干列的网格区域,组件就位于这些划分出来的小格中。GridLayout 布局管理器按照网格状布局设置容器中各个组件的位置,使放置组件更加灵活;划分多少网格由程序自由控制,而且组件定位也更加准确,与 BorderLayout 管理器一样,当重新调整区域大小时,组件间的相对位置不会改变,改变的只是组件的大小。

GridLayout 布局管理器总是忽略各组件的大小差别,各个组件都具有相同的宽度和高度,组件的排列方式是从上到下、从左到右依次排列。

网格布局管理器将整个容器平均划分成几个网格,按照先后顺序向网格内添加组件,每个网格的空间大小是平均分配的。使用 GridLayout 布局的步骤如下。

(1) 使用 GridLayout 的构造方法 GridLayout(int m,int n)创建布局对象,指定划分网格的行数 m 和列数 n,例如:

GridLayout grid = new GridLayout(10,8);

(2) 使用 GridLayout 布局的容器调用 add()方法将组件加入容器,组件加入容器的顺序将按照第一行第一个、第一行第二个、……、第一行最后一个、第二行第一个、……、最后一行第一个、……、最后一行最后一个。

使用 GridLayout 布局的容器最多可以添加 $m\times n$ 个组件。GridLayout 布局中每个网格都是相同大小并且强制组件与网格的大小相同。

由于 GridLayout 布局中每个网格都是大小相同并且强制组件与网格的大小相同,使得容器中的每个组件也都是相同的大小,显得很不自然。为了克服这个缺点,可以使用容器嵌套。如一个容器使用 GridLayout 布局,将容器分为三行一列的网格,那么可以把另一个容器添加到某个网格中,而添加的这个容器又可以设置为 GridLayout 布局、FlowLayout 布局、CarderLayout 布局或者 BorderLayout 布局等。利用这种嵌套方法,可以设计出符合一定需要的布局。

在例 9.4 中窗体使用了网格式布局,窗体上使用的是一个两行三列的网格布局,将窗体划分为两行三列共六个部分,每个部分放上一个按钮组件。在最后一个面板容器上使用了一个三行一列的网格布局,并在其放上三个按钮,其程序代码如下。

例 9.4
视频讲解

例 9.4

Example9_4.java

```
public class Example9_4{
    public static void main(String args[]) {
        GridLayoutFrame frame3 = new GridLayoutFrame();
    }
}
```

GridLayoutFrame.java

```
import java.awt.GridLayout;
import java.awt.event.ActionListener;
import javax.swing.JButton;
import javax.swing.JFrame;
import javax.swing.JPanel;

public class GridLayoutFrame extends JFrame {

    private JButton button1;
    private JButton button2;
    private JButton button3;
    private JButton button4;
    private JButton button5;
    private JPanel panel1;

    private JButton button6;
```

```java
    private JButton button7;
    private JButton button8;

    public GridLayoutFrame() {
        button1 = new JButton("按钮 1");
        button2 = new JButton("按钮 2");
        button3 = new JButton("按钮 3");
        button4 = new JButton("按钮 4");
        button5 = new JButton("按钮 5");
        panel1 = new JPanel();
        button6 = new JButton("按钮 6");
        button7 = new JButton("按钮 7");
        button8 = new JButton("按钮 8");

        this.setLayout(new GridLayout(2, 3));
        this.add(button1);
        this.add(button2);
        this.add(button3);
        this.add(button4);
        this.add(button5);
        this.add(panel1);

        panel1.setLayout(new GridLayout(3, 1));
        panel1.add(button6);
        panel1.add(button7);
        panel1.add(button8);

        this.setTitle("GridLayout 网式布局");
        this.setSize(600, 400);
        this.setDefaultCloseOperation(JFrame.EXIT_ON_CLOSE);
        this.setVisible(true);

    }

}
```

例 9.4 的程序运行结果如图 9.4 所示。

图 9.4 例 9.4 的程序运行结果

9.3.4 CardLayout 布局

使用 CardLayout 容器可以容纳多个组件,CardLayout 将容器中的每个组件看作一张卡片,但是实际上同一时刻容器只能从这些组件中选出一个来显示,就像一叠"扑克牌"每次只能显示最上面一张一样,这个被显示的组件将占据所有的容器空间。一次只能看到一张卡片,而容器充当卡片的堆栈。当容器第一次显示时,第一个添加到 CardLayout 对象的组件为可见组件。

卡片的顺序由组件对象本身在容器内部的顺序决定。

假设有一个容器 con,使用 CardLayout 的一般步骤如下。

(1) 创建 CardLayout 对象作为布局,例如:

```
CardLayout card = new CardLayout();
```

(2) 容器使用 setLayout()方法设置布局,例如:

```
Con.setLayout(card);
```

(3) 容器调用 add(string s,Component b)方法将组件 b 加入到容器,并给出了显示该组件的代号 s。最先加入 con 的是第一张,依次排序,组件的代号是另外给的,和组件的名字没有必然联系,不同的组件代号互不相同。

(4) 创建的布局 card 用 CardLayout 类提供的 show()方法,根据容器 con 和其中的组件代号 s 显示这一组件。

```
Card.show(con,s);
```

也可以按组件加入容器的顺序显示组件,例如:

Card.first(con);显示 con 中的第一个组件。
Card.last(con);显示 con 中最后一个组件。
Card.next(con);显示当前正在被显示的组件的下一个组件。
Card.previous(con);显示当前正在被显示组件的前一个组件。

在例 9.5 中的窗体中使用了卡片式布局,其代码如下所示。

例 9.5 视频讲解

例 9.5

Example9_5.java

```
public class Example9_5 {
    public static void main(String args[]) {
        CardLayoutFrame frame4 = new CardLayoutFrame();
    }
}
```

CardLayoutFrame.java

```
import java.awt.CardLayout;
import java.awt.GridLayout;
import java.awt.event.ActionEvent;
import java.awt.event.ActionListener;
import javax.swing.JButton;
```

```java
import javax.swing.JFrame;
import javax.swing.JPanel;
public class CardLayoutFrame extends JFrame implements ActionListener {

    private JPanel leftPanel;
    private JPanel rightPanel;
    private CardLayout cardLayout;

    private JButton nextButton;
    private JButton preButton;

    public CardLayoutFrame() {
        leftPanel = new JPanel();
        rightPanel = new JPanel();
        cardLayout = new CardLayout(10, 10);
        leftPanel.setLayout(cardLayout);
        JButton button;
        for (int i = 1; i <= 50; i++) {
            button = new JButton("按钮" + i);
            leftPanel.add("按钮" + i, button);
        }

        nextButton = new JButton("下一个");
        nextButton.addActionListener(this);
        preButton = new JButton("上一个");
        preButton.addActionListener(this);
        rightPanel.setLayout(new GridLayout(2, 1, 50, 50));
        rightPanel.add(nextButton);
        rightPanel.add(preButton);

        this.setLayout(new GridLayout(1, 2));
        this.add(leftPanel);
        this.add(rightPanel);
        this.setTitle("CardLayout卡片式布局");
        this.setSize(600, 400);
        this.setDefaultCloseOperation(JFrame.EXIT_ON_CLOSE);
        this.setVisible(true);

    }

    @Override
    public void actionPerformed(ActionEvent e) {
        if (e.getSource().equals(nextButton)) {
            cardLayout.next(leftPanel);
        }
        if (e.getSource().equals(preButton)) {
            cardLayout.previous(leftPanel);
        }

    }

}
```

例 9.5 的程序运行结果如图 9.5 所示。

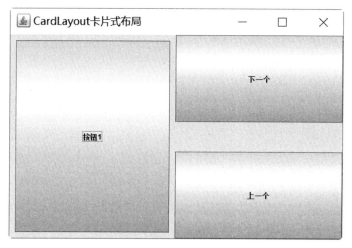

图 9.5　例 9.5 的程序运行结果

在窗体的面板 panel1 中设置了 50 个按钮,并设置其布局为卡片式布局,面板 1 中的 50 个按钮共享这一个容器,且每次只能显示一个按钮。面板 2 中的两个按钮可用来让面板 1 中的不同按钮之间进行向前或向后切换显示。

9.3.5　BoxLayout 布局

BoxLayout(盒式布局管理器)把若干组件按水平或垂直方向依次排列放置。Swing 提供了一个实现了 BoxLayout 的容器组件 Box。使用 Box 提供的静态方法,可快速创建水平/垂直箱容器(Box),以及填充组件之间空隙的不可见组件。在策划界面的布局时,可以利用容器的嵌套,将某个容器嵌入几个盒式容器中,达到布局的目的。

使用盒式布局的容器将组件排列在一行或一列,这取决于创建盒式布局对象时指定的是行排列还是列排列。使用 BoxLayout 的构造方法 BoxLayout(Container con, int axis)可以创建一个盒式布局对象,并指定容器 con 使用该布局对象,参数 axis 的有效值是 BoxLayout.X_AXIS、BoxLayout.Y_AXIS。该参数 axis 的取值决定盒式布局是行型盒式布局还是列型盒式布局。使用行(列)型盒式布局的容器将组件排列在一行(列),组件按加入的先后顺序从左(上)向右(下)排列,容器的两端是剩余的空间。与 FlowLayout 布局不同的是,使用行型盒式布局的容器只有一行(列),即使组件再多,也不会延伸到下一行(列),这些组件可能会被缩小,紧缩在这一行(列)中。

行型盒式布局容器中添加的组件的上沿在同一水平线上。列型盒式布局容器中添加的组件的左沿在同一垂直线上。

使用 Box 类的类(静态)方法 createHorizontalBox()可以获得一个具有行型盒式布局的盒式容器,使用 Box 类的类(静态)方法 createVerticalBox 可以获得一个具有列型盒式布局的盒式容器。

如果想控制盒式布局容器中组件之间的距离,就需要使用水平支撑组件或垂直支撑组件。

Box 类调用静态方法 createHorizontalStrut(int width)用来创建一个不可见的水平 Strut(支柱)类型对象,称为水平支撑。该水平支撑的高度为 0,宽度为 width。

Box 类调用静态方法 createVerticalStrut(int height)用来创建一个不可见的垂直 Strut(支柱)类型对象,称为垂直支撑。参数 height 决定垂直支撑的高度,垂直支撑的宽度为 0。

一个行型盒式布局的容器,可以通过在添加的组件之间插入垂直支撑来控制组件之间的距离。

例 9.6

Example9_6.java

```
public class Example9_6{
    public static void main(String args[]) {
        BoxLayoutFrame frame5 = new BoxLayoutFrame();
    }
}
```

BoxLayoutFrame.java

```
import javax.swing.Box;
import javax.swing.JButton;
import javax.swing.JFrame;

public class BoxLayoutFrame extends JFrame {
    private JButton button1;
    private JButton button2;
    private JButton button3;
    private JButton button4;
    private JButton button5;

    public BoxLayoutFrame() {
        button1 = new JButton("按钮 1");
        button2 = new JButton("按钮 2");
        button3 = new JButton("按钮 3");
        button4 = new JButton("按钮 4");
        button5 = new JButton("按钮 5");

        // 创建第一个水平盒式容器
        Box hBox01 = Box.createHorizontalBox();
        hBox01.add(button1);
        hBox01.add(button2);
        hBox01.add(button3);

        // 创建第二个水平盒式容器
        Box hBox02 = Box.createHorizontalBox();
        hBox02.add(button4);
        // 添加一个水平方向胶状的不可见组件,撑满剩余水平空间

        hBox02.add(Box.createHorizontalGlue());
        hBox02.add(button5);
```

```
        // 创建一个垂直盒式容器,放置上面两个水平盒式容器(Box 组合嵌套)
        Box vBox = Box.createVerticalBox();
        vBox.add(hBox01);
        vBox.add(hBox02);

        // 把垂直盒式容器作为内容面板设置到窗体
        this.setContentPane(vBox);
        this.setTitle("BoxLayout 盒式布局");
        this.setSize(600, 400);
        this.setLocationRelativeTo(null);
        this.setVisible(true);
    }
}
```

例 9.6 的程序运行结果如图 9.6 所示。

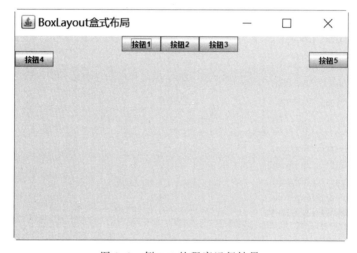

图 9.6　例 9.6 的程序运行结果

9.3.6　SpringLayout 布局

从 Java 1.4 开始,Swing 中提供了一个更加强大的布局——弹簧布局 SpringLayout。利用该布局管理器管理组件,当改变窗体的大小时,能够在不改变组件间相对位置的前提下自动调整组件的大小,使组件依旧布满整个窗体,从而保证了窗体的整体效果。在使用该布局管理器时,需要与它的内部类 Constraints 以及 Spring 类配合使用,其中,Constraints 类用来管理组件的位置和大小,Spring 类用来创建弹簧和支架,这也是弹簧布局管理器的核心,即利用弹簧的可伸缩性动态控制组件的位置和大小。通过使用弹簧布局,不但控件之间的距离可以像使用箱式布局一样按照需要为固定的或可自动拉伸,控件本身也可自动拉伸。

弹簧布局管理器以容器和组件的边缘为操纵对象,通过为组件和容器边缘以及组件和组件边缘建立约束,实现对组件布局的管理,如图 9.7 所示。

通过方法 putConstraint(String e1, Component c1, int pad, String e2, Component c2) 可以为各个边之间建立约束。

e1:需要参考的组件对象的具体需要参考的边。

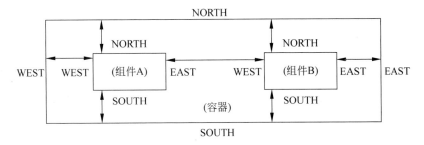

说明：↔ 表示需要建立约束的两条边

图 9.7 SpringLayout 实现对组件布局的管理

c1：需要参考的组件对象。
pad：两条边之间的距离（两个组件的间距）。
e2：被参考的组件对象的具体被参考的边。
c2：被参考的组件对象（也可以是需要参考的组件对象所属的容器对象）。

注意：当 e2 在 e1 的北侧或西侧时，pad 应为正数；当 e2 在 e1 的南侧或东侧时，pad 应为负数。

e1 和 e2 的静态常量：EAST（组件东侧的边）、WEST（组件西侧的边）、NORTH（组件北侧的边）、SOUTH（组件南侧的边）。

在例 9.7 中的窗体中使用了弹簧式布局，其代码如下所示。

例 9.7

Example9_7. java

```
public class Example9_7 {
    public static void main(String args[]) {
        SpringLayoutFrame frame6 = new SpringLayoutFrame();
    }
}
```

SpringLayoutFrame. java

```
import java.awt. * ;
import javax.swing. * ;
import static javax.swing.SpringLayout. * ;
public class SpringLayoutFrame extends JFrame {
    private SpringLayout springLayout;
    public SpringLayoutFrame() {
        springLayout = new SpringLayout();
        Container con = getContentPane();     //获得窗体容器对象
        this.setLayout(springLayout);         //设置窗体布局格式为弹簧式布局

        JLabel topLabel = new JLabel("主题：");
        this.add(topLabel);
        springLayout.putConstraint(NORTH, topLabel, 50, NORTH, con); // 主题标签北侧—>容器北侧
        springLayout.putConstraint(WEST, topLabel, 50, WEST, con);   // 主题标签西侧—>容器西侧
```

```java
            JTextField textField = new JTextField();
            this.add(textField);
            springLayout.putConstraint(NORTH, textField, 50, NORTH, con); /*主题文本框北侧—>容器北侧*/
            springLayout.putConstraint(WEST, textField, 50, EAST, topLabel); /*主题文本框西侧—>主题标签东侧*/
            springLayout.putConstraint(EAST, textField, -50, EAST, con); /*主题文本框东侧—>容器东侧*/

            JLabel buttonLabel = new JLabel("内容: ");
            this.add(buttonLabel);
            springLayout.putConstraint(NORTH, buttonLabel, 50, SOUTH, textField); /*内容标签北侧(参照文本框是因为文本框高)—>主题文本框南侧*/
            springLayout.putConstraint(WEST, buttonLabel, 50, WEST, con); /*内容标签西侧—>容器西侧*/

            JScrollPane scrollPane = new JScrollPane();
            scrollPane.setViewportView(new JTextArea());
            this.add(scrollPane);
            springLayout.putConstraint(NORTH, scrollPane, 50, SOUTH, textField); /*滚动面板北侧—>主题文本框南侧*/
            springLayout.putConstraint(WEST, scrollPane, 50, EAST, buttonLabel); /*滚动面板西侧—>内容标签东侧*/
            springLayout.putConstraint(EAST, scrollPane, -50, EAST, con); /*滚动面板东侧—>容器东侧*/

            JButton resetButton = new JButton("清空");
            this.add(resetButton);
            springLayout.putConstraint(SOUTH, resetButton, -50, SOUTH, con); /*"清空"按钮南侧—>容器南侧*/

            JButton submitButton = new JButton("确定");
            this.add(submitButton);
            springLayout.putConstraint(SOUTH, submitButton, -50, SOUTH, con); /*"确定"按钮南侧—>容器南侧*/
            springLayout.putConstraint(EAST, submitButton, -50, EAST, con); /*"确定"按钮东侧—>容器东侧*/
            springLayout.putConstraint(SOUTH, scrollPane, -50, NORTH, submitButton); /*滚动面板南侧—>"确定"按钮北侧*/
            springLayout.putConstraint(EAST, resetButton, -50, WEST, submitButton); /*"清空"按钮东侧—>"确定"按钮西侧*/

            this.setBounds(400, 400, 400, 400);
            this.setDefaultCloseOperation(JFrame.EXIT_ON_CLOSE);
            this.setTitle("SpringLayout 弹簧布局");
            this.setVisible(true);
        }
    }
```

例9.7的程序运行结果如图9.8所示。

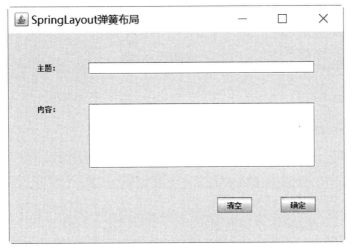

图 9.8 例 9.7 的程序运行结果

9.4 常用控件

Swing 提供了丰富的组件，这些组件的合理使用，可以方便地满足用户界面设计的需求，在创建组件时，需要选择组件的构造函数来完成特殊的需要。本节在讲解这些图形组件时，只选择最常用的一种构造函数，如果读者有特殊的需要可以查阅 Java 的程序文档。

9.4.1 标签 JLabel

标签的功能是显示文本，Swing 标签是 JLabel 类的实例，JLabel 类是 JComponent 类的子类。JLabel 类的常用方法如下。

(1) Label()：使用这个构造方法创建标签，标签上没有名称。

(2) Label(String s)：使用这个构造方法创建标签，标签上的名字是字符串 s，名称靠左对齐。

(3) JLabel(String s, int alignment)：使用这个构造方法创建标签，标签上的名称是字符串 s，名称的对齐方式由参数 alignment 决定，其取值可以为 Label.LEFT、Label.RIGHT、Label.CENTER、Label、LEADING。

(4) public void setText(String s)：标签调用该方法可以设置标签上的名称。

(5) public String getText( )：标签调用该方法可以获取标签上的名称。

在例 9.8 中将创建一个窗体，并在窗体上放置一个标签，标签上显示信息"Hello World"。其代码如下所示。

例 9.8

Example9_8.java

```
public class Example9_8{
    public static void main(String args[]) {
        JLabelDemo win = new JLabelDemo ();
    }
}
```

JLabelDemo. java

```
import javax.swing.JFrame;
import javax.swing.JLabel;
public class JLabelDemo extends JFrame
{
    private JLabel label;

    public JLabelDemo()
    {
        label = new JLabel("Hello World");
        label.setBounds(10, 10, 150, 20);
        this.add(label);
        this.setLayout(null);
        this.setBounds(50, 50, 300,200);
        this.setDefaultCloseOperation(JFrame.EXIT_ON_CLOSE);
        this.setVisible(true);
    }

}
```

例 9.8 的程序运行结果如图 9.9 所示。

图 9.9 例 9.8 的程序运行结果

9.4.2 文本框 JTextField

Swing 的文本域被封装为 JTextComponent 类，JTextComponent 类是 JComponent 的子类。它提供了 Swing 文本组件的公共功能。它的一个子类是 JTextField，JTextField 类创建的一个对象就是一个文本框。用户可以在文本框输入单行的文本。

JTextField 类的主要方法如下。

(1) JTextField()：如果使用这个构造方法创建文本框对象，文本框中的可见字符序列的长度为一个机器字符长。文本框是可编辑的，用户可以在文本框中输入若干个字符。

(2) JTextField(int x)：如果使用这个构造方法创建文本框，文本框中可见字符序列的长度为 x 个机器字符长，文本框是可编辑的，用户可以在文本框中输入若干个字符。

(3) JTextField(String s)：如果使用这个构造方法创建文本框，文本框中的初始字符串为 s，文本框是可编辑的，用户可以在文本框中输入若干个字符。

(4) public void setText(string s)：文本框对象调用该方法可以设置文本框中的文本为参数 s 指定的文本，文本框中先前的文本将被清除。

(5) public string getText()：文本框对象调用该方法可以获取文本框中的文本。

(6) public void setEchoChar(char c)：文本框对象调用该方法可以设置文本框的回显字符，当用户在文本框中进行文字输入的时候，文本框只显示参数 c 指定的字符。

(7) Public void setEDITABLE(Boolean b)：文本框对象调用该方法可以设置文本框的可编辑性。

(8) Public void addActionListener(ActionListener l)：文本框对象调用该方法可以向文本框增加动作监听器(将监听器注册到文本框)。

(9) Public void removeActionListener(ActionListener l)：文本框对象调用该方法可

以移去文本框上的动作监听器。

9.4.3 按钮 JButton

Swing 的按钮相对于 AWT 中 Button 类提供了更多功能。例如，可以用一个图标修饰 Swing 的按钮。Swing 的按钮 JButton 类是 AbstractButton 的子类，AbstractButton 类扩展 JComponent 类。JButton 类包含多种方法，用于控制按钮行为，检查复选框和单选按钮。例如，当按钮被禁止、按下或选择时，可以将其显示为不同的图标。还可以定义一个"rollover"图标，当光标移动到按钮上时显示。JButton 常用的方法如下。

(1) JButton()：使用这个构造方法创建按钮，按钮没有名称。

(2) JButton(String s)：使用这个构造方法创建按钮，按钮上的名称是字符串 s。

(3) public void setLabel(string s)：按钮调用该方法可以设置按钮上的名称。

(4) public string getLabel()：按钮调用该方法可以获取按钮上的名称。

(5) Public void addActionListener(ActionListener 1)：按钮调用该方法可以向按钮增加动作监听器。

(6) Public void removeActionListener(ActionListener 1)：按钮调用该方法可以移去按钮上的动作监听器。

JButton 类提供一个按钮的功能。JButton 按钮上能够显示设置的图标或文字，或者图标与文字同时显示在按钮上。类的构造函数如下所示。

```
JButton(Icon i)
JButton(String s)
JButton(String s, Icon i)
```

其中，s 和 i 是按钮使用的字符串和图标。

在例 9.9 中的窗体中将放置一个文本框和一个按钮，当单击按钮时在文本框上显示信息"Hello World"，其代码如下。

例 9.9

Example9_9.java

```
public class Example9_9 {
public static void main(String args[]) {
JButtonDemo win = new JButtonDemo ();
}
}
```

JButtonDemo.java

```
import java.awt.FlowLayout;
import java.awt.event.ActionEvent;
import javax.swing.*;
import java.awt.event.ActionListener;

public class JButtonDemo extends JFrame
{
    private JTextField textField;
```

```
    private JButton button;

    public JButtonDemo()
    {
        textField = new JTextField();
        textField.setColumns(10);
        this.add(textField);
        button = new JButton("Button");
        button.addActionListener(new ActionListener() {

            @Override
            public void actionPerformed(ActionEvent e)
            {
                buttonAction();
            }
        });
        this.add(button);
        this.setLayout(new FlowLayout());
        this.setBounds(50, 50, 300,200);
        this.setDefaultCloseOperation(JFrame.EXIT_ON_CLOSE);
        this.setVisible(true);
    }

    private void buttonAction()
    {
        this.textField.setText("Hello World");
    }

}
```

例 9.9 的程序运行结果如图 9.10 所示。

图 9.10 例 9.9 程序的运行结果

9.4.4 菜单 JMenu

菜单是图形用户接口的一个常用组件。菜单具有一定的意义,如在 Word 中菜单名为"文件",表示该菜单是和文件相关的操作。同时每个菜单可以拥有子菜单,子菜单指明文件的一个具体操作,如"打开文件""保存文件""另存为"等文件操作。

在 Swing 中多个菜单可以放在菜单栏上。JFrame、JApplet 和 JDialog 及其派生类都可以放置菜单组件,调用 setJMenuBar()方法,通过传入参数 JMenuBar 对象创建菜单栏。通常将菜单 JMenu 添加到 JMenuBar 上,而子菜单 JMenuItem 添加到 JMenu 上,这样通过一步步的组装,最后在容器上创建了一个菜单组件。而 JMenuItem 组件可以设置 ActionListener 监听器,以触发子菜单被选中的事件。

1. 菜单栏

JComponent 类的子类 JMenuBar 负责创建菜单栏,JFrame 类有一个将菜单栏放置到窗口中的方法:

```
setJMenuBar(JMenuBar bar);
```

该方法将菜单栏添加到窗口的顶端。

2. 菜单

JComponent 类的子类 JMenu 负责创建菜单，JMenu 类的主要方法有以下几种。

(1) JMenu()：建立一个空标题的菜单。

(2) JMenu(String s)：建立一个指定标题菜单，标题由参数 s 确定。

(3) public void add(JMenuItem item)：向菜单增加由参数 item 指定的菜单选项。

(4) public JMenuItem getItem(int n)：得到指定索引处的菜单选项。

(5) public int getItemCount()：得到菜单选项的数目。

3. 菜单项

JComponent 类的子类 JMenuItem 负责创建菜单项。JMenuItem 类的主要方法有以下几种。

(1) JMenuItem(String s)：构造有标题的菜单项。

(2) JMenuItem(String text，Icon icon)：构造有标题和图标的菜单项。

(3) public void setEnabled(boolean b)：设置当前菜单项是否可被选择。

(4) public String getText()：得到菜单选项的名字。

(5) public void setText(String name)：设置菜单选项的名字为参数 name 指定的字符串。

(6) public void setAccelerator(KeyStroke keyStroke)：为菜单项设置快捷键。

4. 嵌入子菜单

JMenu 是 JMenuItem 的子类，因此菜单本身也是一个菜单项，当把一个菜单看作菜单项添加到某个菜单中时，称这样的菜单为子菜单。

5. 菜单上的图标

图标类 Icon 声明一个图标，然后使用其子类 ImageIcon 类创建一个图标，例如：

Icon icon = new ImageIcon("a.gif");

例 9.10
Example9_10. java

```
public class Example9_10 {
    public static void main(String args[]) {
        WindowMenu win = new WindowMenu();
    }
}
```

WindowMenu. java

```
import javax.swing. * ;
import java.awt.event.InputEvent;
import java.awt.event.KeyEvent;
import static javax.swing.JFrame. * ;

public class WindowMenu extends JFrame
{
    JMenuBar menubar;
    JMenu menu,subMenu;
```

```
    JMenuItem item1,item2;
    public WindowMenu() {
        init();
        this.setBounds(50, 50, 300,200);
        this.setVisible(true);
        this.setDefaultCloseOperation(DISPOSE_ON_CLOSE);
    }
    void init(){
        setTitle("带菜单的窗体");
        menubar = new JMenuBar();
        menu = new JMenu("菜单");
        subMenu = new JMenu("子菜单");
        item1 = new JMenuItem("菜单项 1",new ImageIcon("a.gif"));
        item2 = new JMenuItem("菜单项 2",new ImageIcon("b.gif"));
        item1.setAccelerator(KeyStroke.getKeyStroke('A'));
        item2.setAccelerator(KeyStroke.getKeyStroke(KeyEvent.VK_S,InputEvent.CTRL_MASK));
        menu.add(item1);
        menu.addSeparator();
        menu.add(item2);
        menu.add(subMenu);
        subMenu.add(new JMenuItem("子菜单里的菜单项",new ImageIcon("c.gif")));
        menubar.add(menu);
        setJMenuBar(menubar);
    }
}
```

例 9.10 的程序运行结果如图 9.11 所示。

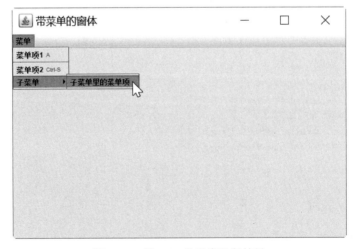

图 9.11 例 9.10 的程序运行结果

9.4.5 文本区 JTextArea

Swing 中的 JTextArea 类是专门用来建立文本区的,即 JTextArea 创建的一个对象称为一个文本区。用户可以在文本区输入多行文本。JTextArea 类的主要方法如下。

（1）JTextArea：使用这个构造方法创建文本区，则文本区的可见列数和行数取默认值。文本区有水平和垂直滚动条。

（2）JTextArea(string s)：使用这个构造方法创建文本区，则文本区的初始字符串为 s。文本区有水平和垂直滚动条。

（3）JTextArea(int x,int y)：使用这个构造方法创建文本区，文本区可见行数和列数分别为 x 和 y。文本区有水平滚动条和垂直滚动条。

（4）public void setText(String s)：文本区调用该方法可以将文本区中的文本设置为参数 s 指定的文本，文本区中先前的文本将被清除。

（5）public String getText()：文本区调用该方法可以获取文本区中的文本。

（6）public void insert(String s int x)：文本区调用该方法可以在指定位置 x 处插入指定文本 s。x 是指距文本区开始处字符的个数，x 不能大于文本区中的字符个数。

（7）public void replaceRange(String s,int start ,int end)：文本区调用该方法可以用指定的新文本 s 替换从指定位置 start 开始到指定位置 end 结束的文本，start 和 end 不能大于文本区中字符的个数。

（8）public void append(String s)：在文本区调用该方法可以在文本区中添加文本。

（9）int getCarePosition：文本区调用该方法可以获取文本区中输入光标的位置。

（10）public void setCaretPosition(int position)：文本区调用该方法可以设置文本区中输入光标的位置，其中，position 不能大于文本区中字符的个数。

（11）public void selectAll()：文本区调用该方法选中文本中全部文本。

（12）addTextListener(TextListener)：文本区调用该方法可以向文本区增加文本监听器。

例 9.11

Example9_11.java

```
public class Example9_11 {
    public static void main(String args[]) {
        EditWindow win = new EditWindow();
        win.setTitle("含有文本区的窗体");
        win.setVisible(true);
    }
}
```

EditWindow.java

```
import javax.swing.*;
import java.awt.event.*;
import java.awt.*;
public class EditWindow extends JFrame implements ActionListener {
    private JMenuBar menubar;
    private JMenu menu;
    private JSplitPane splitPane;
    private JMenuItem itemCopy,itemCut,itemPaste;
    private JTextArea text;
    EditWindow() {
        init();
```

```
        setBounds(150,160,280,290);
        setDefaultCloseOperation(JFrame.DISPOSE_ON_CLOSE);
    }
    void init() {
        menubar = new JMenuBar();
        menu = new JMenu("编辑");
        itemCopy = new JMenuItem("复制");
        itemCut = new JMenuItem("剪切");
        itemPaste = new JMenuItem("粘贴");
        menu.add(itemCopy);
        menu.add(itemCut);
        menu.add(itemPaste);
        menubar.add(menu);
        setJMenuBar(menubar);
        text = new JTextArea();
        add(new JScrollPane(text),BorderLayout.CENTER);
        itemCopy.addActionListener(this);
        itemCut.addActionListener(this);
        itemPaste.addActionListener(this);
    }
    public void actionPerformed(ActionEvent e) {
        if(e.getSource() == itemCopy)
            text.copy();
        else if(e.getSource() == itemCut)
            text.cut();
        else if(e.getSource() == itemPaste)
            text.paste();
    }
}
```

例 9.11 的程序运行结果如图 9.12 所示。

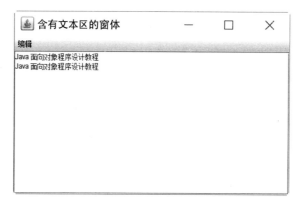

图 9.12　例 9.11 的程序运行结果

9.4.6　下拉列表 JList

JComponent 的子类 JComboBox()创建的对象称作下拉列表。

1. 下拉列表常用方法

public JComboBox()：创建一个没有选项的下拉列表。

public void addItem(Object anObject)：下拉列表调用该方法增加选项。

public int getSelectedIndex()：返回当前下拉列表中被选中的选项的索引。

public Object getSelectedItem()：返回当前下拉列表中被选中的选项。

public void removeItemAt(int anIndex)：从下拉列表的选项中删除索引值是 anIndex 的选项。

public void removeAllItems()：可以删除全部选项。

public void addItemListener(ItemListener)：向下拉列表注册 ItemEvent 事件的监听器。

2. 下拉式列表上的 ItemEvent 事件

发生 ItemEvent 事件的事件源注册监听器的方法是 addItemListener(ItemListener listener)。

处理 ItemEvent 事件的接口是 ItemListener 接口方法 public void itemStateChanged(ItemEvent e)。

在例 9.12 中，当 JList 列表中有多个选项，选中列表中的一个或多个选项时，选中的选项显示在文本区域中。程序代码如下。

例 9.12

Example9_12.java

```java
public class Example9_12 {
    public static void main(String args[]){
        WindowList win = new WindowList();
    }
}
```

WindowList.java

```java
import java.awt.FlowLayout;
import javax.swing.JFrame;
import javax.swing.JList;
import javax.swing.JScrollPane;
import javax.swing.JTextArea;

public class WindowList extends JFrame {

    private JList<String> jList1;
    private JScrollPane jScrollPane1;
    private JScrollPane jScrollPane2;
    private JTextArea jTextArea1;

    public WindowList() {
        jScrollPane1 = new JScrollPane();
        jList1 = new JList<>();
        jScrollPane2 = new JScrollPane();
```

```java
            jTextArea1 = new JTextArea();

            setDefaultCloseOperation(javax.swing.WindowConstants.EXIT_ON_CLOSE);

            jList1.setModel(new javax.swing.AbstractListModel<String>() {
                String[] strings = {"Item 1", "Item 2", "Item 3", "Item 4", "Item 5"};

                public int getSize() {
                    return strings.length;
                }

                public String getElementAt(int i) {
                    return strings[i];
                }
            });
            jList1.addListSelectionListener(new javax.swing.event.ListSelectionListener() {
                public void valueChanged(javax.swing.event.ListSelectionEvent evt) {
                    jList1ValueChanged(evt);
                }
            });
            jScrollPane1.setViewportView(jList1);
            jTextArea1.setColumns(20);
            jTextArea1.setRows(5);
            jScrollPane2.setViewportView(jTextArea1);
            this.setLayout(new FlowLayout());
            this.add(jTextArea1);
            this.add(jList1);
            this.setBounds(200, 100, 600, 400);
            this.setTitle("JList 列表演示");
            this.setVisible(true);
        }

        private void jList1ValueChanged(javax.swing.event.ListSelectionEvent evt) {
            // TODO add your handling code here
            this.jTextArea1.setText("");
            if (!evt.getValueIsAdjusting()) {
                int[] selectIndex = this.jList1.getSelectedIndices();
                System.out.println("");
                for (int i : selectIndex) {
                    System.out.print(i + ",");
                    this.jTextArea1.append(this.jList1.getModel().getElementAt(i) + " ");
                }
            }
        }
    }
```

例9.12的程序运行结果如图9.13所示。

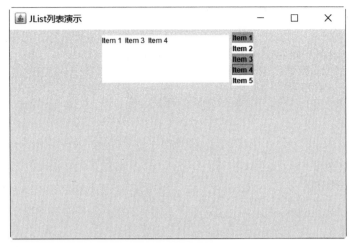

图 9.13　例 9.12 的程序运行结果

9.4.7　表格 JTable

表格组件提供了以行和列的形式显示数据的视图。可以在表格的列边界上拖曳鼠标以改变列的大小,也可以将列拖放到新位置。表格由 JTable 类实现,JTable 类是 JComponent 的子类,它的一个构造函数如下所示。

```
JTable(Object data[ ][ ], Object colHeads[ ])
```

其中,data 是一个二维数组,包含要显示的信息,colHeads 是一个一维数组,其中信息是列标头。

表格 JTable 的常用方法如下。

(1) toString():得到对象的字符串表示。

(2) repaint():刷新表格显示。

例 9.13 是一个成绩单录入程序,用户通过一个表格视图的单元格输入每个人的数学和英语成绩。单击按钮后,将总成绩放入相应的表格视图单元中。程序代码如下。

例 9.13

Example9_13.java

```
public class Example9_13 {
    public static void main(String args[]){
        WindowTable win = new WindowTable();
        win.setTitle("使用表格处理数据");
    }
}
```

WindowTable.java

```
import javax.swing.*;
import java.awt.*;
import java.awt.event.*;
```

```java
public class WindowTable extends JFrame implements ActionListener {
    JTable table;
    Object [][] a;
    Object [] name = {"姓名","英语","数学","总成绩"};
    JButton 设置表格行数,计算;
    JTextField inputNumber;
    int rows = 1;
    JPanel p;
    WindowTable() {
        init();
        setSize(550,200);
        setVisible(true);
        setDefaultCloseOperation(JFrame.EXIT_ON_CLOSE);
    }
    void init() {
        计算 = new JButton("总成绩");
        设置表格行数 = new JButton("确定");
        inputNumber = new JTextField(10);
        设置表格行数.addActionListener(this);
        计算.addActionListener(this);
        a = new Object[rows][4];

        table = new JTable(a,name);
        p = new JPanel();
        p.add(new JLabel("输入表格行数"));
        p.add(inputNumber);
        p.add(设置表格行数);
        p.add(计算);
        add(p,BorderLayout.SOUTH);
        add(new JScrollPane(table),BorderLayout.CENTER);

    }
    public void actionPerformed(ActionEvent e) {
        if(e.getSource() == 设置表格行数) {
            rows = Integer.parseInt(inputNumber.getText());
            a = new Object[rows][4];
            table = new JTable(a,name);
            getContentPane().removeAll();
            add(new JScrollPane(table),BorderLayout.CENTER);
            add(p,BorderLayout.SOUTH);
            validate();
        }
        else if(e.getSource() == 计算) {
            for(int i = 0; i < rows; i++) {
                double sum = 0;
                boolean boo = true;
                for(int j = 1; j <= 2; j++) {
                    try{
                        sum = sum + Double.parseDouble(a[i][j].toString());
                    }
                    catch(Exception ee) {
```

```
                    boo = false;
                    table.repaint();
                }
                if(boo == true) {
                    a[i][3] = "" + sum;
                    table.repaint();
                }
            }
        }
    }
}
```

例 9.13 的程序运行结果如图 9.14 所示。

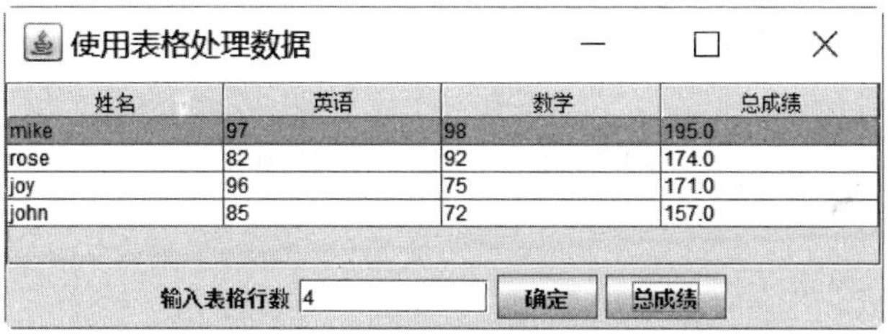

图 9.14　例 9.13 的程序运行结果

9.4.8　树 JTree

树对象提供了用树形结构分层显示数据的视图。用户可以扩展或收缩视图中的单个子树。树由 Swing 中的 JTree 类实现，JTree 是 JComponent 的子类。其构造函数如下所示。

JTree(Hashtable ht)
JTree(Object obj[ ])
JTree(TreeNode tn)
JTree(Vector v)

第一种模式创建一个树，散列表 ht 中的每个元素是树的一个子结点。第二种模式中对象数组 obj 中的每一个元素都是树的子结点。第三种模式中树结点 tn 是树的根结点。最后一种模式中向量 v 中的元素是树的子结点。

当结点扩展或收缩时，JTree 对象生成事件。addTreeExpansionListener( ) 和 removeTreeExpansionListener( ) 方法注册或注销监听这些通知的监听器。其使用方法如下所示。

void addTreeExpansionListener(TreeExpansionListener tel)
void removeTreeExpansionListener(TreeExpansionListener tel)

其中，tel 是监听器对象。

getPathForLocation( ) 方法将鼠标单击点转换为树的路径，其使用方法如下：

TreePath getPathForLocation(int x, int y)

其中,x 和 y 是鼠标单击的坐标。返回值是一个 TreePath 对象,TreePath 对象封装了用户选择的树结点的信息。TreePath 类封装树中特定结点的路径信息,这个类提供了几个构造函数和方法。MutableTreeNode 接口扩展了 TreeNode 接口,它定义了插入和删除子结点或者改变父结点的方法。DefaultMutableTreeNode 类实现了 MutableTreeNode 接口,它代表树中的一个结点,其构造函数如下所示:

DefaultMutableTreeNode(Object obj)

其中,obj 是包括在树结点中的对象。新的结点既没有父结点也没有子结点。要创建树结点的层次结构,需使用 DefaultMutableTreeNode 的 add( )方法。其使用方式如下所示:

void add(MutableTreeNode child)

其中,child 是一个可变的树结点,被当作当前结点的子结点插入。

树的扩展事件由 javax.swing.event 包中的 TreeExpansionEvent 类描述。这个类的 getPath( ) 方法返回一个 TreePath 对象,TreePath 对象描述了改变结点的路径。其使用方式如下所示:

TreePath getPath( )

TreeExpansionListener 接口提供下列两个方法。

void treeCollapsed(TreeExpansionEvent tree)
void treeExpanded(TreeExpansionEvent tree)

其中,tree 是树的扩展事件。当一个子树隐藏时,调用第一个方法。当一个子树变为可见时,调用第二个方法。

例 9.14 通过树来显示日历,用户通过下拉列表选择年份后,程序用树结点显示该年的月份,用户单击树结点,程序用表格显示该月的日历。程序代码如下。

例 9.14

Example9_14.java

```
public class Example9_14 {
public static void main(String args[]){
    WindowCalender win = new WindowCalender();
    win.setTitle("使用树组件显示日历");
   }
}
```

WindowCalender.java

```
import javax.swing.*;
import javax.swing.tree.*;
import java.awt.*;
import java.awt.event.*;
import javax.swing.event.*;
public class WindowCalender extends JFrame implements ItemListener,TreeSelectionListener {
   JTable table;
```

```java
JTree tree = null;                              // 树组件
DefaultMutableTreeNode root;
Object name[] = {"星期日","星期一","星期二","星期三","星期四","星期五","星期六"};
JComboBox yearList;
int year,month;
CalendarBean calendar;
String rili[][];
String item[] = {"2010","2011","2012","2013","2014","2015","2016" };
JScrollPane scrollTable,scrollTree;
JSplitPane split;
WindowCalender() {
    init();
    setSize(580,200);
    setVisible(true);
    setDefaultCloseOperation(JFrame.EXIT_ON_CLOSE);
}
void init() {
    calendar = new CalendarBean();
    yearList = new JComboBox();
    for(int k = 0;k < item.length;k++) {
        yearList.addItem(item[k]);
    }
    yearList.addItemListener(this);
    root = new DefaultMutableTreeNode(item[0]);   //创建根结点
    year = Integer.parseInt(item[0]);
    month = 1;
    DefaultMutableTreeNode [] 月 = new DefaultMutableTreeNode[13]; //子结点数组
    for(int i = 1;i <= 12;i++) {
        月[i] = new DefaultMutableTreeNode("" + i);
        root.add(月[i]);
    }
    tree = new JTree(root);
    add(new JScrollPane(tree),BorderLayout.WEST);
    tree.addTreeSelectionListener(this);          //监视树结点事件
    calendar.setYear(year);
    calendar.setMonth(month);
    rili = calendar.getCalendar();
    table = new JTable(rili,name);
    scrollTree = new JScrollPane(tree);
    scrollTable = new JScrollPane(table);
    split = new JSplitPane(JSplitPane.HORIZONTAL_SPLIT,true,scrollTree,scrollTable);
    split.setDividerLocation(0.5);
    add(yearList,BorderLayout.NORTH);
    add(split,BorderLayout.CENTER);
}
public void itemStateChanged(ItemEvent e) {     //处理下拉列表上的 ItemEvent 事件
    String 年 = yearList.getSelectedItem().toString().trim();
    year = Integer.parseInt(年);
    calendar.setYear(year);
    root = new DefaultMutableTreeNode(年);        //重新创建根结点
    DefaultMutableTreeNode 月[] = new DefaultMutableTreeNode[13]; //子结点数组
```

```java
        for(int i = 1;i <= 12;i++) {
            月[i] = new DefaultMutableTreeNode("" + i);
            root.add(月[i]);
        }
        split.remove(scrollTree);
        tree = new JTree(root);
        tree.addTreeSelectionListener(this);
        scrollTree = new JScrollPane(tree);
        split.add(scrollTree,JSplitPane.LEFT);
    }
    public void valueChanged(TreeSelectionEvent e) { //处理 TreeSelectionEvent 事件
        DefaultMutableTreeNode monthNode =
        (DefaultMutableTreeNode)tree.getLastSelectedPathComponent();
        if(monthNode.isLeaf()) {
            month = Integer.parseInt(monthNode.toString().trim());
            calendar.setMonth(month); rili = calendar.getCalendar();
            split.remove(scrollTable);
            table = new JTable(rili,name);
            scrollTable = new JScrollPane(table);
            split.add(scrollTable,JSplitPane.RIGHT);
        }
    }
}
```

CalendarBean.java

```java
import java.util.Calendar;
public class CalendarBean {
    int year = 2010,month = 0,nextDay;
    public void setYear(int year) {
        this.year = year;
    }
    public void setMonth(int month) {
        this.month = month;
    }
    public String[][] getCalendar() {
        String a[][] = new String[6][7];
        Calendar 日历 = Calendar.getInstance();
        日历.set(year,month - 1,1);
        int 星期几 = 日历.get(Calendar.DAY_OF_WEEK) - 1;
        int day = 0;
        if(month == 1||month == 3||month == 5||month == 7||month == 8||month == 10||month == 12)
            day = 31;
        if(month == 4||month == 6||month == 9||month == 11)
            day = 30;
        if(month == 2) {
            if(((year % 4 == 0)&&(year % 100!= 0))||(year % 400 == 0))
                day = 29;
            else
                day = 28;
```

```
            }
            nextDay = 1;
            for(int k = 0;k < 6;k++) {
                if(k == 0)
                    for(int j = 星期几;j < 7;j++) {
                        a[k][j] = " " + nextDay ;
                        nextDay++;
                    }
                else
                    for(int j = 0;j < 7&&nextDay < = day;j++) {
                        a[k][j] = "" + nextDay ;
                        nextDay++;
                    }
            }
            return a;
        }
    }
```

例 9.14 的程序运行结果如图 9.15 所示。

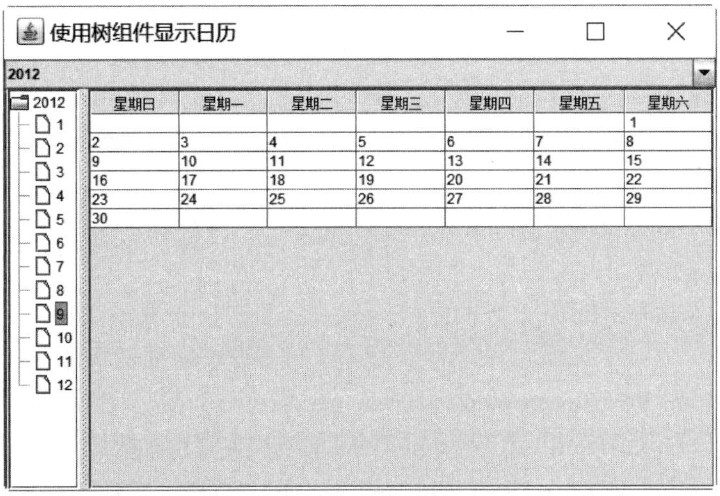

图 9.15 例 9.14 的程序运行结果

9.5 事件处理机制

无论用户界面设计得如何美观别致,最重要的一点是知道这些组件能做什么,如单击一个"打开文件"按钮,希望打开的是文件对话框,而不希望程序没有任何响应。Java 提供了事件模型,使 Swing 中出现的任何组件都会响应用户的某种动作,完成用户和程序的交互。这其实也是用户接口的基本功能。

在一个 GUI 程序中,为了与用户进行交互,需要接收键盘和鼠标的操作。当用户执行一个用户界面操作时(即单击鼠标或者按某个键),会引发一个事件。通常一个键盘和鼠标操作将引发一个系统事先定义好的事件,用户程序只要编写代码定义每个事件发生时程序应做何种响应即可。这就是 GUI 程序中事件和事件响应的基本原理。

事件表达了系统、应用程序及用户之间的动作和响应。利用事件机制实现用户与程序之间的交互。事件产生和处理的流程如图 9.16 所示。

一旦程序具备事件处理的能力，用户就可以通过单击按钮或执行特定菜单命令等操作，向应用程序发送相关的消息；程序通过事件监听器对象，捕获用户激发的消息，并对此作出响应，执行相关的事件处理方法，达到完成预定任务的目的。

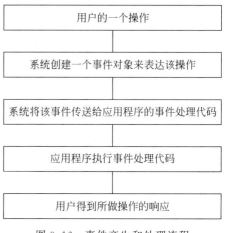

图 9.16 事件产生和处理流程

9.5.1 窗口事件

JFrame 是 Window 的子类。凡是 Window 子类创建的对象都可以触发 WindowEvent 事件，即窗口事件。

(1) 窗口使用 addWindowListener 方法注册监听器。

(2) 创建监听器的类必须实现 WindowListener 接口。

(3) WindowListener 接口中有以下 7 种方法。

public void windowActivated(WindowEvent e)：当窗口从非激活状态激活时，监听器调用该方法。

public void windowDeactivated(WindowEvent e)：当窗口从激活状态到非激活状态时，监听器调用该方法。

public void windowClosing(WindowEvent e)：当窗口正在被关闭时，监听器调用该方法。

public void windowClosed(WindowEvent e)：当窗口关闭时，监听器调用该方法。

public void windowIconified(WindowEvent e)：当窗口图标化时，监听器调用该方法。

public void windowDeiconified(WindowEvent e)：当窗口撤销图标化时，监听器调用该方法。

public void windowOpened(WindowEvent e)：当窗口打开时，监听器调用该方法。

(4) 相关方法如下。

getWindow()。

dispose()。

setDefaultCloseOperation(int n)。

System.exit(0)。

适配器已经实现了相应的接口，例如，WindowAdapter 类实现了 WindowListener 接口，因此，可以使用 WindowAdapter 的子类创建的对象作监听器，在子类中重写所需要的接口方法即可。

例 9.15

Example9_15.java

例 9.15
视频讲解

```java
public class Example9_15 {
    public static void main(String args[]){
        WindowEventDemo win = new WindowEventDemo();
        win.setTitle("窗口适配器");
    }
}
```

WindowEventDemo.java

```java
import java.awt.FlowLayout;
import java.awt.event.WindowAdapter;
import java.awt.event.WindowEvent;
import javax.swing.JFrame;
import javax.swing.JTextField;

public class WindowEventDemo extends JFrame {
    private JTextField textField;
    public WindowEventDemo() {
        textField = new JTextField();
        textField.setColumns(20);
        this.add(textField);
        this.setLayout(new FlowLayout());
        this.addWindowListener(new WindowAdapter() {
            @Override
            public void windowActivated(WindowEvent e) {
                setTitle("我被激活");
            }
            @Override
            public void windowOpened(WindowEvent e) {
                textField.setText("窗口被打开");
            }
            @Override
            public void windowDeiconified(WindowEvent e) {
                textField.setText("从最小化恢复");
            }
            @Override
            public void windowClosing(WindowEvent e) {
                System.exit(0);
            }
        });
        this.setBounds(100, 100, 600, 300);
        this.setVisible(true);
    }
}
```

例 9.15 的程序运行结果如图 9.17 所示。

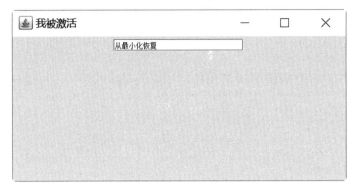

图 9.17 例 9.15 的程序运行结果

9.5.2 键盘事件

Java 中，用户使用键盘进行操作时，会产生键盘事件，键盘事件对应类为 KeyEvent，KeyEvent 类的实例对象代表着一个具体的键盘事件。

监听器要完成对键盘事件的响应，要实现 KeyListener 接口，或者继承 KeyAdapter 类，实现操作方法的定义。KeyListener 接口中共有以下三个方法。

Public void keyPressed(KeyEvent)：键盘按键被按下事件。

Public void keyReleased(KeyEvent)：键盘按键被释放事件。

Public void keyTyped(KeyEvent)：键盘按键被输入事件。

其他相关方法如下。

public int getKeyCode()：判断哪个键被按下或释放，返回一个键码值。

getKeyChar()：判断哪个键被按下或释放，返回键上的字符。

程序可以通过 getModifiers() 方法返回的值处理复合键事件。例如，对于 KeyEvent 对象 e，当使用 Ctrl+X 组合键时，下面的逻辑表达式为 true：

e.getModifiers() == InputEvent.CTRL_MASK&&e.getKeyCode() == KeyEvent.VK_X

例 9.16

Example9_16.java

```
public class Example9_16 {
    public static void main(String args[]){
        KeyEventDemo win = new KeyEventDemo();
    }
}
```

KeyEventDemo.java

```
import java.awt.FlowLayout;
import java.awt.event.InputEvent;
import java.awt.event.KeyAdapter;
import java.awt.event.KeyEvent;
import javax.swing.JFrame;
```

```java
import javax.swing.JLabel;

public class KeyEventDemo extends JFrame {

    private JLabel label1;
    private boolean isCtrl;

    public KeyEventDemo() {
        this.setTitle("键盘事件演示");
        label1 = new JLabel();
        isCtrl = false;
        this.setDefaultCloseOperation(EXIT_ON_CLOSE);
        this.add(label1);

        this.setLayout(new FlowLayout());

        this.addKeyListener(new KeyAdapter() {
            @Override
            public void keyTyped(KeyEvent e) {
                if (e.getModifiers() != InputEvent.CTRL_MASK) {
                    if (isCtrl) {
                        label1.setText("");
                        isCtrl = false;
                    }
                    label1.setText(label1.getText() + e.getKeyChar() + "");
                }
            }

            @Override
            public void keyPressed(KeyEvent e) {
                if (e.getModifiers() == InputEvent.CTRL_MASK && e.getKeyCode() == KeyEvent.VK_Z) {
                    isCtrl = true;
                    label1.setText("Ctrl + Z is Pressed!");
                }
            }

        });

        this.setBounds(100, 100, 600, 300);
        this.setVisible(true);
    }

}
```

例 9.16 的程序运行结果如图 9.18 所示。

图 9.18　例 9.16 的程序运行结果

9.5.3　鼠标事件

鼠标事件类(MouseEvent)继承自 InputEvent 类,也是属于低层次事件类的一种。只要鼠标的按键按下、鼠标指针进入或移出事件源,或者是移动、拖曳鼠标等,都会触发鼠标事件。

MouseEvent 中有下列几个重要的方法。

getX():获取鼠标指针在事件源坐标系中的 x 坐标。

getY():获取鼠标指针在事件源坐标系中的 y 坐标。

getModifiers():获取鼠标的左键或右键。

getClickCount():获取鼠标被单击的次数。

getSource():获取发生鼠标事件的事件源。

事件源注册监听器的方法是 addMouseListener(MouseListener listener)。

MouseListener 接口中有如下方法。

mousePressed(MouseEvent):负责处理在组件上按下鼠标键触发的鼠标事件。

mouseReleased(MouseEvent):负责处理在组件上释放鼠标键触发的鼠标事件。

mouseEntered(MouseEvent):负责处理鼠标进入组件触发的鼠标事件。

mouseExited(MouseEvent):负责处理鼠标离开组件触发的鼠标事件。

mouseClicked(MouseEvent):负责处理在组件上单击鼠标键触发的鼠标事件。

Java 提供了便于处理鼠标事件的适配器类 MouseAdapter,该类实现了 MouseListener 接口。

例 9.17

Example9_17.java

```
public class Example9_17 {
    public static void main(String args[]){
        MouseEventDemo win = new MouseEventDemo();
    }
}
```

MouseEventDemo.java

```
import java.awt.FlowLayout;
```

```java
import java.awt.event.MouseAdapter;
import java.awt.event.MouseEvent;
import java.awt.event.MouseMotionAdapter;
import javax.swing.JFrame;
import javax.swing.JLabel;
import javax.swing.JTextField;
public class MouseEventDemo extends JFrame {

    private JTextField textField;
    private JLabel label1;
    private int count;

    public MouseEventDemo() {
        textField = new JTextField();
        textField.setColumns(20);
        this.add(textField);
        label1 = new JLabel();
        this.add(label1);
        this.setLayout(new FlowLayout());

        this.addMouseListener(new MouseAdapter() {

            @Override
            public void mouseExited(MouseEvent e) {
                textField.setText("鼠标移出窗体!");
            }

            @Override
            public void mouseEntered(MouseEvent e) {
                textField.setText("鼠标移入窗体!");
            }

            @Override
            public void mouseReleased(MouseEvent e) {
                count++;
                textField.setText("鼠标被单击" + count + "次!");
            }

            @Override
            public void mousePressed(MouseEvent e) {
                textField.setText("鼠标按键按下!");
            }

        });

        this.addMouseMotionListener(new MouseMotionAdapter() {
            @Override
            public void mouseMoved(MouseEvent e) {
                label1.setText("鼠标在窗体上移动的坐标:" + e.getX() + "," + e.getY());
            }
```

```java
            @Override
            public void mouseDragged(MouseEvent e) {
                label1.setText("鼠标在窗体上拖动的坐标:" + e.getX() + "," + e.getY());
            }
        });
        textField.setFocusable(false);
        this.setDefaultCloseOperation(EXIT_ON_CLOSE);
        this.setBounds(100, 100, 600, 300);
        this.setTitle("鼠标事件演示");
        this.setVisible(true);
    }
}
```

例 9.17 的程序运行结果如图 9.19 所示。

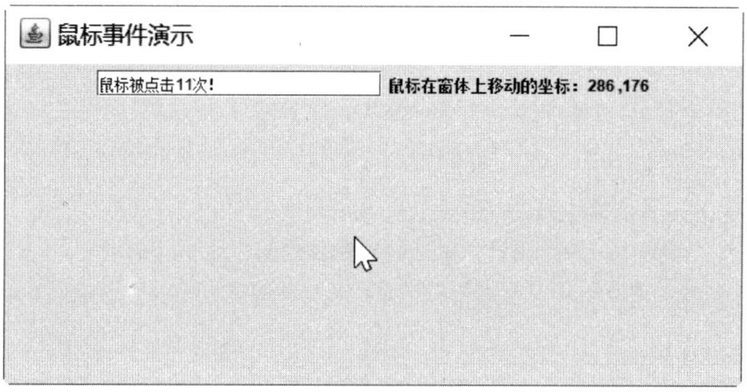

图 9.19 例 9.17 的程序运行结果

9.5.4 焦点事件

组件可以触发焦点事件。组件可以使用 addFocusListener(FocusListener listener)注册焦点事件监听器。

创建监听器的类必须要实现 FocusListener 接口,该接口有以下两个方法。

```
public void focusGained(FocusEvent e)
public void focusLost(FocusEvent e)
```

相关方法如下。

public boolean requestFocusInWindow():可以获得输入焦点。

9.5.5 文档事件

能够产生 javax.swing.event.DocumentEvent 事件的事件源有文本框 JTextField、密码框 JPasswordfield、文本区 JTextAra。但这些组件不能直接接触 DocumentEvent 事件,而是由组件对象调用 getDocument() 方法获取文本区维护文档,这个维护文档可以触发 DocumentEvent 事件。

能触发 DocumentEvent 事件的事件源使用 addDocumentListener(DocumentListener listener)将实现 DocumentListener 接口的类的实例注册为事件源的监听器。DocumentEvent 事件的监听器类,需要实现 DocumentListener 接口,需要重写其中的 changedUpdate(), removeUpdate()和 insertUpdate()三个抽象方法,分别表示当文本被改变、移除、插入时所要做的操作。

例 9.18 中将用户在一个文本区输入的单词按字典序排好后放入另一个文本区。

例 9.18

Example9_18.java

```
public class Example9_18 {
    public static void main(String args[ ]){
        DocumentEventDemo win = new DocumentEventDemo();
        win.setBounds(100, 100, 590, 500);
        win.setTitle("DocumentEvent 事件的处理 -- 排序单词");
    }
}
```

DocumentEventDemo.java

```
import java.awt.*;
import javax.swing.*;

public class DocumentEventDemo extends JFrame {

    JTextArea inputText, showText;
    JMenuBar menubar;                              //菜单条
    JMenu menu;                                    //菜单
    JMenuItem itemCopy, itemCut, itemPaste;        //菜单选项:复制,剪切,粘贴
    TextListener textChangeListener;               //inputText 的监听器
    HandleListener handleListener;                 //itemCopy,itemCut,itemPaste 的监听器

    DocumentEventDemo() {
        init();
        setLayout(new FlowLayout());
        setVisible(true);
        setDefaultCloseOperation(JFrame.EXIT_ON_CLOSE);
    }

    void init() {
        inputText = new JTextArea(15, 20);
        showText = new JTextArea(15, 20);
        showText.setLineWrap(true);                //文本自动换行
        showText.setWrapStyleWord(true);           //文本区以单词为界自动换行
        /*设置换行方式(如果文本区要换行).如果设置为 true,
          则当行的长度大于所分配的宽度时,将在单词边界(空白)处换行.如果设置为 false,
          则将在字符边界处换行.此属性默认为 false*/
        menubar = new JMenuBar();
        menu = new JMenu("编辑");
        itemCopy = new JMenuItem("复制(C)");
```

```java
            itemCut = new JMenuItem("剪切(T)");
            itemPaste = new JMenuItem("粘贴(P)");
            itemCopy.setAccelerator(KeyStroke.getKeyStroke('c'));    //设置快捷方式
            itemCut.setAccelerator(KeyStroke.getKeyStroke('t'));     //设置快捷方式
            itemPaste.setAccelerator(KeyStroke.getKeyStroke('p'));   //设置快捷方式
            itemCopy.setActionCommand("copy");           //触发事件
            itemCut.setActionCommand("cut");
            itemPaste.setActionCommand("paste");
            menu.add(itemCopy);
            menu.add(itemCut);
            menu.add(itemPaste);
            menubar.add(menu);
            setJMenuBar(menubar);
            add(new JScrollPane(inputText));    //滚动窗格,实现内容增多时可水平/垂直滚动的效果
            add(new JScrollPane(showText));
            textChangeListener = new TextListener();
            handleListener = new HandleListener();
            textChangeListener.setInputText(inputText);
            textChangeListener.setShowText(showText);
            handleListener.setInputText(inputText);
            handleListener.setShowText(showText);
            (inputText.getDocument()).addDocumentListener(textChangeListener);
            //通过文档注册监听器
            itemCopy.addActionListener(handleListener);     //通过菜单项注册监听器
            itemCut.addActionListener(handleListener);
            itemPaste.addActionListener(handleListener);
        }

    }
```

TextListener.java

```java
    import java.util.*;
    import javax.swing.*;
    import javax.swing.event.*;

    public class TextListener implements DocumentListener {

        JTextArea inputText, showText;

        public void setInputText(JTextArea text) {
            inputText = text;
        }

        public void setShowText(JTextArea text) {
            showText = text;
        }

        public void changedUpdate(DocumentEvent e) {    // 更新
            String str = inputText.getText();
            //空格,数字和符号组成的正则表达式
```

```java
        String regex = "[\\s\\d\\p{Punct}]+";
        //匹配以下字符任意多个(大于或等于一个)
        //1. 任意空白(空格、换行等)
        //2. 任意数字(0~9)
        //3. \p Punct { }表示任意标点符号(注意:此处的\\p并不是换行的转义字符)
        String words[] = str.split(regex);    //split()方法用于把一个字符串分割成字符串数组
        Arrays.sort(words);                    //按字典顺序从小到大排序
        showText.setText(null);
        for (int i = 0; i < words.length; i++) {
            showText.append(words[i] + ",");
        }
    }

    public void removeUpdate(DocumentEvent e) {
        changedUpdate(e);
    }

    public void insertUpdate(DocumentEvent e) {
        changedUpdate(e);
    }
}
```

HandleListener.java

```java
import java.awt.event.*;
import javax.swing.*;

public class HandleListener implements ActionListener {

    JTextArea inputText, showText;

    public void setInputText(JTextArea text) {
        inputText = text;
    }

    public void setShowText(JTextArea text) {
        showText = text;
    }

    public void actionPerformed(ActionEvent e) {
        String str = e.getActionCommand();
        if (str.equals("copy")) {
            showText.copy();
        } else if (str.equals("cut")) {
            showText.cut();
        } else if (str.equals("paste")) {
            inputText.paste();
        }
    }
}
```

例 9.18 的程序运行结果如图 9.20 所示。

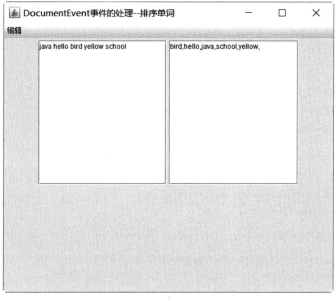

图 9.20　例 9.18 的程序运行结果

9.6　JDialog 对话框

对话框是一种大小不能变化、不能有菜单的容器窗口,对话框不能作为一个应用程序的主框架,而必须包含在其他的容器中。Java 语言提供多种对话框类来支持多种形式的对话框。创建对话框与创建窗口类似,通过建立 JDialog 的子类来建立一个对话框类,然后这个类的一个实例,即这个子类创建的一个对象,就是一个对话框。对话框也是一个容器,它的默认布局是 BorderLayout,对话框可以添加组件,实现与用户的交互操作。

JDialog 是创建对话框的主要类,可以使用此类创建自定义的对话框。该类继承了 AWT 的 Dialog 类,支持 Swing 体系结构的高级 GUI 属性。与 JFrame 类似,只不过 JDialog 是用来设计对话框的,它一般是一个临时的窗口,主要用于显示提示信息或接受用户输入。所以在对话框中一般不需要菜单,也不需要改变窗口大小。此外,在对话框出现时,可以设定禁止其他窗口的输入,直到这个对话框被关闭。

9.6.1　JDialog 类的主要方法

JDialog 类的主要方法有以下几个。

JDialog():构造一个无标题的初始不可见的对话框。对话框依赖一个默认的不可见的窗口,该窗口由 Java 运行环境提供。

JDialog(JFrame owner):创建一个没有标题但指定所有者 JFrame 的无模式对话框;owner 是对话框所依赖的窗口,如果 owner 取 null,对话框依赖一个默认的不可见的窗口,该窗口由 Java 运行环境提供。

JDialog(JFrame owner,String title,Boolean modal)：构建一个具有标题 title 的初始不可见的对话框。参数 modal 决定对话框是否为有模式或无模式,参数 owner 是对话框所依赖的窗口,如果 owner 取 null,对话框依赖一个默认的不可见的窗口,该窗口由 Java 运行环境提供。

getTitle()：获取对话框的标题。
setTitle()：设置对话框的标题。
setModal(boolean)：设置对话框的模式。
setSize()：设置对话框的大小。
set Visible(Boolean b)：显示或隐藏对话框。
public void setJMenuBar(JMenuBar menu)：对话框添加菜单条。

9.6.2 对话框的模式

对话框的模式分为无模式和有模式两种。

如果一个对话框是有模式的,那么当这个对话框处于激活状态时,只能让程序响应对话框内部的事件,程序不能再激活它所依赖的窗体或组件,并且它将阻塞当前线程的执行,即阻塞使得对话框处于激活状态的线程,直到该对话框消失不可见。

无模式对话框处于激活状态时,程序仍能激活它所依赖的窗体或组件,它也不阻塞线程的执行。

在例子 9.19 中,当对话框处于激活状态时,文本区 text 中无法显示信息,当对话框消失的时候,再根据对话框消失的原因,文本区 text 分别显示信息:"你单击了对话框的 Yes 按钮"或"你单击了对话框的 No 按钮"。

例 9.19

Example9_19.java

```
public class Example9_19 {
    public static void main(String args[]){
        DocumentEventDemo win = new DocumentEventDemo();
        MyWindow win = new MyWindow();
        win.setTitle("带对话框的窗体");
    }
}
```

MyDialog.java

```
import java.awt.*;
import java.awt.event.*;
import javax.swing.*;

public class MyDialog extends JDialog implements ActionListener { //对话框类

    static final int YES = 1, NO = 0;
    int message = -1;
    JButton yes, no;

    MyDialog(JFrame f, String s, boolean b) { //构造方法
```

```java
            super(f, s, b);
            yes = new JButton("Yes");
            yes.addActionListener(this);
            no = new JButton("No");
            no.addActionListener(this);
            setLayout(new FlowLayout());
            add(yes);
            add(no);
            setBounds(60, 60, 100, 100);
            addWindowListener(new WindowAdapter() {
                public void windowClosing(WindowEvent e) {
                    message = -1;
                    setVisible(false);
                }
            });
        }

        public void actionPerformed(ActionEvent e) {
            if (e.getSource() == yes) {
                message = YES;
                setVisible(false);
            } else if (e.getSource() == no) {
                message = NO;
                setVisible(false);
            }
        }

        public int getMessage() {
            return message;
        }
    }
```

MyWindow.java

```java
import java.awt.*;
import java.awt.event.*;
import javax.swing.*;

public class MyWindow extends JFrame implements ActionListener {

    JTextArea text;
    JButton button;
    MyDialog dialog;

    MyWindow() {
        init();
        setBounds(60, 60, 300, 300);
        setVisible(true);
        setDefaultCloseOperation(JFrame.EXIT_ON_CLOSE);
    }
```

```java
void init() {
    text = new JTextArea(5, 22);
    button = new JButton("打开对话框");
    button.addActionListener(this);
    setLayout(new FlowLayout());
    add(button);
    add(text);
    dialog = new MyDialog(this, "我是对话框", true); //对话框依赖于 MyWindow 创建的窗体
}

public void actionPerformed(ActionEvent e) {
    if (e.getSource() == button) {
        int x = this.getBounds().x + this.getBounds().width;
        int y = this.getBounds().y;
        dialog.setLocation(x, y);
        dialog.setVisible(true);              //对话框激活状态时,阻塞下面的语句.
        //对话框消失后下面的语句继续执行
        if (dialog.getMessage() == MyDialog.YES) //如果单击了对话框的 Yes 按钮
        {
            text.append("\n你单击了对话框的 Yes 按钮");
        } else if (dialog.getMessage() == MyDialog.NO) //如果单击了对话框的 No 按钮
        {
            text.append("\n你单击了对话框的 No 按钮");
        } else if (dialog.getMessage() == -1) {
            text.append("\n你单击了对话框的关闭图标");
        }
    }
}
```

例 9.19 的程序运行结果如图 9.21 所示。

图 9.21 例 9.19 的程序运行结果

9.7 应用实例：打地鼠小游戏

利用本章所学的内容可以很容易地实现一个打地鼠的小游戏,打中地鼠的得分可以显示在窗体的标题栏。

利用 NetBeans 新建 KnockGameApp 项目,在 knockgameapp 包中新建 GameJFrame 窗体,如图 9.22 所示。

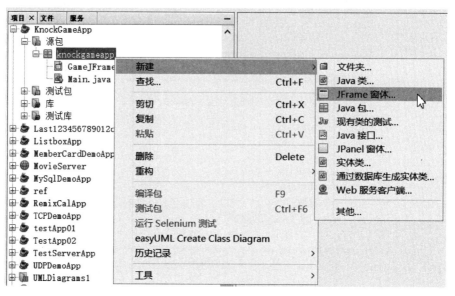

图 9.22 knockgameapp 包中新建 JFrame 窗体

在 GameJFrame 窗体的设计视图中将布局设置为网格式布局,如图 9.23 所示。

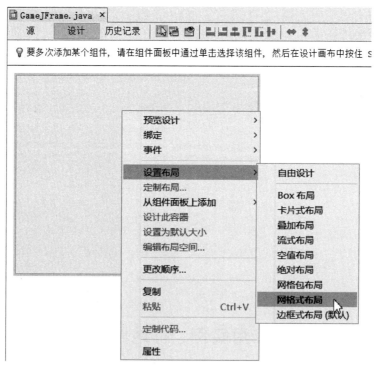

图 9.23 GameJFrame 窗体的设计视图中将布局设置为网格式布局

网格式布局 GridLayout 的属性中将行和列的数量设置为 3,水平和垂直间距设置为 0,如图 9.24 所示。

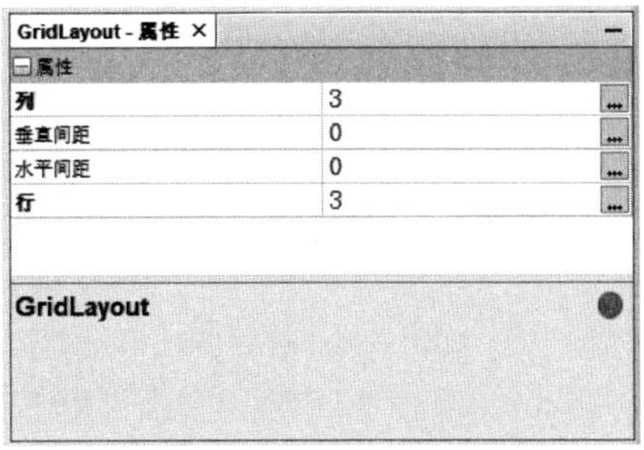

在 GameJFrame 的构造方法中通过循环添加 9 个按钮,每个按钮设置相同的草坪背景图片。通过 javax.swing.Timer 类创建一个计时器,每 0.8s 改变其中一个按钮的背景图为地鼠的图片,当用户单击的按钮为背景图是地鼠图片的按钮时,则表示用户打中地鼠,标题栏中的得分增加 10 分。其核心代码如下。

图 9.24　设置 GridLayout 的属性

Main.java

```java
import javax.swing.ImageIcon;

public class Main
{
    public static void main(String[] args)
    {
        // TODO code application logic here
        GameJFrame gameJFrame = new GameJFrame();
        gameJFrame.setTitle("打地鼠游戏");
        gameJFrame.setSize(660, 660);
        gameJFrame.setResizable(false);
        gameJFrame.setVisible(true);
    }
}
```

GameJFrame.java

```java
package knockgameapp;
import java.awt.event.ActionEvent;
import java.awt.event.ActionListener;
import java.util.*;
import javax.swing.ImageIcon;
import javax.swing.JButton;
public class GameJFrame extends javax.swing.JFrame
{
    ArrayList<JButton> arrayButtons;
    Random ra;
    int currentIndex = 0;
    int score = 0;
    javax.swing.Timer timer;
    
    public GameJFrame()
    {
        ra = new Random();
        currentIndex = ra.nextInt(9);
        
        timer = new javax.swing.Timer(800, new ActionListener()
```

```java
        {
            @Override
            public void actionPerformed(ActionEvent e)
            {
                timerStart(e);
            }
        });
        initComponents();
        arrayButtons = new ArrayList<>();
        for(int i = 0;i < 9;i++)
        {
            JButton button = new JButton(new ImageIcon("background.png"));
            button.setSize(220, 220);
            button.addActionListener(new ActionListener()
            {
                @Override
                public void actionPerformed(ActionEvent e)
                {
                    buttonClicked(e);
                }
            });
            arrayButtons.add(button);
            this.add(button);
        }
        arrayButtons.get(currentIndex).setIcon(new ImageIcon("mouse.png"));
        timer.start();
    }

    private void buttonClicked(ActionEvent e)
    {
        if(((JButton)e.getSource()).equals(arrayButtons.get(currentIndex)))
        {
            score += 10;
            this.setTitle("您的得分: " + String.valueOf(score) + "分");
        }
    }

    private void timerStart(ActionEvent e)
    {
        arrayButtons.get(currentIndex).setIcon(new ImageIcon("background.png"));
        currentIndex = ra.nextInt(9);
        arrayButtons.get(currentIndex).setIcon(new ImageIcon("mouse.png"));
    }

}
```

打地鼠游戏的程序运行结果如图 9.25 所示。

图 9.25 打地鼠游戏的程序运行结果

小　　结

在前面已经提到，Swing 是一个巨大的系统，它有许多值得仔细研究的特性。例如，Swing 提供工具栏、工具提示和进度栏。同时，Swing 组件能够提供可插入的外观感觉，这意味着可以方便替换一个元素的外观和行为。这种替换可以动态实现。用户甚至可以设计自己的外观和感觉。在不久的将来，利用 Swing 机制实现 GUI 组件将完全取代 AWT 类，因此开发人员应该从现在开始熟悉 Swing。

Swing 是 Java 基础类(Java Foundation Classes，JFC)的一部分。开发者应该深入研究其他 JFC 特性。本书前面提到的 Java 2D API 可提供强大的图形、文本功能。拖拉(Drag and Drop) API 允许 Java 和非 Java 程序之间的信息交换。

习　　题

1. 编写一个 Application 程序，该程序中含有 JButton 组件和 JTextField 组件，当光标从 JButton 组件上滑过时，组件变换颜色。当组件获得焦点时，JButton 组件上的文字显示在 JTextField 区域内。

2. 编写一个 Application 程序，在程序中放入三个按钮，分别是 JRadioButton、JCheckBox

和JButton,并放入一个JTextField区域,单击按钮时,使组件上的信息显示在JTextField区域内。

3. 编写一个Application程序,单击一个按钮打开文件对话框,并读取文件,使进度条显示读取文件的进度。是否使用进度条可以通过JCheckBox按钮来设置。读取的文件存储到另一个目录下,该目录由用户指定。

4. 创建一个JTextArea文本区域,把该对象放入JScrollPane对象内,在JTextArea中输入文字,观察滚动条的变化情况。对JScrollPane对象分别设置水平滚动和垂直滚动以再次在JTextArea文本区域输入文字,观察滚动条的变化情况。

5. 结合边界布局管理器和网格布局管理器,在JFrame容器上添加4个JPanel面板,在面板上放置4个按钮组件,JFrame容器使用边界布局管理器,而JPanel面板使用网格布局管理器。

第 10 章　输入输出流

本章导图：

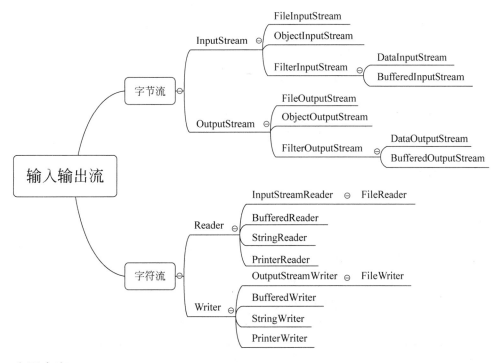

主要内容：

- 流的基本概念。
- 字节流和字符流的概念。
- 输入输出流及它们的常用方法。
- 对象流及对象序列化。
- 文件。
- XML 文件的解析。

难点：

- 各种输入输出流类的含义以及各种方法的使用。

输入输出处理是程序设计中非常重要的一部分，比如从键盘读取数据，从文件中读取数据或向文件中写数据，在网络中传输数据，等等。Java 把这些不同类型的输入、输出源抽象为流(Stream),用统一接口来表示,从而使程序简单明了。JDK 提供了包 java.io,其中包括一系列的类来实现输入输出处理。

本章主要介绍流的基本概念、字节流和字符流的概念、输入输出流及它们的常用方法、对象流及对象序列化、File 类、XML 文件的解析等内容。

10.1　File 类

File 类是专门用来管理磁盘文件和目录的。Java.io.File 类是 Java.lang.Object 的子类。

每个 File 类的对象表示一个磁盘文件或目录,其对象属性中包含文件或目录的相关信息,如文件的长度、文件或目录的名称、目录中所包含文件的个数。

调用 File 类的方法则可以完成对文件或目录的常用管理操作,如创建文件或目录、删除文件或目录、查看文件的有关信息等。

10.1.1　文件

每个 File 类的对象都对应系统的一个磁盘文件或目录,所以创建 File 类对象时需指明它所对应的文件或目录名。

1. 文件的创建

文件的创建就是 File 类对象的创建。File 类提供了 3 种不同的构造方法,以不同的参数形式灵活地接收文件和目录名信息。构造方法如下。

1) File(String path);

字符串参数 path 指明了新创建的 File 对象对应的磁盘文件或目录名及其路径名。path 参数也可以对应磁盘上的某个目录,如"D:\java\myJava"。

2) File(String path, String name);

第一个参数 path 表示所对应的文件或目录的绝对或相对路径,第二个参数 name 表示文件或目录名。这里把路径和名称分开的好处是相同路径的文件或目录可以共享同一个路径字符串,管理和修改都比较方便。

3) File(File dir, String name);

这种构造方法使用另一个已经存在的代表某磁盘目录的 File 对象作为第一个参数,表示文件或目录的路径,第二个字符串参数表述文件或目录名。

例如,创建如下 File 类对象:

```
File file;
file = new File("test");                //test 为路径名
file = new File("\","test");            //"\"为父路径,test 为子路径
file = new File(dir,"test");            //抽象父路径和子路径
```

2. 文件的删除

public void delete();

将当前文件删除。

3. 文件的重命名

`public Boolean renameTo(File newFile);`

将文件重命名成 newFile 对应的文件名。

文件的属性是用来描述文件的。例如，文件的长度、文件的读写属性等都属于文件的属性。在程序设计时，对文件的操作主要依靠文件的属性，所以要得到文件的相关属性。文件属性的获取主要是通过 File 类的一些常用方法。

获取文件属性的常用方法如下。

（1）判断文件是否存在。

`public Boolean exists();`

若文件存在，则返回 true；否则返回 false。

（2）判断是文件还是目录。

`public Boolean isFile();`

若对象代表有效文件，则返回 true。

（3）获取文件名称。

`public String getName();`

返回文件的名称。

（4）获取文件的路径。

`public String getPath();`

返回文件的路径。

（5）获取文件的长度。

`public long length();`

返回文件的字节数。

（6）获取文件的读写属性。

`public Boolean canRead();`

若文件为可读文件，则返回 true，否则返回 false。

`public Boolean canWrite();`

若文件为可写文件，则返回 true，否则返回 false。

（7）比较两个文件。

`public Boolean equals(File f);`

若两个 File 对象相同，则返回 true。

10.1.2 目录

1. 目录的相关概念

目录（Directory）是文件系统组织和管理文件的基本单位，目录中保存它所管理的每个文件的基本属性信息(称为文件目录项或文件控制块)。

目录中除了包含文件之外,还可以包含子目录。目录与子目录之间具有层次关系。磁盘是最顶层目录,称为根目录,根目录还可以包含子目录和文件,子目录中还可以再有子目录和文件,由此构成目录的多级树形结构。

2. 关于目录的常用方法

(1) 判断目录是否存在。

public Boolean exists();

若目录存在,则返回 true;否则返回 false。

(2) 获取目录名称。

public String getName();

返回目录的名称。

(3) 获取目录的路径。

public String getPath();

返回目录的路径。

(4) 列出目录中的文件。

public String[ ] list();

将目录中所有文件名保存在字符串数组中返回。

(5) 比较两个目录。

public Boolean equals(File f);

若两个 File 对象相同,则返回 true。

(6) 创建目录。

public Boolean mkdir();

创建当前目录的子目录。

例 10.1 编写一个应用程序,用于显示当前目录下的文件和目录信息。例 10.1 的程序运行结果如图 10.1 所示。

例 10.1

Example10_1.java

```
import java.io.File;
public class Example10_1 {
    public static void main(String[] args) {
        File currentDir = new File(".");
        System.out.println("Files in: " + currentDir.getAbsolutePath());
        String[] files = currentDir.list();
        int dirCount = 0, fileCount = 0;
        long fileSize = 0;
        for (int i = 0; i < files.length; i++) {
            File tempFile = new File(files[i]);
```

```
            if (tempFile.exists()) {
                if (tempFile.isFile()) {
                    System.out.println(files[i] + "\t" + tempFile.length());
                    fileCount++;
                    fileSize = fileSize + tempFile.length();
                }
                if (tempFile.isDirectory()) {
                    System.out.println(files[i] + "\t<DIR>");
                    dirCount++;
                }
            }
        }
        System.out.println(fileCount + " File(s)\t" + fileSize + "Bytes");
        System.out.println(dirCount + " Dir(s)");

    }

}
```

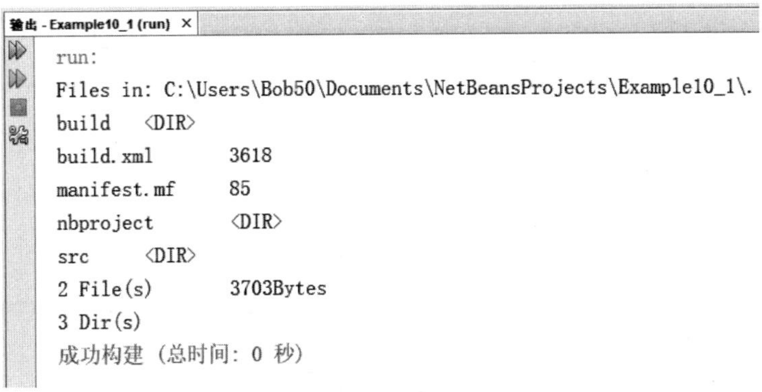

```
输出 - Example10_1 (run) ×
run:
Files in: C:\Users\Bob50\Documents\NetBeansProjects\Example10_1\.
build           <DIR>
build.xml       3618
manifest.mf     85
nbproject       <DIR>
src             <DIR>
2 File(s)       3703Bytes
3 Dir(s)
成功构建（总时间：0 秒）
```

图 10.1　例 10.1 的程序运行结果

10.2　文件字节流

　　流（Stream）是传递信息数据的载体，是程序中的数据所经历的路径。流分为输入流与输出流两大部分。

　　建立数据流实际上就是建立数据传输通道，将起点和终点连接起来。例如，程序要读写文件，可以在程序和文件之间建立一个数据流。如果要从文件中读数据，则文件是起点，程序是终点；写入数据，则刚好相反。

　　Java 支持流技术，按照流的方向性，流可以分为输入流（InputStream）和输出流（OutputStream）两种，每种流类都有输入流和输出流两个类。输入流只能读不能写，而输出流只能写不能读。java.io 包中具体声明了用于读写操作的输入流与输出流类，例如，FileInputStream（文件输入流类）、ObjectOutputStream（对象输出流类）。

　　按照流中元素的基本类型，流可以分为字节流和字符流两种。字节流（BinaryStream）以字节作为流中元素的基本类型，每次读/写的最小单位是 1 字节。字节输入流类是 InputStream

类及其子类,字节输出流类是 OutputStream 类及其子类。字符流(CharacterStream)以字符作为流中元素的基本类型,每次读/写的最小单位是 1 字符,即 2 字节的 Unicode 码。字符输入流类是 Reader 类及其子类,字符输出流类是 Writer 类及其子类。

字节输入流是从 InputStream 类派生出来的一系列类。这类流以字节(Byte)为基本处理单位。

文件字节输入流对应的是 FileInputStream 类,该类声明如下。

```
public class FileInputStream extends InputStream
{
public FileInputStream(String name) throws FileNotFoundException
public FileInputStream(File file) throws FileNotFoundException
}
```

FileInputStream 类的构造方法为指定文件创建文件字节输入流对象,两种参数的构造方法意味着,既可以用 name 指定的文件名创建流对象,也可以用 file 指定的文件类 File 对象创建流对象。例如,下列语句以 java.txt 文件名创建文件字节输入流对象 file。

```
FileInputStream file = new FileInputStream("java.txt");
```

如果指定文件不存在,无法读取数据,将抛出 FileNotFoundException 异常。

文件字节输出流对应的是 FileOutputStream 类,该类声明如下。

```
public class FileOutputStream extends OutputStream
{
 public FileOutputStream(String name) throws FileNotFoundException
 public FileOutputStream(File file) throws FileNotFoundException
 public FileOutputStream(String name, Boolean append) throws FileNotFoundException
}
```

FileOutputStream 类的构造方法为指定文件创建文件字节输出流对象。其中,append 参数指定文件是否为追加的写入方式,当 append 取值为 true 时,为追加方式,数据追加在原文件末尾;当 append 为 false 时,为重写方式,数据从原文件开始写入,默认值为 false。如果指定文件不存在,则创建一个新文件写入数据;否则,当没有指定 append 参数或 append 取值为 false 时,使用重写方式从文件开始处写入数据,这样会覆盖文件中的原有数据,原有数据将丢失。

当对文件的操作结束后,需要调用 close()方法来关闭文件,起到回收资源的作用,I/O 设备在打开时会占用资源。如果不用 close()关闭,占用的资源就不会释放。该方法在 FileInputStream 类和 FileOutputStream 类中都有定义。

例 10.2 将字符串的文本信息通过文件字节输出流写入 F 盘的 HelloWorld.txt 文件中,再通过文件字节输入流读取文件的内容进行显示。

例 10.2

Example10_2.java

例 10.2
视频讲解

```java
import java.io.File;
import java.io.FileInputStream;
import java.io.FileOutputStream;
```

```java
import java.io.IOException;
import java.util.logging.Level;
import java.util.logging.Logger;

public class Example10_2 {
    public static void main(String[] args) {
        File helloFile = new File("f://", "HelloWorld.txt");
        try {
            //创建文件
            boolean isCreated = helloFile.createNewFile();
            if (isCreated || helloFile.exists()) {
                //以字节流方式写入文件 helloFile
                FileOutputStream out = new FileOutputStream(helloFile);
                byte[] b = "Java 面向对象程序设计教程".getBytes();
                out.write(b, 0, b.length);
                out.close();

                //以字节流方式读出文件 helloFile
                FileInputStream in = new FileInputStream(helloFile);
                int end;
                while ((end = in.read(b, 0, b.length)) != -1) {
                    String s = new String(b, 0, end);
                    System.out.println(s);
                }
                in.close();
            }
        } catch (IOException ex) {
            Logger.getLogger(Example10_2.class.getName()).log(Level.SEVERE, null, ex);
        }
    }
}
```

例 10.2 的程序运行结果如图 10.2 所示。

说明：程序运行时，在 F 盘生成了 HelloWorld.txt 文件。

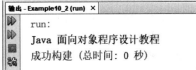

图 10.2　例 10.2 的程序运行结果

10.3　文件字符流

字符流是从 Reader 和 Writer 派生出的一系列类，这类流以 16 位的 Unicode 码表示的字符为基本处理单位。继承关系如下。

注意：Reader 和 Writer 这两个类是抽象类，只是提供了一系列用于字符流处理的接口，不能生成这两个类的实例，只能通过使用由它们派生出来的子类对象来处理字符流。不能使用 newReader()或 newWriter()。

文件字符输入流对应的是 FileReader 类，该类声明如下。

```
public class FileReader extends InputStreamReader
{
 public FileReader(String fileName) throws FileNotFoundException
 //构造方法,参数 fileName 指定文件名
 public FileReader(File file) throws FileNotFoundException
}
```

文件字符输出流对应的是 FileWriter 类，该类声明如下。

```
public class FileWriter extends OutputStreamWriter
{
 public FileWriter(String fileName) throws IOException       //构造方法
 public FileWriter(String fileName,Boolean append) throws IOException
 public FileWriter(File file) throws IOException
 public FileWriter(File file,Boolean append) throws IOException
}
```

10.4 缓 冲 流

对数据流的每次操作都是以字节为单位进行的，即可以向输入流或输出流中读取或写入一字节，显然这样的数据传输效率很低。为了提高数据传输效率，通常使用缓冲流，即为一个流配有一个缓冲区(Buffer)。当向一个缓冲流写入数据时，系统将数据发送到缓冲区，而不是直接发送到外部设备，缓冲区自动记录数据，当缓冲区满时，系统将数据全部发送到相应设备。

缓冲流提高了内存与外部设备之间的数据传输速率。

FileReader 类和 FileWriter 类以字符为单位进行数据读/写操作，数据的传输效率很低。Java 提供 BufferedReader 类和 BufferedWriter 类以缓冲流方式进行数据读写操作。

1. 生成流对象

BufferedReader 类和 BufferedWriter 类的构造方法分别如下所示。

```
public BufferedReader(Reader in);
public BufferedWriter(Writer out);
```

BufferedReader 类能够按行来读取文本，其方法如下。

```
public String readLine() throws IOException;       //读一行字符
```

2. BufferedReader 类的声明

```
public class BufferedReader extends Reader
{
 public BufferedReader(Reader in)             //构造方法,使用默认的缓冲区大小
```

```java
public BufferedReader(Reader in, int sz);        //sz 为缓冲区的大小
public String readLine() throws IOException    //读取一行字符串,输入流结束时返回 null
}
```

3. BufferedWriter 类的声明

```java
public class BufferedWriter extends Writer
{
  public BufferedWriter(Writer out)              //构造方法
  public BufferedWriter(Writer out, int sz)      //sz 指定字符缓冲区大小
  public void newLine() throws IOException       //写入一个换行符
}
```

4. 其他常用方法

读入和写出字符:基本同 Reader 和 Writer。

获取当前编码方式:public String getEncoding();。

关闭流:public void close() throws IOException;。

例 10.3 在文件字符流的基础上通过缓冲流高效地对文件进行读写操作。

例 10.3

Example10_3.java

例 10.3
视频讲解

```java
import java.io.BufferedReader;
import java.io.BufferedWriter;
import java.io.File;
import java.io.FileReader;
import java.io.FileWriter;
import java.io.IOException;
import java.util.logging.Level;
import java.util.logging.Logger;

public class Example10_3 {
    public static void main(String[] args) {
        File helloFile = new File("F://", "HelloWorld.txt");
        try
            {
            //创建文件
            boolean isCreated = helloFile.createNewFile();
            if (isCreated || helloFile.exists())
                {
                    //以字符流方式写入文件 helloFile
                    String content[] =
                        {
                        "好雨知时节,当春乃发生.\n", "随风潜入夜,润物细无声.\n",
                            "野径云俱黑,江船火独明.\n","晓看红湿处,花重锦官城.\n"
                        };
                    FileWriter write = new FileWriter(helloFile);
                    BufferedWriter bufferWriter = new BufferedWriter(write);
                    for (String str : content)
                        {
                        bufferWriter.write(str);
```

```
                    bufferWriter.newLine();
                }
                bufferWriter.close();
                write.close();

                //以字符流方式读出文件helloFile
                FileReader reader = new FileReader(helloFile);
                BufferedReader bufferReader = new BufferedReader(reader);
                String s;
                while ((s = bufferReader.readLine()) != null)
                {
                    System.out.println(s);
                }
                bufferReader.close();
                reader.close();
            }
        }catch (IOException ex)
        {
            Logger.getLogger(Example10_3.class.getName()).log(Level.SEVERE, null, ex);
        }
    }
}
```

例10.3的程序运行结果如图10.3所示。

图10.3 例10.3的程序运行结果

10.5 随 机 流

RandomAccessFile类创建的流称为随机流。与前面的输入流、输出流不同的是，RandomAccessFile类既不是InputStream类的子类，也不是OutputStream类的子类。但是RandomAccessFile类创建的流的指向既可以作为流的源，也可以作为流的目的地。换句话说，当准备对一个文件进行读写操作时，可以创建一个指向该文件的随机流，这样既可以从这个流中读取文件的数据，也可以通过这个流写入数据到文件。

RandomAccessFile类的两个构造方法如下。

```
RandomAccessFile(String name,String mode)
RandomAccessFile(File file,String mode)
```

RandomAccessFile 类中有个方法 seek(long),用来定位 RandomAccessFile 流的读写位置。

RandomAccessFile 类的 readLine()方法在读取含有非 ASCII 码字符的文件时(比如含有汉字的文件)会出现"乱码"现象,因此,需要把 readLine()读取的字符串用"iso-8859-1"重新编码存放到 byte 数组中,然后再用当前机器的默认编码将该数组转换为字符串。

操作如下:

(1) 读取:Stringstr=in.readLine();。

(2) 用"iso-8859-1"重新编码:byteb[]=str.getBytes("iso-8859-1");。

(3) 使用当前机器的默认编码将字节数组转换为字符串:String content=new String(b);。如果机器的默认编码是 GB2312,那么 String content=newString(b);等同于:

```
String content = newString(b,"GB2312");
```

例 10.4 利用随机流对文件进行读写操作

例 10.4

Example10_4.java

```java
import java.io.File;
import java.io.IOException;
import java.io.RandomAccessFile;
import java.util.logging.Level;
import java.util.logging.Logger;

public class Example10_4 {
    public static void main(String[] args) {
        File helloFile = new File("F://", "HelloWorld.txt");
        try {
            //创建文件
            boolean isCreated = helloFile.createNewFile();
            if (isCreated || helloFile.exists()) {
                String content[]
                        = {
                            "咏柳",
                            "朝代:唐代",
                            "作者:贺知章"
                        };
                RandomAccessFile fileRandom = new RandomAccessFile(helloFile, "rw");
                for (String str : content) {
                    byte[] contentBytes = str.getBytes("gb2312");
                    fileRandom.write(contentBytes);
                    fileRandom.writeChars(System.getProperty("line.separator"));
                }
                fileRandom.close();
                fileRandom = new RandomAccessFile(helloFile, "rw");
                String str = "碧玉妆成一树高,万条垂下绿丝绦. 不知细叶谁裁出,二月春风似剪刀.";
```

```
                long position = fileRandom.length();
                fileRandom.seek(position);
                fileRandom.write(str.getBytes("gb2312"));
                position = 0;
                fileRandom.seek(position);
                while (position < fileRandom.length()) {
                    str = fileRandom.readLine();
                    position = fileRandom.getFilePointer();
                    byte[] strBytes = str.getBytes("ISO-8859-1");
                    System.out.println(new String(strBytes));
                }
                fileRandom.close();
            }
        } catch (IOException ex) {
            Logger.getLogger(Example10_4.class.getName()).log(Level.SEVERE, null, ex);
        }
    }
}
```

例 10.4 的程序运行结果如图 10.4 所示。

图 10.4 例 10.4 的程序运行结果

程序说明：在使用随机流读写文件时可以先将古诗的题目和作者信息写入文件，再通过 seek()方法进行定位后写入诗句，读取文件时也能够从定位的位置开始读取。

10.6 对 象 流

ObjectInputStream 和 ObjectOutputStream 类分别是 InputStream 和 OutputStream 类的子类。ObjectInputStream 和 ObjectOutputStream 类创建的对象称为对象输入流和对象输出流。对象输出流使用 writeObject(Object obj)方法将一个对象 obj 写入一个文件，对象输入流使用 readObject()读取一个对象到程序中。

ObjectInputStream 和 ObjectOutputStream 类的构造方法如下。

```
ObjectInputStream(InputStream in)
ObjectOutputStream(OutputStream out)
```

ObjectOutputStream 的指向应当是一个输出流对象，因此当准备将一个对象写入文件时,首先用 OutputStream 的子类创建一个输出流。

同理,ObjectInputStream 的指向应当是一个输入流对象,因此当准备从文件中读入一个对象到程序中时,首先用 InputStream 的子类创建一个输入流。

当使用对象流写入或读入对象时,要保证对象是序列化的。

一个类如果实现了 Serializable 接口(java.io 包中的接口),那么这个类创建的对象就是序列化的对象。

序列化就是将一个对象的状态(各个属性量)保存起来,然后在适当的时候再获得。

序列化分为两大部分:序列化和反序列化。序列化是这个过程的第一部分,将数据分解成字节流,以便存储在文件中或在网络上传输。反序列化就是打开字节流并重构对象。对象序列化不仅要将基本数据类型转换成字节表示,有时还要恢复数据。恢复数据要求有恢复数据的对象实例。

序列化的特点:如果某个类能够被序列化,其子类也可以被序列化。声明为 static 和 transient 类型的成员数据不能被序列化。

例 10.5 使用对象流将 Student 学生类的对象写入文件并读取。

例 10.5

Example10_5.java

```
import java.io.File;
import java.io.FileInputStream;
import java.io.FileOutputStream;
import java.io.IOException;
import java.io.ObjectInputStream;
import java.io.ObjectOutputStream;
import java.util.logging.Level;
import java.util.logging.Logger;

public class Example10_5 {
    public static void main(String[] args) {
        File helloFile = new File("F://", "HelloWorld.txt");
        try
        {
        //创建文件
        boolean isCreated = helloFile.createNewFile();
        if (isCreated || helloFile.exists())
            {
            //以对象流方式将 Mike 写入文件 helloFile
            Student mike = new Student("Mike", 23, 21);
            FileOutputStream fileOut = new FileOutputStream(helloFile);
            ObjectOutputStream objectOut = new ObjectOutputStream(fileOut);
            objectOut.writeObject(mike);
            objectOut.close();
            fileOut.close();
            //以对象流方式从文件 helloFile 读取 Mike
            FileInputStream fileIn = new FileInputStream(helloFile);
            ObjectInputStream objectIn = new ObjectInputStream(fileIn);
            Student stuMike = (Student) objectIn.readObject();
```

```java
                    System.out.println(stuMike.getName());
                    System.out.println(stuMike.getNum());
                    System.out.println(stuMike.getAge());
                }
            } catch (IOException ex)
            {
            Logger.getLogger(Example10_5.class.getName()).log(Level.SEVERE, null, ex);
            } catch (ClassNotFoundException ex) {
            Logger.getLogger(Example10_5.class.getName()).log(Level.SEVERE, null, ex);
            }
        }
    }
```

Student.java

```java
import java.io.Serializable;
public class Student implements Serializable
    {
        private String name;
        private int num;
        private int age;
    public Student()
        {
        }
    public Student(String name, int num, int age)
        {
        this.name = name;
        this.num = num;
        this.age = age;
        }
    public String getName()
        {
        return name;
        }
    public void setName(String name)
        {
        this.name = name;
        }
    public int getNum()
        {
        return num;
        }
    public void setNum(int num)
        {
        this.num = num;
        }
    public int getAge()
        {
        return age;
        }
    public void setAge(int age)
```

```
            {
                this.age = age;
            }
    }
```

例 10.5 的程序运行结果如图 10.5 所示。

程序说明：首先定义学生类 Student 并使其实现接口 Serializable，使学生类可序列化，通过对象流对 Student 类创建的对象 mike 进行文件的读写操作。

图 10.5 例 10.5 的程序运行结果

10.7　XML 文件的解析

XML(Extensible Markup Language，可扩展标记语言)与 HTML 一样，都是 SGML (Standard Generalized Markup Language，标准通用标记语言)。XML 是 Internet 环境中跨平台的、依赖于内容的技术，是当前处理结构化文档信息的有力工具。XML 是一种简单的数据存储语言，使用一系列简单的标记描述数据，而这些标记可以用方便的方式建立，虽然 XML 比二进制数据要占用更多的空间，但 XML 极其简单且易于掌握和使用。简单地说，XML 是被设计用来存储和传递数据的。

Java 解析 XML 通常有两种方式：DOM 和 SAX。

DOM(Document Object Model，文档对象模型)是 W3C 标准，提供了标准的解析方式。DOM 把 XML 文档作为树结构来查看，能够通过 DOM 树来访问所有元素，可以修改或删除它们的内容，并创建新的元素。但其解析效率一直不尽如人意，这是因为 DOM 解析 XML 文档时，把所有内容一次性地装载入内存，并构建一个驻留在内存中的树状结构(结点树)。如果需要解析的 XML 文档过大，或者只对该文档中的一部分感兴趣，这样就会引起性能问题。

SAX(Simple API for XML)是一种 XML 解析的替代方法。相比于 DOM，SAX 是一种速度更快，更有效的方法。它逐行扫描文档，一边扫描一边解析。当扫描到文档 (Document)开始与结束、元素(Element)开始与结束等地方时通知事件处理函数，由事件处理函数做相应动作，然后继续同样的扫描，直至文档结束。

XML 易于在任何应用程序中读/写数据，这使 XML 很快成为数据交换的一种公共语言。在实际中也往往采用 XML 文件作为项目的配置文档，如将数据库的连接信息配置在本地的 XML 文件中，当部署项目时只需修改 XML 文件中的参数信息而无须对项目进行重新编译。

例 10.6 中使用 SAX 解析 XML 文件，从而读取 AppConfig.xml 文件< connectionString > 结点中数据库连接的信息。（注：此例中使用到了 dom4j.org 出品的一个开源 XML 解析包 dom4j-1.6.1.jar。）

在项目文件夹中新建文件夹 lib，先将 dom4j-1.6.1.jar 复制到此文件夹。将 dom4j-1.6.1.jar 添加到项目中可右击项目中的"**库**"在弹出的快捷菜单中，再选择"**添加 JAR/文件夹**"命令，如图 10.6 所示。

在弹出的"**添加 JAR/文件夹**"对话框中选中事先放入 **lib** 文件夹中的 dom4j-1.6.1.jar 文件进行添加，注意"引用方式"最好选中"相对路径"单选按钮，如图 10.7 所示。

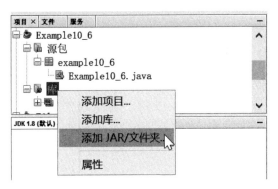

图 10.6　右键添加 JAR

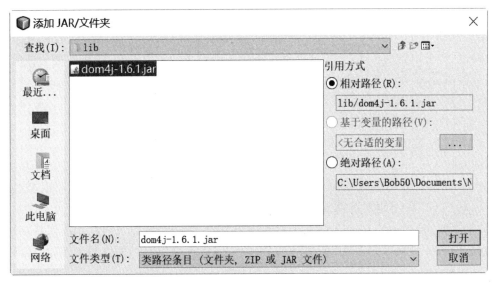

图 10.7　添加 dom4j-1.6.1.jar 文件

在项目的根目录下放入已经编辑好的项目配置文档 AppConfig.xml，其具体内容如图 10.8 所示。

AppConfig.xml ×

```
<?xml version="1.0" encoding="UTF-8"?>
<!--
To change this template, choose Tools | Templates
and open the template in the editor.
-->


<configuration>
    <appSettings>
        <connectionString url="jdbc:mysql://localhost:3306/Students" uid="root" pwd="asd">
            Students
        </connectionString>
        <connectionString url="jdbc:mysql://localhost:3306/User" uid="root" pwd="asd">
            User
        </connectionString>
    </appSettings>
</configuration>
```

图 10.8　AppConfig.xml 文档内容

例 10.6

Example10_6.java

```java
import java.io.File;
import java.util.Iterator;
import java.util.List;

import org.dom4j.Document;
import org.dom4j.DocumentException;
import org.dom4j.Element;
import org.dom4j.io.SAXReader;
public class Example10_6 {
    public static void main(String[] args) {
        String filePath = "AppConfig.xml";
        SAXReader reader = new SAXReader();
        File file = new File(filePath);
        if (file.exists())
        {
            try
            {
                Document document = reader.read(file); // 读取 XML 文件
                Element root = document.getRootElement(); // 得到根结点
                Element appSettingsEle = root.element("appSettings");
                List connectionStringList = appSettingsEle.elements("connectionString");
                Iterator it = connectionStringList.iterator();
                while(it.hasNext())
                {
                    Element connectionStringEle = (Element)it.next();
                    System.out.print(connectionStringEle.attribute("url").getText() + "   ");
                    System.out.print(connectionStringEle.attribute("uid").getText() + "   ");
                    System.out.println(connectionStringEle.attribute("pwd").getText());
                }
            } catch (DocumentException e)
            {
                System.err.println(e.getMessage());
            }
        }
    }
}
```

例 10.6 的程序运行结果如图 10.9 所示。

图 10.9　例 10.6 的程序运行结果

10.8　JSON 数据解析

JSON(JavaScript Object Notation,JS 对象简谱)是一种轻量级的数据交换格式。它基于 ECMAScript(欧洲计算机协会制定的 JS 规范)的一个子集,采用完全独立于编程语言的文本格式来存储和表示数据。简洁和清晰的层次结构使得 JSON 成为理想的数据交换格式。

JSON 是一个序列化的对象或数组。对象由花括号括起来的逗号分隔的成员构成,成员是字符串键和上文所述的值由逗号分隔的键值对组成,例如:

{"name": "John Doe", "age": 18, "address": {"country" : "china", "zip-code": "10000"}}

Gson 是 Google 解析 JSON 的一个开源框架,它可以用来把 Java 对象转换为 JSON 表达式,也可以反过来把 JSON 字符串转换成与之相同的 Java 对象。

Gson 的目标如下。

(1) 提供简单易用的机制,类似于 toString()和构造器(工厂模式)用来进行 Java 和 JSON 互相转换。

(2) 允许把预先存在但无法修改的对象转换为 JSON 或从 JSON 转换。

(3) 允许对象的自定义表示。

(4) 支持任何复杂的对象。

(5) 生成紧凑易读的 JSON 输出。

Gson 主要用到的类是 Gson,可以直接通过调用 new Gson()来生成,也可以用类 GsonBuilder 来创建 Gson 实例,这样创建可以自主进行参数设置,类似于版本控制。Gson 对象通过调用 toJson(obj)方法进行序列化,调用 fromJson(json,class) 去反序列化。反序列化时往往调用 obj.getClass()来获取类的信息。

例 10.7 中使用 Gson 对例 10.5 中 Student 类(需实现 Serializable 接口)产生的对象 mike 进行 JSON 数据格式的序列化与反序列化。(注:下载 gson-2.8.5.jar 文件,并将其放入项目文件夹下的 lib 目录下。)

例 10.7
Example10_7.java

```java
import com.google.gson.Gson;

public class Example10_7 {
    public static void main(String[] args) {
        Student mike = new Student("Mike", 23, 21);
        Gson gson = new Gson();
        String json = gson.toJson(mike);
        System.out.println(json);
        Student s1 = gson.fromJson(json, Student.class);
        System.out.println(s1.getName());
        System.out.println(s1.getNum());
        System.out.println(s1.getAge());
    }
}
```

例 10.7 的程序运行结果如图 10.10 所示。

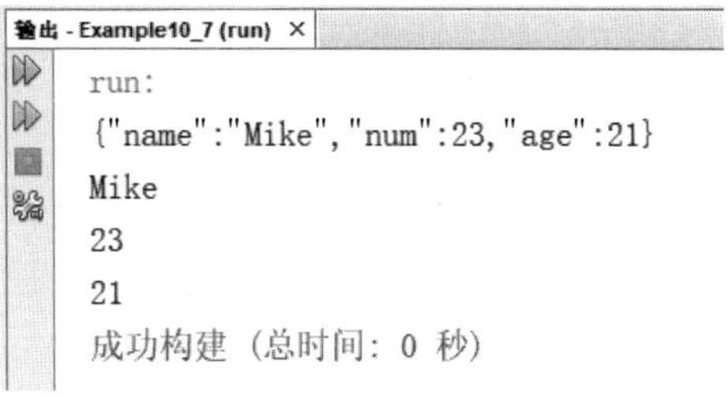

图 10.10　例 10.7 的程序运行结果

10.9　应用实例：记事本应用

利用本章学习的内容能够实现一个窗体界面的记事本应用。整个项目由 5 个类构成，分别为主类 Main、利用缓冲流读取文件的类 FileHelper、随机读取文件类 RandomFileHelper、字体选择对话框类 JFontChooser、记事本主界面类 TextPadFrame。其程序 UML 类结构如图 10.11 所示。

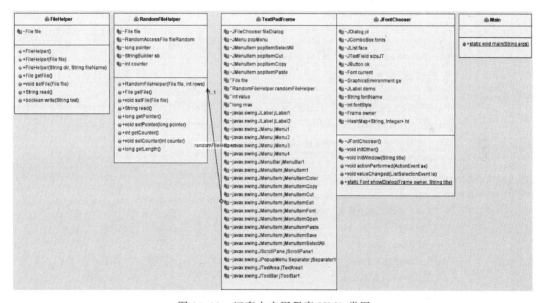

图 10.11　记事本应用程序 UML 类图

程序核心代码如下。

FileHelper.java

```
import java.io.*;
public class FileHelper
    {
        private File file;
    public FileHelper()
```

```java
            {
            }

        public FileHelper(File file)
            {
            this.file = file;
            }

        public FileHelper(String dir,String fileName)
            {
            this.file = new File(dir, fileName);
            }
        public File getFile()
            {
            return file;
            }
        public void setFile(File file)
            {
            this.file = file;
            }

        public String read()
            {
            if(this.file!= null&&this.file.exists())
                {
                try{
                FileReader fileReader = new FileReader(this.file);
                BufferedReader bufferReader = new BufferedReader(fileReader);
                StringBuilder text = new StringBuilder();
                String line;
                while((line = bufferReader.readLine())!= null)
                    {
                    text.append(line + "\r\n");
                    }
                fileReader.close();
                bufferReader.close();
                return text.toString();
                }catch(IOException ioe)
                    {
                    System.out.println(ioe.getMessage());
                    }
                }
            return null;
            }

        public boolean write(String text)
            {
                if(this.file!= null)
```

```java
            {
            try
                {
                FileWriter fileWriter = new FileWriter(file);
                BufferedWriter bufferWriter = new BufferedWriter(fileWriter);
                bufferWriter.write(text);
                bufferWriter.close();
                fileWriter.close();
                return true;
                }
            catch(IOException ioe)
                {
                System.out.println(ioe.getMessage());
                return false;
                }
            }
        else return false;
    }
}
```

RandomFileHelper.java

```java
import java.io.*;
public class RandomFileHelper
    {
    private File file;
    private RandomAccessFile fileRandom;
    private long pointer;
    private StringBuilder sb;
    private int counter;

    public RandomFileHelper(File file,int rows)
        {
        this.file = file;
        this.counter = rows;
        sb = new StringBuilder();
        try{
        fileRandom = new RandomAccessFile(file, "r");
        }catch(IOException e){}
        }

    public File getFile()
        {
        return file;
        }
    public void setFile(File file)
        {
        this.file = file;
        }
```

```java
public String read()
    {
    sb = new StringBuilder();
    int i = 0;
    String str;
    try{
     while(i < counter&&pointer < fileRandom.length())
            {
            str = fileRandom.readLine();
            pointer = fileRandom.getFilePointer();
            byte[ ] strBytes = str.getBytes("ISO - 8859 - 1");
            sb.append(new String(strBytes));
            sb.append("\r\n");
            i++;
            }
    }
    catch(IOException e){}
    return sb.toString();
    }

public long getPointer()
    {
    return pointer;
    }
public void setPointer(long pointer)
    {
    this.pointer = pointer;
    }
public int getCounter()
    {
    return counter;
    }
public void setCounter(int counter)
    {
    this.counter = counter;
    }

public long getLength()
    {
    try{
    return fileRandom.length();
    }catch(IOException e){return 0;}
    }
}
```

记事本应用程序运行结果如图10.12所示。

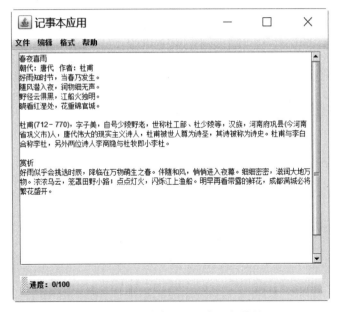

图 10.12 记事本应用程序运行结果

小 结

输入/输出在计算机应用开发中占有重要位置。本章主要就 Java 平台中的输入/输出进行讲解。Java 平台对 I/O 的支持,首先是继承了 C++ 在这方面的优点;其次,提供了丰富的 I/O 类处理方法。而在各种 I/O 类处理方法中,最基本的是 read() 和 write() 方法,其他方法都是在此基础上根据不同场合需要进行了继承和扩充,因此,有多而杂乱的感觉。在实际应用中,对 Java 的 I/O 的使用,只要多参照 I/O 类库,多仿照实例,并对例题进行修改运行,体会其特点,就能掌握好 Java 输入/输出的重要功能实现特性。

习 题

1. 描述流的概念。什么是流的输入/输出?请列出 4 个以上的输入/输出流类,其中最基本的输入/输出流类是什么?
2. 文件操作与流有什么关系?实际应用中将流类与文件操作结合起来能够实现哪些复杂问题?如何实现?
3. 能否将一个对象写入一个随机存取文件?
4. 编写一应用程序 A.java,利用缓冲输入流从键盘输入字符,并将输入的字符显示在屏幕上。
5. 编写一应用程序 B.java,其功能是检测文件 B.java 是否存在并输出其长度。
6. 利用 File 类的常用方法,编写程序,实现获得文件的路径、长度、删除文件等功能。
7. 什么是序列化?
8. 使用 FileReader 和 FileWriter 类实现文件的复制。

第 11 章　Java 设计模式

本章导图：

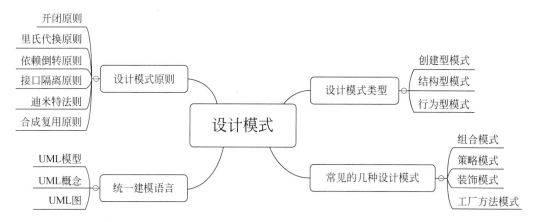

主要内容：
- 设计模式的类型。
- 设计模式的基本原则。
- UML 概念。
- UML 图。
- 组合模式。
- 策略模式。
- 装饰模式。
- 工厂方法模式。

难点：
- 常见的几种设计模式的使用。

　　设计模式是对面向对象设计中反复出现的问题的解决方案。这个术语是在 20 世纪 90 年代由 Erich Gamma 等人从建筑设计领域引入计算机科学中来的。算法不是设计模式，因为算法致力于解决问题而非设计问题。设计模式通常描述了一组相互紧密作用的类与对象。设计模式提供一种讨论软件设计的公共语言，使得熟练设计者的设计经验可以被初学者和其他设计者掌握。设计模式还为软件重构提供了目标。

11.1 设计模式概述

设计模式代表了最佳的实践，通常被有经验的面向对象的软件开发人员所采用。设计模式是软件开发人员在软件开发过程中面临的一般问题的解决方案。这些解决方案是众多软件开发人员经过相当长的一段时间的实验和错误总结出来的。

设计模式是一套被反复使用的、多数人知晓的、经过分类编目的、代码设计经验的总结。使用设计模式是为了重用代码、让代码更容易被他人理解、保证代码可靠性。毫无疑问，设计模式于己于他人于系统都是多赢的，设计模式使代码编制真正工程化，设计模式是软件工程的基石，如同大厦的一块块砖石一样。项目中合理地运用设计模式可以完美地解决很多问题，每种模式在现实中都有相应的原理来与之对应，每种模式都描述了一个在我们周围不断重复发生的问题，以及该问题的核心解决方案，这也是设计模式能被广泛应用的原因。

11.1.1 设计模式的类型

根据设计模式的参考书 *Design Patterns-Elements of Reusable Object-Oriented Software*（《设计模式-可复用的面向对象软件元素》）中所提到的，总共有 23 种设计模式。这些模式可以分为三大类：创建型模式（Creational Patterns）、结构型模式（Structural Patterns）、行为型模式（Behavioral Patterns），以及在 Java EE 中常用到的设计模式等，详细分类如表 11.1 所示。

表 11.1 设计模式分类

序号	模式 & 描述	包 括
1	**创建型模式** 提供了一种在创建对象的同时隐藏创建逻辑的方式，而不是使用 new 运算符直接实例化对象。这使得程序在判断针对某个给定实例需要创建哪些对象时更加灵活	工厂模式（Factory Pattern） 抽象工厂模式（Abstract Factory Pattern） 单例模式（Singleton Pattern） 建造者模式（Builder Pattern） 原型模式（Prototype Pattern）
2	**结构型模式** 关注类和对象的组合。继承的概念被用来组合接口和定义组合对象获得新功能的方式	适配器模式（Adapter Pattern） 桥接模式（Bridge Pattern） 过滤器模式（Filter、Criteria Pattern） 组合模式（Composite Pattern） 装饰器模式（Decorator Pattern） 外观模式（Facade Pattern） 享元模式（Flyweight Pattern） 代理模式（Proxy Pattern）
3	**行为型模式** 特别关注对象之间的通信	责任链模式（Chain of Responsibility Pattern） 命令模式（Command Pattern） 解释器模式（Interpreter Pattern） 迭代器模式（Iterator Pattern） 中介者模式（Mediator Pattern） 备忘录模式（Memento Pattern）

续表

序号	模式 & 描述	包 括
3	**行为型模式** 特别关注对象之间的通信	观察者模式(Observer Pattern) 状态模式(State Pattern) 空对象模式(Null Object Pattern) 策略模式(Strategy Pattern) 模板模式(Template Pattern) 访问者模式(Visitor Pattern)
4	**Java EE 模式** 特别关注表示层	MVC 模式(MVC Pattern) 业务代表模式(Business Delegate Pattern) 组合实体模式(Composite Entity Pattern) 数据访问对象模式(Data Access Object Pattern) 前端控制器模式(Front Controller Pattern) 拦截过滤器模式(Intercepting Filter Pattern) 服务定位器模式(Service Locator Pattern) 传输对象模式(Transfer Object Pattern)

11.1.2 设计模式的基本原则

设计模式的基本原则是软件设计的编程思想,是前人总结出的设计模式的核心原则。

1. 开闭原则

开闭原则(Open Close Principle)的意思是:对扩展开放,对修改关闭。在程序需要进行拓展的时候,不能去修改原有的代码,实现一个热插拔的效果。简言之,是为了使程序的扩展性好,易于维护和升级。想要达到这样的效果需要使用接口和抽象类。

2. 里氏代换原则

里氏代换原则(Liskov Substitution Principle)是面向对象设计的基本原则之一。里氏代换原则中提出任何基类可以出现的地方,子类一定可以出现。里氏代换原则是继承复用的基石,只有当派生类可以替换掉基类,且软件单位的功能不受到影响时,基类才能真正被复用,而派生类也能够在基类的基础上增加新的行为。里氏代换原则是对开闭原则的补充。实现开闭原则的关键步骤就是抽象化,而基类与子类的继承关系就是抽象化的具体实现,所以里氏代换原则是对实现抽象化的具体步骤的规范。

3. 依赖倒转原则

依赖倒转原则(Dependence Inversion Principle)是开闭原则的基础,具体内容:针对接口编程,依赖于抽象而不依赖于具体。

4. 接口隔离原则

接口隔离原则(Interface Segregation Principle)的意思是:使用多个隔离的接口,比使用单个接口要好。它还有另外一个意思是:降低类之间的耦合度。由此可见,其实设计模式就是从大型软件架构出发、便于升级和维护的软件设计思想,它强调降低依赖,降低耦合。

5. 迪米特法则,又称最少知道原则

最少知道原则(Demeter Principle)是指:一个实体应当尽量少地与其他实体之间发生相互作用,使得系统功能模块相对独立。

6. 合成复用原则

合成复用原则(Composite Reuse Principle)是指：尽量使用合成/聚合的方式，而不是使用继承。

设计模式的本质是面向对象设计原则的实际运用，是对类的封装性、继承性和多态性以及类的关联关系和组合关系的充分理解。正确使用设计模式具有以下优点。

(1) 可以提高程序员的思维能力、编程能力和设计能力。

(2) 使程序设计更加标准化、代码编制更加工程化，使软件开发效率大大提高，从而缩短软件的开发周期。

(3) 使设计的代码可重用性高、可读性强、可靠性高、灵活性好、可维护性强。

当然，软件设计模式只是一个引导。在具体的软件开发中，必须根据设计的应用系统的特点和要求来恰当选择。对于简单的程序开发，可能写一个简单的算法要比引入某种设计模式更加容易。但对大项目的开发或者框架设计，用设计模式来组织代码显然更好。

11.2 统一建模语言 UML

UML(Unified Modeling Language，统一建模语言，又称标准建模语言)。是用来对软件密集系统进行可视化建模的一种语言。UML 的定义包括 UML 语义和 UML 表示法两个元素。

UML 是在开发阶段，说明、可视化、构建和书写一个面向对象软件密集系统的制品的开放方法。最佳的应用是工程实践，对大规模、复杂系统进行建模方面，特别是在软件架构层次，已经被验证有效。统一建模语言(UML)是一种模型化语言。模型大多以图表的方式表现出来。一份典型的建模图表通常包含几个块或框，连接线和作为模型附加信息之用的文本。这些虽简单却非常重要，在 UML 规则中相互联系和扩展。

11.2.1 UML 模型

在 UML 系统开发中有以下三个主要的模型。

(1) 功能模型：从用户的角度展示系统的功能，包括用例图。

(2) 对象模型：采用对象、属性、操作、关联等概念展示系统的结构和基础，包括类别图、对象图。

(3) 动态模型：展现系统的内部行为，包括序列图、活动图、状态图。

11.2.2 UML 概念

UML 从来源中使用相当多的概念，将之定义于统一建模语言术语汇表。下面仅列出有代表性的概念。

(1) 对于结构而言：执行者，属性，类，元件，接口，对象，包。

(2) 对于行为而言：活动(UML)，事件(UML)，消息(UML)，方法(UML)，操作(UML)，状态(UML)，用例(UML)。

(3) 对于关系而言：聚合，关联，组合，相依，广义化(或继承)。

11.2.3 UML 图

UML 的目标是以面向对象图的方式来描述任何类型的系统,具有很宽的应用领域。其中最常用的是建立软件系统的模型,但它同样可以用于描述非软件领域的系统,如机械系统、企业机构或业务过程,以及处理复杂数据的信息系统,具有实时要求的工业系统或工业过程等。总之,UML 是一个通用的标准建模语言,可以对任何具有静态结构和动态行为的系统进行建模,而且适用于系统开发的不同阶段,从需求规格描述直至系统完成后的测试和维护。

截止 UML 2.0 一共有 13 种图形(UML 1.5 定义了 9 种,UML 2.0 增加了 4 种),分别是:用例图、类图、对象图、状态图、活动图、顺序图、协作图、构件图、部署图 9 种,包图、时序图、组合结构图、交互概览图 4 种。

(1) 用例图:从用户角度描述系统功能。描述角色以及角色与用例之间的连接关系。说明的是谁要使用系统,以及他们使用该系统可以做些什么。一个用例图包含多个模型元素,如系统、参与者和用例,并且显示了这些元素之间的各种关系,如泛化、关联和依赖。

(2) 类图:描述系统中的类,以及各个类之间的关系的静态结构。能够让我们在正确编写代码以前对系统有一个全面的认识。类图是一种模型类型,确切地说,是一种静态模型类型。类图表示类、接口和它们之间的协作关系。

(3) 对象图:系统中的多个对象在某一时刻的状态。与类图极为相似,它是类图的实例,对象图显示类的多个对象实例,而不是实际的类。它描述的不是类之间的关系,而是对象之间的关系。

(4) 状态图:是描述状态到状态的控制流,常用于动态特性建模。描述类的对象所有可能的状态,以及事件发生时状态的转移条件。可以捕获对象、子系统和系统的生命周期。它们可以告知一个对象可以拥有的状态,并且事件(如消息的接收、时间的流逝、错误、条件变为真等)会怎么随着时间的推移来影响这些状态。一个状态图应该连接到所有具有清晰的可标识状态和复杂行为的类;该图可以确定类的行为,以及该行为如何根据当前的状态变化,也可以展示哪些事件将会改变类的对象的状态。状态图是对类图的补充。

(5) 活动图:描述了业务实现用例的工作流程。描述用例要求所要进行的活动,以及活动间的约束关系,有利于识别并行活动。能够演示出系统中哪些地方存在功能,以及这些功能和系统中其他组件的功能如何共同满足前面使用用例图建模的商务需求。

(6) 顺序图:对象之间的动态合作关系,强调对象发送消息的顺序,同时显示对象之间的交互。序列图(顺序图)是用来显示参与者如何以一系列顺序的步骤与系统的对象交互的模型。顺序图可以用来展示对象之间是如何进行交互的。顺序图将显示的重点放在消息序列上,即强调消息是如何在对象之间被发送和接收的。

(7) 协作图:描述对象之间的协助关系。和顺序图相似,显示对象间的动态合作关系。可以看成是类图和顺序图的交集,协作图建模对象或者角色,以及它们彼此之间是如何通信的。如果强调时间和顺序,则使用顺序图;如果强调上下级关系,则选择协作图;这两种图合称为交互图。

(8) 构件图:一种特殊的 UML 图,用来描述系统的静态实现视图。描述代码构件的物理结构以及各种构件之间的依赖关系,用来建模软件的组件及其相互之间的关系。这些图由构件标记符和构件之间的关系构成。在构件图中,构件是软件单个组成部分,它可以是一个文件、产品、可执行文件和脚本等。

(9) 部署图:定义系统中软硬件的物理体系结构,是用来建模系统的物理部署。例如,计算机和设备,以及它们之间是如何连接的。部署图的使用者是开发人员、系统集成人员和测试人员。部署图用于表示一组物理结点的集合及结点间的相互关系,从而建立了系统物理层面的模型。

(10) 包图:对构成系统的模型元素进行分组整理的图。描述系统的分层结构,由包或类组成,表示包与包之间的关系。

(11) 时序图:表示生命线状态变化的图。消息用从一个对象的生命线到另一个对象生命线的箭头表示。箭头以时间顺序在图中从上到下排列。

(12) 组合结构图:表示类或者构建内部结构的图。

(13) 交互概览图:用活动图来表示多个交互之间的控制关系的图。

11.3 常见的几种设计模式

1994 年,由 Erich Gamma、Richard Helm、Ralph Johnson 和 John Vlissides 四人合著出版了一本名为 Design Patterns - Elements of Reusable Object-Oriented Software (《设计模式——可复用的面向对象软件元素》)的书,在此书中共收录了 23 个设计模式。这四位作者在软件开发领域里也以他们的匿名著称:Gang of Four(四人帮,简称 GoF),并且是他们在此书中的协作导致了软件设计模式的突破。

如今设计模式已经经历了很长一段时间的发展,它们提供了软件开发过程中面临的一般问题的最佳解决方案。学习这些模式有助于经验不足的开发人员通过一种简单快捷的方式来学习软件设计。本节简要介绍几种常见的设计模式。

11.3.1 组合模式

在现实生活中,存在很多"部分-整体"的关系,例如,大学中的部门与学院、总公司中的部门与分公司、学习用品中的书与书包、生活用品中的衣服与衣柜以及厨房中的锅碗瓢盆等。在软件开发中也是这样,例如,文件系统中的文件与文件夹、窗体程序中的简单控件与容器控件等。对这些简单对象与复合对象的处理,如果用组合模式来实现会很方便。

组合(Composite)模式,有时又叫作部分-整体模式,它是一种将对象组合成树状的层次结构的模式,用来表示"部分-整体"的关系,使用户对单个对象和组合对象具有一致的访问性。

组合模式的主要优点如下。

(1) 组合模式使得客户端代码可以一致地处理单个对象和组合对象,无须关心自己处理的是单个对象,还是组合对象,这简化了客户端代码。

(2) 更容易在组合体内加入新的对象,客户端不会因为加入了新的对象而更改源代码,满足"开闭原则"。

其主要缺点如下。

(1) 设计较复杂,客户端需要花更多时间理清类之间的层次关系。

(2) 不容易限制容器中的构件。

(3) 不容易用继承的方法来增加构件的新功能。

组合模式包含以下主要角色。

(1) 抽象构件(Component)角色：它的主要作用是为树叶构件和树枝构件声明公共接口，并实现它们的默认行为。在透明式的组合模式中，抽象构件还声明访问和管理子类的接口；在安全式的组合模式中不声明访问和管理子类的接口，管理工作由树枝构件完成。

(2) 树叶构件(Leaf)角色：是组合中的叶结点对象，它没有子结点，用于实现抽象构件角色中声明的公共接口。

(3) 树枝构件(Composite)角色：是组合中的分支结点对象，它有子结点。它实现了抽象构件角色中声明的接口，它的主要作用是存储和管理了部件，通常包含 Add()、Remove()、GetChild()等方法。

组合模式结构如图 11.1 所示。

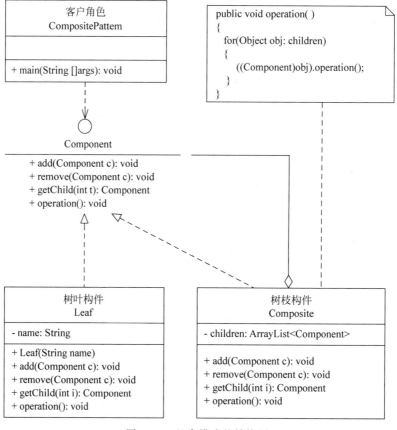

图 11.1 组合模式的结构图

例 11.1 使用组合模式模拟磁盘文件系统，在磁盘中可建立不同的目录和文件，其目录下又可建立目录和文件。文件系统的组合模式 UML 类图如图 11.2 所示。

假设文件系统为 C 盘下有目录 Windows、Program Files、NVIDIA，而文件有 bootmgr.sys 和 PageFile.sys，如图 11.3 所示。

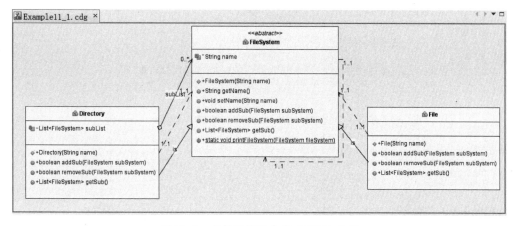

图 11.2 文件系统组合模式 UML 类图

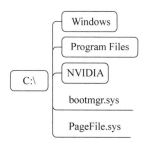

图 11.3 程序实现的文件系统图

例 11.1 的程序代码如下。

FileSystem.java

```
import java.util.List;
public abstract class FileSystem {
    String name;
    public FileSystem(String name) {
        this.name = name;
    }
    public String getName() {
        return name;
    }
    public void setName(String name) {
        this.name = name;
    }

    public abstract boolean addSub(FileSystem subSystem);
    public abstract boolean removeSub(FileSystem subSystem);
    public abstract List<FileSystem> getSub();

    public static void printFileSystem(FileSystem fileSystem) {
        List<FileSystem> subSystem = fileSystem.getSub();
        if (subSystem != null) {
```

例 11.1
视频讲解

```java
            System.out.println(fileSystem.getName() + "        \t<Dir>");
        } else {
            System.out.println(fileSystem.getName());
        }
        if (subSystem == null || subSystem.isEmpty()) {
            return;
        }
        for (FileSystem fs : subSystem) {
            printFileSystem(fs);
        }
    }
}
```

File.java

```java
import java.util.List;
public class File extends FileSystem
{
    public File(String name) {
        super(name);
    }
    @Override
    public boolean addSub(FileSystem subSystem) {
        return false;
    }
    @Override
    public boolean removeSub(FileSystem subSystem) {
        return false;
    }
    @Override
    public List<FileSystem> getSub() {
        return null;
    }
}
```

Directory.java

```java
import java.util.LinkedList;
import java.util.List;
public class Directory extends FileSystem
{
    private List<FileSystem> subList;
    public Directory(String name) {
        super(name);
        this.subList = new LinkedList<>();
    }
    @Override
    public boolean addSub(FileSystem subSystem) {
        return this.subList.add(subSystem);
    }
    @Override
    public boolean removeSub(FileSystem subSystem) {
```

```java
            return this.subList.remove(subSystem);
        }
        @Override
        public List<FileSystem> getSub() {
            return this.subList;
        }
    }
```

Example11_1.java

```java
public class Example11_1 {
    public static void main(String[] args) {
        // TODO code application logic here
        FileSystem rootDirectory = new Directory("C:\\");
        FileSystem windowsDir = new Directory("Windows");
        FileSystem programDir = new Directory("Program Files");
        FileSystem nvidiaDir = new Directory("NVIDIA");
        FileSystem bootmgr = new File("bootmgr.sys");
        FileSystem pagefile = new File("PageFile.sys");
        rootDirectory.addSub(windowsDir);
        rootDirectory.addSub(programDir);
        rootDirectory.addSub(nvidiaDir);
        rootDirectory.addSub(bootmgr);
        rootDirectory.addSub(pagefile);

        FileSystem.printFileSystem(rootDirectory);
    }
}
```

例 11.1 的程序运行结果如图 11.4 所示。

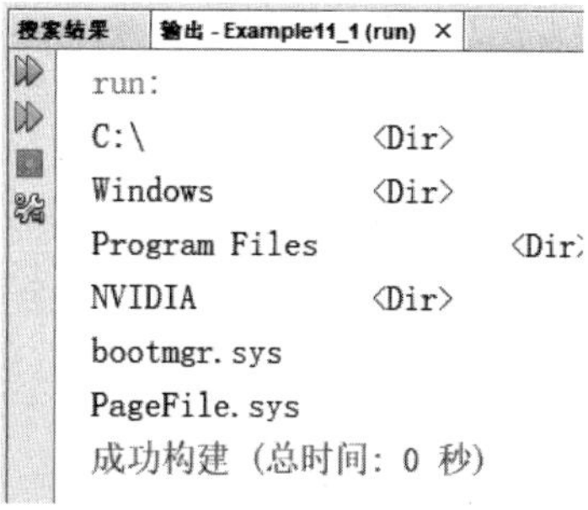

图 11.4　例 11.1 的程序运行结果

11.3.2　策略模式

在现实生活中常常遇到实现某种目标存在多种策略可供选择的情况，例如，出行旅游可以乘坐飞机、乘坐火车、骑自行车或自己开私家车等，超市促销可以采用打折、送商品、送积分等方法。

在软件开发中也常常遇到类似的情况，当实现某一个功能存在多种算法或者策略时，可以根据环境或者条件的不同选择不同的算法或者策略来完成该功能，如数据排序策略有冒泡排序、选择排序、插入排序、二叉树排序等。

如果使用多重条件转移语句实现（即硬编码），不但使条件语句变得很复杂，而且增加、删除或更换算法要修改原代码，不易维护，违背开闭原则。如果采用策略模式就能很好地解决该问题。

策略（Strategy）模式定义了一系列算法，并将每个算法封装起来，使它们可以相互替换，且算法的变化不会影响使用算法的客户。策略模式属于对象行为模式，它通过对算法进行封装，把使用算法的责任和算法的实现分割开来，并委派给不同的对象对这些算法进行管理。

策略模式的主要优点如下。

(1) 多重条件语句不易维护，而使用策略模式可以避免使用多重条件语句。

(2) 策略模式提供了一系列的可供重用的算法族，恰当使用继承可以把算法族的公共代码转移到父类里面，从而避免重复的代码。

(3) 策略模式可以提供相同行为的不同实现，客户可以根据不同时间或空间要求选择不同的实现。

(4) 策略模式提供了对开闭原则的完美支持，可以在不修改原代码的情况下，灵活地增加新算法。

(5) 策略模式把算法的使用放到环境类中，而算法的实现移到具体策略类中，实现了二者的分离。

其主要缺点如下。

(1) 客户端必须理解所有策略算法的区别，以便适时选择恰当的算法类。

(2) 策略模式造成很多的策略类。

策略模式的主要角色如下。

(1) 抽象策略(Strategy)类：定义了一个公共接口，各种不同的算法以不同的方式实现这个接口，环境角色使用这个接口调用不同的算法，一般使用接口或抽象类实现。

(2) 具体策略(Concrete Strategy)类：实现了抽象策略定义的接口，提供具体的算法实现。

(3) 环境(Context)类：持有一个策略类的引用，最终给客户端调用。

策略模式结构如图 11.5 所示。

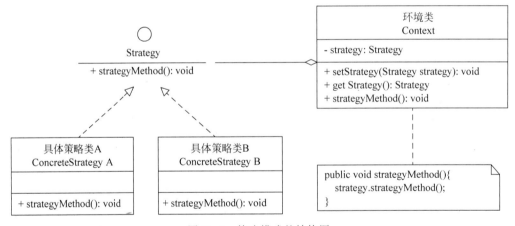

图 11.5 策略模式的结构图

例 11.2 从成本和速度两方面来选择不同的旅行策略，主要有：乘飞机、乘火车、乘轮船和骑自行车，其 UML 类图如图 11.6 所示。

核心代码如下。

ICostStrategy.java

```java
public interface ICostStrategy {
    public String cost();
}
```

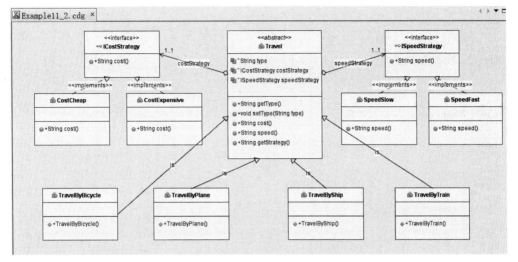

图 11.6 旅行策略模式 UML 类图

ISpeedStrategy.java

```
public interface ISpeedStrategy {
    public String speed();
}
```

Travel.java

```
public abstract class Travel {
    String type;
    ICostStrategy costStrategy;
    ISpeedStrategy speedStrategy;
    public String getType() {
        return type;
    }
    public void setType(String type) {
        this.type = type;
    }
    public String cost() {
        return costStrategy.cost();
    }
    public String speed() {
        return speedStrategy.speed();
    }
    public String getStrategy()
    {
        return this.type + this.cost() + this.speed();
    }
}
```

CostExpensive.java

```
public class CostExpensive implements ICostStrategy
```

```java
{
    @Override
    public String cost() {
        return "价格昂贵";
    }
}
```

CostCheap.java

```java
public class CostCheap implements ICostStrategy
{
    @Override
    public String cost() {
        return "价格便宜";
    }
}
```

SpeedFast.java

```java
public class SpeedFast implements ISpeedStrategy
{
    @Override
    public String speed() {
        return "速度很快";
    }
}
```

SpeedSlow.java

```java
public class SpeedSlow implements ISpeedStrategy
{
    @Override
    public String speed() {
        return "速度缓慢";
    }
}
```

TravelByPlane.java

```java
public class TravelByPlane extends Travel{
    public TravelByPlane() {
        this.type = "乘飞机旅行";
        this.costStrategy = new CostExpensive();
        this.speedStrategy = new SpeedFast();
    }
}
```

TravelByTrain.java

```java
public class TravelByTrain extends Travel
{
    public TravelByTrain() {
        this.type = "乘火车旅行";
```

```java
        this.costStrategy = new CostCheap();
        this.speedStrategy = new SpeedFast();
    }
}
```

TravelByShip.java

```java
public class TravelByShip extends Travel
{
    public TravelByShip() {
        this.type = "乘轮船旅行";
        this.costStrategy = new CostExpensive();
        this.speedStrategy = new SpeedSlow();
    }
}
```

TravelByBicycle.java

```java
public class TravelByBicycle extends Travel
{
    public TravelByBicycle() {
        this.type = "乘自行车旅行";
        this.costStrategy = new CostCheap();
        this.speedStrategy = new SpeedSlow();
    }
}
```

TravelJFrame.java

```java
public class TravelJFrame extends javax.swing.JFrame {
    private TravelByPlane travelByPlane;
    private TravelByTrain travelByTrain;
    private TravelByShip travelByShip;
    private TravelByBicycle travelByBicycle;
    private Travel travel;

    public TravelJFrame() {
        initComponents();
        this.setTitle("旅行策略");
        travelByPlane = new TravelByPlane();
        travelByTrain = new TravelByTrain();
        travelByShip = new TravelByShip();
        travelByBicycle = new TravelByBicycle();
    }

private void jRadioButton1ItemStateChanged(java.awt.event.ItemEvent evt) {
        if(evt.getStateChange() == ItemEvent.SELECTED)
        {
            travel = travelByPlane;
            this.jLabel2.setText(travel.getStrategy());
        }
    }
```

```
private void jRadioButton2ItemStateChanged(java.awt.event.ItemEvent evt) {
    if(evt.getStateChange() == ItemEvent.SELECTED)
    {
        travel = travelByTrain;
        this.jLabel2.setText(travel.getStrategy());
    }
}
private void jRadioButton3ItemStateChanged(java.awt.event.ItemEvent evt) {
    if(evt.getStateChange() == ItemEvent.SELECTED)
    {
        travel = travelByShip;
        this.jLabel2.setText(travel.getStrategy());
    }
}
private void jRadioButton4ItemStateChanged(java.awt.event.ItemEvent evt) {
    if(evt.getStateChange() == ItemEvent.SELECTED)
    {
        travel = travelByBicycle;
        this.jLabel2.setText(travel.getStrategy());
    }
}
```

例 11.2 的程序运行结果如图 11.7 所示。

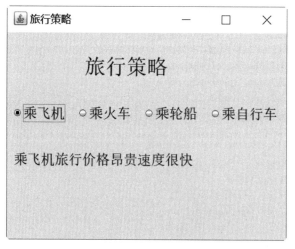

图 11.7　例 11.2 的程序运行结果

11.3.3　装饰模式

在现实生活中,常常需要对现有产品增加新的功能或美化其外观,如房子装修、相片加相框等。在软件开发过程中,有时想用一些现存的组件,这些组件可能只是完成了一些核心功能,但在不改变其结构的情况下,可以动态地扩展其功能。所有这些都可以采用装饰模式来实现。

装饰(Decorator)模式指在不改变现有对象结构的情况下,动态地给该对象增加一些职责(即增加其额外功能)的模式,它属于对象结构型模式。

装饰(Decorator)模式的主要优点如下。

(1) 采用装饰模式扩展对象的功能比采用继承方式更加灵活。

(2) 可以设计出多个不同的具体装饰类,创造出多个不同行为的组合。

其主要缺点是:装饰模式增加了许多子类,如果过度使用会使程序变得很复杂。

装饰模式主要包含以下角色。

(1) 抽象构件(Component)角色:定义一个抽象接口以规范准备接收附加责任的对象。

(2) 具体构件(Concrete Component)角色:实现抽象构件,通过装饰角色为其添加一些职责。

(3) 抽象装饰(Decorator)角色:继承抽象构件,并包含具体构件的实例,可以通过其子类扩展具体构件的功能。

(4) 具体装饰(Concrete Decorator)角色:实现抽象装饰的相关方法,并给具体构件对象添加附加的责任。

装饰模式如图 11.8 所示。

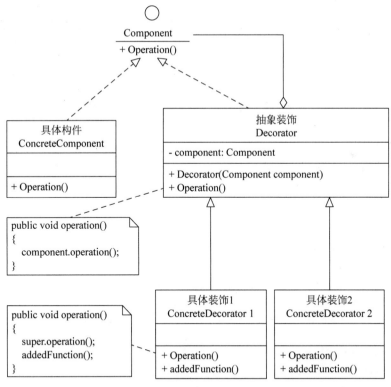

图 11.8 装饰模式的结构图

例 11.3 通过装饰模式实现为饮料计算价格,饮料有两种:咖啡和奶茶。咖啡 20 元,奶茶 25 元。不同的饮料中可加放不同的配料:摩卡 10 元,珍珠 15 元,奶泡 10 元,巧克力 20 元。计算添加配料后饮料的最终价格。饮料与配料价格明细如表 11.2 所示。

表 11.2 饮料与配料价格明细表

饮 料	价格/元	配 料	价格/元
咖啡	20	摩卡	10
		珍珠	15
奶茶	25	奶泡	10
		巧克力	20

计算饮料最终价格的 UML 类图如图 11.9 所示。

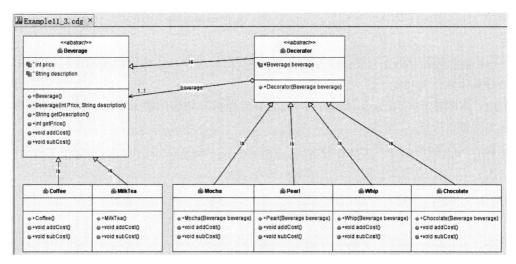

图 11.9 计算饮料价格装饰模式的结构图

核心代码如下。

Beverage.java

```
public abstract class Beverage {
    int price;
    String description;
    public Beverage() {
    }
    public Beverage(int Price, String description) {
        this.price = Price;
        this.description = description;
    }
    public String getDescription() {
        return description;
    }
    public int getPrice() {
        return price;
    }
    public abstract void addCost();
    public abstract void subCost();
}
```

Coffee.java

```java
public class Coffee extends Beverage {
    public Coffee() {
        this.description = "咖啡";
        this.price = 20;
    }
    @Override
    public void addCost() {
    }
    @Override
    public void subCost() {
    }
}
```

MilkTea.java

```java
public class MilkTea extends Beverage {
    public MilkTea() {
        this.description = "奶茶";
        this.price = 25;
    }
    @Override
    public void addCost() {
    }
    @Override
    public void subCost() {
    }
}
```

Decorator.java

```java
public abstract class Decorator extends Beverage {
    protected Beverage beverage;
    public Decorator(Beverage beverage) {
        this.beverage = beverage;
    }
}
```

Mocha.java

```java
public class Mocha extends Decorator {
    public Mocha(Beverage beverage) {
        super(beverage);
    }
    @Override
    public void addCost() {
        this.price = this.beverage.getPrice() + 10;
        this.description = this.beverage.getDescription() + ",摩卡";
    }
    @Override
    public void subCost() {
```

```java
        this.price = this.beverage.getPrice() - 10;
        this.description = this.beverage.getDescription().replaceFirst(",摩卡", "");
    }
}
```

Pearl.java

```java
public class Pearl extends Decorator
{
    public Pearl(Beverage beverage) {
        super(beverage);
    }
    @Override
    public void addCost() {
        this.price = this.beverage.getPrice() + 15;
        this.description = this.beverage.getDescription() + ",珍珠";
    }
    @Override
    public void subCost() {
        this.price = this.beverage.getPrice() - 15;
        this.description = this.beverage.getDescription().replaceFirst(",珍珠", "");
    }
}
```

Whip.java

```java
public class Whip extends Decorator
{
    public Whip(Beverage beverage) {
        super(beverage);
    }
     @Override
    public void addCost() {
        this.price = this.beverage.getPrice() + 10;
        this.description = this.beverage.getDescription() + ",奶泡";
    }
    @Override
    public void subCost() {
        this.price = this.beverage.getPrice() - 10;
        this.description = this.beverage.getDescription().replaceFirst(",奶泡", "");
    }
}
```

Chocolate.java

```java
public class Chocolate extends Decorator {
    public Chocolate(Beverage beverage) {
        super(beverage);
    }
    @Override
    public void addCost() {
        this.price = this.beverage.getPrice() + 20;
```

```
            this.description = this.beverage.getDescription() + ",巧克力";
        }
        @Override
        public void subCost() {
            this.price = this.beverage.getPrice() - 20;
            this.description = this.beverage.getDescription().replaceFirst(",巧克力", "");
        }
    }
```

例 11.3 的程序运行结果如图 11.10 所示。

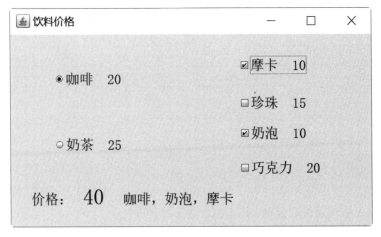

图 11.10　例 11.3 的程序运行结果

11.3.4　工厂方法模式

工厂方法(Factory Method)模式：定义一个创建产品对象的工厂接口，将产品对象的实际创建工作推迟到具体子工厂类当中。这满足创建型模式中所要求的"创建与使用相分离"的特点。工厂方法模式中考虑的是一类产品的生产，如畜牧场养动物、电视机厂生产电视机、计算机软件学院只培养计算机软件专业的学生等。

工厂方法模式的主要优点如下。

(1) 用户只需要知道具体工厂的名称就可得到所要的产品，无须知道产品的具体创建过程。

(2) 在系统增加新的产品时只需要添加具体产品类和对应的具体工厂类，无须对原工厂进行任何修改，满足开闭原则。

其缺点是：每增加一个产品就要增加一个具体产品类和一个对应的具体工厂类，这增加了系统的复杂度。

工厂方法模式的主要角色如下。

(1) 抽象工厂(Abstract Factory)：提供了创建产品的接口，调用者通过它访问具体工厂的工厂方法 newProduct() 来创建产品。

(2) 具体工厂(Concrete Factory)：主要是实现抽象工厂中的抽象方法，完成具体产品的创建。

(3) 抽象产品(Product)：定义了产品的规范，描述了产品的主要特性和功能。

（4）具体产品(Concrete Product)：实现了抽象产品角色所定义的接口，由具体工厂来创建，它同具体工厂之间一一对应。

工厂方法模式的结构如图 11.11 所示。

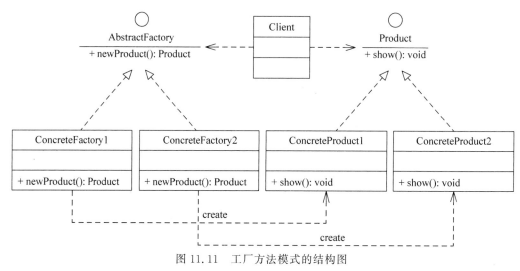

图 11.11　工厂方法模式的结构图

例 11.4　假设有一宠物店饲养了大量的动物，主要有猫和狗，每天饲养员要给动物们喂食，采用工厂方法模式进行实现，其 UML 类图如图 11.12 所示。

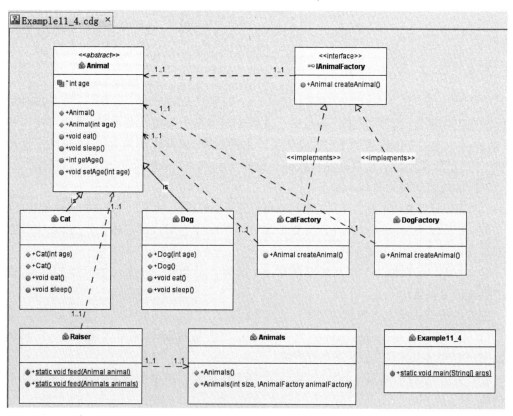

图 11.12　饲养员喂养动物工厂方法模式的结构图

例 11.4 的核心代码如下。

Animal.java

```java
public abstract class Animal {
    int age;
    public Animal() {
    }
    public Animal(int age) {
        this.age = age;
    }
    public abstract void eat();
    public abstract void sleep();
    public int getAge() {
        return age;
    }
    public void setAge(int age) {
        this.age = age;
    }
}
```

Dog.java

```java
public class Dog extends Animal{
    public Dog(int age) {
        super(age);
    }
    public Dog() {
    }
    @Override
    public void eat()
    {
        System.out.println("Dog gnaw bone.");
    }
    @Override
    public void sleep()
    {
        System.out.println("Dog is sleeping.");
    }
}
```

Cat.java

```java
public class Cat extends Animal{
    public Cat(int age) {
        super(age);
    }
    public Cat() {
    }
    @Override
    public void eat()
    {
        System.out.println("Cat eat fish.");
```

```
        }
        @Override
    public void sleep()
    {
        System.out.println("Cat is sleeping.");
    }
}
```

Animals.java

```
public class Animals extends ArrayList<Animal>{
    public Animals() {
    }
    public Animals(int size,IAnimalFactory animalFactory)
    {
        for(int i = 0;i<size;i++)
        {
            this.add(animalFactory.createAnimal());
        }
    }
}
```

IAnimalFactory.java

```
public interface IAnimalFactory {
    public Animal createAnimal();
}
```

CatFactory.java

```
public class CatFactory implements IAnimalFactory{
    public Animal createAnimal() {
        return new Cat();
    }
}
```

DogFactory.java

```
public class DogFactory implements IAnimalFactory{
    public Animal createAnimal() {
        return new Dog();
    }
}
```

Raiser.java

```
public class Raiser {
    public static void feed(Animal animal)
    {
        animal.eat();
    }
    public static void feed(Animals animals)
    {
```

```
        for(int i = 0;i < animals.size();i++)
        {
            Raiser.feed(animals.get(i));
        }
    }
}
```

Example11_4.java

```
public class Example11_4 {
    public static void main(String[] args) {
        // TODO code application logic here
        Animals animals = new Animals(5, new CatFactory());
        animals.addAll(new Animals(5, new DogFactory()));
        Raiser.feed(animals);
    }
}
```

例 11.4 的程序运行结果如图 11.13 所示。

在主方法中利用动物工厂分别创建了 5 只猫和 5 只狗，饲养员能够统一进行喂养，由输出结果可见不同的动物吃的行为是不一样的。

图 11.13　例 11.4 的程序运行结果

小　　结

本章介绍了设计模式的基本概念以及设计模式的基本原则，并简要介绍了统一建模语言 UML，对常用的几种设计模式做了简要的阐述并给出了一些示例。通过本章的学习读者可以更好地理解面向对象的思想，并能够利用常用的设计模式来较好地解决实际中的问题。

习　　题

1. 常见的设计模式有几种？它们是如何分类的？
2. 列举一个工程模式的示例并加以实现。
3. 策略模式与装饰模式的优缺点是什么？
4. 设计一些类提供市场数据，要求可以不定时切换不同的厂商，如 Reuters、Wombat 或者直接的批发商，如何设计该市场数据系统？
5. 什么是 MVC 设计模式？举一个 MVC 设计模式的例子。
6. 什么是适配器模式？使用 Java 实现适配器模式的例子。
7. 什么是责任链模式(Chain of Responsibility)？使用 Java 实现责任链模式的例子。

第 12 章　Java 多线程机制

本章导图：

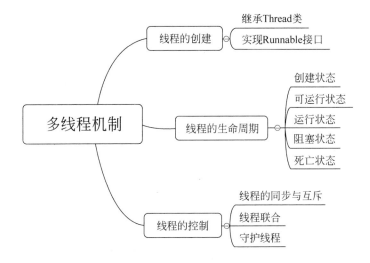

主要内容：
- 多线程基本概念。
- 创建线程的方式。
- 线程的生命周期及控制。
- 线程的调度。
- 多线程的互斥与同步。

难点：
- 线程的调度。
- 线程的同步。

传统的单线程程序设计使程序在某一段时间内只能够处理一件事情,这样就造成了大量的 CPU 资源浪费,同时也降低了程序运行的效率。例如,在访问网页时,我们通常并不是打开一个页面,而是同时打开很多网页;在聊天室中,我们希望能够与多个人同时聊天,而服务器还要能够处理不同的用户请求。在这些情况下都要使用多线程,而单线程程序无法同时完成多个任务。多线程是这样一种机制,它允许在程序中并发执行多个任务,每个任务都称为一个线程,彼此间互相独立。多个线程的执行是并发的,也就是说在逻辑上是同时的而不管是否是物理上的"同时"。当然如果系统只有一个 CPU,那么真正的同时是不可能的,但是由于 CPU 的速度非常快,用户不会感觉到前后的差别。多线程编程技术是 Java 语言的重要特点之一,本章将详细讲解 Java 语言中的多线程编程。

12.1 多线程基础

12.1.1 程序、进程与线程

以前所编写的程序,每个程序都有一个入口、一个出口以及一个顺序执行的序列,在程序执行过程中的任何指定时刻,都只有一个单独的执行点。

事实上,在单个程序内部是可以在同一时刻进行多种运算的,这就是所谓的多线程(这与多任务的概念有相似之处)。

一个单独的线程和顺序程序相似,也有一个入口、一个出口以及一个顺序执行的序列,从概念上说,一个线程是一个程序内部的一个顺序控制流。

线程并不是程序,它自己本身并不能运行,必须在程序中运行。在一个程序中可以实现多个线程,这些线程同时运行,完成不同的功能,如图 12.1 所示。

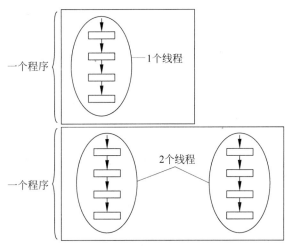

图 12.1 单线程与多线程

程序是一段静态的代码,它是应用软件执行的蓝本。

进程是程序的一次动态执行过程,它对应了从代码加载、执行完毕的一个完整过程,这个过程也是进程本身从生产、发展至消亡的过程。线程是比进程更小的执行单位。一个进程在其执行过程中可以产生多个线程,形成多条执行线索,即每个线程也有它自身的产生、存在和消亡的过程,也是一个动态的概念。我们知道,每个进程都有一段专用的内存区域,与此不同的是,线程间可以共享相同的内存单元(包括代码与数据),并利用这些共享单元来实现实际的具体问题,是计算机应用开发和程序设计的一个必然发展趋势。

我们已经知道,操作系统使用分时管理各个进程,按时间片轮流执行每个进程。Java 的多线程是在操作系统每次分时给 Java 程序一个时间片的 CPU 时间内,在若干个独立的可控制的线程之间切换。如果机器有多处理器,那么 JVM 就能充分利用这些 CPU,使得 Java 程序在同一时刻能获得多个时间片，Java 程序就可以获得真实的线程并发执行效果。

每个 Java 程序都有一个默认的主线程。我们已经知道，Java 应用程序总是从主类的 main()方法开始执行。当 JVM 加载代码，发现 main()方法之后，就会启动一个线程，这个线程称作"主线程"，该线程负责执行 main()方法。那么，在 main()方法的执行中再创建的线程，就称为程序中的其他线程。如果 main()方法中没有创建其他的线程，那么当 main()方法执行完最后一个语句，即 main()方法执行返回时，JVM 就会结束 Java 应用程序。如果 main()方法又创建了其他线程，那么 JVM 就要在主线程和其他线程中都有机会使用 CPU 资源，main()方法即使执行完最后的语句(主线程after)，JVM 也不会结束程序，JVM 一直要等到程序中的所有线程都结束之后，才结束 Java 应用程序，如图 12.2 所示。

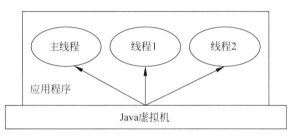

图 12.2　主线程与其他线程

12.1.2　多线程基本概念

从逻辑的观点来看，多线程意味着一个程序的多行语句同时执行，但是多线程并不等于多次启动一个程序，操作系统也不会把每个线程当作独立的进程来对待。

(1) 两者的粒度不同，是两个不同层次上的概念。进程是由操作系统来管理的，而线程则是在一个程序(进程)内。

(2) 不同进程的代码、内部数据和状态都是完全独立的，而一个程序内的多线程是共享同一块内存空间和同一组系统资源，有可能互相影响，如图 12.3 所示。

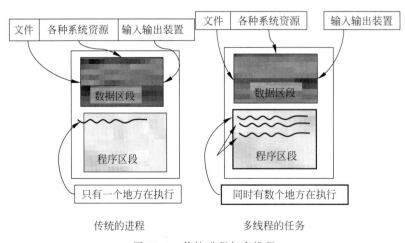

图 12.3　传统进程与多线程

(3) 线程本身的数据通常只有寄存器数据,以及一个程序执行时使用的堆栈,所以线程的切换比进程切换的负担要小。

多线程的优势如下。

(1) 减轻编写交互频繁、涉及面多的程序的困难(如监听网络端口)。

(2) 程序的吞吐量会得到改善(同时监听多种设备,如网络端口、串口、并口以及其他外设)。

(3) 有多个处理器的系统,可以并发运行不同的线程(否则,任何时刻只有一个线程在运行)。

虽然各种操作系统(UNIX/Linux、Windows 系列等)都支持多线程,但若要用 C、C++或其他语言编写多线程程序是十分困难的,因为它们对数据同步的支持不充分。

对多线程的综合支持是 Java 语言的一个重要特色,它提供了 Thread 类来实现多线程。在 Java 中,线程可以认为是由以下三部分组成的。

(1) 虚拟 CPU,封装在 java.lang.Thread 类中,它控制着整个线程的运行。

(2) 执行的代码,传递给 Thread 类,由 Thread 类控制顺序执行。

(3) 处理的数据,传递给 Thread 类,是在代码执行过程中所要处理的数据。

12.2 线程的创建

Java 的线程是通过 Java 的软件包 java.lang 中定义的类 Thread 来实现的。当生成一个 Thread 类的对象之后,就产生了一个线程,通过该对象实例,可以启动线程、终止线程或者暂时挂起它等。

Thread 类本身只是线程的虚拟 CPU,线程所执行的代码(或者说线程所要完成的功能)是通过方法 run()(包含在一个特定的对象中)来完成的,方法 run()称为线程体。实现线程体的特定对象是在初始化线程时传递给线程的。在一个线程被建立并初始化以后,Java 的运行时系统就自动调用 run()方法,正是通过 run()方法才使得建立线程的目的得以实现。

通常,run()方法是一个循环,例如,一个播放动画的线程要循环显示一系列图片。有时,run()方法会执行一个时间较长的操作,例如,下载并播放一个 JPEG 格式的电影。

先来看看线程对象的初始化,类 Thread 的构造方法如下。

public Thread(ThreadGroup group, Runnable target, String name)

其中,

group 指明了线程所属的线程组;

target 是线程体 run()方法所在的对象;

name 是线程的名称。

target 必须实现接口 Runnable。在接口 Runnable 中只定义了一个方法 void run()作为线程体。任何实现接口 Runnable 的对象都可以作为一个线程的目标对象。

Thread 本身也实现了接口 Runnable,因此,上述构造方法中各参数都可以为 null,并且可以有两种方法构造用户自己的 run()方法,即继承 Thread 类重写 Thread 类中的 run()

方法或实现 Runnable 接口中的 run()方法。如此一来,创建线程的方式就有以下两种。
(1) 通过继承 Thread 类创建线程。
(2) 实现 Runnable 接口创建线程。

12.2.1 继承 Thread 类创建线程

定义一个线程类,它继承类 Thread 并重写其中的方法 run()。这时在初始化这个类的实例时,目标对象 target 可以为 null,表示这个实例本身具有线程体。由于 Java 只支持单继承,用这种方法定义的类不能再继承其他类。

下面的例 12.1 中通过继承 Thread 类的方式创建两个线程,分别输出 5 个数(0～4)。MyThread 类继承 Thread 类,重写 Thread 类中的 run()方法,实现整型变量 i 的循环输出 5 次。在主程序的 Main()方法中创建两个线程 Thread1 和 Thread2,并分别启动线程 Thread1 和线程 Thread2。

Thread 类中的 start()方法负责启动线程。启动线程后,会开辟一个新的线程来运行 run()方法中的语句。

程序代码如下。

例 12.1
Example12_1.java

```java
public class Example12_1 {
    public static void main(String[] args) {
        System.out.println("主线程开始运行.");        //开始启动主线程
        MyThread th1 = new MyThread();               //创建线程1
        th1.setName("Thread1");                       //设置线程1的名称为Thread1
        MyThread th2 = new MyThread();               //创建线程2
        th2.setName("Thread2");                       //设置线程2的名称为Thread2
        th1.start();                                  //启动线程1
        th2.start();                                  //启动线程2
        System.out.println("主线程运行结束.");
    }
}
```

MyThread.java

```java
public class MyThread extends Thread {
int i = 0;
    @Override
    public void run()
    {
        System.out.println("启动线程" + Thread.currentThread().getName());
        while(true)        //循环输出5个数,i从0开始,加到4结束
        {
            System.out.println("运行线程" + Thread.currentThread().getName() + ",输出i的值:" + i);
            try
            {
```

```
                Thread.sleep(10);
            }
            catch(InterruptedException e){
                System.out.println(e.getMessage());
            }
            if(i == 4) break;
            i++;
        }
        System.out.println(Thread.currentThread().getName() + "运行结束.");
    }
}
```

```
run:
主线程开始运行。
主线程运行结束。
启动线程Thread1
运行线程Thread1,输出i的值:0
启动线程Thread2
运行线程Thread2,输出i的值:0
运行线程Thread1,输出i的值:1
运行线程Thread2,输出i的值:1
运行线程Thread1,输出i的值:2
运行线程Thread2,输出i的值:2
运行线程Thread2,输出i的值:3
运行线程Thread1,输出i的值:3
运行线程Thread1,输出i的值:4
运行线程Thread2,输出i的值:4
Thread2运行结束。
Thread1运行结束。
成功生成（总时间：1 秒）
```

例 12.1 的程序运行结果如图 12.4 所示。

通过程序的运行结果可以看出，主线程首先启动，在主线程结束后，子线程并没有停止运行。两个子线程在启动后，几乎同时运行来输出 i 的值，并不是线程 1 运行完之后才运行线程 2。线程 1 和线程 2 的运行是并行的。

图 12.4 例 12.1 的程序运行结果

12.2.2 实现 Runnable 接口创建线程

提供一个实现接口 Runnable 的类作为线程的目标对象。在初始化一个 Thread 类或子类生成线程实例时，把目标对象传递给这个线程实例，由该目标对象提供线程体 run() 方法。这时，实现接口 Runnable 的类还可以再继承其他类。

下面的例 12.2 中同样是创建两个线程，分别输出 5 个数（0～4）。这次采用实现 Runnable 接口的方式来创建两个子线程。程序的代码如下。

例 12.2

Example12_2.java

```
public class Example12_2 {
    public static void main(String[] args) {
        System.out.println("主线程开始运行.");          //开始启动主线程
        MyRunnable run1 = new MyRunnable();            //创建线程目标对象 run1
        MyRunnable run2 = new MyRunnable();            //创建线程目标对象 run2
        Thread th1 = new Thread(run1);                 //创建线程 1,并将目标对象指向 run1
        th1.setName("Thread1");                        //设置线程 1 的名称为 Thread1
        Thread th2 = new Thread(run2);                 //创建线程 2,并将目标对象指向 run2
        th2.setName("Thread2");                        //设置线程 2 的名称为 Thread2
        th1.start();                                   //启动线程 1
        th2.start();                                   //启动线程 2
        System.out.println("主线程运行结束.");
    }
}
```

MyRunnable.java

```
public class MyRunnable implements Runnable {
    int i = 0;
```

```java
        public void run()
        {
            System.out.println("启动线程" + Thread.currentThread().getName());
            while(true)                              //循环输出5个数,i从0开始,加到4结束
            {
                System.out.println("运行线程" + Thread.currentThread().getName() + ",输出i的值:" + i);
                try{Thread.sleep(10);}
                catch(InterruptedException e){
                System.out.println(e.getMessage());
                }
                if(i == 4) break;
                i++;
            }
            System.out.println(Thread.currentThread().getName() + "线程结束.");
        }
    }
```

例12.2的程序运行结果如图12.5所示。

从程序的运行结果来看,和例12.1中通过继承Thread类创建线程的结果基本相同,只是实现的方式不同。在使用Thread类创建线程对象时,调用其构造方法:

Thread(Runnable target)

该构造方法中的参数是一个Runnable接口的类型,因此此创建线程对象时必须向构造方法的参数传递一个实现Runnable接口类的实例,该实例对象称作所创线程的目标对象,当线程调用start()方法后,一旦轮到它来使用CPU资源,目标对象就会自动调用接口中的run()方法(接口回调),这一过程是自动实现的,用户程序只需要让线程用户直接调用start()方法即可,也就是说,当线程被调度并转入运行状态时,所执行的就是run()方法中所规定的操作。

```
run:
主线程开始运行。
主线程运行结束。
启动线程Thread1
运行线程Thread1,输出i的值:0
启动线程Thread2
运行线程Thread2,输出i的值:0
运行线程Thread1,输出i的值:1
运行线程Thread2,输出i的值:1
运行线程Thread1,输出i的值:2
运行线程Thread2,输出i的值:2
运行线程Thread1,输出i的值:3
运行线程Thread2,输出i的值:3
运行线程Thread1,输出i的值:4
运行线程Thread2,输出i的值:4
Thread1线程结束。
Thread2线程结束。
成功生成（总时间：1 秒）
```

图12.5 例12.2的程序运行结果

12.2.3 两种创建线程方法的优缺点

在创建线程的这两种方式中,各有各自的优缺点,现比较如下。

1. 继承Thread的优点

(1) 代码简单,实现线程直观易懂,而且在线程的控制中实现也比较方便。因此许多程序员使用扩展Thread的机制。

(2) 当使用多个代码段时,使用继承Thread类更加紧凑、方便。

2. 实现Runnable接口的优点

(1) 从面向对象的角度来看,Thread类是一个虚拟处理机严格的封装,因此只有当处理机模型修改或扩展时,才应该继承类。正因为如此,程序往往通过实现Runnable接口来

实现线程。

（2）由于 Java 技术只允许单一继承，所以如果类已经继承了其他的类，就不能再继承 Thread 类，例如，在 Applet 编程中，程序必须要继承 Applet 这个类，在这个情况下，要实现多线程只能采用实现 Runnable 接口的方法。

3. 继承 Thread 的缺点

由于 Java 继承的单一性原则，如果一个类继承了 Thread 类，那么它将无法再继承其他类。

4. 实现 Runnable 的缺点

由于使用 Runnable 来实现线程具有高度的封装性，使得程序员只能够使用一套代码，如果想创建多个线程并使各个线程执行不同的代码，使用 Runnable 接口来创建线程没有直接使用继承 Thread 类创建线程方便。

在具体应用中，采用哪种方法来构造线程体要根据具体情况而定。通常，当一个线程体所在的类已经继承了另一个类时，就应该用实现 Runnable 接口的方法。

12.3 线程的生命周期及控制

线程是程序内部的一个顺序控制流，它具有一个特定的生命周期。在一个线程的生命周期中，它总处于某一种状态中。线程的状态表示了线程正在进行的活动以及在这段时间内线程能完成的任务。

12.3.1 线程的生命周期

线程从创建到结束共分为 5 个状态：创建状态、可运行状态、运行状态、阻塞状态和死亡状态。在这几种状态中，可运行状态、运行状态和阻塞状态之间是可以相互转换的。对线程的控制就是要控制线程的 5 种状态及它们之间的相互转换和调度。

1. 创建状态

创建了一个线程但是尚未运行，该线程就处于 new 状态。该状态线程的对象已被分配了内存空间，其成员变量也已被实例化。例如代码：

```
Thread th1 = new Thread();
```

2. 可运行状态

一旦 Thread 的对象执行了 start() 方法，线程就进入可运行状态或称为 Runnable 状态。Runnable 状态是线程的就绪状态，表示线程正在等待，随时可被调用执行。线程能否运行主要看它的优先级是否是最高的。因为在 Java 中线程是抢占式运行的，具有最高优先级的线程才能够运行。例如启动线程的代码：

```
th1.start();
```

3. 运行状态

当线程拥有 CPU 的控制权时，线程的状态将转换为运行状态或称为 Running 状态，表示线程正在运行。这时线程将运行 run() 方法中的代码。

4. 阻塞状态

当线程被暂停或者有更高优先级的线程进入时,线程将由运行状态转换成阻塞状态或称为 Blocked 状态,这时线程将被暂停。能够将线程阻塞的原因主要有以下几个。

(1) JVM 将 CPU 资源从当前线程切换给其他线程,使本线程让出 CPU 的使用权处于中断状态。

(2) 线程使用 CPU 资源期间,执行了 sleep(int millsecond)方法,使当前线程进入休眠状态。

(3) 线程使用 CPU 资源期间,执行了 wait()方法。

(4) 线程使用 CPU 资源期间,执行某个操作进入阻塞状态。

5. 死亡状态

当线程执行完毕或被其他线程强行中断时,例如,别的线程调用 stop()方法,线程将会进入死亡状态或称为 Dead 状态。出于线程安全性的考虑,所有线程最好执行完毕自然结束,而非调用 stop()方法强制结束。

线程各状态之间的关系如图 12.6 所示。

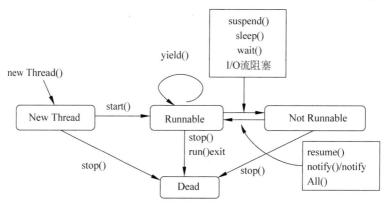

图 12.6 线程各状态之间的关系

12.3.2 线程的休眠

在线程执行的过程中,调用 sleep()方法可以让线程休眠一段时间,等到指定的时间达到后,该线程则会苏醒,并进入可运行状态等待运行。这是使正在运行的线程让出 CPU 资源最简单的方法。

sleep()方法是 Thread 类中的静态方法,其定义如下。

public static void sleep(long millis)

其中,参数 millis 是以毫秒为单位的休眠时间。

该方法无须产生 Thread 对象,通过 Thread 类直接调用。调用该方法时会抛出 InterruptedException 异常,必须捕获处理。在指定的毫秒数内让当前调用 sleep()方法的线程阻塞,释放 CPU 资源让给其他线程。此操作受到系统计时器和调度程序精度和准确性的影响。

在下面的例 12.3 中,创建并启动一个子线程,在主线程中调用 sleep()方法,使主线程阻塞 1s,再继续运行完毕。子线程中显示输出 5 个数(0~4)。程序代码如下。

例 12.3

Example12_3.java

```java
public class Example12_3 {
    public static void main(String[] args) {
        System.out.println("主线程开始运行.");        //开始启动主线程
        SubThread sbThread1 = new SubThread();        //创建子线程
        sbThread1.setName("SubThread");
        sbThread1.start();                            //启动子线程
        try{
        Thread.sleep(1000);                           //使主线程暂停 1 秒
        }catch(InterruptedException e)
        {
            System.out.println(e.getMessage());
        }
        System.out.println("主线程运行结束.");
    }
}
```

SubThread.java

```java
public class SubThread extends Thread {
    int i = 0;
    @Override
    public void run() {
        System.out.println("启动线程" + Thread.currentThread().getName());
        while (true) {
            System.out.println("运行线程" + Thread.currentThread().getName() + ",输出i的值:" + i);
            if (i == 4) {
                break;
            }
            i++;
        }
        System.out.println(Thread.currentThread().getName() + "线程结束.");
    }
}
```

例 12.3 的程序运行结果如图 12.7 所示。

从程序的运行结果可以看出,在启动子线程后,主线程因为调用 sleep(1000)方法而休眠了 1s,在此 1s 主线程让出 CPU 给子线程,子线程运行输出完毕,1s 后主线程恢复运行,程序结束。

```
run:
主线程开始运行。
启动线程SubThread
运行线程SubThread,输出i的值:0
运行线程SubThread,输出i的值:1
运行线程SubThread,输出i的值:2
运行线程SubThread,输出i的值:3
运行线程SubThread,输出i的值:4
SubThread线程结束。
主线程运行结束。
成功生成（总时间：2 秒）
```

图 12.7 例 12.3 的程序运行结果

12.3.3 线程的优先级

很多系统在对进程进行调度时,会采用优先级调度策略。Java 中在对线程进行调度时,也采用了优先级调度策略,具体策略为:"优先级高的线程应该有更大的获取 CPU 资源而执行的概率,优先级低的线程并不是总是不能执行"。也就是说,当前正在执行的线程优先级一般不会比正在可运行状态的线程的优先级低。

Java 中线程的优先级用 1~10 的整数表示,数值越大优先级越高,默认优先级数为 5。例如,在没有特别指定的情况下,主线程的优先级别为 5。另外,对于子线程,其初始优先级与其父线程的优先级相同。也就是说,若父线程优先级为 5,则其子线程的初始优先级也为 5。

当需要改变线程的优先级时,可通过调用方法 setPriority()方法来实现,其方法的定义如下。

public final void setPriority(int newPriority)

该方法是 final 的,所以在继承 Thread 类时不能重写该方法。

参数 newPriority 表示需要设置的优先级别,应该是 1~10 的整数。为了方便使用,Java 中也提供了以下 3 个常量的值。

MAX_PRIORITY:线程可以具有的最高优先级。
NORM_PRIORITY:分配给线程的默认优先级。
MIN_PRIORITY:线程可以具有的最低优先级。

在例 12.4 中,分别创建两个子线程 Thread1 和 Thread2,并设置不同的优先级,可以看出,优先级别高的先运行完,优先级别低的后运行完。优先级例子的代码如下。

例 12.4

Example12_4.java

```java
public class Example12_4 {
    public static void main(String[] args) {
        System.out.println("主线程开始运行.");
        SubThread th1 = new SubThread();              //创建线程 Thread1
        th1.setName("Thread1");
        th1.setPriority(Thread.MIN_PRIORITY,youxianlizi);  //为线程 1 设置低优先级
        SubThread th2 = new SubThread();              //创建线程 Thread2
        th2.setName("Thread2");
        th2.setPriority(Thread.MAX_PRIORITY);         //为线程 2 设置高优先级
        th1.start();                                  //启动线程 1
        th2.start();                                  //启动线程 2
        System.out.println("主线程运行结束.");
    }
}
```

SubThread.java

```java
public class SubThread extends Thread {
int i = 0;
    @Override
    public void run()
    {
        System.out.println("启动线程" + Thread.currentThread().getName());

        while(true)
```

```
            {
                System.out.println("运行线程" + Thread.currentThread().getName() + ",输出 i 的值:" + i);
                if(i == 4) break;
                i++;
            }
            System.out.println(Thread.currentThread().getName() + "运行结束.");
        }
    }
```

例 12.4 的程序运行结果如图 12.8 所示。

```
run:
主线程开始运行。
主线程运行结束。
启动线程Thread2
运行线程Thread2,输出i的值:0
运行线程Thread2,输出i的值:1
运行线程Thread2,输出i的值:2
运行线程Thread2,输出i的值:3
运行线程Thread2,输出i的值:4
Thread2运行结束。
启动线程Thread1
运行线程Thread1,输出i的值:0
运行线程Thread1,输出i的值:1
运行线程Thread1,输出i的值:2
运行线程Thread1,输出i的值:3
运行线程Thread1,输出i的值:4
Thread1运行结束。
成功生成（总时间：0 秒）
```

图 12.8　例 12.4 的程序运行结果

从程序的运行结果可以看出,线程 1 比线程 2 早启动,但因为线程 1 的优先级别低于线程 2,线程 1 晚于线程 2 运行完。

12.4　线程的同步与互斥

Java 可以创建多个线程,在处理多线程问题时,必须注意这样一个问题:当两个或多个线程同时访问同一个变量,并且一个线程需要修改这个变量时,应对这样的问题做出处理,否则可能发生混乱。

12.4.1　synchronized 关键字

在处理线程同步时,最简单的方法就是可以把修改数据的方法用关键字 synchronized 来修饰。如果一个方法使用关键字 synchronized 修饰后,当一个线程使用这个方法时,其他线程想调用这个方法就必须等待,直到这个线程使用完该方法后才能够调用,如此来达到若干个线程对此方法的同步调用。

下面的例 12.5 对 12.2.2 节中的例 12.2 进行简单的修改，在主函数中使用 MyRunnable 仅创建一个线程目标对象 run1，使创建的两个线程指向同一个目标对象。两个子线程同步地对目标对象中的成员 i 进行加 1 的操作。虽然两个线程加的是同一个目标对象中的成员，但由于使用了同步机制并不会产生冲突和混乱。其程序代码如下。

例 12.5

Example12_5.java

```java
public class Example12_5 {
    public static void main(String[] args) {
        System.out.println("主线程开始运行.");        //开始启动主线程
        MyRunnable run1 = new MyRunnable();          //创建线程目标对象
        Thread th1 = new Thread(run1);               //创建线程1,并将目标对象指向run1
        th1.setName("Thread1");                      //设置线程1的名称为Thread1
        Thread th2 = new Thread(run1);               //创建线程2,并将目标对象也指向run1
        th2.setName("Thread2");                      //设置线程2的名称为Thread2
        th1.start();                                 //启动线程1
        th2.start();                                 //启动线程2
        System.out.println("主线程运行结束.");
    }
}
```

MyRunnable.java

```java
public class MyRunnable implements Runnable {
    int i = 0;
    public void run() {
        System.out.println("启动线程" + Thread.currentThread().getName());
        while (true) {
            addOne();
            if (i >= 4) break;
            try {
                Thread.sleep(20);
            } catch (InterruptedException e) {
                System.out.println(e.getMessage());
            }
        }
        System.out.println(Thread.currentThread().getName() + "线程结束.");
    }
    private synchronized void addOne() {
        System.out.println("运行线程" + Thread.currentThread().getName() + ",输出i的值:" + i);
        this.i++;
    }
}
```

例 12.5 的程序运行结果如图 12.9 所示。

通过运行结果可以看出，两个子线程同步地对 run1 中的成员 i 进行了加 1 操作，当加到 4 时，线程结束。

run:
主线程开始运行。
主线程运行结束。
启动线程Thread1
启动线程Thread2
运行线程Thread1,输出i的值:0
运行线程Thread2,输出i的值:1
运行线程Thread1,输出i的值:2
运行线程Thread2,输出i的值:3
Thread2线程结束。
运行线程Thread1,输出i的值:4
Thread1线程结束。
成功生成（总时间：0 秒）

图 12.9 例 12.5 的程序运行结果

12.4.2 线程同步常用的方法

当一个线程使用的同步方法中用到某个变量,而此变量又需要其他线程修改后才能符合本线程的需要,那么可以在同步方法中使用 wait() 方法。使用 wait() 方法可以中断方法的执行,使本线程等待,暂时让出 CPU 的使用权,并允许其他线程使用这个同步方法。其他线程如果在使用这个同步方法时不需要等待,那么它使用完这个同步方法的同时,应当用 notifyAll() 方法通知所有的由于使用这个同步方法而处于等待的线程结束等待。曾中断的线程就会从刚才的中断处理继续执行这个同步方法,并遵循"先中断先继续"的原则。如果使用 notify() 方法,那么只是通知处于等待中的线程的某一个结束等待。

wait()、notify() 和 notifyAll() 都是 Object 类中的 final() 方法,是被所有的类继承,且不允许重写的方法。

一个线程在使用同步方法时,可能根据问题的需要,必须使用 wait() 方法使本线程等待,暂时让出 CPU 的使用权,并允许其他线程使用这个同步方法。其他线程在使用这个同步方法时如果不需要等待,那么它用完这个同步方法的同时,应当执行 notifyAll() 方法通知所有的由于使用这个同步方法而处于等待的线程结束等待。

但有时候两个线程并不是同步的,即不涉及都需要调用一个同步方法,单线程也有可能需要暂时挂起。所谓挂起一个线程就是让线程暂时让出 CPU 的使用权限,停止执行,但停止执行的持续时间不确定,因此不能使用 sleep() 方法暂停线程。挂起一个线程需使用 wait() 方法,即让准备挂起的线程调用 wait() 方法,主动让出 CPU 的使用权限,暂时停止执行。那么怎么恢复这样的线程继续执行呢?所谓恢复线程就是让挂起的线程恢复执行过程,即从中断处继续执行线程的执行。为了恢复该线程,其他线程在占有 CPU 资源期间,让挂起的线程的目标对象执行 notifyAll() 方法,使得挂起的线程继续执行;如果线程没有目标对象,为了恢复该线程,其他线程在占有 CPU 资源期间,让挂起的线程调用 notifyAll() 方法,使挂起的线程继续执行。

12.4.3 堆栈问题

在堆栈中,按照"先进后出,后进先出"的策略对堆栈进行出栈(pop)和压栈(push)操作。压栈工作是将数据加入到堆栈中,并且将堆栈的索引加 1;出栈工作是先将堆栈的索引减 1,然后再把数据弹出堆栈。

假设堆栈的大小为 3,堆栈中最多仅能存放 3 个元素。有两个线程分别对堆栈进行连续的读写操作,其中一个线程进行连续的写操作(压栈);另一个线程进行连续的读操作(出栈)。在连续读写栈的同时,要保证当栈空的时候不能进行读(出栈)操作;当栈满的时候不能进行写(压栈)操作,否则会出现栈的操作异常。如栈满了还进行写操作会产生栈的溢出异常;栈空了还进行读操作会产生空引用异常。为了保证能够顺利安全地对栈进行读写操作,需要两个线程进行同步处理。即当栈满的时候,写的线程需调用 wait() 方法进入阻塞状态,等待读的线程读取栈中的元素后,调用 notify() 唤醒写的线程再恢复运行;当栈空的时候读的线程需调用 wait() 方法进入阻塞状态,等待写的线程写入元素后,调用 notify() 唤醒读的线程再恢复运行。其程序实现的代码如例 12.6 所示。

例 12.6
Example12_6. java

```java
import java.util.Stack;
public class Example12_6 {
    public static void main(String[] args) {
        Stack<Integer> myStack = new Stack<Integer>();
        myStack.setSize(3);
        myStack.removeAllElements();
        //创建读写线程
        Thread writeThread = new Thread(new WriteStack(myStack));
        writeThread.setName("WriteThread");
        Thread readThread = new Thread(new RreadStack(myStack));
        readThread.setName("ReadThread");
        //启动读写线程
        writeThread.start();
        readThread.start();
    }
}
```

WriteStack. java

```java
import java.util.Stack;
public class WriteStack implements Runnable {
    Stack<Integer> myStack;
    int count = 0;
    public WriteStack(Stack<Integer> myStack) {
        this.myStack = myStack;
    }
    public void run() {
        System.out.println("子线程" + Thread.currentThread().getName() + "开始写数据");
        while (count < 10) {
            synchronized (myStack) {
                if (myStack.size() == 3) {
                    try {
                        //此时线程被放置在等待线程池中
                        myStack.wait();
                    } catch (InterruptedException e) {
                        System.out.println(e.getMessage());
                    }
                }
                System.out.println("子线程" + Thread.currentThread().getName() + "写数据:" + myStack.push(count));
                count++;
                //当另外的线程执行了notify()方法后,线程可能会被释放出来
                if (myStack.size() == 3 || count == 10) {
                    myStack.notify();
                }
            }
        }
    }
}
```

RreadStack.java

```java
import java.util.Stack;
public class RreadStack implements Runnable {
    Stack<Integer> myStack;
    int count = 0;
    public RreadStack(Stack<Integer> myStack) {
        this.myStack = myStack;
    }
    public void run() {
        try {
            Thread.sleep(50);
        } catch (InterruptedException e) {
        }
        System.out.println("子线程" + Thread.currentThread().getName() + "开始读数据");
        while (count < 10) {
            //得到对象 myStack 的锁
            synchronized (myStack) {
                if (myStack.empty()) {
                    try {
                        //此时线程被放置在等待线程池中
                        myStack.wait();
                    } catch (InterruptedException e) {
                        System.out.println(e.getMessage());
                    }
                }
                System.out.println("子线程" + Thread.currentThread().getName() + "读数据:" + myStack.pop());
                count++;
                //当另外的线程执行了 notify()方法后,线程
                //可能会被释放出来
                if (myStack.empty() || count == 10) {
                    myStack.notify();
                }
            }
        }
    }
}
```

例 12.6 的程序运行结果如图 12.10 所示。

该程序中的两个线程分别对堆栈连续地读写了 10 次,每次写入 1 个整数(0~9)。从程序的运行结果可以看出,每次都是写的线程写入 3 个数后阻塞,等待读的线程读出 3 个数后继续运行。

为了保证读写线程在对栈进行读写时不会产生冲突,对栈操作时应使用 synchronized 关键字对栈加锁,同一时刻只能有一个线程对栈进行读或写的操作。

```
run:
子线程WriteThread开始写数据
子线程WriteThread写数据:0
子线程WriteThread写数据:1
子线程WriteThread写数据:2
子线程ReadThread开始读数据
子线程ReadThread读数据:2
子线程ReadThread读数据:1
子线程ReadThread读数据:0
子线程WriteThread写数据:3
子线程WriteThread写数据:4
子线程WriteThread写数据:5
子线程ReadThread读数据:5
子线程ReadThread读数据:4
子线程ReadThread读数据:3
子线程WriteThread写数据:6
子线程WriteThread写数据:7
子线程WriteThread写数据:8
子线程ReadThread读数据:8
子线程ReadThread读数据:7
子线程ReadThread读数据:6
子线程WriteThread写数据:9
子线程ReadThread读数据:9
成功生成(总时间: 0 秒)
```

图 12.10 例 12.6 的程序运行结果

12.4.4 生产者-消费者问题

生产者-消费者问题(Producer-consumer problem),也称有限缓冲问题(Bounded-buffer problem),是一个多线程同步问题的经典案例。该问题最早由 Dijkstra 提出,用以演示他提出的信号量机制。在同一个进程地址空间内执行的两个线程:生产者线程生产物品,然后将物品放置在一个空缓冲区中供消费者线程消费;消费者线程从缓冲区中获得物品,然后释放缓冲区。当生产者线程生产物品时,如果没有空缓冲区可用,那么生产者线程必须等待消费者线程释放出一个空缓冲区。当消费者线程消费物品时,如果没有满的缓冲区,那么消费者线程将被阻塞,直到新的物品被生产出来。

要解决该问题,就必须让生产者在缓冲区满时休眠(要么干脆就放弃数据),等到下次消费者消耗缓冲区中的数据的时候,生产者才能被唤醒,开始往缓冲区添加数据。同样地,也可以让消费者在缓冲区空时进入休眠,等到生产者往缓冲区添加数据之后,再唤醒消费者。通常采用进程间通信的方法解决该问题。如果解决方法不够完善,则容易出现死锁的情况。出现死锁时,两个线程都会陷入休眠,等待对方唤醒自己。

下面将讨论如何控制交互的线程之间的运行进度,即多线程之间的同步问题。通过多线程交互模型:生产者-消费者问题来说明怎样实现多线程的交互。我们把使用资源的线程称为消费者;产生或释放同类资源的线程称为生产者。其程序的实现代码如下所示。

例 12.7

Example12_7.java

```java
public class Example12_7 {
    public static void main(String[] args) {
        // TODO code application logic here
        //创建资源对象,初始包有 50 个
        BreadContainer bc = new BreadContainer(50);
        //创建对应的生产者和消费者
        Producer p1 = new Producer(20, bc, "P1");
        Producer p2 = new Producer(290, bc, "P2");
        Consumer c1 = new Consumer(80, bc, "c1");
        Consumer c2 = new Consumer(60, bc, "c2");
        //启动生产者-消费者线程
        c1.start();
        c2.start();
        p1.start();
        p2.start();
    }
}
```

BreadContainer.java

```java
public class BreadContainer {
    //容器的最大容量
    public static final int maxNum = 300;
    //当前面包的数量
    private int num;
    //无参构造方法
```

```java
    public BreadContainer() {
    }
    //有参构造方法
    public BreadContainer(int num) {
        //初始化面包数量
        this.num = num;
    }
    //制作面包的同步方法
    public synchronized void produceBread(int produceNum, String producerName) {
        //测试是否可以生产面包
        while (num + produceNum > maxNum) {
            //面包充足,生产者等待
            System.out.println(producerName + "要生产" + produceNum + "个,当前"
                    + num + "个,资源充足,不需要生产," + producerName + "去等待!");
            try {
                wait();
            } catch (Exception e) {
                e.printStackTrace();
            }
        }
        //满足条件后,生产者生产面包,刷新数量
        num = num + produceNum;
        System.out.println(producerName + "生产了"
                + produceNum + "个,现在有" + num + "个.");
        //唤醒资源等待池中的所有线程
        notifyAll();
    }
    public synchronized void consumeBread(int consumeNum, String consumerName) {
        //测试面包数量是否够消费
        while (consumeNum > num) {
            //不够数量,消费者等待
            System.out.println(consumerName + "要消费" + consumeNum
                    + "个,由于现在只有" + num + "个," + consumerName + "于是去等待!");
            try {
                wait();
            } catch (Exception e) {
                e.printStackTrace();
            }
        }
        //数量充足,消费面包,刷新数量
        num = num - consumeNum;
        System.out.println(consumerName + "消费了"
                + consumeNum + "个,现在还剩下" + num + "个");
        //唤醒资源等待池中的所有线程
        this.notifyAll();
    }
}
```

Producer.java

```java
public class Producer extends Thread {
```

```java
//记录该生产者一次生产的数量
private int produceNum;
//生产者需要访问的面包容器资源
private BreadContainer bc;
//无参构造方法
public Producer() {
}
//有参构造方法
public Producer(int produceNum, BreadContainer bc, String producerName) {
    //对线程进行初始化
    this.produceNum = produceNum;
    this.bc = bc;
    this.setName(producerName);
}
//生产者的工作方法
public void run() {
    //调用资源容器的同步方法生产资源
    bc.produceBread(produceNum, this.getName());
}
}
```

Consumer.java

```java
public class Consumer extends Thread {
    //记录该消费者一次消费的数量
    private int consumeNum;
    //消费者需要访问的面包容器资源
    private BreadContainer bc;
    //无参构造方法
    public Consumer() {
    }
    //有参构造方法
    public Consumer(int consumeNum, BreadContainer bc, String consumerName) {
        //对线程进行初始化
        this.consumeNum = consumeNum;
        this.bc = bc;
        this.setName(consumerName);
    }
    //消费者的行为方法
    public void run() {
        //调用资源容器的同步方法生产资源
        bc.consumeBread(consumeNum, this.getName());
    }
}
```

例 12.7 的程序运行结果如图 12.11 所示。

BreadContainer 代表盛放面包(资源)的容器,生产者、消费者在进行生产、消费时都需要对其进行访问。

produceBread(int produceNum,String producerName) 为进行生产的同步方法,在生产之前首先判断生产后是否会超过容器的容量,如果超过则调用 wait() 方法等待,直到满足条件才能生产。

```
run:
c1要消费80个，由于现在只有50个，c1于是去等待！
P1生产了20个，现在有70个。
c1要消费80个，由于现在只有70个，c1于是去等待！
P2要生产290个，当前70个，资源充足，不需要生产，P2去等待！
c2消费了60个，现在还剩下10个
P2生产了290个，现在有300个。
c1消费了80个，现在还剩下220个
成功生成（总时间：0 秒）
```

图 12.11 例 12.7 的程序运行结果

consumeBread(int consumeNum，String consumerName)为进行消费的同步方法，消费之前要首先判断容器中的余量是否能够消费，若不能调用 wait()方法等待，直到数量充足才能消费。

Producer 为生产者类，其继承自 Thread 类，故每个生产者是一个单独的线程，可以与其他生产者、消费者并发执行。在 run()方法中调动资源的 produceBread()方法产生资源。

Consumer 为消费者类，其继承自 Thread 类，故每个消费者是一个单独的线程，可以与其他生产者、消费者并发执行。在 run()方法中调动资源的 consumeBread ()方法消费资源。

在很多线程访问同一资源时，建议使用 notifyAll()方法来唤醒全部的等待线程。这样可以让所有线程恢复工作，避免在可以不永久等待的情况下造成永久等待。

12.4.5 线程同步的辅助类 CountDownLatch

在多个线程同步交互中，有时希望某个线程终端，等到其他线程运行完后，再继续运行，这样可以让该线程去使用其他线程的运行结果。针对此场景，Java 在 java.util.concurrent 中提供了一个线程辅助类 CountDownLatch。

CountDownLatch 类是一个同步计数器，构造时传入 int 参数，该参数就是计数器的初始值，每调用一次 countDown()方法，计数器减 1，计数器大于 0 时，await()方法会阻塞程序继续执行。CountDownLatch 可以看作是一个倒计数的同步计数器，当计数减至 0 时触发特定的事件。利用这种特性，可以让主线程等待子线程的结束。常用的方法有以下几个。

1. public void countDown()

递减同步计数器的计数，如果计数到达零，则释放所有等待的线程。如果当前计数大于零，则将计数减少。如果新的计数为零，出于线程调度目的，将重新启用所有的等待线程。如果当前计数等于零，则不发生任何操作。

2. public boolean await(long timeout，TimeUnit unit)

使当前线程在同步计数器倒计数至零之前一直等待，除非线程被中断或超出了指定的等待时间。如果当前计数为零，则此方法立刻返回 true 值。如果当前计数大于零，则出于线程调度目的，将禁用当前线程，且在发生以下三种情况之一前，该线程将一直处于休眠状态。

(1) 由于调用 countDown() 方法,计数到达零。
(2) 其他某个线程中断当前线程。
(3) 已超出指定的等待时间。

下面通过例 12.8 举例说明,其程序代码如下。

例 12.8

Example12_8.java

```java
import java.util.concurrent.CountDownLatch;
public class Example12_8 {
    public static void main(String[] args) {
        //设置同步计数器的初值为 10
        CountDownLatch countdownLatch = new CountDownLatch(10);
        System.out.println("main program start");
        //循环创建并启动 10 个子线程
        for (int i = 0; i < 10; i++) {
            SubThread subThread = new SubThread("SubThread:" + i, countdownLatch);
            subThread.start();
        }
        try {
            countdownLatch.await();    //主线程阻塞,直到所有 10 个子线程运行完后继续
        } catch (InterruptedException e) {
        }
        System.out.println("main program end");
    }
}
```

SubThread.java

```java
import java.util.concurrent.CountDownLatch;
public class SubThread extends Thread {
    private CountDownLatch countDownLatch = null;
    public SubThread(String name, CountDownLatch countDownLatch) {
        this.setName(name);
        this.countDownLatch = countDownLatch;
    }
    @Override
    public void run() {
        try {
            Thread.sleep(1000);
            System.out.println(this.getName() + " is over.");
        } catch (InterruptedException e) {
        }
        countDownLatch.countDown();//在子线程运行完后将同步
                                   //计数器的值减 1
    }
}
```

例 12.8 的程序运行结果如图 12.12 所示。

```
run:
main program start
SubThread:0 is over.
SubThread:1 is over.
SubThread:4 is over.
SubThread:3 is over.
SubThread:2 is over.
SubThread:6 is over.
SubThread:9 is over.
SubThread:7 is over.
SubThread:5 is over.
SubThread:8 is over.
main program end
成功生成(总时间:1 秒)
```

图 12.12 例 12.8 的程序运行结果

首先在主线程中使用 CountDownLatch 创建一个同步计数器,并设初值为 10。然后创建并启动 10 个子线程,调用 await()方法中断运行。每个子线程运行完后调用 countDown()方法将同步计数器减 1。当 10 个子线程全部都运行完后同步计数器的值被减为 0,主线程被唤醒运行完成。

因此从程序的运行结果中可以看到,主线程启动后,等待 10 个子线程都运行完后,主线程才运行结束。

12.5 线程联合

当一个线程等待另一个线程执行完毕才恢复执行时,可以使用 join()方法。顾名思义,join()方法可以达到将两个线程合并的效果,下面是该方法的定义。

public final void join()

该方法是 final 方法,在继承 Thread 类时不能对它们进行重写。同时,在执行时会抛出 InterruptedException 异常,必须进行捕获处理。

下面的例 12.9 给出了一个使用 join()方法合并两个线程的例子,代码如下。

例 12.9

Example12_9.java

```java
public class Example12_9 {
    public static void main(String[] args) {
        System.out.println("主线程开始运行.");
        SubThread th1 = new SubThread();
        th1.setName("Thread1");
        th1.start();
        for(int i = 0;i < 5;i++)
        {
            System.out.println("主线程正在运行" + i);
            try{th1.join();}
            catch(InterruptedException e){}
        }
        System.out.println("主线程运行结束.");
    }
}
```

SubThread.java

```java
public class SubThread extends Thread {
    int i = 0;
    @Override
    public void run()
    {
```

```
                System.out.println("启动线程" + Thread.currentThread().getName());
                while(true)
                {
                    System.out.println("运行线程" + Thread.currentThread().getName() + ",输出 i 的值:" + i);
                    if(i == 4) break;
                    i++;
                }
                System.out.println(Thread.currentThread().getName() + "运行结束.");
            }
        }
```

例 12.9 的程序运行结果如图 12.13 所示。

主程序启动后在输出第一个数后调用了 join()，与子线程进行了联合，等待子线程运行完后继续运行。

```
run:
主线程开始运行。
主线程正在运行0
启动线程Thread1
运行线程Thread1,输出i的值:0
运行线程Thread1,输出i的值:1
运行线程Thread1,输出i的值:2
运行线程Thread1,输出i的值:3
运行线程Thread1,输出i的值:4
Thread1运行结束。
主线程正在运行1
主线程正在运行2
主线程正在运行3
主线程正在运行4
主线程运行结束。
成功生成（总时间：2 秒）
```

图 12.13　例 12.9 的程序运行结果

12.6　守护线程

在 Java 中根本没有单线程的程序，就算开发人员只开发具有主线程的程序，在后台仍有很多辅助线程，比如线程调度的线程、内存管理的线程等。这些在后台运行的线程一般称为守护线程。

开发者也可以开发自己的守护线程。开发的守护线程与普通线程没有很大的区别，只要调用线程对象的 setDaemon() 方法进行设置即可，该方法的定义如下。

public final void setDaemon(boolean on)

参数用于指定是否将指定线程设置为守护线程，若设置为 True 则将其设为守护线程，若设置为 false 则设为不同线程。

例 12.10 给出了一个使用守护线程的例子，其程序的代码如下所示。

例 12.10

Example12_10.java

```java
public class Example12_10 {
    public static void main(String[] args) {
        //创建实现 Runnable 接口的类的对象
        CommonThread mc = new CommonThread();
        DaemonThread md = new DaemonThread();
        //创建线程 Thread 对象,并指定 target
        Thread tc = new Thread(mc);
        tc.setName("用户线程");
        Thread td = new Thread(md);
        td.setName("守护线程");
        //将 td 设置为守护线程
        td.setDaemon(true);
        //启动线程
```

```java
        tc.start();
        td.start();
    }
}
```

CommonThread.java

```java
public class CommonThread implements Runnable {
    @Override
    public void run() {
        //用户线程循环输出 10 个数
        for (int i = 0; i < 10; i++) {
            System.out.println(Thread.currentThread().getName() + ",输出 i 的值:" + i);
        }
        System.out.println(Thread.currentThread().getName() + "执行完毕.");
    }
}
```

DaemonThread.java

```java
public class DaemonThread implements Runnable {
    @Override
    public void run() {
        //守护线程循环输出 10 000 个数
        for (int i = 0; i < 10000; i++) {
            System.out.println(Thread.currentThread().getName() + ",输出 i 的值:" + i);
        }
        System.out.println(Thread.currentThread().getName() + "执行完毕.");
    }
}
```

例 12.10 的程序运行结果如图 12.14 所示。

```
run:
用户线程,输出i的值:0
用户线程,输出i的值:1
守护线程,输出i的值:0
用户线程,输出i的值:2
守护线程,输出i的值:1
用户线程,输出i的值:3
守护线程,输出i的值:2
用户线程,输出i的值:4
守护线程,输出i的值:3
用户线程,输出i的值:5
用户线程,输出i的值:6
用户线程,输出i的值:7
用户线程,输出i的值:8
守护线程,输出i的值:4
用户线程,输出i的值:9
守护线程,输出i的值:5
用户线程执行完毕。
守护线程,输出i的值:6
守护线程,输出i的值:7
守护线程,输出i的值:8成功生成（总时间：0 秒）
```

图 12.14 例 12.10 的程序运行结果

在此例中，用户线程的代码循环显示输出 10 个数，而守护线程的代码要循环显示输出 10 000 个数。在主线程分别启动用户线程和守护线程后，当用户线程输出 10 个数结束运行后，守护线程也结束运行，并没有输出 10 000 个数（例 12.10 运行结果仅输出到 8）。

守护线程与用户的普通线程并行，直到用户线程运行完毕后，守护线程便终止运行，程序退出。守护线程一直守护着用户线程的运行。

在 Java 运行时环境中，守护线程结束的标准是：判断是否所有的前台用户线程都已运行完毕，如果所有的前台线程运行完毕，则守护线程运行结束，程序退出。

12.7 本章实例：飘雪花程序

利用多线程可以实现在窗体上飘落雪花的动画效果 SnowApp。在窗体中设置一个定时器 Timer，每 0.1s 修改雪花的坐标可不断使雪花向下飘落，每 1s 可生成一个雪花，共生成 20 个雪花。当雪花飘落出窗体后重新修改雪花的坐标使其可重新飘落。

首先封装雪花的类 Snow，其代码如下。

Snow.java

```java
import java.util.Random;
import javax.swing.Icon;
import javax.swing.JLabel;
public class Snow extends JLabel
{
    private int speed;
    private int direction;

    public Snow() {
    }

    public Snow(Icon image) {
        super(image);
    }

    public Snow(int speed, int direction, Icon image) {
        super(image);
        this.speed = speed;
        this.direction = direction;
    }

    public int getSpeed() {
        return speed;
    }

    public void setSpeed(int speed) {
        this.speed = speed;
    }

    public int getDirection() {
```

```java
            return direction;
        }

        public void setDirection(int direction) {
            this.direction = direction;
        }

        public void slowDown()
        {
            this.setLocation(this.getLocation().x + this.direction, this.getLocation().y + this.speed);
            if(this.getLocation().y > 400) this.setLocation(new Random().nextInt(500), 0);
        }
    }
```

雪花类继承了 javax.swing 包中的标签类 JLabel,通过构造方法的参数可为其设置一张雪花的图片。在雪花类中定义的两个成员变量,speed 表示雪花飘落的速度,direction 用来设置雪花飘落的方向。这两个参数也可通过构造方法进行设置。slowDown()方法用来实现改变雪花的坐标从而使雪花实现飘落的效果,当雪花的纵坐标大于 400 后则重置雪花的坐标重新进行飘落。

在窗体上需设置一个计时器的线程来创建雪花并不断改变雪花的位置。其主要代码如下。

SnowJFrame.java

```java
import java.awt.event.ActionEvent;
import java.awt.event.ActionListener;
import java.util.ArrayList;
import java.util.List;
import javax.swing.ImageIcon;
import javax.swing.Timer;
import java.util.Random;

public class SnowJFrame extends javax.swing.JFrame {

    private Snow snow;
    private List<Snow> snowList;
    private Timer timer1;


    public SnowJFrame() {
        initComponents();
        snowList = new ArrayList<Snow>();

        timer1 = new Timer(100, new ActionListener() {
            int count = 0;
            @Override
            public void actionPerformed(ActionEvent e) {
                count++;
                if(count % 10 == 0 && snowList.size() <= 20) createSnow();
                slowDown();
```

            }
        });
        timer1.start();
    }

    private void createSnow()
    {
        Random rd = new Random();
        snow = new Snow(rd.nextInt(8) + 2, rd.nextInt(8) - rd.nextInt(8), new ImageIcon("Snow.png"));
        snow.setLocation(rd.nextInt(500), 0);
        snow.setSize(50, 50);
        snowList.add(snow);
        this.add(snow);
    }

    private void slowDown()
    {
        for(Snow snow:snowList)
        {
            snow.slowDown();
        }
    }
}
```

飘雪花程序的运行结果如图 12.15 所示。

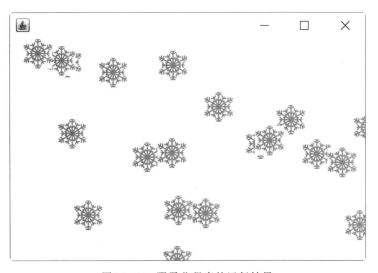

图 12.15　飘雪花程序的运行结果

# 小　　结

1. 实现线程有两种方法：继承 Thread 类；实现 Runnable 接口。
2. 当新线程被启动时，Java 运行系统调用该线程的 run()方法，它是 Thread 的核心。
3. 线程有 5 种状态：创建、可运行、运行、不可运行、死亡。
```

4. 两个或多个线程竞争资源时,需要用同步的方法协调资源。
5. 多个线程执行时,要用到同步方法,即使用 synchronized 的关键字设定同步区。
6. wait()和 notify()起协调作用。

习　　题

1. 什么是多线程编程?什么时候使用?
2. 为什么 wait(),notify()和 notifyall()函数定义在 Object 类里面?
3. wait()方法和 sleep()方法有什么不同?
4. Thread 和 Runnable 有什么不同?
5. start()方法可以被重载么?
6. 编译运行下面的代码会发生什么?

```java
public class Bground extends Thread{
    public static void main(String argv[])
    {
        Bground b = new Bground();
        b.run();
    }
    public void start()
    {
        for (int i = 0; i < 10; i++){
            System.out.println("Value of i = " + i);
        }
    }
}
```

7. 关于下面一段代码,哪些描述是正确的?

```java
public class Agg {
    public static void main(String argv[]) {
        Agg a = new Agg();
        a.go();
    }

    public void go() {
        DSRoss ds1 = new DSRoss("one");
        ds1.start();
    }
}

class DSRoss extends Thread {
    private String sTname = "";

    DSRoss(String s) {
        sTname = s;
    }
```

```java
        public void run() {
            notwait();
            System.out.println("finished");
        }

        public void notwait() {
            while (true) {
                try {
                    System.out.println("waiting");
                    wait();
                } catch (InterruptedException ie) {
                }
                System.out.println(sTname);
                notifyAll();
            }
        }
    }
```

第 13 章　Java 网络编程

本章导图：

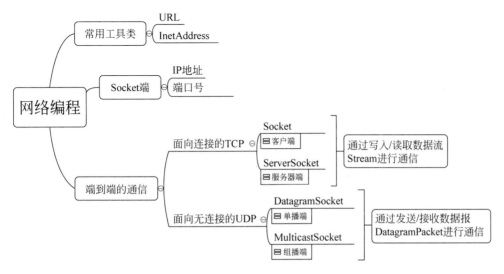

主要内容：

- Java 与 Internet。
- 使用 InetAddress。
- 使用 URL。
- Socket 通信。
- 数据报通信。

难点：

- Socket 通信。
- 多线程网络通信。

Java 语言创建之初的目的之一就是为了能够很好地进行网络通信。简单来讲，网络编程的目的就是与其他计算机进行信息交换。网络编程中主要处理两个问题，第一个问题处在 TCP/IP 中的 IP 层，主要负责网络主机的定位，数据传输的路由，由 IP 地址可以唯一地确定 Internet 上的一台或多台主机；另一个问题是找到主机后如何进行数据传输，这个问题处在 TCP/IP 中的传输层，它提供面向应用的可靠的或非可靠的数据传输机制，这是网络编程的主要对象。一般不需要关心 IP 层是如何处理数据的。

本章将详细讲述 Socket 通信的基础、连接网络、接收服务器传送的数据、创建多线程等知识点。

13.1 TCP/IP 简介

TCP/IP 其实是一个协议集合,其命名源于其中两个最为重要的协议:TCP(Transport Control Protocol,传输控制协议)和 IP(Internet Protocol,Internet 协议)。TCP/IP 能够确保不同类型的计算机及网络互连在一起。

TCP/IP 并不完全符合 OSI 的七层参考模型。TCP/IP 采用同样分层的策略使网络实现结构化,但与 OSI 参考模型不同,TCP/IP 体系结构模型只有四层,自下往上分别是网络接口层、网际层、传输层和应用层,如图 13.1 所示。

图 13.1 TCP/IP 的体系结构

(1) 网络接口层:TCP/IP 参考模型并没有真正描述这一部分,只是指出主机必须使用某种协议与网络连接,以便能在其上传递 IP 分组。

(2) 网际层:也被称为互联网层,它是整个体系结构的关键部分。在网际层定义了正式的分组格式和协议,即 IP(Internet Protocol)。网际层的功能就是把 IP 分组发送到应该去的地方。分组的路由选择和网络的拥塞控制是该层主要解决的问题。

(3) 传输层:在 TCP/IP 模型中,位于网际层之上。它的功能是使源端和目的端主机上的对等实体可以进行会话。在这一层定义了两个端到端的协议:一个是传输控制协议(Transmission Control Protocol,TCP),它是一个面向连接的协议,允许从一台主机发出的报文无差错地发往网络上的其他主机;另一个协议是用户数据报协议(User Datagram Protocol,UDP)。它是一个不可靠的、面向无连接的协议,用于不需要 TCP 的排序和流量控制能力而是自己完成这些功能的应用程序。

(4) 应用层:位于传输层之上,它的功能是解决用户各种具体应用。应用层的协议负责规定应用进程在通信时所遵循的协议。如早期引入的虚拟终端协议(Telnet)、文件传输协议(FTP)和电子邮件协议(SMTP)等,以及近些年增加的域名服务(Domain Name Service,DNS),超文本传输协议(HTTP)等,为人们带来了越来越多的网络应用。

13.1.1 互联网络协议 IP

网络层最重要的协议是 IP,它将多个网络联成一个互联网,可以把高层的数据以多个数据报的形式通过互联网转发出去。

IP 的基本任务是通过互联网传送数据报,各个 IP 数据报之间是相互独立的。主机上的 IP 层向传输层提供服务。IP 不保证服务的可靠性,在主机资源不足的情况下,它可能丢弃某些数据报,同时 IP 也不检查被数据链路层丢弃的数据。

在传送时,高层协议将报文传给 IP 层,IP 层再将报文封装为 IP 数据报,并交给数据链路层进行传送。若目的主机与源主机在同一网络中,可直接通过网络将 IP 数据报传给目的主机;若目的主机与源主机不在同一网络,则由路由器转发数据报,路由器通过一定的路由选择算法最终将数据报转发到目的主机。

13.1.2 端口的概念

TCP/IP 参考模型的传输层主要有两个协议,分别是传输控制协议(Transmission Control Protocol,TCP)和用户数据报协议(User Datagram Protocol,UDP)。这两个协议都必须使用端口和上层的应用进程进行通信。端口是个非常重要的概念,因为应用层的各种进程是通过相应的端口与传输层实体进行交互的。因此在传输层协议数据单元(即 UDP 用户数据报或 TCP 报文段)的首部中都要写入源端口号和目的端口号。当传输层收到 IP 层交上来的数据,就要根据其目的端口号来决定应当通过哪个端口向上交付目的应用进程,如图 13.2 所示。端口用一个 16b 的端口号来进行标识。因此端口的基本概念就是:应用层的源进程将报文发送给传输层的某个端口,而应用层的目的进程从端口接收报文。

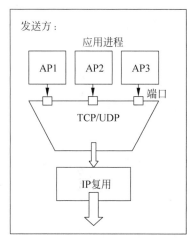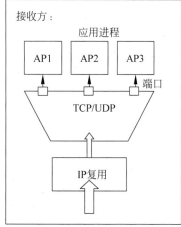

图 13.2 端口在进程之间的通信中起的作用

端口号分为两类。一类是由因特网指派名字和号码公司 ICANN 负责分配给一些常用的应用层程序固定使用的熟知端口号(well-known port),其值一般为 0～1023,如表 13.1 所示。

表 13.1 熟知端口号

应用程序	FTP	Telnet	SMTP	DNS	TFTP	HTTP	SNMP
熟知端口号	21	23	25	53	69	80	161

"熟知"就表示这些端口号是 TCP/IP 体系确定并公布的,因而是所有用户进程都知道的。当一种新的应用进程出现时,必须为它指派一个熟知端口,否则其他的应用进程就无法和它进行交互。

另一类则是一般端口,用来随时分配给请求通信的客户进程,其值一般大于 1023。

13.1.3 传输控制协议 TCP

TCP 是 TCP/IP 体系中面向连接的协议,它的主要作用是在不可靠的网络服务上提供端到端的可靠字节流。所有 TCP 连接都是全双工的和点对点的,不支持广播(Broadcasting)和多播(Multicasting)。TCP 的工作原理如图 13.3 所示。

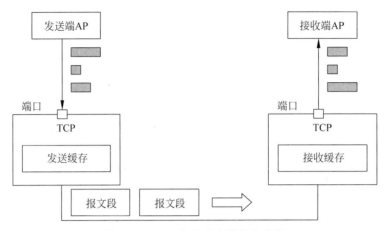

图 13.3　TCP 发送报文段的示意图

首先 TCP 连接的发送端和接收端之间要先建立连接,而后发送端的应用进程按照自己产生数据的规律,不断地将数据块(其长短可能各异)陆续写入 TCP 的发送缓存中。TCP 再从发送缓存中取出一定数量的数据,将其组成 TCP 报文段(segment)逐个发送给 IP 层,然后发送出去。接收端从 IP 层收到 TCP 报文段,先将其暂存在接收缓存中,然后让接收端的应用进程从接收缓存中将数据块逐个读取。

13.1.4　用户数据报协议 UDP

用户数据报协议 UDP 只在 IP 的数据报服务之上增加了很少一点儿的功能,这就是端口的功能(有了端口,传输层就能进行复用和分用)和差错检测的功能。虽然 UDP 用户数据报只能提供不可靠的交付,但 UDP 在某些方面有特殊的优点,例如:

(1) 发送数据之前不需要建立连接(当然发送数据结束时也没有连接需要释放),因此减少了开销和发送数据之前的时延。

(2) UDP 不使用拥塞控制,也不保证可靠的交付,因此主机不需要维持具有许多参数的、复杂的连接状态表。

由于 UDP 没有拥塞控制,因此网络出现的拥塞不会使源主机的发送速率降低。这对某些实时应用是很重要的。很多的实时应用(如 IP 电话、实时视频会议等)要求源主机以恒定的速率发送数据,并且允许在网络发生拥塞时丢弃一些数据,但却不允许数据有太大的时延。UDP 正好适合这种要求。

表 13.2 给出了一些应用和应用层协议主要使用的传输层协议(UDP 或 TCP)。

表 13.2　使用 UDP 或 TCP 的各种应用和应用层协议

应　用	应用层协议	传输层协议
名字转换	DNS	UDP
文件传输	TFTP	UDP
路由选择协议	RIP	UDP
IP 地址分配	BOOTP,DHCP	UDP

续表

应 用	应用层协议	传输层协议
网络管理	SNMP	UDP
远程文件服务器	NFS	UDP
IP 电话	专用协议	UDP
流式多媒体通信	专用协议	UDP
多播	IGMP	UDP
电子邮件	SMTP	TCP
远程登录	TELNET	TCP
万维网	HTTP	TCP
文件传输	FTP	TCP

13.2 网络开发中的常用工具类

为了方便开发，Java 中提供了很多进行网络开发的辅助类，通过这些类的恰当使用可以在网络开发中达到事半功倍的效果。针对网络通信的不同层次，Java 提供的网络开发的辅助类有四大类：InetAddress、URL、Sockets、Datagram。

(1) InetAddress 面向的是 IP 层，用于标识网络上的硬件资源。

(2) URL 面向的是应用层，通过 URL，Java 程序可以直接送出或读入网络上的数据。

(3) Sockets 和 Datagram 面向的则是传输层。Sockets 使用的是 TCP，这是传统网络程序最常用的方式，可以想象为两个不同的程序通过网络的通信信道进行通信。

(4) Datagram 则使用 UDP，是另一种网络传输方式，它把数据的目的地记录在数据包中，然后直接放在网络上。

Java 提供的网络开发辅助类都包含在 java.net 包中，其主要的类和可能产生的异常如下。

(1) 面向 IP 层的类：**InetAddress**。

(2) 面向应用层的类：**URL**、**URLConnection**。

(3) TCP 相关类：**Socket**、**ServerSocket**。

(4) UDP 相关类：**DatagramPacket**、**DatagramSocket**、**MulticastSocket**。

(5) 可能产生的异常：**BindException**、**ConnectException**、**MalformedURLException**、**NoRouteToHostException**、**ProtocolException**、**SocketException**、**UnknownHostException**、**UnknownServiceException**。

本节将介绍两个常用的工具类：URL 与 InetAddress。

13.2.1 URL 类简介与使用

URL 是统一资源定位符(Uniform Resource Locator)的简称，它表示 Internet 上某一资源的地址。Internet 上的资源包括 HTML 文件、图像文件、声音文件、动画文件以及其他任何内容(并不完全是文件，也可以是一个对数据库的查询等)。

通过 URL，就可以访问 Internet。浏览器或其他程序通过解析给定的 URL 就可以在网络上查找相应的文件或其他资源。

一个URL包括两部分内容：协议名称和资源名称，中间用冒号隔开：

Protocol:resourceName

例如：http://www.tup.tsinghua.edu.cn/。

协议名称指的是获取资源时所使用的应用层协议，如http、ftp、file等；资源名称则是资源的完整地址，包括主机名、端口号、文件名或文件内部的一个应用。当然，并不是所有的URL都必须包含这些内容。例如：

http://www.tup.tsinghua.edu.cn/

http://gis.shengda.edu.cn/javaCourse/index.html

ftp://gis.shengda.edu.cn/javaCourse/Techdoc/ch1.ppt

http://www.abc.com:8080/java/network.html#UDP

在java.net包中，提供了类URL来表示URL。类URL提供了很多构造方法来生成一个URL对象。

public URL(String spec)

public URL(URL context, String spec)

public URL(String protocol, String host, String file)

public URL(String protocol, String host, int port, String file)

以下是一些具体的构造实例。

URL url1 = new URL("http://gis.shengda.edu.cn/map/index.html");

URL base = new URL("http://gis.shengda.edu.cn");

URL url2 = new URL(base, "mywork1.html");

URL url3 = new URL(base, "mywork2.html");

URL url4 = new URL("http", "gis.shengda.edu.cn", "/~lyw/test.html");

URL url5 = new URL("http", "www.abc.com", 8080, "/java/network.html");

一个URL对象生成后，其属性是不能被改变的，但可以通过它给定的方法来获取这些属性。

public String getProtocol()：获取该URL的协议名。

public String getHost()：获取该URL的主机名。

public String getPort()：获取该URL的端口号。

public String getPath()：获取该URL的文件路径。

public String getFile()：获取该URL的文件名。

public String getRef()：获取该URL在文件中的相对位置。

public String getQuery()：获取该URL的查询名。

通过URL类提供的方法openStream()，就可以读取一个URL对象所指定的资源。

public final InputStream openStream()

方法openStream()与指定的URL建立连接并返回一个InputStream对象，将URL位置的资源转成一个数据流。通过这个InputStream对象，就可以读取资源中的数据，如图13.4所示。

图 13.4　通过数据库获取 URL 资源

javax.swing 中包含的 JEditorPane 容器可以解释执行 HTML 文件,也就是说,如果把 HTML 文件读入 JEditorPane,该 HTML 文件会被解释执行,显示在 JEditorPane 容器中,这样程序就看到了网页的运行效果。

JEditorPane 对象通过调用 public void setPage(String url) throws IOException 方法可以显示 URL 中的资源。

在下面的例 13.1 中,用 JEditorPane 对象显示网页,程序代码如下。

例 13.1

Example13_1.java

```java
public class Example13_1
    {
    public static void main(String args[])
        {
            WindowURL windowURL = new WindowURL ();
        }
    }
```

WindowURL.java

```java
import java.awt.*;
import java.awt.event.*;
import java.net.*;
import java.io.*;
import javax.swing.*;
public class WindowURL extends JFrame implements ActionListener,Runnable {
    JButton button;
    URL url;
    JTextField text;
    JEditorPane editPane;
    byte b[] = new byte[118];
    Thread thread;
    public WindowURL() {
        text = new JTextField(20);
        editPane = new JEditorPane();
        editPane.setEditable(false);
        button = new JButton("确定");
        button.addActionListener(this);
        thread = new Thread(this);
        JPanel p = new JPanel();
        p.add(new JLabel("地址:"));
        p.add(text);
        p.add(button);
        JScrollPane scroll = new JScrollPane(editPane);
        add(scroll,BorderLayout.CENTER);
```

```
            add(p,BorderLayout.NORTH);
            setBounds(160,60,420,300);
            setVisible(true);
            validate();
            setDefaultCloseOperation(JFrame.EXIT_ON_CLOSE);
        }
        public void actionPerformed(ActionEvent e) {
            if(!(thread.isAlive()))
                thread = new Thread(this);
            try{ thread.start();
            }
            catch(Exception ee) {
                text.setText("我正在读取" + url);
            }
        }
        public void run() {
            try { int n = -1;
                editPane.setText(null);
                url = new URL(text.getText().trim());
                editPane.setPage(url);
            }
            catch(Exception e1) {
                text.setText("" + e1);
                return;
            }
        }
    }
```

例3.1的程序运行结果如图13.5所示。

图13.5　例13.1的程序运行结果

13.2.2 InetAddress 类简介与使用

类 InetAddress 可以用于标识网络上的硬件资源,它提供了一系列方法以描述、获取及使用网络资源。

InetAddress 类没有构造函数,因此不能用 new 来构造一个 InetAddress 实例。通常是用它提供的静态方法来获取。

public static InetAddress getByName(String host):host 可以是一个机器名,也可以是一个形如"%d.%d.%d.%d"的 IP 地址或一个 DSN 域名。

public static InetAddress getLocalHost()

public static InetAddress[] getAllByName(String host)

这三个方法通常会产生 UnknownHostException 异常,应在程序中捕获处理。

以下是 InetAddress 类的几个主要方法。

public byte[] getAddress():获得本对象的 IP 地址(存放在字节数组中)。

public String getHostAddress():获得本对象的 IP 地址"%d.%d.%d.%d"。

public String getHostName():获得本对象的机器名。

在下面的例 13.2 中使用 InetAddress 的静态方法获取指定服务器的 IP 地址和主机名。

例 13.2

Example13_2.java

```
import java.net.InetAddress;
public class Example13_2 {
    public static void main(String[] args) {
        try
        {
            //获取表示名称为 wyf 的主机对应 IP 地址的 InetAddress 对象
            InetAddress ip = InetAddress.getByName("www.tup.tsinghua.edu.cn");
            //打印 InetAddress 对象描述的 IP 地址
            System.out.println("InetAddress 对应的 IP 地址为: " + ip.getHostAddress() + ",");
            //打印 InetAddress 对象描述的主机名
            System.out.println("主机名为: " + ip.getHostName() + ".");
        }
        catch(Exception e)
        {
            e.printStackTrace();
        }
    }
}
```

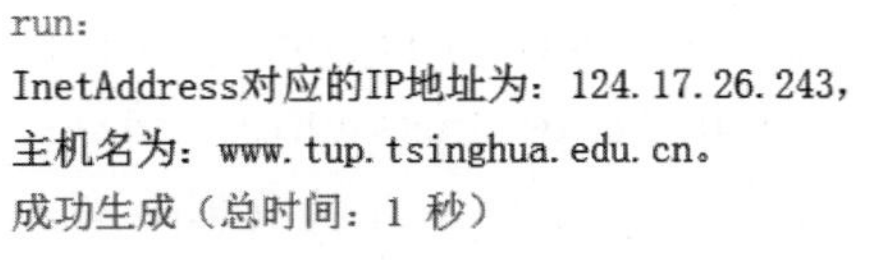

例 13.2 的程序运行结果如图 13.6 所示。

```
run:
InetAddress对应的IP地址为: 124.17.26.243,
主机名为: www.tup.tsinghua.edu.cn。
成功生成(总时间: 1 秒)
```

图 13.6 例 13.2 的程序运行结果

13.3 面向连接的 TCP 通信

传输控制协议(TCP)是在端点与端点之间建立持续的连接而进行通信。建立连接后,发送端将发送的数据标记了序列号和错误检测代码,并以字节流的方式发送出去;接收端则对数据进行错误检查并按序列顺序将数据整理好,数据在需要时可以重新发送,因此整个字节流到达接收端时完好无缺。这与两个人打电话的情形是相似的。

TCP具有可靠性和有序性,并且以字节流的方式发送数据,它通常被称为流通信协议。

在Java中,基于TCP实现网络通信的类有两个:在客户端的Socket类和在服务器端的ServerSocket类。

(1)在服务器端通过指定一个用来等待的连接的端口号创建一个ServerSocket实例。

(2)在客户端通过规定一个主机和端口号创建一个Socket实例,连到服务器上。

(3)ServerSocket类的accept()方法使服务器处于阻塞状态,等待用户请求。

13.3.1 类Socket

一台机器只通过一条链路连接到网络上,但一台机器中往往有很多应用程序需要进行网络通信,如何区分呢?这就要靠网络端口号(Port)了。

端口号是一个标记机器的逻辑通信信道的正整数,端口号不是物理实体。IP地址和端口号组成了所谓的Socket。Socket是网络上运行的程序之间双向通信链路的最后终结点,它是TCP和UDP的基础。

IP与端口号组合而得出的Socket,可以完全分辨Internet上运行的程序,如图13.7所示。

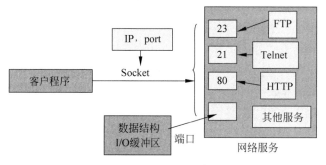

图13.7 Socket示意图

Socket类是创建客户端套接字(也可以就叫"套接字")对象的类。

构造方法:

public Socket(String host,int port)

public Socket(InetAddress address,int port)

public Socket(String host,int port,InetAddress localAddr,int localPort)

public Socket(InetAddress address,int port,InetAddress localAddr,int localPort)

Socket的输入/输出流管理的方法:

public InputStream getInputStream()

public void shutdownInput()

public OutputStream getOutputStream()

public void shutdownOutput()

这些方法都将抛出异常IOException,程序中需要捕获处理。

关闭Socket的方法:

public void close() throws IOException

设置/获取 Socket 数据的方法：

public InetAddress getInetAddress()、**public int getPort()**，…

public void setSoTimeout(int timeout)，…

这些方法都将抛出异常 SocketException，程序中需要捕获处理。

13.3.2 类 ServerSocket

ServerSocket 类实现了服务器套接字。服务器套接字等待客户端的请求，基于该请求执行某些操作，然后可能向客户端返回结果。其构造方法如下。

public ServerSocket(int port)

public ServerSocket(int port, int backlog)：支持指定数目的连接。

public ServerSocket(int port, int backlog, InetAddress bindAddr)

这些方法都将抛出例外 IOException，程序中需要捕获处理。

主要方法：

public Socket accept()：等待客户端的连接。

public void close()：关闭 Socket。

设置获取 Socket 数据的方法：

public InetAddress getInetAddress()、**public int getLocalPort()**，…

public void setSoTimeout(int timeout)，…

这些方法都将抛出例外 SocketException，程序中需要捕获处理。

13.3.3 TCP Socket 通信

无论一个 TCP Socket 通信程序的功能多么齐全，程序多么复杂，其基本结构都是一样的，都包括以下四个基本步骤。

(1) 在客户方和服务器方创建 Socket/ServerSocket。

(2) 打开连接到 Socket 的输入/输出流。

(3) 利用输入/输出流，按照一定的协议对 Socket 进行读/写操作。

(4) 关闭输入/输出流和 Socket。

通常，程序员的主要工作是针对所要完成的功能在第(3)步进行编程，第(1)、(2)、(4)步对所有的通信程序来说几乎都是一样的。其实现流程如图 13.8 所示。

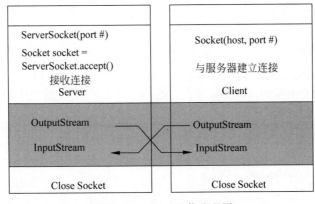

图 13.8　Socket 通信流程图

1. 建立 Socket
在客户端：

```
try{
    Socket client = new Socket(host, 4444);
}catch(IOException e){}
```

在服务器端：

```
try{
    ServerSocket server = new ServerSocket(4444);
}catch(IOException e){}
Socket socket = null;
try{
    socket = server.accept();           //等待客户端连接
}catch(IOException e){}
```

2. 在客户端和服务器端同时打开输入/输出流

类 Socket 提供了方法 getInputStream() 和 getOutputStream() 来得到 Socket 对应的输入/输出流以进行数据读写操作，它们分别返回 InputStream 对象和 OutputStream 对象。

为了便于读写数据，应在返回的输入/输出流对象上建立过滤流，如 DataInputStream/DataOutputStream、BufferedInputStream/BufferedOutputStream、PrintStream；InputStreamReader/OutputStreamWriter、BufferedReader/BufferedWriter、PrintWriter 等。例如：

```
BufferedReader = new BufferedReader(
                    new InputStreamReader( socket.getInputStream() ) );
BufferedWriter = new BufferedWriter(
                    new InputStreamWriter( socket.getOutputStream() ) );
```

3. 关闭输入/输出流和 Socket

在客户端和服务器端分别关闭输入/输出流和 Socket：先关闭所有相关的输入/输出流，再关闭 Socket。

下面例 13.3 中演示了一个服务器端与一个客户端通过 Socket 进行通信，为了在同一台计算机上进行演示使用了回环测试地址为 127.0.0.1，服务器端绑定的端口号为 4444，而客户端使用随机端口与服务器通信，其服务器端与客户端的应用界面如图 13.9 所示。

具体实现程序代码如下。

例 13.3
视频讲解

例 13.3

ServerFrame.java

```java
import java.io.BufferedReader;
import java.io.BufferedWriter;
import java.io.IOException;
import java.io.InputStreamReader;
import java.io.OutputStreamWriter;
import java.io.PrintWriter;
import java.net.ServerSocket;
import java.net.Socket;
import java.util.logging.Level;
```

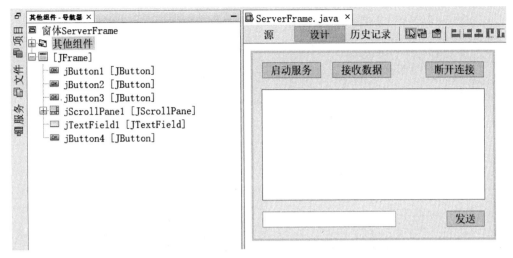

(a) 服务器端ServerFrame界面设计图

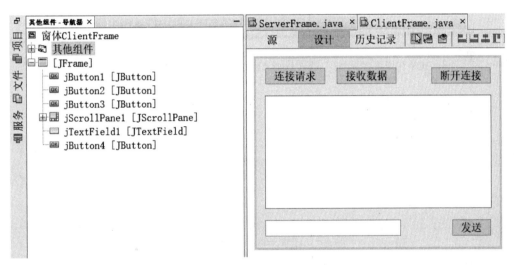

(b) 客户端ClientFrame界面设计图

图 13.9　服务器端与客户端界面设计

```
import java.util.logging.Logger;

public class ServerFrame extends javax.swing.JFrame
{
    private javax.swing.JButton jButton1;
    private javax.swing.JButton jButton2;
    private javax.swing.JButton jButton3;
    private javax.swing.JButton jButton4;
    private javax.swing.JScrollPane jScrollPane1;
    private javax.swing.JTextArea jTextArea1;
    private javax.swing.JTextField jTextField1;

    private int serverPort;
```

```java
        private ServerSocket serverSocket;
        private Socket clientSocket;
        private BufferedReader in;
        private PrintWriter out;
        public ServerFrame()
        {
            initComponents();
            this.setTitle("TCP 服务器端");
            serverPort = 4444;
            System.out.println("服务器在此打开端口 4444…");
            try
            {
                serverSocket = new ServerSocket(serverPort);
            } catch (IOException ex)
            {
                Logger.getLogger(ServerFrame.class.getName()).log(Level.SEVERE, null, ex);
            }
        }

        private void initComponents()
        {
          //注:初始化图形界面组件,此处代码省略
        }

    //启动服务按钮响应事件
        private void jButton1ActionPerformed(java.awt.event.ActionEvent evt)
        {
            // TODO add your handling code here
            System.out.println("服务器监听 4444 端口,等待来自于客户端的连接请求……");
            try
            {
                clientSocket = serverSocket.accept();
                System.out.println("服务器接收到来自于: " + clientSocket.toString() + "的连接请求,连接建立成功.");
            } catch (IOException ex)
            {
                Logger.getLogger(ServerFrame.class.getName()).log(Level.SEVERE, null, ex);
            }
        }

        //接收数据按钮响应事件
        private void jButton2ActionPerformed(java.awt.event.ActionEvent evt)
        {
            try
            {
                // TODO add your handling code here
                in = new BufferedReader(new InputStreamReader(clientSocket.getInputStream()));
                String str = in.readLine();
                this.jTextArea1.append(str);
                if(str.equals("EOF"))
                {
```

```java
                serverSocket.close();
                clientSocket.close();
                System.out.println("服务器连接已断开!");
            }
        } catch (IOException ex)
        {
            Logger.getLogger(ServerFrame.class.getName()).log(Level.SEVERE, null, ex);
        }
    }

    //发送按钮响应事件
    private void jButton4ActionPerformed(java.awt.event.ActionEvent evt)
    {
        try
        {
            // TODO add your handling code here
            out = new PrintWriter ( new BufferedWriter ( new OutputStreamWriter(clientSocket.getOutputStream())));
            out.println(this.jTextField1.getText());
            out.flush();
        } catch (IOException ex)
        {
            Logger.getLogger(ServerFrame.class.getName()).log(Level.SEVERE, null, ex);
        }
    }

    //断开连接按钮响应事件
    private void jButton3ActionPerformed(java.awt.event.ActionEvent evt)
    {
        // TODO add your handling code here
        out.println("EOF");
        out.flush();
    }

    //服务器端 main()方法
    public static void main(String args[])
    {
        java.awt.EventQueue.invokeLater(new Runnable()
        {
            public void run()
            {
                new ServerFrame().setVisible(true);
            }
        });
    }
}
```

ClientFrame.java

```java
import java.io.BufferedReader;
import java.io.BufferedWriter;
```

```java
import java.io.IOException;
import java.io.InputStreamReader;
import java.io.OutputStreamWriter;
import java.io.PrintWriter;
import java.net.InetAddress;
import java.net.Socket;
import java.net.UnknownHostException;
import java.util.logging.Level;
import java.util.logging.Logger;

public class ClientFrame extends javax.swing.JFrame
{
    private javax.swing.JButton jButton1;
    private javax.swing.JButton jButton2;
    private javax.swing.JButton jButton3;
    private javax.swing.JButton jButton4;
    private javax.swing.JScrollPane jScrollPane1;
    private javax.swing.JTextArea jTextArea1;
    private javax.swing.JTextField jTextField1;

    private Socket socket;
    private int serverPort;
    private InetAddress serverIP;
    private BufferedReader in;
    private PrintWriter out;

    public ClientFrame()
    {
        initComponents();
        this.setTitle("TCP 客户端");
        serverPort = 4444;
        try
        {
            serverIP = InetAddress.getByName("127.0.0.1");
        } catch (UnknownHostException ex)
        {
            Logger.getLogger(ClientFrame.class.getName()).log(Level.SEVERE, null, ex);
        }
    }

    private void initComponents()
    {
        //注：初始化图形界面组件,此处代码省略
    }

    //连接请求按钮响应事件
    private void jButton1ActionPerformed(java.awt.event.ActionEvent evt)
    {
        try
        {
            // TODO add your handling code here
```

```java
            socket = new Socket(serverIP, serverPort);
        } catch (IOException ex)
        {
            Logger.getLogger(ClientFrame.class.getName()).log(Level.SEVERE, null, ex);
        }
    }

    //接收数据按钮响应事件
    private void jButton2ActionPerformed(java.awt.event.ActionEvent evt)
    {
        try
        {
            // TODO add your handling code here
            in = new BufferedReader(new InputStreamReader(socket.getInputStream()));
            String str = in.readLine();
            this.jTextArea1.append(str);
            if(str.equals("EOF"))
            {
                socket.close();
                System.out.println("客户端连接已断开!");
            }
        } catch (IOException ex)
        {
            Logger.getLogger(ClientFrame.class.getName()).log(Level.SEVERE, null, ex);
        }
    }

    //发送按钮响应事件
    private void jButton4ActionPerformed(java.awt.event.ActionEvent evt)
    {
        try
        {
            // TODO add your handling code here
            out = new PrintWriter ( new BufferedWriter ( new OutputStreamWriter ( socket.getOutputStream()))));
            out.println(this.jTextField1.getText());
            out.flush();
        } catch (IOException ex)
        {
            Logger.getLogger(ClientFrame.class.getName()).log(Level.SEVERE, null, ex);
        }
    }

    //断开连接按钮响应事件
    private void jButton3ActionPerformed(java.awt.event.ActionEvent evt)
    {
        // TODO add your handling code here
        out.println("EOF");
        out.flush();
    }
```

```
//客户端 main 方法
 public static void main(String args[])
{
 java.awt.EventQueue.invokeLater(new Runnable()
   {
       public void run()
       {
           new ClientFrame().setVisible(true);
       }
   });
 }
}
```

首先运行服务器端的程序(鼠标右击 ServerFrame.java 运行文件),在服务器端单击"启动服务"按钮,服务器端的 ServerSocket 因为调用 accept()方法等待客户端的请求而处于阻塞状态。然后运行客户端的程序(鼠标右击 ClientFrame.java 运行文件),单击客户端界面上的"连接请求"按钮,客户端会向服务器端的 4444 端口发送连接请求。服务器在 4444 端口监听到客户端发来的请求后,建立起与客户端的 TCP 连接,并通过数据流进行通信,双方可发送并接收数据。最后单击"断开连接"按钮结束通信。例 13.3 的程序运行结果如图 13.10 所示。

图 13.10 例 13.3 的程序运行结果

13.3.4 多线程 TCP 通信

在 13.3.3 节的例子中,一个服务器程序只能响应一个客户端的请求,如果要让服务器能够响应多个客户端,就需要将服务器写成多线程的,不同的处理线程为不同的客户端服务。在数据接收时如果无须单击接收按钮,则数据的接收也应由一个单独的线程负责从 TCP 连接的数据流中不断地读取数据。

下面的例 13.4 中演示一个服务器端通过多线程与 3 个客户端通过 Socket 进行通信。同例 13.3 相似,为了在同一台计算机上进行演示,使用了回环测试地址 127.0.0.1,服务器端绑定的端口号为 4444,而客户端使用随机端口与服务器通信。服务器端的程序由 3 个类构成,分别是 ServerFrame、ServerListenRunnable、SocketReadRunnable。其中,ServerFrame 类是服务器端的界面:有一个文本区域用于显示接收到的数据;一个文本字段用于用户录入将要发送的数据;一个"发送"按钮将文本字段中的数据发送出去和一个"断开连接"按钮,如图 13.11 所示。

图 13.11　多线程 TCP 服务器端设计界面

ServerListenRunnable 类实现了 Runnable 接口,其 run()方法运行在一个单独的线程中,不断监听服务器端打开的端口,一旦监听到一个来自于客户端的连接请求便建立一条连接。利用 SocketReadRunnable 再开辟一个单独的线程专门负责读取相应连接所接收到的数据,从而保证一旦有客户端发送来的数据可及时显示在文本区域中。

客户端的程序由两个类构成,分别是 ClientFrame 和 SocketReadRunnable。ClientFrame 是客户端的界面,其设计界面与服务器端相近,界面上仅多了一个用于请求连接的按钮,如图 13.12 所示。SocketReadRunnable 类与服务器端的作用一致,用于在一个单独的线程中不断读取已有连接中所发送过来的数据,这样一旦有数据过来可立即显示在文本区域中。

其程序实现的具体核心代码如下。

例 13.4

```
import java.io.IOException;
import java.net.ServerSocket;
import java.net.Socket;
import java.util.ArrayList;
import java.util.logging.Level;
import java.util.logging.Logger;
import javax.swing.JTextArea;
```

图 13.12　TCP 客户端设计界面

```java
public class ServerListenRunnable implements Runnable
{
    private int serverPort;
    private ServerSocket serverSocket;
    private ArrayList<Socket> clientSockets;
    private JTextArea jTextArea1;

    public ServerListenRunnable(JTextArea jTextArea1)
    {
        this.jTextArea1 = jTextArea1;
        serverPort = 4444;
        clientSockets = new ArrayList<>();
        try
        {
            serverSocket = new ServerSocket(serverPort);
        } catch (IOException ex)
        {
            Logger.getLogger(ServerListenRunnable.class.getName()).log(Level.SEVERE, null, ex);
        }
    }

    @Override
    public void run()
    {
        while(true)
        {
            try
            {
                Socket clientSocket = serverSocket.accept();
                clientSockets.add(clientSocket);
                Thread readThread = new Thread(new SocketReadRunnable(clientSocket, jTextArea1));
```

```java
                readThread.start();
            } catch (IOException ex)
            {
                Logger.getLogger(ServerListenRunnable.class.getName()).log(Level.SEVERE, null, ex);
            }
        }
    }

    public ArrayList<Socket> getClientSockets()
    {
        return clientSockets;
    }

    public void closeServerSocket()
    {
        try {
            serverSocket.close();
        } catch (IOException ex) {
            Logger.getLogger(ServerListenRunnable.class.getName()).log(Level.SEVERE, null, ex);
        }
    }

}
```

SocketReadRunnable.java

```java
import java.io.BufferedReader;
import java.io.IOException;
import java.io.InputStreamReader;
import java.net.Socket;
import java.util.logging.Level;
import java.util.logging.Logger;
import javax.swing.JTextArea;

public class SocketReadRunnable implements Runnable
{
    private Socket socket;
    private BufferedReader in;
    private JTextArea jTextArea1;

    public SocketReadRunnable(Socket socket, JTextArea jTextArea1)
    {
        this.socket = socket;
        this.jTextArea1 = jTextArea1;
        try
        {
            in = new BufferedReader(new InputStreamReader(socket.getInputStream()));
        } catch (IOException ex)
        {
            Logger.getLogger(SocketReadRunnable.class.getName()).log(Level.SEVERE, null, ex);
```

```java
            }
        }
        
        @Override
        public void run()
        {
            while(true)
            {
                try
                {
                    String str = in.readLine();
                    synchronized(jTextArea1)
                    {
                        jTextArea1.append(socket.getInetAddress().getHostName() + ":" + str + "\n");
                    }
                } catch (IOException ex)
                {
                    Logger.getLogger(SocketReadRunnable.class.getName()).log(Level.SEVERE, null, ex);
                }
            }
        }
    }
```

ServerFrame.java

```java
import java.io.BufferedWriter;
import java.io.IOException;
import java.io.OutputStreamWriter;
import java.io.PrintWriter;
import java.net.Socket;
import java.util.ArrayList;
import java.util.logging.Level;
import java.util.logging.Logger;

public class ServerFrame extends javax.swing.JFrame
{
    
    Thread listenThread;
    ServerListenRunnable serverListenRunnable;
    private PrintWriter out;
    private javax.swing.JButton jButton3;
    private javax.swing.JButton jButton4;
    private javax.swing.JScrollPane jScrollPane1;
    private javax.swing.JTextArea jTextArea1;
    private javax.swing.JTextField jTextField1;
    
    public ServerFrame()
    {
        initComponents();
```

```java
        this.setTitle("服务器端");
        
        System.out.println("服务器在此打开端口 4444……");
        serverListenRunnable = new ServerListenRunnable(jTextArea1);
        listenThread = new Thread(serverListenRunnable);
        listenThread.start();
    }
    
    private void jButton4ActionPerformed(java.awt.event.ActionEvent evt)
    {
            ArrayList<Socket> clientSockets = serverListenRunnable.getClientSockets();
            System.out.println(clientSockets.size());
            for(Socket clientSocket:clientSockets)
            {
                try
                {
                    out = new PrintWriter(new BufferedWriter(new OutputStreamWriter(clientSocket.getOutputStream())));
                    out.println(this.jTextField1.getText());
                    out.flush();
                } catch (IOException ex)
                {
                    Logger.getLogger(ServerFrame.class.getName()).log(Level.SEVERE, null, ex);
                }
                
            }
    }
    
    private void jButton3ActionPerformed(java.awt.event.ActionEvent evt)
    {
        // TODO add your handling code here
        serverListenRunnable.closeServerSocket();
        for(Socket socket:serverListenRunnable.getClientSockets())
        {
            try {
                socket.close();
            } catch (IOException ex) {
                Logger.getLogger(ServerFrame.class.getName()).log(Level.SEVERE, null, ex);
            }
        }
    }
    
     public static void main(String args[])
    {
        java.awt.EventQueue.invokeLater(new Runnable()
        {
            public void run()
            {
                new ServerFrame().setVisible(true);
            }
        });
    }
}
```

ClientFrame. java

```java
import java.io.BufferedReader;
import java.io.BufferedWriter;
import java.io.IOException;
import java.io.OutputStreamWriter;
import java.io.PrintWriter;
import java.net.InetAddress;
import java.net.Socket;
import java.net.UnknownHostException;
import java.util.logging.Level;
import java.util.logging.Logger;

public class ClientFrame extends javax.swing.JFrame
{

    private Socket socket;
    private int serverPort;
    private InetAddress serverIP;
    private BufferedReader in;
    private PrintWriter out;

    private javax.swing.JButton jButton1;
    private javax.swing.JButton jButton3;
    private javax.swing.JButton jButton4;
    private javax.swing.JScrollPane jScrollPane1;
    private javax.swing.JTextArea jTextArea1;
    private javax.swing.JTextField jTextField1;

    public ClientFrame()
    {
        initComponents();
        this.setTitle("客户端");
        serverPort = 4444;
         try
         {
             serverIP = InetAddress.getByName("127.0.0.1");
         } catch (UnknownHostException ex)
         {
             Logger.getLogger(ClientFrame.class.getName()).log(Level.SEVERE, null, ex);
         }
    }

    private void jButton1ActionPerformed(java.awt.event.ActionEvent evt)
    {
        try
        {
            // TODO add your handling code here
            socket = new Socket(serverIP, serverPort);
            Thread readThread = new Thread(new SocketReadRunnable(socket, jTextArea1));
            readThread.start();
```

```java
            } catch (IOException ex)
            {
                Logger.getLogger(ClientFrame.class.getName()).log(Level.SEVERE, null, ex);
            }
        }

        private void jButton4ActionPerformed(java.awt.event.ActionEvent evt)
        {
            try
            {
                // TODO add your handling code here
                out = new PrintWriter ( new BufferedWriter ( new OutputStreamWriter ( socket.getOutputStream())));
                out.println(this.jTextField1.getText());
                out.flush();
            } catch (IOException ex)
            {
                Logger.getLogger(ClientFrame.class.getName()).log(Level.SEVERE, null, ex);
            }
        }

        private void jButton3ActionPerformed(java.awt.event.ActionEvent evt)
        {
            try {
                // TODO add your handling code here
                socket.close();
            } catch (IOException ex) {
                Logger.getLogger(ClientFrame.class.getName()).log(Level.SEVERE, null, ex);
            }
        }

        public static void main(String args[])
        {
            java.awt.EventQueue.invokeLater(new Runnable()
            {
                public void run()
                {
                    new ClientFrame().setVisible(true);
                }
            });
        }
    }
```

首先右击 ServerFrame.java 运行文件，先将服务器端的程序运行起来，可观察到服务器打开了端口 4444，并一直处于监听状态。接着右击 ClientFrame.java 运行文件，运行三次，依次打开三个客户端的程序，此时可观察到服务器已与三个客户端依次建立了 TCP 连接，并能够通过数据流进行通信。在服务器端的文本字段中输入"hello clients"，单击"发送"按钮进行发送，可见三个客户端均能够接收到并显示在各自的文本区域中。每个客户端输入信息进行发送，服务器端均能够接收到并及时显示。例 13.4 的程序运行结果如

图 13.13 所示。

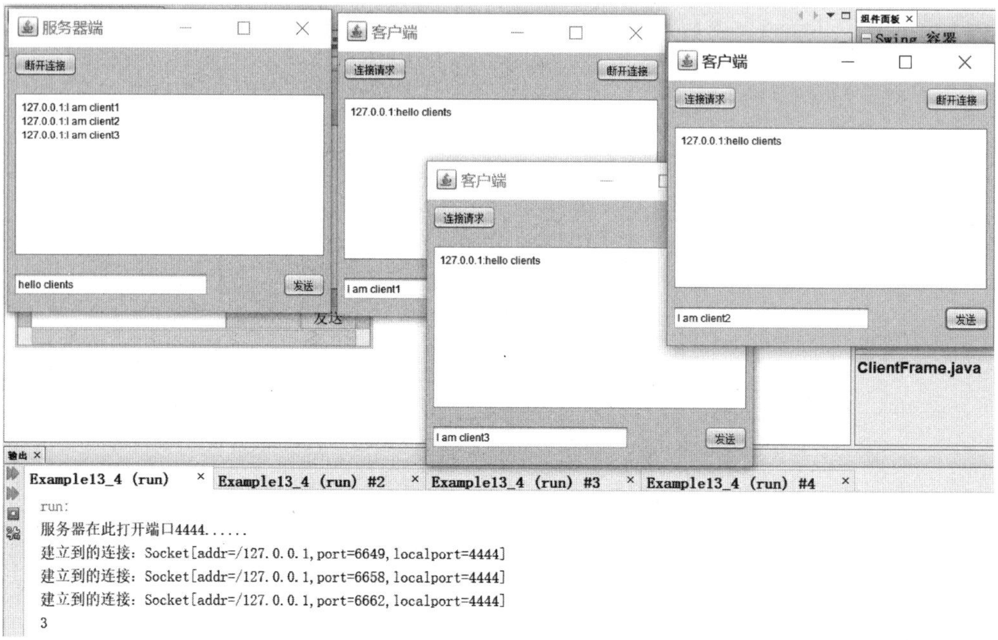

图 13.13 例 13.4 的程序运行结果

13.4 无连接的 UDP 通信

与 TCP 不同，用户数据报协议（UDP）则是一种无连接的传输协议。利用 UDP 进行数据传输时，首先需要将要传输的数据定义成数据报（Datagram），在数据报中指明数据所要达到的 Socket（主机地址和端口号），然后再将数据报发送出去。这种传输方式是无序的，也不能确保绝对的安全可靠，但它很简单也具有比较高的效率，这与通过邮局发送邮件的情形非常相似。

在 Java 中，基于 UDP 实现网络通信的类有以下三个。

(1) 用于表达通信数据的数据报类 **DatagramPacket**。

(2) 用于进行端到端通信的类 **DatagramSocket**。

(3) 用于广播通信的类 **MulticastSocket**。

类 **DatagramPacket** 的构造方法如下。

public DatagramPacket(byte[] buf，int length)

public DatagramPacket(byte[] buf，int offset，int length)

以上两个方法用于接收数据。

public DatagramPacket(byte[] buf，int length，InetAddress address，int port)

public DatagramPacket(byte[] buf，int offset，int length，InetAddress address，int port)

以上两个方法用于发送数据获取数据——获取接收报中的信息。常用的方法有：

public InetAddress getAddress()

public byte[ ] getData( )
public int getLength( )
public int getOffset( )
public int getPort( )

设置数据——设置发送报中的信息，常用的方法有：

setAddress(InetAddress iaddr)
setPort(int iport)
setData(byte[ ] buf)
setData(byte[ ] buf，int offset，int length)
setLength(int length)

类 DatagramSocket 的构造方法如下。

public DatagramSocket( )
public DatagramSocket(int port)：在指定的端口通信。
public DatagramSocket(int port，InetAddress laddr)：在指定的地点运行。

这三个方法都将抛出例外 SocketException，程序中需要捕获处理。

最主要的方法——发送与接收数据报：

public void receive(DatagramPacket p)
public void send(DatagramPacket p)

这两个方法都将抛出例外 IOException，程序中需要捕获处理。

其他方法：

public void connect(InetAddress address，int port)：与指定的机器通信。
public void disconnect( )：关闭与指定机器的连接。
public void close( )：关闭 Socket。

UDP 端发出数据报的标准步骤如下。

1. 定义数据成员

```
DatagramSocket socket;
DatagramPacket packet;
InetAddress address;(用来存放接收方的地址)
int port; (用来存放接收方的端口号)
```

2. 创建数据报 Socket 对象

```
try{
    socket = new DatagramSocket(4455);
}catch(java.net.SocketException e) {}
```

socket 绑定到一个本地的可用端口，等待接收客户的请求。

3. 分配并填写数据缓冲区（一个字节类型的数组）

```
byte[ ] buf = new byte[1024];
```

存放从客户端接收的请求信息。

4. 创建一个 DatagramPacket

```
packet = new DatagramPacket(buf,1024);
```

用来从 Socket 接收数据,它只需要两个参数。

5. 服务器阻塞

```
socket.receive(packet);
```

在客户的请求数据报到来之前一直等待。

6. 从到来的包中得到地址和端口号

```
InetAddress address = packet.getAddress();
int port = packet.getPort();
```

7. 将数据送入缓冲区

或来自文件,或键盘输入。

8. 建立报文包,用来从 Socket 上发送信息

```
packet = new DatagramPacket(buf, buf.length, address, port);
```

9. 发送数据包

```
socket.send(packet);
```

10. 关闭 socket

```
socket.close();
```

UDP 端接收数据报的标准步骤如下。

1. 定义数据成员

```
int port;
InetAddress address;
DatagramSocket socket;
DatagramPacket packet;
byte[] sendBuf = new byte[1024];
```

2. 建立 Socket

```
socket = new DatagramSocket();
```

3. 向服务器发出请求报文

```
address = InetAddress.getByName(args[0]);
port = parseInt(args[1]);
packet = new DatagramPacket(sendBuf, 1024, address, port);
socket.send(packet);
```

这个数据报本身带有客户端的信息。

4. 客户机等待应答

```
packet = new DatagramPacket(sendBuf, 1024);
socket.receive(packet);
```

如果没有到就一直等待,因此实用程序要设置时间限度。

5. 处理接收到的数据

```
String received = new String(packet.getData(), 0);
System.out.println(received);
```

UDP 通信的流程如图 13.14 所示。

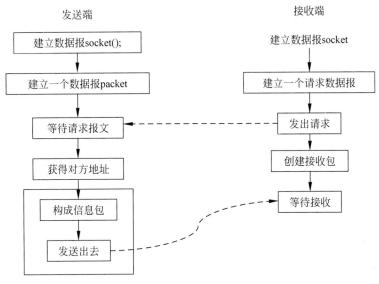

图 13.14　UDP 通信流程

下面的例 13.5 中演示 UDP 网络端程序通过 UDP 进行相互通信,为了在同一台计算机上进行演示,这里仍然使用回环测试地址 127.0.0.1,将一个 UDP 端的端口号绑定到本地的 4455 端口,而另一个 UDP 端的端口号绑定到本地的 4456 号端口,从而模拟两个 UDP 端之间端到端的通信。这两个 UDP 端的程序代码除去设置的端口号不同外,其具体实现完全一致,其中一个 UDP 端的核心代码如下。

例 13.5

UDPFrame1.java

```java
import java.io.IOException;
import java.net.*;

public class UDPFrame1 extends javax.swing.JFrame {

    DatagramSocket socket;
    InetAddress targetAddress;
    private javax.swing.JButton jButtonSend;
    private javax.swing.JScrollPane jScrollPane1;
    private javax.swing.JTextArea jTextArea1;
    private javax.swing.JTextField jTextField1;

    public UDPFrame1() {
        initComponents();
```

例 13.5
视频讲解

```java
            this.setTitle("UDP 通信程序 1");
            try {
                socket = new DatagramSocket(4455);
                ReceiveThread receiveThread = new ReceiveThread();
                targetAddress = InetAddress.getByName("127.0.0.1");
                receiveThread.start();

            }//catch(SocketException e){}
            catch (IOException e) {
            }
        }

        private void jButtonSendActionPerformed(java.awt.event.ActionEvent evt) {
            // TODO add your handling code here
            byte[] data = this.jTextField1.getText().getBytes();
            try {
                DatagramPacket packet = new DatagramPacket(data, data.length, targetAddress, 4456);
                socket.send(packet);
            } catch (UnknownHostException e) {
            } catch (IOException ioe) {
            }
        }

        class ReceiveThread extends Thread {

            @Override
            public void run() {
                while (true) {
                    try {
                        byte[] data = new byte[1024];
                        DatagramPacket packet = new DatagramPacket(data, data.length);
                        socket.receive(packet);
                        String text = new String(data).trim();
                        jTextArea1.append(text + "\r\n");
                        jTextArea1.setCaretPosition(jTextArea1.getText().length());
                    } catch (IOException e) {
                    }
                }
            }

        }

        public static void main(String args[]) {
            java.awt.EventQueue.invokeLater(new Runnable() {
                public void run() {
                    new UDPFrame1().setVisible(true);
                }
            });
        }
    }
```

依次右击 UDPFrame1.java 和 UDPFrame2.java,运行文件,运行起来两个 UDP 端的程序,例 13.5 的程序运行结果如图 13.15 所示。

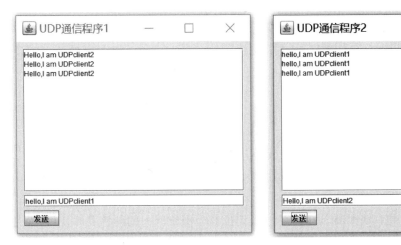

图 13.15 例 13.5 的程序运行结果

13.5 UDP 广播通信

DatagramSocket 只允许数据报发往一个目的地址。java.net 类包中提供了类 MulticastSocket,允许将数据报以广播的方式发送到某个端口的所有组客户。

类 MulticastSocket 是在广播端使用,监听网络上广播的数据;仍然使用 DatagramSocket 来发送数据,只是发送的数据报的目的地址改为广播组地址。

类 **MulticastSocket**:从 **DatagramSocket** 继承而来。
构造方法:
public MulticastSocket()
public MulticastSocket(int port):在指定的端口通信。
这两个方法都将抛出例外 IOException,程序中需要捕获处理。
主要方法:
public void joinGroup(InetAddress mcastaddr):加入一个广播组。
public void leaveGroup(InetAddress mcastaddr):离开一个广播组。
public void setTimeToLive(int ttl):指定数据报离开时间。
public void send(DatagramPacket p,byte ttl):在指定的时间内将数据报发送出去。
这四个方法都将抛出例外 IOException,程序中需要捕获处理。
继承 DatagramSocket 的方法:
public void receive(DatagramPacket p):接收数据。
public void send(DatagramPacket p):发送数据。
public void connect(InetAddress address,int port):与指定的机器通信。
public void disconnect():关闭指定的连接。

public void close()：关闭 Socket。

广播端绑定通信端口并加入一个广播组：

MulticastSocket socket = new MulticastSocket(4455);
InetAddress address = InetAddress.getByName("239.202.8.1");
socket.joinGroup(address);
…   //receive datagram
socket.leaveGroup(address);
socket.close();

广播端向指定广播组发送数据：

InetAddress group = InetAddress.getByName("239.202.8.1");
DatagramPacket packet = new DatagramPacket(buf, buf.length, group, 4455);
socket.send(packet);

广播组的 IP 地址是一类特殊的 IP 地址，它们没有分配给网上的硬件资源使用，而是专门保留下来作为广播通信使用的（就像 127.0.0.1 是专门用来描述本机 IP 一样）。这一类地址的范围是 224.0.0.0～239.255.255.255，其中，地址 224.0.0.0 又被保留不能被一般应用程序所使用。

下面的例 13.6 中演示多个客户端通过 UDP 进行广播通信，程序代码如下。

例 13.6

```java
public class Example13_6.java
{
    public static void main(String[] args)
    {
        new BroadCastFrame().setVisible(true);
    }
}
```

BroadCastFrame.java

```java
import java.io.IOException;
import java.net.DatagramPacket;
import java.net.InetAddress;
import java.net.MulticastSocket;
import java.net.UnknownHostException;

public class BroadCastFrame extends javax.swing.JFrame
{
    int port = 4455;                            //组播的端口
    InetAddress group = null;                   //组播组的地址
    MulticastSocket socket = null;
    boolean isOver;

    private javax.swing.JButton jButtonSend;
    private javax.swing.JButton jButtonStartReceive;
    private javax.swing.JButton jButtonStopReceive;
    private javax.swing.JLabel jLabel1;
```

```java
    private javax.swing.JScrollPane jScrollPane1;
    private javax.swing.JTextArea jTextArea1;
    private javax.swing.JTextField jTextField1;

public BroadCastFrame()
    {
    initComponents();
    try
        {
        group = InetAddress.getByName("239.202.8.1"); //设置广播组的地址为239.202.8.1
        socket = new MulticastSocket(port);        //多点广播套接字将在port端口广播
        //socket.setTimeToLive(1); //多点广播套接字发送数据报范围为本地网络
        socket.joinGroup(group); //加入group后,socket发送的数据报被group中的成员接收到
        } catch (UnknownHostException uhe)
        {
        } catch (IOException ioe)
        {
        }
    }

private void jButtonSendActionPerformed(java.awt.event.ActionEvent evt)
    {
        try
            {
            DatagramPacket packet = null;   //等待广播的数据包
            byte data[] = this.jTextField1.getText().getBytes();
            packet = new DatagramPacket(data, data.length, group, port);
            System.out.println("正在发送的内容: " + new String(data));
            socket.send(packet);           //广播数据包
            } catch (IOException e)
            {
            System.out.println("Error: " + e);
            }
    }

    private void jButtonStartReceiveActionPerformed(java.awt.event.ActionEvent evt)
    {
    isOver = true;
    MulticastRead thread = new MulticastRead();
    thread.start();

    this.jButtonStartReceive.setEnabled(false);
    this.jButtonStopReceive.setEnabled(true);
    }

    private void jButtonStopReceiveActionPerformed(java.awt.event.ActionEvent evt)
    {
    isOver = false;
    this.jButtonStartReceive.setEnabled(true);
    this.jButtonStopReceive.setEnabled(false);
    }
```

```java
class MulticastRead extends Thread
    {
    @Override
    public void run()
        {
        while (isOver)
            {
            byte data[] = new byte[8192];
            DatagramPacket packet = new DatagramPacket(data, data.length); //待接收的数据包
            try
                {
                socket.receive(packet);
                String message = new String(packet.getData()).trim();
                System.out.println("正在接收的内容:" + message);
                jTextArea1.append(message + "\n");
                } catch (Exception e)
                {
                }
            }
        }
    }
```

例 13.6 的程序运行结果如图 13.16 所示。

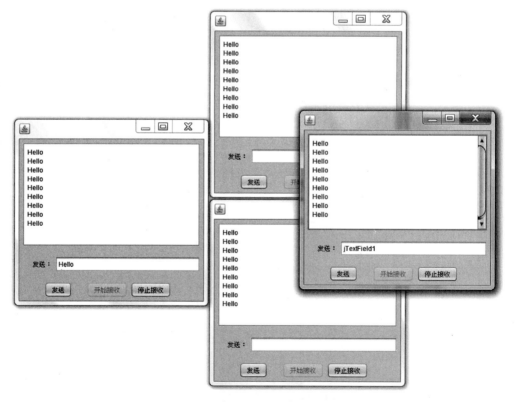

图 13.16 例 13.6 的程序运行结果

13.6　局域网通信工具

利用本章节学习的内容可以实现一个局域网内的即时通信工具软件，项目名称为 **LocalNetChatApp**。该软件能够实现在局域网内向指定用户发送信息，也可以在全网进行广播信息，并向指定用户发送文本文件。当用户打开软件时，会通过 UDP 自动向全网广播一个"ECHO"指令，收到该"ECHO"信息的用户会得到发送方的 IP 地址，和发送方上线的状态信息，故将发送方添加到可通信列表中，并通过 UDP 向发送方回送一个确认"ACK"指令。发送方在得到"ACK"指令的同时自然也得到对方的 IP 地址和上线状态，并将其加入自己的可通信列表。如此一来，只要打开软件，就能够很快获取全网的在线用户信息，以方便与之通信。当有某个用户关闭了软件，则在关闭软件的时候会向全网广播一个"FIN"指令，所有接收到该指令的用户端会知道其下线了，并将他的通信信息从可通信列表中删除，用以表示其已下线无法通信。当某个用户想要发送给对方一个文本文件时，会先将自己设置为一个 TCP 服务器，通过 UDP 单播向对方发送一个"SYN"指令，等待对方进行 TCP 同步连接。对方在接收到"SYN"指令后，会向发送方提交 TCP 连接请求，从而与发送方建立 TCP 连接，等待发送方发送的文件信息。当文件接收完成后，会通过 UDP 向发送方发送一个"SYNACK"指令，发送方接收到该指令后显示文件发送完成。

该工具软件各个功能的实现都进行了类的封装，其核心类的 UML 类图如图 13.17 所示。

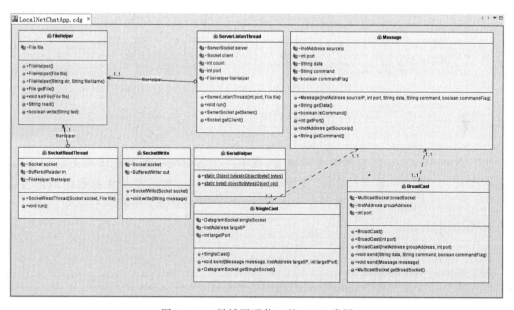

图 13.17　局域网通信工具 UML 类图

Message 类主要用来表示通过 UDP 所发送的数据，主要包含发送方的 IP 地址、端口号、数据、指令、指令标识这些信息。其具体的实现代码如下。

Message. java

```
import java.io.Serializable;
import java.net.*;
```

```java
public class Message implements Serializable{
    
    private InetAddress sourceIp;
    private int port;
    private String data;
    private String command;
    private boolean commandFlag;
    
    public Message(InetAddress sourceIP, int port, String data, String command,boolean commandFlag) {
        this.sourceIp = sourceIP;
        this.port = port;
        this.data = data;
        this.command = command;
        this.commandFlag = commandFlag;
    }
    public String getData() {
        return data;
    }
    public boolean isCommand() {
        return commandFlag;
    }
    public int getPort() {
        return port;
    }
    public InetAddress getSourceIp() {
        return sourceIp;
    }
    public String getCommand()
    {
        return command;
    }
}
```

为了方便 Message 信息的发送和接收,该类产生的对象应能够被序列化和反序列化,其主要由 SerialHelper 类进行实现,该类中的 objecttoBytes 方法负责将对象序列化为字节数组,而 bytestoObject 方法则负责将字节数组反序列化为对象。其代码具体实现如下。

SerialHelper.java

```java
import java.io.*;
public class SerialHelper {
    public static Object bytestoObject(byte[] bytes)
    {
        Object obj = null;
        try{
            ByteArrayInputStream bin = new ByteArrayInputStream(bytes);
            ObjectInputStream oin = new ObjectInputStream(bin);
            obj = oin.readObject();
            oin.close();
            bin.close();
        }catch(ClassNotFoundException cne){}
```

```java
        catch(IOException ioe){}
        return obj;
    }

    public static byte[] objecttoBytes(Object obj)
    {
        byte[] bytes = null;
        try{
            ByteArrayOutputStream bout = new ByteArrayOutputStream();
            ObjectOutputStream oout = new ObjectOutputStream(bout);
            oout.writeObject(obj);
            bytes = bout.toByteArray();
            oout.close();
            bout.close();
        }catch(IOException ioe){}
        return bytes;
    }
}
```

SingleCast 类负责通过 UDP 进行信息的单播发送,其具体实现代码如下。

SingleCast.java

```java
import java.io.IOException;
import java.net.*;
public class SingleCast
    {
        private DatagramSocket singleSocket;
        private InetAddress targetIP;
        private int targetPort;

    public SingleCast()
        {
        try{singleSocket = new DatagramSocket();}
        catch(SocketException e){}
        }

    public void send(Message message, InetAddress targetIP, int targetPort)
        {
        try
                {
                // TODO add your handling code here
                byte[] data = SerialHelper.objecttoBytes(message);
                DatagramPacket dataPacket = new DatagramPacket(data, data.length, targetIP, targetPort);
                System.out.println("正在发送的内容: " + message.getData());
                getSingleSocket().send(dataPacket);
                } catch (SocketException ex)
                {
                } catch (UnknownHostException ex)
                {
                } catch (IOException ex)
```

```
                    {
                    }
                }

        public DatagramSocket getSingleSocket()
            {
            return singleSocket;
            }

    }
```

BroadCast 类负责通过 UDP 进行信息的组播发送,其组地址为 239.202.8.1,端口号为 4747,具体实现代码如下。

BroadCast.java

```
import java.io.IOException;
import java.net.*;
public class BroadCast
    {
        private MulticastSocket broadSocket;
        private InetAddress groupAddress;
        private int port;

    public BroadCast()
        {
        try{
        port = 4747;
        groupAddress = InetAddress.getByName("239.202.8.1");
        broadSocket = new MulticastSocket(port);
        broadSocket.joinGroup(groupAddress);
        }catch(UnknownHostException ukh){}
        catch(IOException ioe){}
        }

     public BroadCast(int port)
        {
        try{
        this.port = port;
        groupAddress = InetAddress.getByName("239.202.8.1");
        broadSocket = new MulticastSocket(port);
        broadSocket.joinGroup(groupAddress);
        }catch(UnknownHostException ukh){}
        catch(IOException ioe){}
        }

     public BroadCast(InetAddress groupAddress, int port) {
        try{
        this.groupAddress = groupAddress;
        this.port = port;
        broadSocket = new MulticastSocket(port);
        broadSocket.joinGroup(groupAddress);
```

```java
        }catch(UnknownHostException ukh){}
        catch(IOException ioe){}
    }

    public void send(String data,String command,boolean commandFlag)
        {
          try
            {
          Message message = new Message(InetAddress.getLocalHost(), -1, "广播信息: " +
data,command, commandFlag);
            byte[] bytes = SerialHelper.objecttoBytes(message);
            DatagramPacket packet = new DatagramPacket(bytes, bytes.length, groupAddress, port);
            System.out.println("正在广播的内容: " + data + " " + command);
              getBroadSocket().send(packet);       //广播数据包
            } catch (UnknownHostException uhe)
            {
            } catch (IOException ioe)
            {
            }
        }

    public void send(Message message)
    {
        try
            {
            byte[] data = SerialHelper.objecttoBytes(message);
            DatagramPacket packet = new DatagramPacket(data, data.length, groupAddress, port);
                System.out.println("正在广播的内容: " + message.getData() + " " + message.
getCommand());
              getBroadSocket().send(packet);       //广播数据包
            } catch (UnknownHostException uhe)
            {
            } catch (IOException ioe)
            {
            }
    }

    public MulticastSocket getBroadSocket()
        {
        return broadSocket;
        }
    }
```

FileHelper 类通过字符缓冲流来读写文件,其具体实现代码如下。

FileHelper.java

```java
import java.io.*;
public class FileHelper
    {
        private File file;
```

```java
    public FileHelper()
    {
    }
    public FileHelper(File file)
    {
        this.file = file;
    }
    public FileHelper(String dir,String fileName)
    {
        this.file = new File(dir, fileName);
    }
    public File getFile()
    {
        return file;
    }
    public void setFile(File file)
    {
        this.file = file;
    }

    public String read()
    {
        if(this.file!= null&&this.file.exists())
        {
            try{
            FileReader fileReader = new FileReader(this.file);
            BufferedReader bufferReader = new BufferedReader(fileReader);
            StringBuilder text = new StringBuilder();
            String line;
            while((line = bufferReader.readLine())!= null)
                {
                text.append(line + "\r\n");
                }
            fileReader.close();
            bufferReader.close();
            return text.toString();
            }catch(IOException ioe)
                {
                System.out.println(ioe.getMessage());
                }
        }
        return null;
    }

    public boolean write(String text)
    {
        if(this.file!= null)
        {
            try
            {
                FileWriter fileWriter = new FileWriter(file);
```

```java
                BufferedWriter bufferWriter = new BufferedWriter(fileWriter);
                bufferWriter.write(text);
                bufferWriter.close();
                fileWriter.close();
                return true;
            }
            catch(IOException ioe)
            {
                System.out.println(ioe.getMessage());
                return false;
            }
        }
        else return false;
    }
}
```

ServerListenThread 类用来在发送文件时建立 TCP 服务器端,服务器在监听客户端请求时为了不阻塞主线程,会开辟一个子线程进行监听,故继承 Thread 类通过多线程进行实现。其具体实现代码如下。

ServerListenThread.java

```java
import java.io.IOException;
import java.net.*;
import java.util.logging.Level;
import java.util.logging.Logger;
import java.io.File;
public class ServerListenThread extends Thread
    {
    private ServerSocket server;
    private Socket client;
    private int count;
    private int port;
    private FileHelper fileHelper;

    public ServerListenThread(int port,File file)
        {
        this.port = port;
        fileHelper = new FileHelper(file);
        try
            {
            server = new ServerSocket(port);
            } catch (IOException ex)
            {
            Logger.getLogger(ServerListenThread.class.getName()).log(Level.SEVERE, null, ex);
            }
        }

    @Override
    public void run()
        {
```

```java
            try
                {
                System.out.println("Server is listening on port of " + port);
                client = getServer().accept();
                SocketWrite socketWrite = new SocketWrite(getClient());
                socketWrite.write(fileHelper.read());
                System.out.println("Server write " + fileHelper.getFile().getName() + "is over.");
                getClient().close();
                getServer().close();
                } catch (IOException ex)
                {
                Logger.getLogger(ServerListenThread.class.getName()).log(Level.SEVERE, null, ex);
                }
            }

        public ServerSocket getServer()
            {
            return server;
            }

        public Socket getClient()
            {
            return client;
            }
    }
```

SocketWrite 类通过 TCP 连接，采用缓冲字符流来发送文件信息，其具体实现代码如下。

SocketWrite. java

```java
import java.io.BufferedWriter;
import java.io.IOException;
import java.io.OutputStreamWriter;
import java.net.*;
import java.io.*;

public class SocketWrite
    {
    private Socket socket;
    private BufferedWriter out;

    public SocketWrite(Socket socket)
        {
        this.socket = socket;
        try{
        out = new BufferedWriter(new OutputStreamWriter(socket.getOutputStream()));}
        catch(IOException e){}
        }
```

```java
public void write(String message)
    {
    try{
        out.write(message);
        out.flush();
    }catch(IOException e){}
    }
}
```

在 TCP 连接建立后 SocketReadThread 类对 TCP 连接中所发送过来的数据进行不停地接收,为了使不停地接收不影响主线程通过多线程进行实现,具体实现代码如下。

SocketReadThread.java

```java
import java.io.BufferedReader;
import java.io.IOException;
import java.io.InputStreamReader;
import java.net.Socket;
import java.util.logging.Level;
import java.util.logging.Logger;
import java.io.File;

public class SocketReadThread extends Thread
    {
    private Socket socket;
    private BufferedReader in;
    private FileHelper fileHelper;

    public SocketReadThread(Socket socket,File file)
        {
        fileHelper = new FileHelper(file);
        this.socket = socket;
        try
            {
            in = new BufferedReader(new InputStreamReader(socket.getInputStream()));
            } catch (IOException ex)
            {
            Logger.getLogger(SocketReadThread.class.getName()).log(Level.SEVERE, null, ex);
            }
        }

    @Override
    public void run()
        {
        try
            {
            char[] buffer = new char[2048];
            in.read(buffer);
            fileHelper.write(new String(buffer).trim());
            socket.close();
            } catch (IOException ex)
```

```
                {
                System.out.println(socket + " is close.");
                return;
                }
            }
    }
```

ChatFrame 类实现了通信工具软件的界面,主要负责与用户的交互事件和 UDP 数据的接收显示,其具体实现核心代码如下。

ChatFrame. java

```
import java.io.File;
import java.io.IOException;
import java.net.*;
import java.util.logging.Level;
import java.util.logging.Logger;
import javax.swing.DefaultListModel;
import javax.swing.JFileChooser;
import javax.swing.filechooser.FileNameExtensionFilter;

public class ChatFrame extends javax.swing.JFrame
    {

    private DefaultListModel listModel;
    private BroadCast broadCast;
    private SingleCast singleCast;
    private InetAddress targetIP;
    private int port_UDP = 4747;
    private boolean isFile = false;
    private File file;
    private int port_TCP = 5555;
    private ServerListenThread serverThread;
    private InetAddress serverIP;
    private Socket server;

    /**
     * Creates new form BroadCastFrame
     */
    public ChatFrame()
        {
        initComponents();
        this.setTitle("Java 局域网通信工具");
        listModel = new DefaultListModel();
        this.jList1.setModel(listModel);
        try
            {
            targetIP = InetAddress.getByName("127.0.0.1");
            } catch (UnknownHostException ex)
            {
            Logger.getLogger(ChatFrame.class.getName()).log(Level.SEVERE, null, ex);
            }
```

```java
        broadCast = new BroadCast(port_UDP);
        broadCast.send("", "ECHO", true);

        singleCast = new SingleCast();

        DatagramReadThread thread = new DatagramReadThread();
        thread.start();

    }

    private void jButtonSendActionPerformed(java.awt.event.ActionEvent evt)
    {
        try
            {
            // TODO add your handling code here
            Message message = new Message ( InetAddress. getLocalHost ( ), - 1, this.
jTextField1.getText(), "", false);
            singleCast.send(message, targetIP, port_UDP);
            } catch (UnknownHostException ex){}
    }

    private void jList1ValueChanged(javax.swing.event.ListSelectionEvent evt) {
        // TODO add your handling code here
        targetIP = (InetAddress) this.jList1.getSelectedValue();
    }

    private void jButtonBrowseFileActionPerformed(java.awt.event.ActionEvent evt)
        {
            // TODO add your handling code here
            file = null;
            JFileChooser fileDialog = new JFileChooser();
            FileNameExtensionFilter filter = new FileNameExtensionFilter("文本文件", "txt");
            fileDialog.setFileFilter(filter);
            int state = fileDialog.showOpenDialog(this);
            if (state == JFileChooser.APPROVE_OPTION)
                {
                file = fileDialog.getSelectedFile();
                isFile = true;
                this.jButtonSendFile.setEnabled(true);
                }
            if (file != null)
                {
                this.jLabel2.setText(file.getName());
                }
        }

    private void formWindowClosing(java.awt.event.WindowEvent evt)
        {
            // TODO add your handling code here
            broadCast.send("", "FIN", true);
```

```java
            broadCast.getBroadSocket().close();
            singleCast.getSingleSocket().close();
        }

    private void jButtonReceiveFileActionPerformed(java.awt.event.ActionEvent evt)
        {
            // TODO add your handling code here
            file = null;
            JFileChooser fileDialog = new JFileChooser();
            FileNameExtensionFilter filter = new FileNameExtensionFilter("文本文件", "txt");
            fileDialog.setFileFilter(filter);
            int state = fileDialog.showSaveDialog(this);
            if(state == JFileChooser.CANCEL_OPTION)
                {
            return;
                }
            if (state == JFileChooser.APPROVE_OPTION)
                {
                file = fileDialog.getSelectedFile();
                if (file.getName().lastIndexOf('.') < 0)
                    {
                    file = new File(file.getAbsolutePath() + ".txt");
                    }
                if (file.exists())
                    {
                    file.delete();
                    } else
                    {
                    try
                        {
                        file.createNewFile();
                        } catch (IOException ex)
                        {
                        Logger.getLogger(ChatFrame.class.getName()).log(Level.SEVERE, null, ex);
                        }
                    }
                }
            if (file != null)
                {
                this.jLabel2.setText(file.getName());
                try
                    {
                    server = new Socket(serverIP, port_TCP);
                    SocketReadThread readThread = new SocketReadThread(server, file);
                    readThread.start();
                Message message = new Message (InetAddress.getLocalHost ( ), - 1, "",
"SYNACK", true);
                    singleCast.send(message, serverIP, port_UDP);
                    this.jLabel2.setText(file.getName() + " 文件接收完成.");
                    } catch (IOException e)
                    {
```

```java
                }
            }
        this.jButtonReceiveFile.setEnabled(false);
    }

    private void jButtonBroadActionPerformed(java.awt.event.ActionEvent evt)
        {
            // TODO add your handling code here
            broadCast.send(this.jTextField1.getText(), "", false);
        }

    private void jButtonSendFileActionPerformed(java.awt.event.ActionEvent evt)
        {
            // TODO add your handling code here
            try
                {
                    Message message = new Message(InetAddress.getLocalHost(), port_TCP, this.jLabel2.getText(), "SYN", true);
                    singleCast.send(message, targetIP, port_UDP);
                    this.jButtonBrowseFile.setEnabled(false);
                    serverThread = new ServerListenThread(port_TCP, file);
                    this.jLabel2.setText(file.getName() + " 文件正在发送中……");
                    if (!serverThread.isAlive())
                        {
                            serverThread.start();
                        }
                    this.jButtonSendFile.setEnabled(false);
                } catch (UnknownHostException ex){}
        }

    class DatagramReadThread extends Thread
        {
            @Override
            public void run()
                {
                    while (true)
                        {
                            byte data[] = new byte[1024];
                            DatagramPacket packet = new DatagramPacket(data, data.length); //待接收的数据包
                            try
                                {
                                    broadCast.getBroadSocket().receive(packet);
                                    Message message = (Message) SerialHelper.bytestoObject(packet.getData());
                                    System.out.println("正在接收的内容:" + message.getData() + " " + message.getCommand());
                                    if (message.isCommand())
                                        {
                                            if (!message.getSourceIp().equals(InetAddress.getLocalHost()))
```

```java
                {
                    if (message.getCommand().equals("ECHO"))
                    {
                        listModel.addElement(message.getSourceIp());
                        Message messageACK = new Message(InetAddress.getLocalHost(),
-1, "", "ACK", true);
                        singleCast.send(messageACK, message.getSourceIp(), port_UDP);
                    }
                    if (message.getCommand().equals("ACK"))
                    {
                        listModel.addElement(message.getSourceIp());
                    }
                    if (message.getCommand().equals("FIN"))
                    {
                        listModel.removeElement(message.getSourceIp());
                    }
                }
                if (message.getCommand().equals("SYN"))
                {
                    jTextArea1.append(message.getSourceIp().getHostName() +
"发送文件:" + message.getData() + "\r\n");
                    jTextArea1.setCaretPosition(jTextArea1.getText().length());
                    jButtonReceiveFile.setEnabled(true);
                    serverIP = message.getSourceIp();
                }
                if (message.getCommand().equals("SYNACK"))
                {
                    jLabel2.setText(file.getName() + " 文件发送完成.");
                    jButtonBrowseFile.setEnabled(true);
                }
                if (message.getCommand().equals("SYNFIN"))
                {
                    jButtonBrowseFile.setEnabled(true);
                }
            } else
            {
                jTextArea1.append(message.getSourceIp().getHostName() + ":" +
message.getData() + "\r\n");
                jTextArea1.setCaretPosition(jTextArea1.getText().length());
            }
        } catch (IOException e){}
        }
      }
   }
}
```

局域网通信工具的程序运行结果如图 13.18 所示。

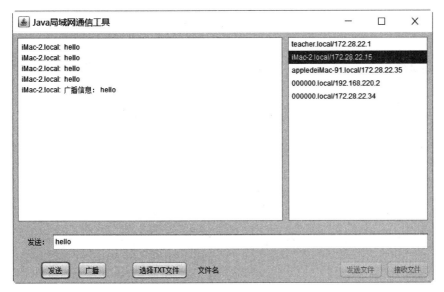

图 13.18　局域网通信工具的程序运行结果

小　　结

本章主要讲解了 Java 环境下的网络编程。因为 TCP/IP 是 Java 网络编程的基础,本章开篇重点介绍了 TCP/IP 中的一些概念。协议本身是一个十分庞大的系统,用几节是不可能讲清楚的,所以本书只是联系实际讲解了一些最基本的概念,帮助读者理解后面的相关内容。重点有以下几个概念:主机名、端口、服务类型、TCP 及 UDP。

本章以 Socket 接口和 Client/Server 网络编程模型为主线,依次讲解了如何用 Java 实现基于 TCP 的 Client/Server 结构,主要用到的类有 Socket 和 ServerSocket,以及如何用 Java 实现基于 UDP 的通信。

习　　题

1. 分别描述 Socket 和 ServerSocket 类的常用方法及选项设置。
2. 描述 RMI 的基本原理 DatagramSocket 类的常用方法和选项设置。
3. 写出包含事务处理,创建一个简单 RMI 应用的步骤及相关设计类图。
4. 分别描述 DatagramPacket 和基本 JDBC 应用开发的过程及样例代码。
5. 写出基于 UDP 通信的 Echo 功能实现过程及代码。

第 14 章 JDBC 数据库编程

本章导图：

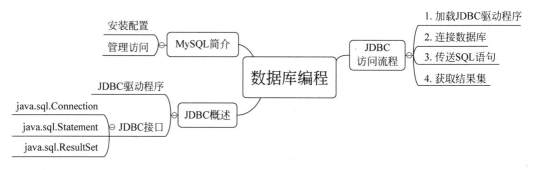

主要内容：

- 数据库编程接口 JDBC。
- JDBC API 层次结构。
- JDBC 连接数据的方式。
- 驱动管理器 DriveManager 类。
- 数据库连接 Connection 接口。
- 执行 SQL 语句的 Statement 接口。
- 结果集 ResultSet。
- 数据库的预处理操作。
- 事务及处理。
- 数据库访问的工厂模式。

难点：

- 数据库的预处理操作。
- 数据库访问的工厂模式。

Java 数据库连接（Java DataBase Connectivity，JDBC）技术，为程序开发者提供了独立于数据库的统一的 API，是 Java 语言访问数据库的接口。当 Java 程序需要访问数据库时，可以使用 JDBC API，采用标准 SQL 进行有关数据库方面的程序设计。

本章主要介绍 JDBC 的体系结构及主要特点、JDBC 驱动程序分类、JDBC 数据库访问过程及 JDBC 应用程序接口，并给出具体的用法及相关例子。

14.1 MySQL 数据库管理系统

MySQL 是一个关系型数据库管理系统，由瑞典 MySQL AB 公司开发，目前属于 Oracle 公司。MySQL 是一种关联数据库管理系统，关联数据库将数据保存在不同的表中，而不是将所有数据放在一个大仓库内，这样就增加了速度并提高了灵活性。MySQL 的 SQL 是用于访问数据库的最常用标准化语言。MySQL 软件采用了双授权政策，分为社区版和商业版，由于其体积小、速度快、总体拥有成本低，尤其是开放源码这一特点，一般中小型网站的开发都选择 MySQL 作为网站数据库。由于其社区版的性能卓越，搭配 Java 或 PHP 和 Apache 可组成良好的开发环境。

对于一般的个人使用者和中小型企业来说，MySQL 提供的功能已经绰绰有余，而且由于 MySQL 是开放源代码软件，因此可以大大降低总体使用成本。

目前 Internet 上流行的网站构架方式是 LAMJ（Linux＋Apache＋MySQL＋Java），即使用 Linux 作为操作系统，Apache 作为 Web 服务器，MySQL 作为数据库，Java 作为服务器端脚本解释器。由于这四个软件都是免费或开放源码软件，因此使用这种方式不用花一分钱（除开人工成本）就可以建立起一个稳定、免费的网站系统。

14.1.1 MySQL 数据库的安装与配置

MySQL 是开源免费的数据库管理系统，可在其官方网站直接下载并安装使用。其官方网址是 http://www.mysql.com，进入 MySQL 的官方网站后，单击 Download 进入下载页面。在下载页面可直接单击 Download 按钮下载获取 Windows 版的 MySQL 数据库管理系统的安装文件，如图 14.1 所示。

图 14.1　下载获取 Windows 版的 MySQL 数据库管理系统

下载后得到的安装文件为 mysql-5.5.0-m2-win32.msi，双击该文件后会出现 MySQL 数据库的安装向导，如图 14.2 所示。

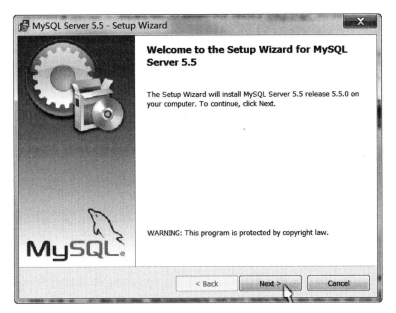

图 14.2 MySQL 安装向导

单击 Next 按钮选择 MySQL 数据库的安装类型,有 Typical(典型)、Complete(完全)和 Custom(自定义)三个选项,此处选择 Typical 典型安装即可,单击 Next 按钮继续,如图 14.3 所示。

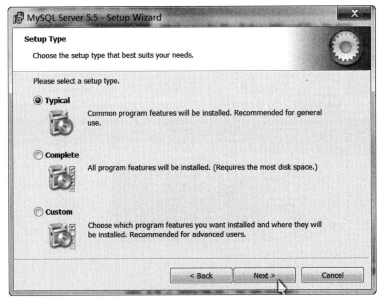

图 14.3 选择安装类型

单击 Install 按钮开始数据库的安装,安装完成后会询问是否立刻对 MySQL 数据库服务器进行配置,选中 Configure the MySQL Server now 复选框,单击 Finish 按钮关闭安装向导,如图 14.4 所示。

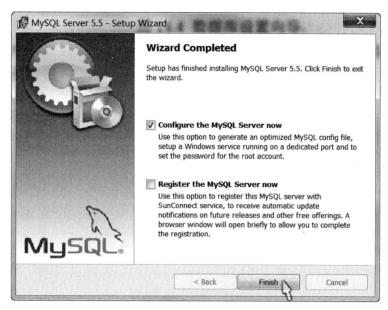

图 14.4 完成安装向导

安装完成后便会出现 MySQL 数据库服务器的配置向导,如图 14.5 所示。单击 Next 按钮开始数据库服务器的配置。

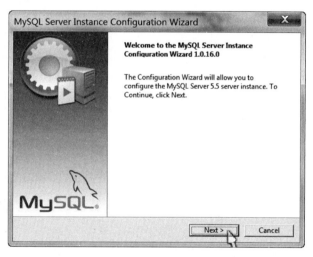

图 14.5 MySQL 服务器配置向导

在配置选项界面有 Detailed Configuration(详细配置)和 Standard Configuration(标准配置)两种选项,此处选中 Standard Configuration(标准配置)单选按钮即可,单击 Next 按钮继续,如图 14.6 所示。

选择是否将 MySQL 安装为 Windows 服务,并在 Windows 启动时自动加载该服务,还可以指定 Service Name(服务标识名称)。选择是否将 MySQL 的 bin 目录加入到 Windows PATH(加入后,在 Windows 的命令提示符下可直接使用 bin 目录下的命令文件)。Service Name 不变,全部勾选后,单击 Next 按钮继续,如图 14.7 所示。

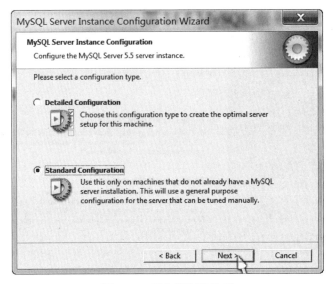

图 14.6　服务器配置选项

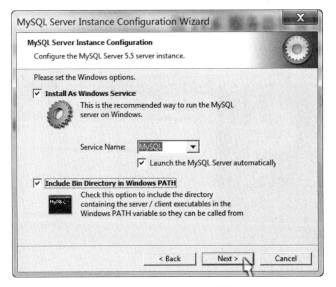

图 14.7　配置 MySQL 服务

这一步对 MySQL 数据库服务器的账户进行配置。root 账户为数据库服务器的管理员账户，默认的密码为空。New root password 项可创建新的管理员密码，在此填入新密码（如"asd"），Confirm 项内需再次输入一遍新密码，以防止密码输入错误，完成管理员账户新密码的创建。Enable root access from remote machines（是否允许 root 用户在其他的机器上登录），如需远程登录管理数据库服务器可选择该项。Create An Anonymous Account（新建一个匿名用户），匿名用户可以连接数据库，不能查询和操作数据。设置完毕后，单击 Next 按钮继续，如图 14.8 所示。

确认设置无误后，单击 Execute 按钮使设置生效，如图 14.9 所示。

图 14.8　数据库服务器账户设置

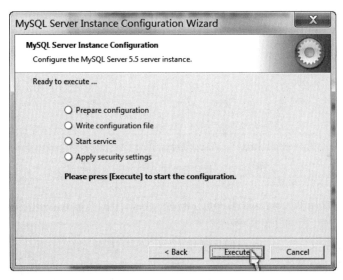

图 14.9　执行设置

设置完毕，单击 Finish 按钮启动 MySQL 服务，完成 MySQL 数据库的安装与配置。

14.1.2　Navicat 数据库管理工具

MySQL 数据库服务器并没有提供可视化的图形管理工具，因此在日常的使用中稍有不便，为此可安装第三方的图形界面管理工具。其中，Navicat 是一套快速、可靠的第三方图形数据库管理工具，专为简化数据库的管理及降低系统管理成本而开发的。

Navicat 目前提供多达 7 种语言供客户选择，被公认为全球最受欢迎的数据库前端用户界面工具。Navicat 适用于三种平台——Microsoft Windows、Mac OS X 及 Linux，可以用来对本机或远程的 MySQL、SQL Server、SQLite、Oracle 及 PostgreSQL 数据库进行管理及开发,以图形用户界面(Graphical User Interface,GUI)的方式提供一些实用的数据库工具,如数据模型、数据传输、数据同步、结构同步、导入、导出、备份、还原、报表创建工具及计划以协助管理数据。

Navicat 提供了免费的精简版 Navicat Lite,其功能与 Premium 高级版几乎相同。下载 Navicat Lite 软件,其安装文件为 navicat100_lite_en_87700.exe,双击安装文件,按照安装向导进行安装。安装后双击桌面上的 Navicat Lite 图标,启动 Navicat Lite 数据库管理器,如图 14.10 所示。

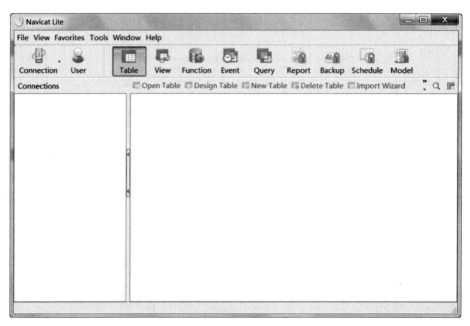

图 14.10 Navicat Lite 数据库管理器

使用 Navicat 管理 MySQL 数据库时,单击工具栏中的 Connection 项,在弹出的下拉菜单中单击 MySQL 项,如图 14.11 所示。

在弹出的 New Connection 对话框中输入所要连接的 MySQL 数据库的连接信息。在 Connection Name 文本框中输入新建连接的名称,如"MySQL";在 Host Name/IP Address 文本框中填入 MySQL 数据库服务器所在的主机名或 IP 地址,默认为本机 localhost;在 Port 文本框中填写数据访问所使用的端口号,默认端口号为 3306;User Name 文本框填写访问数据库服务器的账户名,默认为管理员账户 root;在 Password 文本框中填写管理员的访问密码,如在 14.1.1 节配置数据库服务器时为管理员创建的密码"asd",并允许保存密码。单击 OK 按钮,完成 Navicat 对 MySQL 数据库的连接配置,如图 14.12 所示。

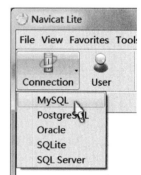

图 14.11 连接 MySQL 数据库

单击 Test Connection 按钮,如果弹出 Connection Successful 对话框则表示连接信息正确,可连接上 MySQL 数据库服务器进行管理。

图 14.12　新建连接

14.1.3　创建数据库

在 MySQL 中创建一个学生数据库 students，并在数据库中建立学生信息表 Students_information，可将学生记录添加到学生信息表中。

学生信息表 Students_information 的结构如表 14.1 所示。

表 14.1　Students_information 表的结构

字段名称	数据类型	数据长度	空　值	含　义
Id	Int	11	主键,不允许为空	学号
Name	Varchar	20	允许为空	姓名
Gender	Varchar	2	允许为空	性别
Major	Varchar	20	允许为空	专业
Grade	Varchar	20	允许为空	年级
Address	Varchar	20	允许为空	地址
Telephone	Varchar	20	允许为空	电话

使用 Navicat 创建数据库，双击 Navicat 中所建立的连接（如 MySQL），会连接上 MySQL 数据库服务器，显示数据库服务器中已有的数据库信息，如图 14.13 所示。

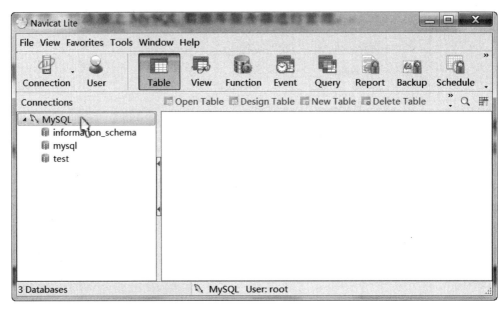

图 14.13　连接 MySQL 数据库服务器

右击数据库连接的名称 MySQL，在弹出的快捷菜单中，选择 New Database 选项以新建数据库，如图 14.14 所示。

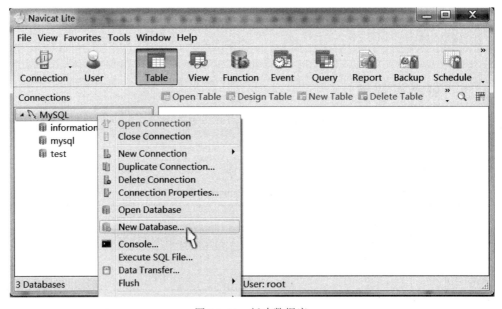

图 14.14　新建数据库

在弹出的 New Database 文本框中输入新建数据库的信息，在 Database Name 中填写数据库的名称"students"；在 Character set 字符集的下拉菜单中选择简体中文字符集 gb2312，在相应的 Collation 下拉菜单中选择 gb2312_chinese_ci。单击 OK 按钮，完成数据库的创建，如图 14.15 所示。

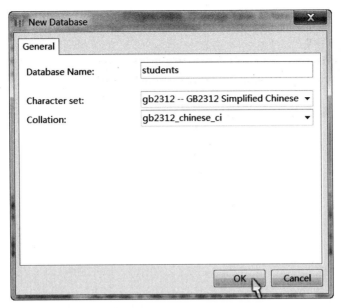

图 14.15 创建数据库

双击新建的 students 数据库,在打开的属性项中右击 Tables 项,在弹出的快捷菜单中选择 New Table 选项以新建数据表,如图 14.16 所示。

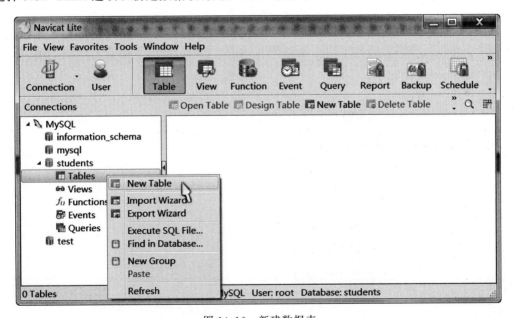

图 14.16 新建数据表

在 Table 窗体中依次输入学生信息的各个字段,并选择相应的数据类型和数据长度,如图 14.17 所示。

在表结构中使用鼠标右击 id 字段,在弹出的右键菜单中单击 Primary Key 项,将 id 属性设置为学生信息表的主键且主键值不许为空,如图 14.18 所示。

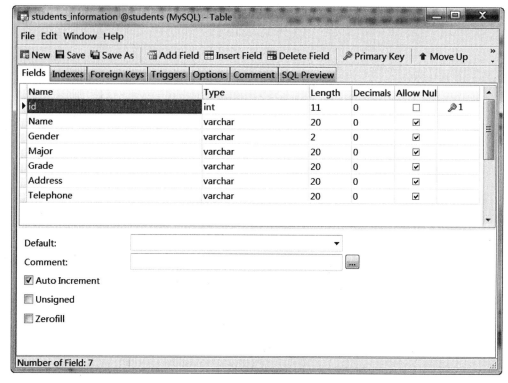

图 14.17 学生信息表结构

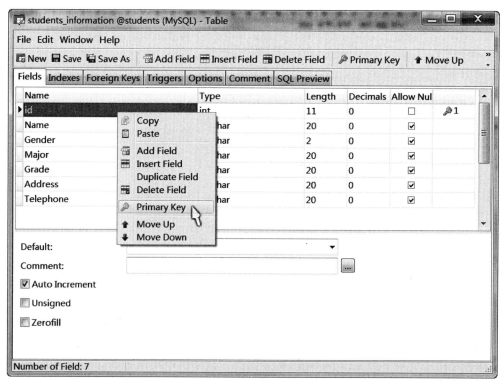

图 14.18 设置表的主键

将学生信息表创建成功后,单击窗体右上方的"关闭"按钮,在弹出的保存对话框中输入表的名称为"students_information"。双击表名称,打开数据表,将学生记录依次添加到数据表中,如图 14.19 所示。

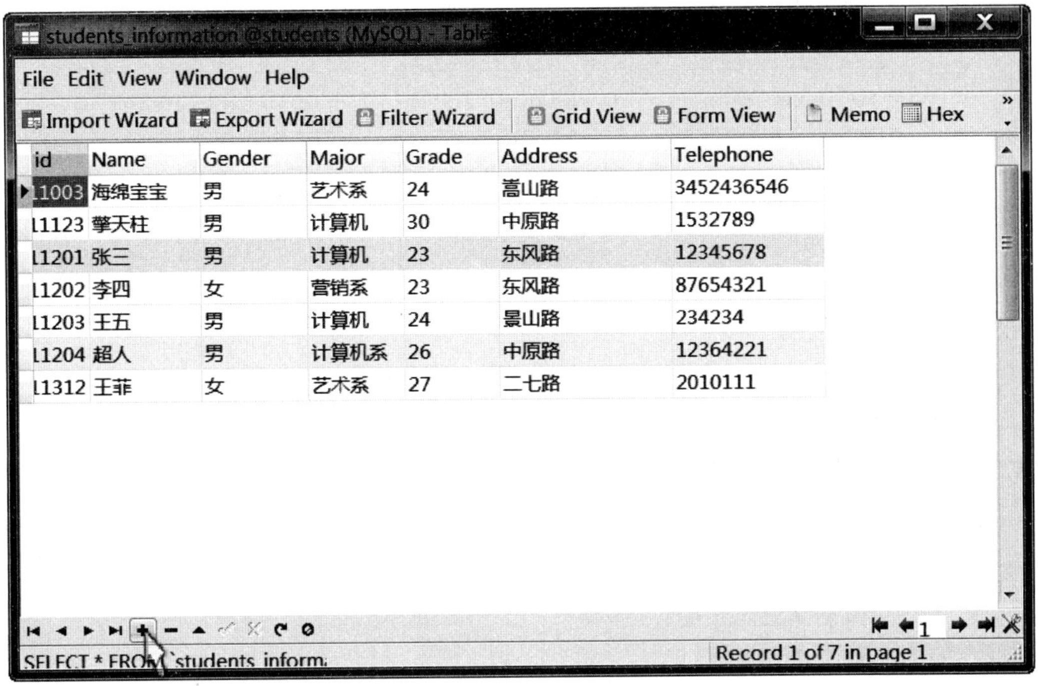

id	Name	Gender	Major	Grade	Address	Telephone
11003	海绵宝宝	男	艺术系	24	嵩山路	3452436546
11123	擎天柱	男	计算机	30	中原路	1532789
11201	张三	男	计算机	23	东风路	12345678
11202	李四	女	营销系	23	东风路	87654321
11203	王五	男	计算机	24	景山路	234234
11204	超人	男	计算机系	26	中原路	12364221
11312	王菲	女	艺术系	27	二七路	2010111

图 14.19 添加记录

14.2 JDBC 概述

14.2.1 JDBC 原理

JDBC(Java DataBase Connectivity)是一种用于执行 SQL 语句的 Java API,它由一组用 Java 编程语言编写的类和接口组成。

JDBC 为开发人员提供了一个标准的 API,使他们能够用纯 Java API 编写数据库应用程序。因为 JDBC API 可以使程序独立于具体的数据库,因此就不必为访问 MySQL 的数据库专门写一个程序,为访问 Oracle 数据库又专门写一个程序,或为访问 MS SQL Server 数据库又写另一个程序等。只需用 JDBC API 写一个程序就够了,它负责向相应数据库发送 SQL 语句。如果将 Java 和 JDBC 结合起来,则程序员只需写一遍程序就可让它在任何平台上运行,如图 14.20 所示。

Java 具有健壮、安全、易于使用、易于理解和可从网络上自动下载等特性,提供了 Java 应用程序与各种不同数据库之间进行对话的方法,而 JDBC 正是作为此种用途的机制。

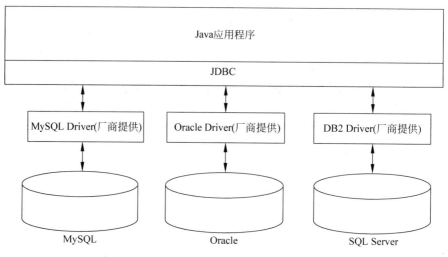

图 14.20　利用 JDBC 访问数据库

14.2.2　JDBC 的功能

JDBC(Java DataBase Connectivity)是 Java 数据库连接 API。简单地说，JDBC 能完成以下三件事。

(1) 与一个数据库建立连接。

(2) 向数据库发送 SQL 语句。

(3) 处理数据库返回的结果。

下列代码段给出了以上三步的基本示例。

```
Connection
con = DriverManager.getConnection("jdbc:odbc:wombat","login","password"); //与数据库建立连接
Statement stmt = con.createStatement();          //发送 SQL 语句
ResultSet rs = stmt.executeQuery("select a,b,c from table");//存放 SQL 语句的结果
while(rs.next())                                 //对结果进行处理
{
int x = rs.getInt("a");
String s = rs.getString("b");
float f = rs.getFloat("c");
}
```

14.2.3　ODBC 和 JDBC 的比较

ODBC(Open DataBase Connectivity)，是微软制定的一个数据库访问的统一接口。到目前为止，ODBC 可能是用得最广泛的访问关系数据库的 API，它几乎提供了连接任何一种平台、任何一种数据库的能力。

(1) ODBC 并不适合在 Java 中使用。ODBC 是一个 C 语言实现的 API，从 Java 程序调用本地的 C 程序会带来一系列类似安全性、完整性、健壮性方面的缺点。

(2) 完全精确地实现从 C 代码的 ODBC 到 Java API 翻译的 ODBC 也并不令人满意。如 Java 没有指针，而 ODBC 中大量地使用了指针，包括极易出错的空指针"void ＊"。

(3) ODBC 不容易学习,它将简单特性和复杂特性混杂一起,甚至对非常简单的查询都有复杂的选项。而 JDBC 刚好相反,它保持了简单事物的简单性,但又允许复杂的特性。

JDBC API 对纯 Java 方案来说是必需的。当使用 ODBC 时,人们必须在每一台客户机上安装 ODBC 驱动器和驱动管理器。如果 JDBC 驱动器是完全用 Java 语言实现的话,那么 JDBC 的代码就可以自动地下载和安装,并保证其安全性,而且,这将适应任何 Java 平台,从网络计算机(NC)到大型主机。

总之,JDBC API 是能体现 SQL 基本抽象的、最直接的 Java 接口。它构建在 ODBC 思想的基础上,并保持了 ODBC 的基本设计特征。它们最大的不同是 JDBC 是基于 Java 的风格和优点,并强化了 Java 的风格和优点。

14.2.4 JDBC 两层结构和三层结构

JDBC API 既支持数据库访问的两层模型,同时也支持三层模型。

在两层模型中(图 14.21),Java Applet 或应用程序将直接与数据库进行对话。这将需要一个 JDBC 驱动程序来与所访问的特定数据库管理系统进行通信。用户的 SQL 语句被送往数据库中,而其结果将被送回给用户。数据库可以位于另一台计算机上,用户通过网络连接到上面。这就叫作客户机/服务器配置。其中,用户的计算机为客户机,提供数据库的计算机为服务器。网络可以是 Intranet(它可将公司职员连接起来),也可以是 Internet。

图 14.21 JDBC 两层结构

在三层模型中(图 14.22),命令先是被发送到服务的"中间层",然后由它将 SQL 语句发送给数据库。数据库对 SQL 语句进行处理并将结果送回到中间层,中间层再将结果送回给用户。MIS 主管们都发现三层模型很吸引人,因为可用中间层来控制对公司数据的访问并可扩展更新的控制功能。中间层的另一个好处是,用户可以利用易于使用的高级 API,而中间层将把它转换为相应的低级调用。最后,许多情况下三层结构可提供一些性能上的好处。

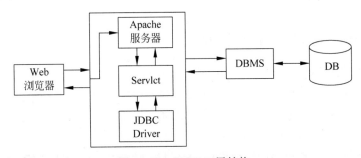

图 14.22 JDBC 三层结构

到目前为止,中间层通常都用 C 或 C++这类语言来编写,这些语言执行速度较快。然而,随着最优化编译器(它把 Java 字节代码转换为高效的特定于机器的代码)的引入,用 Java 来实现中间层将变得越来越实际。这将是一个很大的进步,它使人们可以充分利用 Java 的诸多优点(如坚固、多线程和安全等特征)。JDBC 对于从 Java 的中间层来访问数据库非常重要。

14.2.5 JDBC 应用程序接口

JDBC API 定义了若干 Java 中的接口,如表示数据库连接、SQL 指令结果集,它允许用户发送 SQL 指令并处理结果。通过驱动程序管理器,JDBC API 可以利用不同的驱动程序连接不同的数据库系统。JDBC API 提供了应用程序调用驱动程序的 Java 接口,而驱动程序负责标准的 JDBC 调用向数据库所要求的具体调用的转变。

JDBC API 包含在两个包里。第一个包是 java.sql,它包含 JDBC API 的核心 Java 数据对象,这包括为 DBMS(数据库管理系统)连接和存储在 DBMS 中的数据进行交互而提供的 Java 数据对象。另外一个包含 JDBC API 的包是 javax.sql,它扩展了 java.sql,是 J2EE/Java EE 的一部分。除其他高级 JDBC 特性外,javax.sql 还包含那些与 Java 命名与目录接口(JNDI)进行交互的 Java 数据对象,以及管理连接池的 Java 数据对象。

JDBC API 是通过 java.sql 包实现的,这个包中包含所有的 JDBC 类和接口。JDBC API 中比较重要的接口如下。

(1) java.sql.DriverManager,用来装载驱动程序并为创建新的数据库连接提供支持。

(2) java.sql.Connection,完成对某一指定数据库的连接功能。

(3) java.sql.Statement,在一个给定的连接中作为 SQL 执行声明的容器。

(4) java.sql.PreparedStatement,用于执行预编译的 SQL 声明。

(5) java.sql.CallableStatement,用于执行数据库中存储过程的调用。

(6) java.sql.ResultSet,用来控制对一个特定记录集数据的存取。

JDBC API 具有以下特点,JDBC API 是 SQL 基础之上的 API,并与 SQL 保持一致性; JDBC API 可在现有数据库接口之上实现; JDBC API 提供与其他 Java 系统一致的界面; JDBC 的基本 API 尽可能简单化。

JDBC 是一种"低级"的接口,因为它直接调用 SQL 命令,但它又可作为构造高级接口与工具的基础。

14.3 JDBC 驱动程序

14.3.1 JDBC 的驱动程序管理器

Java 应用程序只通过 JDBC API 与数据库保持连接,在 JDBC 内部,JDBC 驱动程序管理器 DriverManager 通过相应的驱动程序与具体的数据库系统进行连接。JDBC 驱动程序管理器 DriverManager 是 JDBC 的管理层,作用于应用程序和驱动程序之间,它跟踪可用的驱动程序,并在数据库和相应的驱动程序之间建立连接,如图 14.23 所示。

每个 JDBC 应用程序至少要有一个 JDBC 驱动程序版本,JDBC 驱动程序是由 Driver 接口类的

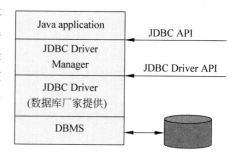

图 14.23 JDBC 驱动管理结构

实现。Driver 类是驱动程序厂家实现的接口，Driver 类使 DriverManager 和 JDBC 应用程序层可以独立于具体的数据库系统。

在 java.sql 包中，只包括少量具体类。API 中的大部分被描述为数据库的中枢接口类，它们指定具体操作而不提供任何实现。实际的实现由第三方提供商提供。独立的数据库系统通过一个实现 java.sql.Driver 接口的特定 JDBC 驱动程序被接收。驱动程序支持几乎所有流行的 RDBMS(关系数据库管理)系统，但并不是都可免费获得的。Sun 公司将一个免费的 JDBC-ODBC 桥驱动程序绑定在 JDK 上以支持标准 ODBC 数据源。

14.3.2 JDBC 驱动程序类型

目前的 JDBC 驱动程序可分为四类，主要适应不同的情况。其中，Pure JDBC Driver 是 JDBC 访问数据库的首选方法，因为它不会增加任何额外的负担，而且是由纯 Java 语言开发而成的。Net Protocol All-Java 驱动程序也是纯 Java 语言开发而成的，而且中间件软件仅需在服务器上安装，因此它是一个比较好的方案。Java to Native API 类 JDBC 驱动程序由于事先必须在客户机上安装其他附加软件，将会使 Java 程序兼容性大大降低。JDBC-ODBC 桥 JDBC 驱动程序最简单，但只能在 Windows 平台上用。

1. JDBC-ODBC 桥

JDBC-ODBC 桥利用 ODBC 驱动程序提供了 JDBC 访问功能，如图 14.24 所示。JDBC-ODBC 桥是 JDK 的一部分，即 sun.jdbc.odbc 包的一部分。

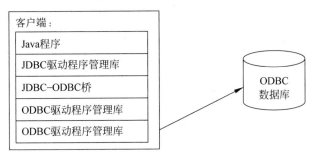

图 14.24 JDBC-ODBC 桥方式

JDBC-ODBC 桥虽然使用简单，但由于需要本地的 ODBC 方法，所以限制了它的使用。

2. 纯 Java 驱动程序访问数据库

纯 Java 驱动程序，将 JDBC 调用直接转换为 DBMS 所使用的网络协议。这将允许从客户机机器上直接调用 DBMS 服务器，是 Intranet 访问的一个很实用的解决方法，如图 14.25 所示。

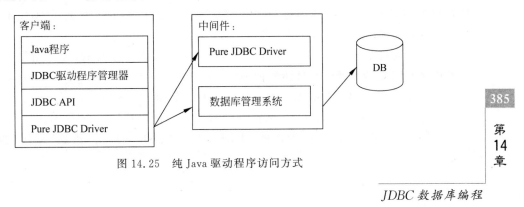

图 14.25 纯 Java 驱动程序访问方式

与其他类型的驱动程序相比,这种驱动程序的优点在于它的性能,在客户和数据库引擎之间没有任何本地代码或者中间件。

3. 本地 API Java 驱动程序

把 JDBC 调用转换为 Oracle、Sybase、Informix、DB2 或其他 DBMS 本身所带驱动程序的调用,如图 14.26 所示。

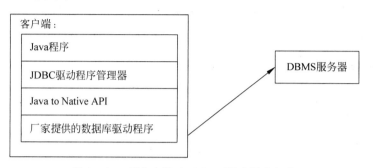

图 14.26　部分本地 API Java 驱动程序方式

4. 中间件的应用服务器访问数据库

通过驱动程序厂商所创建的专有网络协议来和某种中间件来通信,这个中间件通常位于 Web 服务器或者数据库服务器上,并且可以和数据库进行通信,如图 14.27 所示。

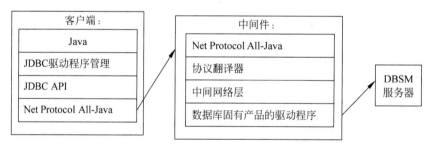

图 14.27　中间件应用服务器方式

借助于第三方的解决方案,方便于在 Internet 上使用。

14.3.3　使用 JDBC-ODBC 桥连接 Access

Access 数据库是微软的 Office 系列工具中所提供的一种桌面级数据库,在 Windows 平台下使用广泛。可借助于 Windows 中的 ODBC 驱动来进行访问。下面的例 14.1 使用 JDK 自带的 JDBC-ODBC 桥通过 ODBC 驱动程序连接上 Access 数据库 students.mdb,并显示连接成功的信息。

由于是通过 Windows 的 ODBC 驱动程序来建立数据库连接的,因此先要对 Access 数据库建立 ODBC 数据源。具体步骤如下。

打开 Windows 的控制面板,双击"管理工具",如图 14.28 所示。

在打开的"管理工具"中双击"数据源(ODBC)"图标,如图 14.29 所示。

在打开的"ODBC 数据源管理器"中配置"系统 DSN",单击"添加"按钮,如图 14.30 所示。

图 14.28　双击"管理工具"图标

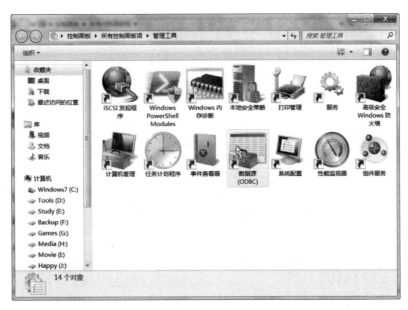

图 14.29　双击"数据源(ODBC)"图标

在创建系统 DSN 时首先选择数据源的驱动程序,这里自然选择微软 Access 的数据库驱动,如图 14.31 所示,单击"完成"按钮继续。

在弹出的对话框中输入数据源的名称,如 Students,单击"选择"按钮,如图 14.32 所示。

在"选择数据库"对话框中选择已经建立好的 Access 数据库文件,如图 14.33 所示。单击"确定"按钮完成 ODBC 数据源的配置。

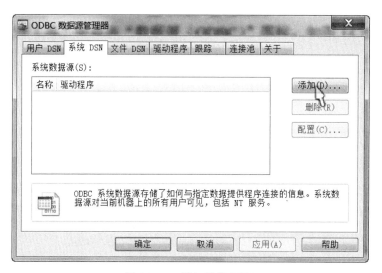

图 14.30 添加系统 DSN

图 14.31 选择数据源驱动程序

图 14.32 输入数据源名称

图 14.33 选择数据库文件

例 14.1
Example14_1.java

```java
import java.sql.*;
public class Example14_1
{
    public static void main(String[] args)
    {
        String driver = "sun.jdbc.odbc.JdbcOdbcDriver"; //使用 JDBC-ODBC 桥驱动方式
        String URL = "jdbc:odbc:Students";     //通过 ODBC 数据源名称连接指定的数据库
        Connection con = null;
        try
        {
            Class.forName(driver);             // 显示加载驱动程序
        }
        catch (java.lang.ClassNotFoundException e)
        {
            System.out.println("Can't load Driver");
        }
        try
        {
            //创建 Connection 对象,为数据库建立连接
            con = DriverManager.getConnection(URL, "", "");
            System.out.println("Connect Successful.");
        }
        catch (SQLException ex)
        {
            System.out.println("Connect fail: " + ex.getMessage());
        }
    }
}
```

例 14.1 的程序运行结果如图 14.34 所示。

```
run:
Connect Successful.
成功生成（总时间：0 秒）
```

图 14.34 例 14.1 的程序运行结果

14.3.4 使用本地 API JDBC 驱动程序连接 MySQL

使用数据库厂商提供的 JDBC 驱动程序连接数据库，首先要下载相应数据库的 JDBC。

例 14.2 使用厂商提供的 JDBC 驱动程序连接 14.1.3 节中建立的 MySQL 数据库 students。

首先在 Oracle 的官方网站下载 MySQL 的 JDBC 数据库驱动，驱动程序为一个 jar 包，其文件名为"mysql-connector-java-5.0.8-bin.jar"，其中，"5.0.8"是驱动程序的版本号。将下载的驱动程序 jar 包添加到 Java 的程序库中。

例 14.2

Example14_2.java

```java
import java.sql.*;
public class Example14_2
{
    public static void main(String[] args)
    {
        String driver = "com.mysql.jdbc.Driver";      //使用 MySQL 的 JDBC 驱动程序
        String URL = "jdbc:mysql://localhost:3306/students"  //指定 MySQL 数据库服务器上的
                                                              //students 数据库
        Connection con = null;
        try
        {
            Class.forName(driver);             // 显示加载驱动程序
        }
        catch(java.lang.ClassNotFoundException e)
        {
            System.out.println("Can't load Driver");
        }
        try
        {
            //创建 Connection 对象，为数据库建立连接
            con = DriverManager.getConnection(URL,"root","asd");
            System.out.println("Connect Successful.");
        }
        catch(Exception e)
        {
            System.out.println("Connect fail: " + ex.getMessage());
        }
    }
}
```

run:
Connect Successful.
成功生成（总时间：0 秒）

图 14.35 例 14.2 的程序运行结果

例 14.2 的程序运行结果如图 14.35 所示。

14.4 JDBC 数据库访问流程

Java 语言在利用 JDBC 接口访问数据库时，都具有下面的基本流程。
(1) 加载 JDBC 驱动程序。

(2) 建立到数据库的连接。

(3) 执行 SQL 语句。

(4) 存放处理结果。

(5) 与数据库断开连接。

对于数据库的访问可分为两个层次,即驱动程序层和应用程序层。驱动程序层主要负责加载相应数据库的驱动程序,以与指定的数据库建立连接;应用程序层基于驱动程序层所建立的连接将需要执行的 SQL 语句传递给指定的数据库管理系统进行执行,并接收处理返回的结果。其具体调用的层次关系如图 14.36 所示。

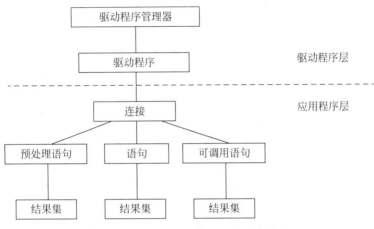

图 14.36 数据库具体调用的层次关系

将数据库访问的流程转换为 JDBC 的具体调用,其过程为首先获取并通过 DriverManager 加载管理相应数据库的驱动程序,利用 JDBC 驱动创建 Connection 对象建立与指定数据库的连接。基于 Connection 连接对象创建 Statement 对象将需要执行的 SQL 语句传递给数据库管理系统并执行 SQL 语句。最后通过 ResultSet 对象获取执行结果。其对应的 JDBC 调用层次结构关系如图 14.37 所示。

14.4.1 加载 JDBC 驱动程序

在和某一特定数据库建立连接前,必须首先加载驱动程序 Driver 类,加载成功的驱动程序类会在 DriverManager 中注册。

在加载驱动程序时,往往调用方法 Class.forName() 显式地加载驱动程序类。如在 14.3 节中使用 JDBC-ODBC 桥连接 Access 数据库时加载驱动程序的代码:

```
String driver = "sun.jdbc.odbc.JdbcOdbcDriver";  //使用 JDBC - ODBC 桥驱动方式
try
{
    Class.forName(driver);                        // 显式加载驱动程序
}
catch (java.lang.ClassNotFoundException e)
{
    System.out.println("Can't load Driver");
}
```

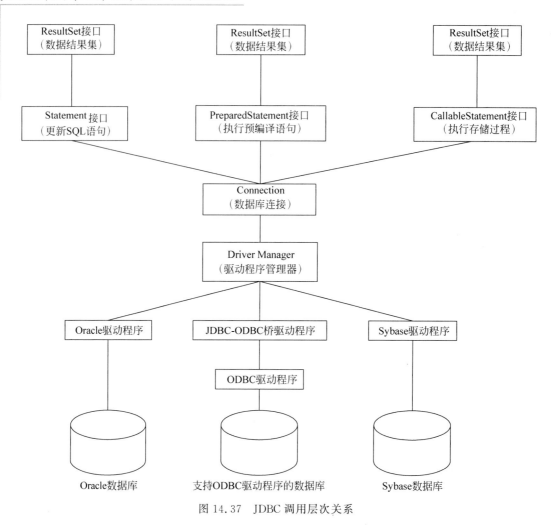

图 14.37　JDBC 调用层次关系

其中，sun.jdbc.odbc.JdbcOdbcDriver 为 JDBC-ODBC 桥的驱动程序。

使用厂家提供的 JDBC 驱动连接 MySQL 数据库时加载驱动程序的代码如下。

```
String driver = "com.mysql.jdbc.Driver";         //使用 MySQL 的 JDBC 驱动
try
{
    Class.forName(driver);                       // 显示加载驱动程序
}
catch(java.lang.ClassNotFoundException e)
{
    System.out.println("Can't load Driver");
}
```

其中，com.mysql.jdbc.Driver 为 MySQL 数据库的 JDBC 驱动程序。

可见，在这两种数据库连接中的驱动均采用 Class.forName() 的显式加载方式，并将加载驱动程序的语句放在 try 模块中，如果驱动程序加载失败便会产生 ClassNotFoundException 的异常，而被相应的 catch 语句所捕获，从而明确地得知数据库访问失败的原因是由于数据库驱动程序加载失败引起的。采用显式的方式加载驱动有利于程序的调试和错误的处理。

14.4.2 创建数据库连接

加载 Driver 类并在 DriverManager 类中注册后,即可建立与数据库的连接。当调用 DriverManager.getConnection()方法发出连接请求时,DriverManager 将检查每个驱动程序,查看它是否可以建立连接。

使用 JDBC-ODBC 桥连接 Access 数据库时创建数据库连接的代码如下。

```
String URL = "jdbc:odbc:Students";              //通过 ODBC 数据源名称连接指定的数据库
Connection con = DriverManager.getConnection(URL, "", "");
```

使用厂家提供的 JDBC 驱动连接 MySQL 数据库时创建数据库连接的代码如下。

```
String URL = "jdbc:mysql://localhost:3306/students"  //指定 MySQL 数据库服务器上的 students 数据库
Connection con = DriverManager.getConnection(URL,"root","asd");
```

14.4.3 执行 SQL 语句

在数据库连接成功之后,就可以执行那些完成实际工作的 SQL 语句了。在执行 SQL 语句之前,必须首先创建一个语句对象,这个对象提供了到特定数据库 SQL 引擎的接口。有下列三种不同类型的语句对象。

(1) Statement,基本的语句对象,它提供了直接在数据库中执行 SQL 语句的方法。对于那些只执行一次的查询以及 DDL 语句如 CREATE TABLE、DROP TABLE 等来说,statement 对象就足够了。

(2) PreparedStatement,这种语句对象用于那些需要执行多次,每次仅仅是数据取值不同的 SQL 语句,它还提供了一些方法,以便指出语句所使用的输入参数。

(3) CallableStatement,这种语句对象被用来访问数据库中的存储过程。它提供了一些方法来指定语句所使用的输入输出参数。

下面是一个用语句类来执行 SQL SELECT 语句的例子。

```
Statement stmt = con.createStatement();
ResultSet rs = stmt.executeQuery("SELECT * FROM MyTable");
```

14.4.4 接收并处理 SQL 的返回结果

在执行了一个 SQL 语句之后,必须处理得到的结果。有些语句仅返回一个整型数据,指出受到影响的行数(比如 UPDATE 和 DELETE 语句)。SQL 查询(SELECT)语句返回一个含有查询结果的结果集,结果集由行和列组成,各列数据可以通过相应数据库类型的一系列 get()方法(如 getString()、getInt()、getDate()等)来取得。在取得了一行数据的所有数据之后,可以调用 next()方法来移到结果集中的下一条记录。JDBC 规范的 1.1 版只允许 forward-only(只向前)型的游标,而在 JDBC 2.0 中有更健壮的游标控制功能,可以向后移动游标而且可以将游标移动到指定行。

14.4.5 关闭连接释放资源

在结果集、语句和连接对象用完以后,必须正确地关闭它们。连接对象、结果集对象以及所有的语句对象都有 close()方法,通过调用这个方法,可以确保正确释放与特定数据库系统相关的所有资源。这样可以尽可能地减少由于挂起的对象残留在数据库系统中而造成的内存泄漏。

14.5 查询操作

14.5.1 Statement 与 ResultSet 接口

和数据库建立连接后就可以查询数据库中的数据了，需将查询的 SQL 语句传递给数据库并获得数据库的查询结果。这就需要 Statement 对象来负责 SQL 语句的传递和执行，由 ResultSet 对象负责获取并处理查询结果。

Statement 接口用于将 SQL 语句发送到数据库中。实际上有三种 Statement 对象：Statement、PreparedStatement（它从 Statement 继承而来）和 CallableStatement（它从 PreparedStatement 继承而来），它们都专用于发送特定类型的 SQL 语句。Statement 对象用于执行不带参数的简单 SQL 语句；PreparedStatement 对象用于执行带或不带 IN 参数的预编译 SQL 语句；CallableStatement 对象用于执行对数据库已存储过程的调用。

Statement 接口提供了执行语句和获取结果的基本方法。PreparedStatement 接口添加了处理 IN 参数的方法；而 CallableStatement 添加了处理 OUT 参数的方法。

1. 创建 Statement 对象

建立了到特定数据库的连接之后，就可用该连接发送 SQL 语句。Statement 对象用 Connection 的方法 createStatement 创建，如下列代码段中所示。

```
Connection con = DriverManager.getConnection(url, "sunny", "");
Statement stmt = con.createStatement();
```

2. 使用 Statement 对象执行语句

Statement 接口提供了三种执行 SQL 语句的方法：executeQuery()、executeUpdate() 和 execute()。使用哪一个方法由 SQL 语句所产生的内容决定。

方法 executeQuery() 用于产生单个结果集的语句，例如 SELECT 语句。

方法 executeUpdate() 用于执行 INSERT、UPDATE 或 DELETE 语句以及 SQL DDL（数据定义语言）语句，例如，CREATE TABLE 和 DROP TABLE。INSERT、UPDATE 或 DELETE 语句的效果是修改表中零行或多行中的一列或多列。executeUpdate() 的返回值是一个整数，指示受影响的行数（即更新计数）。对于 CREATE TABLE 或 DROP TABLE 等不操作行的语句，executeUpdate() 的返回值总为零。

方法 execute() 用于执行返回多个结果集、多个更新计数或二者组合的语句。

3. 语句完成

当连接处于自动提交模式时，其中所执行的语句在完成时将自动提交或还原。语句在已执行且所有结果返回时，即认为已完成。对于返回一个结果集的 executeQuery() 方法，在检索完 ResultSet 对象的所有行时该语句完成。对于方法 executeUpdate()，当它执行时语句即完成。但在少数调用方法 execute() 的情况中，可能在检索所有结果集或它生成的更新计数之后语句才完成。

4. 关闭 Statement 对象

Statement 对象将由 Java 垃圾收集程序自动关闭。而作为一种好的编程风格,应在不需要 Statement 对象时显式地关闭它们。这将立即释放 DBMS 资源,有助于避免潜在的内存问题。

ResultSet 是结果集,用于保存 SQL 语句执行的结果。

ResultSet 包含 SQL 语句执行结果中的所有行,并且它通过一套 get() 方法对这些行中不同列数据进行访问。ResultSet.next() 方法用于移动到 ResultSet 中的下一行,使下一行成为当前行。

1. 行和光标

ResultSet 通过调用 next() 方法对指向其当前数据行的游标进行维护。每调用一次 next() 方法,游标向下移动一行。最初它位于第一行之前,因此第一次调用 next() 将把游标置于第一行之前,使它成为当前行。随着每次调用 next() 导致游标向下移动一行,按照从上至下的次序获取 ResultSet 中的行。

在 ResultSet 对象或 Statement 对象关闭之前,游标一直保持有效。

2. 列

getXXX() 方法提供了获取当前行中某列值的途径。在每一行内,可按任何次序获取列值。但为了保证可移植性,应该从左至右获取列值,并且一次性地读取列值。列名或列号可用于标识要从中获取数据的列。例如,如果 ResultSet 对象 rs 的第二列名为 "Name",并将值存储为字符串,则下列任一代码都可获取存储在该列中的值:

```
String s = rs.getString("Name");
String s = rs.getString(2);
```

注意:列是从左至右编号的,并且从列 1 开始。同时,用作 getXXX() 方法的输入的列名不区分大小写。

3. 数据类型和转换

对于 getXXX() 方法,JDBC 驱动程序试图将基本数据转换成指定 Java 类型,然后返回适合的 Java 值。例如,如果 getXXX() 方法为 getString,而基本数据库中数据类型为 VARCHAR,则 JDBC 驱动程序将把 VARCHAR 转换成 Java String。getString 的返回值将为 Java String 对象。

4. 流的使用

ResultSet 可以获取任意大的 LongVarBinary 或 LongVarChar 数据。方法 getBytes() 和 getString() 将数据返回为较大的数据块(最大为 Statement.getMaxFieldSize() 的返回值)。但是,以固定块获取较多的数据可能会更方便、安全,可以通过返回 ResultSet 类的 java.io.Input 流来完成。从该流中可分块读取数据。注意:必须立即访问这些流,因为在下一次对 ResultSet 调用 getXXX() 时它们将自动关闭。

JDBC API 具有三个获取流的方法,分别具有不同的返回值。

(1) getBinaryStream() 返回只提供数据库原字节而不进行任何转换的流。

(2) getAsciiStream() 返回提供单字节 ASCII 码字符的流。

(3) getUnicodeStream() 返回提供双字节 Unicode 码字符的流。

5. NULL 结果值

要确定给定结果值是否是 JDBC NULL，必须先读取该列，然后使用 ResultSet.wasNull 方法检查该次读取是否返回 JDBC NULL。

当使用 ResultSet.getXXX()方法读取 JDBC NULL 时，方法 wasNull 将返回不同的 NULL 值。

Java NULL 值，对应于返回 Java 对象的 getXXX() 方法（例如 getString()、getBigDecimal()、getBytes()、getDate()、getTime()、getTimestamp()、getAsciiStream()、getUnicodeStream()、getBinaryStream()、getObject()等)。

零值，对应于 getByte()、getShort()、getInt()、getLong()、getFloat()和 getDouble()等方法。

false 值，对应于 getBoolean()等方法。

14.5.2 顺序查询

执行查询语句后，查询的结果可通过 ResultSet 对象的 next()方法逐行顺序进行访问，下面的例 14.3 中，连接 MySQL 数据库服务器，访问 Students 数据库中 Students_Information 表中的所有记录。

例 14.3 视频讲解

例 14.3

Example14_3.java

```java
import java.sql.*;
public class Example14_3 {
    public static void main(String[] args) {
        String driver = "com.mysql.jdbc.Driver";
        String URL = "jdbc:mysql//mysql/Students?user = root&password = asd";
        Connection con = null;
        ResultSet rs = null;
        Statement st = null;
        String sql = "select * from Students_Information";
        try
        {
            // 显示加载驱动程序
            Class.forName(driver);
        }
        catch(java.lang.ClassNotFoundException e)
        {
            System.out.println("Can't load Driver");
        }
        try
        {
            con = DriverManager.getConnection("jdbc:mysql:///Students","root","asd");
            st = con.createStatement();
            rs = st.executeQuery(sql);
            if(rs!= null)
            {
                ResultSetMetaData rsmd = rs.getMetaData();
                //结果集中列的总数
```

```
            int countCols = rsmd.getColumnCount();
            //显示列名
            for(int i = 1;i <= countCols;i++)
            {
                if(i > 1) System.out.print("; ");
                System.out.print(rsmd.getColumnName(i));
            }
            System.out.println("");
            //遍历记录
            while(rs.next())
            {
                System.out.print(rs.getString("ID") + " ");
                System.out.print(rs.getString("Name") + " ");
                System.out.print(rs.getString("Gender") + " ");
                System.out.print(rs.getString("Major") + " ");
                System.out.print(rs.getString("Grade") + " ");
                System.out.print(rs.getString("Address") + " ");
                System.out.println(rs.getString("Telephone"));
            }
        }
        System.out.println("ok");
        rs.close();
        st.close();
        con.close();
    }
    catch(Exception e){
        System.out.println(e.getMessage());
    }
  }
}
```

例14.3 的程序运行结果如图 14.38 所示。

```
run:
id;  Name;   Gender;  Major;   Grade;   Address;   Telephone
201011003   海绵宝宝   男    艺术系    24    嵩山路    3452436546
201011123   擎天柱    男    计算机    30    中原路    1532789
201011201   张三     男    计算机    23    东风路    12345678
201011202   李四     女    营销系    23    东风路    87654321
201011203   王五     男    计算机    24    景山路    234234
201011204   超人     男    计算机系   26    中原路    12364221
201011312   王菲     女    艺术系    27    二七路    2010111
ok
成功生成（总时间：2 秒）
```

图 14.38 例 14.3 的程序运行结果

其中,ResultSetMetaData 的对象可用于获取关于 ResultSet 对象中列的类型和属性信息。

常用的方法如下。

(1) public int getColumnCount()：返回此 ResultSet 对象中的列数。

(2) public String getColumnName(int column)：获取指定列的名称。其中，column 的取值第一列是 1，第二个列是 2，以此类推。

(3) public int getColumnType(int column)：获取指定列的 SQL 类型。

在此例中首先使用 ResultSetMetaData 对象的 getColumnCount()方法获取表中的列数，然后使用 for 循环语句遍历输出每一列的名称；通过 ResultSet 的 next()方法遍历输出每一条记录中每个字段的值。

14.5.3 随机查询

在查询过程中有时需要在结果集中前后移动、显示结果集指定的一条记录或随机显示若干条记录等。这时，必须要返回一个可滚动的结果集。为了得到一个可滚动的结果集，需要使用下述方法先获得一个 Statement 对象。

```
Statement st = con.createStatement(int resultSetType, int resultSetConcurrency);
```

该对象将生成具有给定类型和并发性的 ResultSet 对象。

根据参数的 resultSetType 和 resultSetConcurrency 的取值情况，st 返回相应类型的结果集。

```
ResultSet rs = st.executeQuery(String selectSQL);
```

resultSetType 的取值决定滚动的方式，取值可以是以下之一。

(1) ResultSet.TYPE_FORWARD_ONLY：该常量指示光标只能向前移动的 ResultSet 对象的类型。

(2) ResultSet.TYPE_SCROLL_INSENSITIVE：该常量指示可滚动但通常不受 ResultSet 底层数据更改影响的 ResultSet 对象的类型。

(3) ResultSet.TYPE_SCROLL_SENSITIVE：该常量指示可滚动并且通常受 ResultSet 底层数据更改影响的 ResultSet 对象的类型。

resultSetConcurrency 取值决定是否可以使用结果集更新数据库，其取值可以是以下之一。

(1) ResultSet.CONCUR_READ_ONLY：该常量指示不可以更新的 ResultSet 对象的并发模式。

(2) ResultSet.CONCUR_UPDATABLE：该常量指示可以更新的 ResultSet 对象的并发模式。

滚动查询时经常会用到 ResultSet 的下述方法。

(1) public boolean absolute(int row)：将光标移动到此 ResultSet 对象的给定行编号。如果行编号为正，则将光标移动到相对于结果集开头的给定行编号。第一行为行 1，第二行为行 2，以此类推。如果给定行编号为负，则将光标移动到相对于结果集末尾的绝对行位置。例如，调用方法 absolute(-1) 将光标置于最后一行；调用方法 absolute(-2) 将光标移动到倒数第二行，以此类推。

(2) public boolean previous()：将光标移动到此 ResultSet 对象的上一行。当调用

previous()方法返回 false 时,光标位于第一行之前。要求当前行的任何 ResultSet()方法的调用将导致抛出 SQLException。如果开启了对当前行的输入流,则调用 previous()方法隐式关闭它。读取新的一行时清除 ResultSet 对象的警告更改。

(3) public void beforeFirst():将光标移动到此 ResultSet 对象的开头,正好位于第一行之前。如果结果集中不包含任何行,则此方法无效。

(4) public boolean first():将光标移动到此 ResultSet 对象的第一行。

(5) public boolean last():将光标移动到此 ResultSet 对象的最后一行。

(6) public void afterLast():将光标移动到此 ResultSet 对象的末尾,正好位于最后一行之后。如果结果集中不包含任何行,则此方法无效。

(7) public boolean isBeforeFirst():获取光标是否位于此 ResultSet 对象的第一行之前。

(8) public boolean isFirst():获取光标是否位于此 ResultSet 对象的第一行。

(9) public boolean isLast():获取光标是否位于此 ResultSet 对象的最后一行。注:调用 isLast 方法可能开销很大,因为 JDBC 驱动程序可能需要再往后获取一行,以确定当前行是否为结果集中的最后一行。

(10) public boolean isAfterLast():获取光标是否位于此 ResultSet 对象的最后一行之后。

在下面的例 14.4 中将 resultSetType 的类型设置为 ResultSet.TYPE_SCROLL_SENSITIVE,产生可滚动的结果集。将 Students_Information 表中的所有记录进行逆向输出,并将记录指针直接定位到记录 2 的位置,将记录 2 进行显式输出。程序的代码如下。

例 14.4
Example14_4.java

```java
import java.sql.*;
public class Example14_4 {
    public static void main(String[] args) {
        String driver = "com.mysql.jdbc.Driver";
        String URL = "jdbc:mysql://localhost:3306/Students";
        Connection con = null;
        ResultSet rs = null;
        Statement st = null;
        String sql = "select * from Students_Information";
        try {
            // 显式加载驱动程序
            Class.forName(driver);
        } catch (java.lang.ClassNotFoundException e) {
            System.out.println("Can't load Driver");
        }
        try {
            con = DriverManager.getConnection(URL, "root", "asd");
            st = con.createStatement(ResultSet.TYPE_SCROLL_SENSITIVE, ResultSet.CONCUR_READ_ONLY);
            rs = st.executeQuery(sql);
            rs.last();
```

```java
            int rowCount = rs.getRow();
            rs.afterLast();
            while (rs.previous()) {
                System.out.print(rs.getString("ID") + " ");
                System.out.print(rs.getString("Name") + " ");
                System.out.print(rs.getString("Gender") + " ");
                System.out.print(rs.getString("Major") + " ");
                System.out.print(rs.getString("Grade") + " ");
                System.out.print(rs.getString("Address") + " ");
                System.out.println(rs.getString("Telephone"));
            }
            System.out.println();
            rs.absolute(2);
            System.out.print(rs.getString("ID") + " ");
            System.out.print(rs.getString("Name") + " ");
            System.out.print(rs.getString("Gender") + " ");
            System.out.print(rs.getString("Major") + " ");
            System.out.print(rs.getString("Grade") + " ");
            System.out.print(rs.getString("Address") + " ");
            System.out.println(rs.getString("Telephone"));
        } catch (Exception e) {
            System.out.println(e.getMessage());
        }
    }
}
```

例 14.4 的程序运行结果如图 14.39 所示。

```
run:
201011312    王菲       女    艺术系    27    二七路    2010111
201011204    超人       男    计算机系  26    中原路    12364221
201011203    王五       男    计算机    24    景山路    234234
201011202    李四       女    营销系    23    东风路    87654321
201011201    张三三     男    计算机    23    东风路    12345678
201011123    擎天柱     男    计算机    30    中原路    1532789
201011003    海绵宝宝   男    艺术系    24    嵩山路    3452436546

201011123    擎天柱     男    计算机    30    中原路    1532789
成功生成（总时间：0 秒）
```

图 14.39 例 14.4 的程序运行结果

14.5.4 预编译与参数化查询

PreparedStatement 接口继承自 Statement，但与之在某些方面有所不同。

PreparedStatement 实例中包含已经过预编译处理的 SQL 语句，这些 SQL 语句可以具有一个或多个 IN 参数。在创建 SQL 语句时 IN 参数的值并未被指定，而是用问号"?"为每个 IN 参数保留一个占位符。在执行该语句之前，必须通过适当的 setXXX() 方法为每个问号提供具体的值。

由于 PreparedStatement 对象已经通过预编译处理,因此其执行速度要快于 Statement 对象。所以,通常把需要多次执行的 SQL 语句创建为 PreparedStatement 对象,以便提高该语句的执行效率。

作为 Statement 的子类,PreparedStatement 在继承了 Statement 的所有功能的同时,还添加了一系列与参数相关的方法,这些方法主要用于设置发送给数据库以取代 IN 参数占位符的具体值,具体使用过程如下。

1. 创建 PreparedStatement 对象

下面的代码段实例(其中 con 是 Connection 对象)创建了包含两个 IN 参数占位符的 SQL 语句的 PreparedStatement 对象。

```
PreparedStatement pst = con.prepareStatement("SELECT * FROM table WHERE x = ?");
```

pst 对象包含的语句"con.prepareStatement("SELECT * FROM table WHERE x= ?")",在对象创建完毕后,它已经被发送到 DBMS,并为执行做好了准备。

2. 传递 IN 参数

在执行 PreparedStatement 对象之前,通常需要调用 setXXX（int parameterIndex, type x）方法来完成对每个"?"参数值的设置。其中,XXX 是与该参数相应的类型。例如,如果"?"参数具有 Java 类型 long,则使用的方法就是 setLong()。setXXX()方法有两个参数,其中,第一个参数是要设置的"?"的序数位置,第二个参数是设置给"?"的值。例如语句:

```
pst.setInt(1,201011201);
```

3. 参数中数据类型的一致性

setXXX()方法中的 XXX 是 Java 的类型。在向 DBMS 发送参数时,JDBC 驱动程序将把 Java 的 XXX 类型映射为 JDBC 对应的数据类型,并将该 JDBC 类型发送给数据库。例如,下面一条语句将 PreparedStatement 对象 pstmt 的第二个参数设置为 44,Java 类型为 short:

```
pstmt.setShort(2, 44);
```

这条语句中,44 是 Java short 类型,JDBC 驱动程序将 44 映射为 JDBC 的 SMALLINT 类型并发送给数据库。

程序员的责任是确保将每个 IN 参数的 Java 数据类型映射为数据库所需的或兼容的 JDBC 数据类型。JDBC 驱动程序承诺一定的兼容性,例如,数据库需要 JDBC SMALLINT 的数据类型,如果使用 setByte 方法,则 JDBC 驱动程序会将 JDBC TINYINT 发送给数据库。上述这种方法是可行的,因为许多数据库可从一种相关的类型转换为另一种类型,并且通常 TINYINT 可用于 SMALLINT 适用的任何地方。通常,对于要适用于尽可能多的数据库的应用程序,最好使用与数据库所需的确切的 JDBC 数据类型相应的 Java 数据类型。例如,所需的 JDBC 类型是 SMALLINT,则使用 setShort 代替 setByte 将使应用程序的可移植性更好。

例 14.5 给出了一个 PreparedStatement 接口的实用例子,其主要功能是对相应的记录值进行参数化查询。

例 14.5
Example14_5.java

```java
import java.sql.*;
public class Example14_5
{
    public static void main(String[] args)
    {
        String driver = "com.mysql.jdbc.Driver";
        String URL = "jdbc:mysql://localhost:3306/Students";
        Connection con = null;
        ResultSet rs = null;
        PreparedStatement pst = null;
        try
        {
            // 显式加载驱动程序
            Class.forName(driver);
        } catch (java.lang.ClassNotFoundException e)
        {
            System.out.println("Can't load Driver");
        }
        try
        {
            con = DriverManager.getConnection(URL, "root", "asd");
            //设置参数化查询语句
            pst = con.prepareStatement("select * from Students_Information where id = ?");
            pst.setInt(1,201011201);            //设置参数的值
            rs = pst.executeQuery();            //执行参数化查询
            rs.next();
            System.out.print(rs.getString("ID") + " ");
            System.out.print(rs.getString("Name") + " ");
            System.out.print(rs.getString("Gender") + " ");
            System.out.print(rs.getString("Major") + " ");
            System.out.print(rs.getString("Grade") + " ");
            System.out.print(rs.getString("Address") + " ");
            System.out.println(rs.getString("Telephone"));
            rs.close();
            pst.close();
            con.close();
        } catch (SQLException e)
        {
            System.out.println(e.getMessage());
        }
    }
}
```

例 14.5 的程序运行结果如图 14.40 所示。

```
run:
201011201    张三三    男    计算机    23    东风路    12345678
成功生成(总时间:1 秒)
```

图 14.40　例 14.5 的程序运行结果

通过查询参数"?"对指定学号的记录进行查询,语句 pst.setInt(1,201011201)对需要查询的学生学号设置为 201011201,查询后对该学生的记录进行显式输出。

14.5.5　离线查询

在使用 Java JDBC API 对数据库进行查询时,查询的结果需通过 ResultSet 对象进行访问,而 ResultSet 对象依赖于 Connection 对象的数据库连接,当数据库连接断开后将无法访问到数据库中的数据。这就意味着应用程序在使用 ResultSet 对象中的数据时,就必须始终保持和数据库的连接,直到应用程序将 ResultSet 对象中的数据查看完毕。

例如在例 14.3 中,如果在代码

```
rs = st.executeQuery(sql);
```

之后立刻关闭连接:

```
con.close();
```

那么输出结果集中数据的代码:

```
while (rs.next()) {
…
}
```

将无法执行。程序的运行结果为:

"Operation not allowed after ResultSet closed"

这就要求用户在查询数据的整个过程中始终保持与数据库的连接。如果数据库的访问量较大时,自然会产生大量的数据库连接,当超过了数据库所允许的最大连接数时,数据库将无法为用户提供正常服务。因此,在数据库访问的过程中应尽可能地避免长时间占用数据库的连接资源,以使数据库能够响应更多的查询请求。

com.sun.rowset 包提供了 CachedRowSetImpl 类,该类实现了 CachedRowSet 接口。CachedRowSetImpl 对象可以保存 ResultSet 对象中的数据,而且 CachedRowSetImpl 对象不依赖 Connection 对象,这意味着一旦把 ResultSet 对象中的数据保存到 CachedRowSetImpl 对象中后,就可以关闭和数据库的连接。将 ResultSet 对象 rs 中的数据保存到 CachedRowSetImpl 对象 crs 中的代码如下:

```
crs.populate(rs);
```

下面的例 14.6 中对例 14.3 中的代码稍做修改,将 Students_Information 表中的数据通过 ResultSet 对象将数据保存到 CachedRowSetImpl 对象中,断开连接后再将所有记录进行显式输出。

例 14.6

Example14_6.java

```java
import java.sql.*;
import com.sun.rowset.CachedRowSetImpl;

public class Example14_6 {
    public static void main(String[] args) {
        String driver = "com.mysql.jdbc.Driver";
        String URL = "jdbc:mysql//mysql/Students?user=root&password=asd";
        Connection con = null;
        ResultSet rs = null;
        Statement st = null;
        CachedRowSetImpl crs = null;
        String sql = "select * from Students_Information";
        try {
            // 显示加载驱动程序
            Class.forName(driver);
        } catch (java.lang.ClassNotFoundException e) {
            System.out.println("Can't load Driver");
        }
        try {
            con = DriverManager.getConnection("jdbc:mysql:///Students", "root", "asd");
            st = con.createStatement();
            rs = st.executeQuery(sql);
            crs = new CachedRowSetImpl();         //创建 CachedRowSetImpl 对象
            crs.populate(rs);                     //将数据保存到 CachedRowSetImpl 对象中
            con.close();                          //断开数据库连接
            rs = crs;                             //将 CachedRowSetImpl 对象 crs 赋值给 ResultSet 的引用 rs
            if (rs != null) {
                ResultSetMetaData rsmd = rs.getMetaData();
                //结果集中列的总数
                int countCols = rsmd.getColumnCount();
                //显示列名
                for (int i = 1; i <= countCols; i++) {
                    if (i > 1) {
                        System.out.print("; ");
                    }
                    System.out.print(rsmd.getColumnName(i));
                }
                System.out.println("");
                //遍历记录
                while (rs.next()) {
                    System.out.print(rs.getString("ID") + " ");
                    System.out.print(rs.getString("Name") + " ");
                    System.out.print(rs.getString("Gender") + " ");
                    System.out.print(rs.getString("Major") + " ");
                    System.out.print(rs.getString("Grade") + " ");
                    System.out.print(rs.getString("Address") + " ");
                    System.out.println(rs.getString("Telephone"));
```

```
            }
        }
        System.out.println("ok");
    } catch (Exception e) {
        System.out.println(e.getMessage());
    }
}
```

例 14.6 的程序运行结果如图 14.41 所示。

```
run:
id;    Name;    Gender;   Major;    Grade;   Address;   Telephone
201011003   海绵宝宝    男    艺术系    24    嵩山路    3452436546
201011123   擎天柱      男    计算机    30    中原路    1532789
201011201   张三三      男    计算机    23    东风路    12345678
201011202   李四        女    营销系    23    东风路    87654321
201011203   王五        男    计算机    24    景山路    234234
201011204   超人        男    计算机系  26    中原路    12364221
201011312   王菲        女    艺术系    27    二七路    2010111
ok
成功生成（总时间：0 秒）
```

图 14.41 例 14.6 的程序运行结果

从程序的运行结果中可以看出，断开连接后再进行显式输出，其查询的输出结果同例 14.3 一致，但例 14.3 的运行时间为 2s，此程序的运行时间更短，效率更高。

将 ResultSet 对象中的数据保存到 CachedRowSetImpl 对象中后，由于 CachedRowSetImpl 继承于 ResultSet，因此可以像操作 ResultSet 对象一样操作 CachedRowSetImpl 对象。例 14.6 中通过语句：

rs = crs;

将 CachedRowSetImpl 对象 crs 赋值给 ResultSet 的引用 rs，通过 CachedRowSetImpl 对象的上转型对象 rs 来进行数据访问操作。

14.6 更新、添加与删除操作

14.6.1 常规操作

在对数据库的操作中，除了查询操作就是对数据的更新、添加和删除操作了。在 Statement 接口中提供了 executeUpdate(String sqlUpdate) 方法来执行 SQL 更新、添加和删除语句。

下面的例子对 Students_Information 表中的学生记录进行更新操作，首先更新学号为 201011201 的学生姓名为张三三；然后添加学号为 201011208 的学生记录；最后将添加的记录进行删除，代码如下：

例 14.7

Example14_7.java

```java
import java.sql.*;
public class Example14_7 {
    public static void main(String[] args) {
        String driver = "com.mysql.jdbc.Driver";
        String URL = "jdbc:mysql://localhost:3306/Students";
        Connection con = null;
        ResultSet rs = null;
        Statement st = null;
        String sql;
        try {
            // 显式加载驱动程序
            Class.forName(driver);
        } catch (java.lang.ClassNotFoundException e) {
            System.out.println("Can't load Driver");
        }
        try {
            con = DriverManager.getConnection(URL, "root", "asd");
            st = con.createStatement();

            //更新学号为 201011201 的学生姓名为张三三
            sql = "update Students_Information set name = '张三三' where id = 201011201";
            st.executeUpdate(sql);
            //显式输出学号为 201011201 学生姓名的更新结果
            sql = "select * from Students_Information where id = 201011201";
            rs = st.executeQuery(sql);
            rs.next();
            System.out.println(rs.getString("Name") + " ");

            //添加学号为 201011208 的学生蝙蝠侠
            sql = "INSERT INTO Students_Information VALUES(201011208,'蝙蝠侠','男','计算机系','20','文化路','111')";
            st.executeUpdate(sql);
            //显式输出学号为 201011208 的学生更新结果
            sql = "select * from Students_Information where id = 201011208";
            rs = st.executeQuery(sql);
            rs.next();
            System.out.print(rs.getString("Name") + " ");
            System.out.print(rs.getString("Gender") + " ");
            System.out.print(rs.getString("Major") + " ");
            System.out.print(rs.getString("Grade") + " ");
            System.out.print(rs.getString("Address") + " ");
            System.out.println(rs.getString("Telephone"));

            //将学号为 201011208 的学生记录删除
            sql = "DELETE FROM Students_Information WHERE id = 201011208";
            st.executeUpdate(sql);
            System.out.println("delete ok");
```

```
                rs.close();
                st.close();
                con.close();
            } catch (SQLException e) {
                System.out.println(e.getMessage());
            }
        }
    }
}
```

例 14.7 的程序运行结果如图 14.42 所示。

```
run:
张三三
蝙蝠侠    男    计算机系    20    文化路    111
delete ok
成功生成（总时间：2 秒）
```

图 14.42 例 14.7 的程序运行结果

14.6.2 参数化操作

在对数据库中的数据进行更新、添加和删除操作时，也可使用 PreparedStatement 对象进行参数化的更新、添加和删除操作。

在下面的例 14.8 中通过参数化的方式首先更新学号为 201011201 学生的姓名为张三，然后对学号为 201011201 的学生姓名的更新结果进行显式输出，并插入学号为 201211201 的学生刘欢的记录。

例 14.8

Example14_8.java

```java
import java.sql.*;
public class Example14_8 {
    public static void main(String[] args) {
        String driver = "com.mysql.jdbc.Driver";
        String URL = "jdbc:mysql://localhost:3306/Students";
        Connection con = null;
        ResultSet rs = null;
        Statement st = null;
        String sql;
        try {
            // 显式加载驱动程序
            Class.forName(driver);
        } catch (java.lang.ClassNotFoundException e) {
            System.out.println("Can't load Driver");
        }
        try {
            con = DriverManager.getConnection(URL, "root", "asd");
            //更新学号为 201011201 学生的姓名为张三
            PreparedStatement pstUpdate = con.prepareStatement("UPDATE Students_Information SET name=? where id=?");
            pstUpdate.setString(1, "张三");
            pstUpdate.setInt(2, 201011201);
            pstUpdate.executeUpdate();
            pstUpdate.close();
            //对学号为 201011201 学生姓名的更新结果进行显式输出
            PreparedStatement pstSelect = con.prepareStatement("select * from Students_Information where id=?");
```

```
            pstSelect.setInt(1, 201011201);
            rs = pstSelect.executeQuery();
            rs.next();
            System.out.println(rs.getString("name"));
            pstSelect.close();
            //插入学号为201211201的学生刘欢的记录
            PreparedStatement pstInsert = con.prepareStatement(" INSERT INTO Students_
Information VALUES(?,?,?,?,?,?,?)");
            pstInsert.setInt(1, 201211201);
            pstInsert.setString(2, "刘欢");
            pstInsert.setString(3, "男");
            pstInsert.setString(4, "");
            pstInsert.setString(5, "");
            pstInsert.setString(6, "");
            pstInsert.setString(7, "111");
            pstInsert.executeUpdate();
            System.out.println("Insert ok");
            pstInsert.close();
            //关闭连接
            con.close();
        } catch (SQLException e) {
            System.out.println(e.getMessage());
        }
    }
}
```

```
run:
张三
Insert ok
成功生成（总时间：2 秒）
```

图 14.43　例 14.8 的程序运行结果

例 14.8 的程序运行结果如图 14.43 所示。

14.7　批处理与事务处理

在对数据库的访问与操作过程中有时需要执行一组 SQL 语句，这时可以使用批处理操作。在执行一组操作时，如果有一条语句执行失败，往往需要对所有已执行的语句进行回滚，这就需要事务的处理。

要将 Statement 对象所要执行的 SQL 语句加入到批处理中可使用方法 addBatch (String sql)，在方法的参数中设定所要加入到批处理中的 SQL 语句。当执行批处理时调用方法 executeBatch()。如语句：

```
Statement st = con.createStatement();
st.addBatch("DELETE FROM Students_Information WHERE id = 201211201");
st.executeBatch();
```

而将 PreparedStatement 对象设定的 SQL 语句加入到批处理中可使用方法 addBatch()。当执行批处理时调用方法 executeBatch()。例如语句：

```
PreparedStatement pstInsert = con.prepareStatement("INSERT INTO Students_Information VALUES
(201011208,'蝙蝠侠','男','','','','111')");
pstInsert.addBatch();
pstInsert.executeBatch();
```

通过事务的处理可以达到对数据完整性和一致性进行保障的目的。应用程序必须保证所要执行的 SQL 语句要么全部执行,要么一个都不执行。

通常情况下,和数据库建立连接后,Connection 对象的提交模式是自动提交模式,即 Statement 对象在执行完 SQL 语句后其执行结果自动提交给数据库立刻生效,使得数据库中的数据发生变化,这显然不能满足事务处理的要求。因此在进行事务的处理时必须关闭自动提交模式,改为手动提交。使用 Connection 对象的 setAutoCommit(boolean autoCommit)方法,将参数中的值设置为 false。如语句:

con.setAutoCommit(false);

当所有的 SQL 语句均执行成功后再将结果统一提交给数据库,使得操作生效。其提交的方法为 commit(),如语句:

con.commit();

Connection 对象在调用 commit()方法进行事务处理时,只要有一个 SQL 语句没有生效,就会抛出 SQLException 异常。在处理 SQLException 异常时,可通过调用 Connection 对象的 rollback()方法进行回滚,以撤销引起数据库数据发生变化的 SQL 语句操作,将数据库中的数据恢复到 commit()方法执行之前的状态。

在下面的例 14.9 中使用批处理和事务处理的操作,将一组数据添加到 Students_Information 表中并将其再删除掉。

例 14.9
Example14_9.java

```java
import java.sql.*;
public class Example14_9 {
    public static void main(String[] args) {
        String driver = "com.mysql.jdbc.Driver";
        String URL = "jdbc:mysql://localhost:3306/Students";
        Connection con = null;
        Statement st = null;
        String sql;
        try {
            // 显式加载驱动程序
            Class.forName(driver);
        } catch (java.lang.ClassNotFoundException e) {
            System.out.println("Can't load Driver");
        }
        try {
            con = DriverManager.getConnection(URL, "root", "asd");
            con.setAutoCommit(false); //设置关闭自动提交模式
            //将 4 条插入语句加入到批处理中
            PreparedStatement pstInsert = con.prepareStatement(" INSERT INTO Students_Information VALUES(?,?,?,?,?,?,?)");
            pstInsert.setInt(1, 201211201);
            pstInsert.setString(2, "刘欢");
            pstInsert.setString(3, "男");
            pstInsert.setString(4, "");
```

```java
            pstInsert.setString(5, "");
            pstInsert.setString(6, "");
            pstInsert.setString(7, "111");
            pstInsert.addBatch();
            pstInsert.setInt(1, 201211202);
            pstInsert.setString(2, "张学友");
            pstInsert.setString(3, "男");
            pstInsert.setString(4, "");
            pstInsert.setString(5, "");
            pstInsert.setString(6, "");
            pstInsert.setString(7, "222");
            pstInsert.addBatch();
            pstInsert.setInt(1, 201211203);
            pstInsert.setString(2, "蔡琴");
            pstInsert.setString(3, "女");
            pstInsert.setString(4, "");
            pstInsert.setString(5, "");
            pstInsert.setString(6, "");
            pstInsert.setString(7, "333");
            pstInsert.addBatch();
            pstInsert.setObject(1, 201211204, Types.INTEGER);
            pstInsert.setObject(2, "刘德华", Types.VARCHAR);
            pstInsert.setObject(3, "男", Types.VARCHAR);
            pstInsert.setObject(4, "", Types.VARCHAR);
            pstInsert.setObject(5, "", Types.VARCHAR);
            pstInsert.setObject(6, "", Types.VARCHAR);
            pstInsert.setObject(7, "444", Types.VARCHAR);
            pstInsert.addBatch();
            //执行插入批处理
            pstInsert.executeBatch();
            pstInsert.close();
            //将4条删除语句加入到批处理中
            st = con.createStatement();
            st.addBatch("DELETE FROM Students_Information WHERE id = 201211201");
            st.addBatch("DELETE FROM Students_Information WHERE id = 201211202");
            st.addBatch("DELETE FROM Students_Information WHERE id = 201211203");
            st.addBatch("DELETE FROM Students_Information WHERE id = 201211204");
            //执行删除批处理
            st.executeBatch();
            //提交事务
            con.commit();
            //设置打开自动提交
            con.setAutoCommit(true);
            System.out.println("ok");
            //关闭连接
            st.close();
            con.close();
        } catch (SQLException e) {
            try{
                con.rollback();                    //事务出错进行回滚操作
            }catch(SQLException sql e){}
```

```
            System.out.println(e.getMessage());
        }
    }
}
```

14.8　本章实例：简单学生管理系统

利用本章学习的内容可以实现一个简单的学生管理系统,系统具有用户登录、学生信息的增、删、改、查等功能。系统的实现结合面向对象的特性,使其尽可能具有良好的灵活性和扩展性。

14.8.1　持久化

持久化(Persistence),即把数据(如内存中的对象)保存到可永久保存的存储设备中(如磁盘)。持久化的主要应用是将内存中的对象存储在数据库中,或者存储在磁盘文件中、XML数据文件中等。持久化是将程序数据在持久状态和瞬时状态间转换的机制。

14.8.2　对象关系映射

对象关系映射(Object Relational Mapping,ORM)是通过使用描述对象和数据库之间映射的元数据,将面向对象语言程序中的对象自动持久化到关系数据库中。使用对象关系映射能够使编程更加面向对象,更加简单,不用再去考虑 SQL 语句的问题了。主要有以下好处。

(1) JDBC 操作数据库很烦琐。
(2) SQL 语句编写并不是面向对象的。
(3) 可以在对象和关系之间建立关联来简化编程。
(4) ORM 简化编程。
(5) ORM 跨越数据库平台。

14.8.3　DAO 模式

DAO(Data Access Objects,数据存取对象)是指位于业务逻辑和持久化数据之间实现对持久化数据的访问。通俗地讲,就是将数据库操作封装起来。

DAO 模式提供了访问关系型数据库系统所需操作的接口,将数据访问和业务逻辑分离对上层提供面向对象的数据访问接口。

DAO 模式的优势就在于实现了两次隔离。

(1) 隔离了数据访问代码和业务逻辑代码。业务逻辑代码直接调用 DAO 方法即可,完全感觉不到数据库表的存在。分工明确,数据访问层代码变化不影响业务逻辑代码,这符合单一职能原则,降低了耦合性,提高了可复用性。

(2) 隔离了不同数据库实现。采用面向接口编程,如果底层数据库变化,如由 MySQL 变成 Oracle,只要增加 DAO 接口的新实现类即可,原有 MySQL 实现不用修改。这符合"开-闭"原则。该原则降低了代码的耦合性,提高了代码扩展性和系统的可移植性。

一个典型的DAO模式主要由以下几部分组成。

(1) DAO接口：把对数据库的所有操作定义成抽象方法，可以提供多种实现。

(2) DAO实现类：针对不同数据库给出DAO接口定义方法的具体实现。

(3) 实体类：用于存放与传输对象数据。一般实体类对应一个数据表，实体类的类名尽量同数据表的表名对应，实体类中的属性对应数据表中的字段。

(4) 数据库连接和关闭工具类：避免了数据库连接和关闭代码的重复使用，方便修改。

14.8.4 系统功能与实现

该学生管理系统主要实现了以下功能。

1. 用户登录功能

将用户录入的用户名与密码与数据库中的user表所存储的用户名和密码相比较，如一致则运行登录。

2. 学生信息展示

在主界面展示学生的ID、姓名、学号、年龄、联系方式和地址信息。

3. 添加学生信息

添加学生的姓名、学号、年龄、联系方式和地址信息。

4. 修改学生信息

按ID修改学生的姓名、学号、年龄、联系方式和地址信息。

5. 查询学生信息

按ID、学号、姓名对学生信息进行查询。

6. 导出学生数据

将数据库中的数据导出到文件。

系统功能结构如图14.44所示。

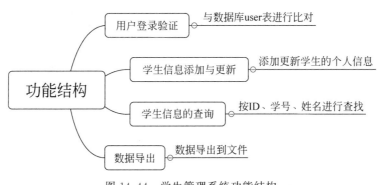

图14.44 学生管理系统功能结构

遵循DAO模式，将整个系统大致分为数据访问层和用户界面层。数据访问层主要由DAO接口、DAO实现类、实体类、数据访问工具类构成；而用户界面层主要由用户界面各窗体类和辅助工具类构成。其系统设计结构如图14.45所示。

按照系统的设计结构，最终的项目结构如图14.46所示。

系统的实现需要在MySQL数据库中建立数据表，这里可以直接使用可视化的工具Navicat Lite，创建studentdb数据库。数据库中建立两张数据表，一张是专门用于保存登录用户的用户名和密码的用户表 user，另一张为存储学生信息的学生表 student，其表设计如图 14.47 所示。

由图 14.47(a)用户表设计可见，用户表 user 有三个字段：uid 为自增的主键；uname 为用户名，长度为 20 个字符；upassword 为用户密码，长度为 255 个字符。

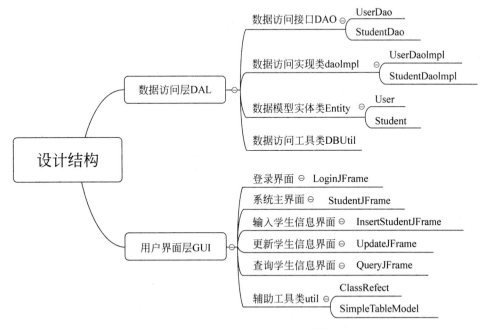

图 14.45　学生管理系统设计结构

图 14.46　学生管理系统项目结构

(a) user用户表设计

(b) student学生表设计

图 14.47　数据表设计

由图 14.47(b)学生表设计可见,学生表 student 有六个字段:sid 为自增的主键;sname 为学生姓名;snumber 为学号;sage 为学生年龄;sphone 为联系方式;saddress 为地址。

为了更好地支持中文汉字,项目源码、数据库及其各表的编码方式均为 GB2312。

数据库各表建立好后,首先在 dal 包中实现建立与断开数据库连接的工具类,其具体实现的代码如下。

DBUtil. java

```
package sdstudentapp.dal;

import java.sql.Connection;
import java.sql.DriverManager;
import java.sql.ResultSet;
import java.sql.SQLException;
import java.sql.Statement;
import java.util.logging.Level;
import java.util.logging.Logger;

public class DBUtil {

    private static String driver = "com.mysql.jdbc.Driver";
    private static String URL = "jdbc:mysql://localhost:3306/studentdb";
```

```java
        private static Connection con = null;
        private static Statement smt = null;
        private static ResultSet rs = null;

        private static Connection createConnection() {
            try {

                Class.forName(driver);
                return DriverManager.getConnection(URL, "root", "123456");
            } catch (SQLException e) {
                System.out.println(e.getMessage());
                e.printStackTrace();
            } catch (java.lang.ClassNotFoundException e) {
                System.out.println("Can't load Driver");
            }
            return null;
        }

        public static int runUpdate(String sql) throws SQLException {
            int count = 0;
            if (con == null) {
                con = createConnection();
            }
            if (smt == null) {
                smt = con.createStatement();
            }

            count = smt.executeUpdate(sql);

            if (smt != null) {
                smt.close();
                smt = null;
            }
            if (con != null) {
                con.close();
                con = null;
            }
            return count;
        }


        public static ResultSet runQuery(String sql) throws SQLException {
            if (con == null) {
                con = createConnection();
            }
            if (smt == null) {
                smt = con.createStatement();
            }
            return smt.executeQuery(sql);
        }
```

```java
        public static void realeaseAll() {
            if (rs != null) {
                try {
                    rs.close();
                    rs = null;
                } catch (SQLException e) {
                    e.printStackTrace();
                }
            }
            if (smt != null) {
                try {
                    smt.close();
                    smt = null;
                } catch (SQLException e) {
                    e.printStackTrace();
                }
            }
            if (con != null) {
                try {
                    con.close();
                    con = null;
                } catch (SQLException ex) {
                    Logger.getLogger(DBUtil.class.getName()).log(Level.SEVERE, null, ex);
                }

            }
        }

        public static void closeConnection(Connection conn) {
            System.out.println("...");
            try {
                if (conn != null) {
                    conn.close();
                    conn = null;
                }
            } catch (SQLException e) {
                e.printStackTrace();
            }
        }
    }
```

在该类的 URL 成员中可配置所要连接数据库的 JDBC 连接地址。注意在 createConnection()方法中调用 DriverManager.getConnection()方法时需设置自己数据库服务器访问的用户名和密码。

接下来需要分别实现对应于 user 用户表和 student 学生表的数据访问层的类。

对应于 user 用户表的数据访问层实现的 UML 类图如图 14.48 所示。

对应于 student 学生表的数据访问层实现的 UML 类图如图 14.49 所示。

User 类和 Student 类分别对应数据表 user 和 student 进行实现,其类中的属性与数据表的字段一一对应。UserDAO 与 StudentDAO 为 DAO 接口,定义了对相应数据表操作的方法。UserDAOImpl 和 StudentDAOImpl 是对 DAO 接口的具体实现。这里仅给出 student 学生表所对应的数据访问层的类的具体实现代码，user 用户表数据访问层的具体实现代码类同。

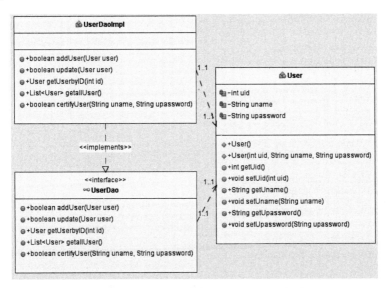

图 14.48　用户表的数据访问层 UML 类图

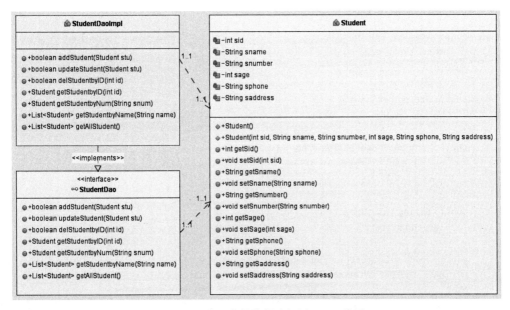

图 14.49　学生表的数据访问层 UML 类图

student 表对应的实体类如下。
Student.java

package sdstudentapp.dal.Entity;

import java.io.Serializable;

```java
public class Student implements Serializable
{
    private int sid;
    private String sname;
    private String snumber;
    private int sage;
    private String sphone;
    private String saddress;

    public Student() {
    }

    public Student(int sid, String sname, String snumber, int sage, String sphone, String saddress) {
        this.sid = sid;
        this.sname = sname;
        this.snumber = snumber;
        this.sage = sage;
        this.sphone = sphone;
        this.saddress = saddress;
    }

    public int getSid() {
        return sid;
    }
    public void setSid(int sid) {
        this.sid = sid;
    }

    public String getSname() {
        return sname;
    }
    public void setSname(String sname) {
        this.sname = sname;
    }

    public String getSnumber() {
        return snumber;
    }
    public void setSnumber(String snumber) {
        this.snumber = snumber;
    }

    public int getSage() {
        return sage;
    }
    public void setSage(int sage) {
        this.sage = sage;
    }

    public String getSphone() {
```

```java
        return sphone;
    }
    public void setSphone(String sphone) {
        this.sphone = sphone;
    }

    public String getSaddress() {
        return saddress;
    }
    public void setSaddress(String saddress) {
        this.saddress = saddress;
    }
}
```

定义的 DAO 接口代码如下。

StudentDao.java

```java
package sdstudentapp.dal.dao;

import java.util.List;
import sdstudentapp.dal.Entity.Student;

public interface StudentDao
{
    public boolean addStudent(Student stu);            //将学生对象添加到学生表
    public boolean updateStudent(Student stu);         //将学生对象更新至学生表
    public boolean delStudentbyID(int id);             //按 id 删除学生对象
    public Student getStudentbyID(int id);             //按 id 获取学生对象
    public Student getStudentbyNum(String snum);       //按学号获取学生对象
    public List<Student> getStudentbyName(String name); //按姓名获取学生对象
    public List<Student> getAllStudent();              //获取所有学生对象
}
```

对 DAO 接口实现的具体代码如下。

StudentDaoImpl.java

```java
package sdstudentapp.dal.daoimpl;

import java.sql.ResultSet;
import java.sql.SQLException;
import java.util.ArrayList;
import java.util.List;
import java.util.logging.Level;
import java.util.logging.Logger;
import sdstudentapp.dal.DBUtil;
import sdstudentapp.dal.Entity.Student;
import sdstudentapp.dal.dao.StudentDao;

public class StudentDaoImpl implements StudentDao{
```

```java
    @Override
    public boolean addStudent(Student stu) {
        String insert = "insert into student(sname,snumber,sage,sphone,saddress) "
                + "values('" + stu.getSname() + "','" + stu.getSnumber() + "','" + stu.getSage() + "','" + stu.getSphone() + "','" + stu.getSaddress() + "')";

        try {
            DBUtil.runUpdate(insert);
            return true;
        } catch (SQLException ex) {
            Logger.getLogger(UserDaoImpl.class.getName()).log(Level.SEVERE, null, ex);
        }
        return false;
    }


    public boolean updateStudent(Student stu){
        String insert = "update student set sname = '" + stu.getSname() + "', snumber = '" + stu.getSnumber() + "', sage = " + stu.getSage() + ", sphone = '" + stu.getSphone() + "', saddress = '" + stu.getSaddress() + "' where sid = " + stu.getSid();
        System.out.println(insert);
        try {
            DBUtil.runUpdate(insert);
            return true;
        } catch (SQLException ex) {
            Logger.getLogger(StudentDaoImpl.class.getName()).log(Level.SEVERE, null, ex);
        }
        return false;
    }

    public boolean delStudentbyID(int id) {
        String delete = "delete from student where sid = '" + id + "'";

        try {
            DBUtil.runUpdate(delete);
            return true;
        } catch (SQLException ex) {
            Logger.getLogger(StudentDaoImpl.class.getName()).log(Level.SEVERE, null, ex);
        }
        return false;
    }

    @Override
    public Student getStudentbyID(int id) {
        String select = "select * from student where sid = " + id;
        try {
            Student student = new Student();
            ResultSet rs = DBUtil.runQuery(select);
            while(rs.next())
            {
                student.setSid(rs.getInt("sid"));
```

```java
                student.setSname(rs.getString("sname"));
                student.setSnumber(rs.getString("snumber"));
                student.setSage(rs.getInt("sage"));
                student.setSphone(rs.getString("sphone"));
                student.setSaddress(rs.getString("saddress"));
            }
            DBUtil.realeaseAll();
            return student;
        } catch (SQLException ex) {
            Logger.getLogger(UserDaoImpl.class.getName()).log(Level.SEVERE, null, ex);
        }
        return null;
    }

    @Override
    public Student getStudentbyNum(String snum) {
        String select = "select * from student where snumber = '" + snum + "'";
        try {
            Student student = new Student();
            ResultSet rs = DBUtil.runQuery(select);
            while(rs.next())
            {
                student.setSid(rs.getInt("sid"));
                student.setSname(rs.getString("sname"));
                student.setSnumber(rs.getString("snumber"));
                student.setSage(rs.getInt("sage"));
                student.setSphone(rs.getString("sphone"));
                student.setSaddress(rs.getString("saddress"));
            }
            DBUtil.realeaseAll();
            return student;
        } catch (SQLException ex) {
            Logger.getLogger(UserDaoImpl.class.getName()).log(Level.SEVERE, null, ex);
        }
        return null; //To change body of generated methods, choose Tools | Templates
    }

    @Override
    public List<Student> getStudentbyName(String name) {
        String select = "select * from student where sname = '" + name + "'";
        try {
            List<Student> list = new ArrayList<Student>();
            ResultSet rs = DBUtil.runQuery(select);
            while(rs.next())
            {
                Student student = new Student();
                student.setSid(rs.getInt("sid"));
                student.setSname(rs.getString("sname"));
                student.setSnumber(rs.getString("snumber"));
                student.setSage(rs.getInt("sage"));
                student.setSphone(rs.getString("sphone"));
```

```java
                    student.setSaddress(rs.getString("saddress"));
                    list.add(student);
                }
                DBUtil.realeaseAll();
                return list;
            } catch (SQLException ex) {
                Logger.getLogger(UserDaoImpl.class.getName()).log(Level.SEVERE, null, ex);
            }
            return null;
        }

        @Override
        public List<Student> getAllStudent() {
            String select = "select * from student";
            try {
                List<Student> students = new ArrayList<Student>();
                ResultSet rs = DBUtil.runQuery(select);
                while(rs.next())
                {
                    Student student = new Student();
                    student.setSid(rs.getInt("sid"));
                    student.setSname(rs.getString("sname"));
                    student.setSnumber(rs.getString("snumber"));
                    student.setSage(rs.getInt("sage"));
                    student.setSphone(rs.getString("sphone"));
                    student.setSaddress(rs.getString("saddress"));
                    students.add(student);
                }
                DBUtil.realeaseAll();
                return students;
            } catch (SQLException ex) {
                Logger.getLogger(UserDaoImpl.class.getName()).log(Level.SEVERE, null, ex);
            }
            return null; //To change body of generated methods, choose Tools | Templates
        }
    }
```

数据访问层的功能实现后,接下来实现用户登录的功能,其所涉及的类如图14.50的UML类图所示。

登录界面LoginJFrame上的"登录"按钮的事件响应具体实现代码如下。

```java
    private void jButton1ActionPerformed(java.awt.event.ActionEvent evt) {
        // TODO add your handling code here
        String uname = jTextField1.getText();
        String upassword = String.valueOf(jPasswordField1.getPassword());
        UserDaoImpl userDaoImpl = new UserDaoImpl();
        if(userDaoImpl.certifyUser(uname, upassword))
        {
            JOptionPane.showMessageDialog(this, "登录成功");
            StudentJFrame studentJFrame = new StudentJFrame();
            studentJFrame.setBounds(600, 400, 800, 600);
```

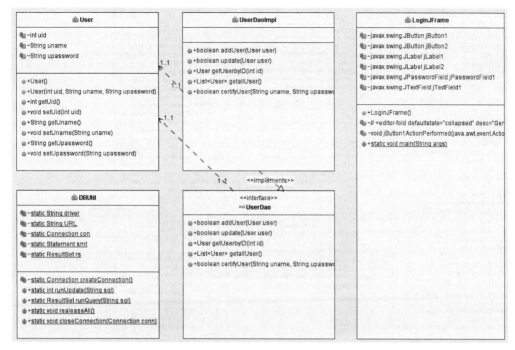

图 14.50 用户登录 UML 类图

```
            studentJFrame.setVisible(true);
            this.setVisible(false);
            this.dispose();
        }
        else
        {
            JOptionPane.showMessageDialog(this, "登录失败");
        }
    }
```

通过 UserDaoImpl 类中的 certifyUser()方法进行用户名与密码的验证,其运行结果如图 14.51 所示。

用户登录后会打开系统主窗体 StudentJFrame,在主窗体中设置了一个表格组件 JTable。该控件采用了代码分离的原则,将所要展示的数据封装在表格数据模型中。为了能够更灵活地使用表格控件,在实现的过程中通过 DAO 获取学生表的所有对象数据,将其放入一个 List 集合中,采用反射机制将集合中的数据填充至表格数据模型中,表格组件加载数据模型进行显示。其所涉及的类如图 14.52 所示的 UML 类图所示。

图 14.51 用户登录界面

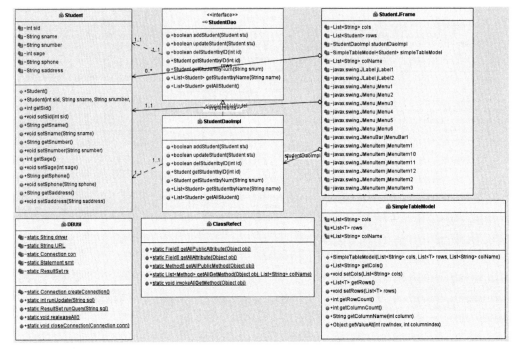

图 14.52 系统主界面 UML 类图

通过对象反射其类中属性与方法的类 ClassRefect 的具体实现如下。
ClassRefect.java

```
package sdstudentapp.gui.util;

import java.lang.reflect.Field;
import java.lang.reflect.InvocationTargetException;
import java.lang.reflect.Method;
import java.util.ArrayList;
import java.util.List;
import java.util.logging.Level;
import java.util.logging.Logger;

public class ClassRefect
{
    //*********** 获取所有公有的字段 *********************
    public static Field[] getAllPublicAttribute(Object obj)
    {
        Class refClass = obj.getClass();
        //System.out.println(refClass);
        return refClass.getFields();
    }

    //*********** 获取所有定义的字段(包括私有的、受保护的、默认的) *************
    public static Field[] getAllAttribute(Object obj)
    {
```

```java
    Class refClass = obj.getClass();
    //System.out.println(refClass);
    return refClass.getDeclaredFields();
}

// ************ 获取所有公有的方法 ********************
public static Method[] getAllPublicMethod(Object obj)
{
    Class refClass = obj.getClass();
    //System.out.println(refClass);
    return refClass.getMethods();
}

 // ************ 获取所有的 Get()方法 ********************
public static List<Method> getAllGetMethod(Object obj,List<String> colName)
{
    List<Method> getMethods = new ArrayList<>();
    Class refClass = obj.getClass();
    //System.out.println(refClass);
    Method[] methodArray = refClass.getMethods();
    for(Method m:methodArray)
    {
        if(m.getName().contains("get")){
        getMethods.add(m);
        //System.out.println(m.getName());
        }
    }
    for(int i = 0;i < getMethods.size() - 1;i++){

        if(!getMethods.get(i).getName().contains("get" + colName.get(i))){
            int j;
            for(j = i + 1;j < getMethods.size();j++){
                if(getMethods.get(j).getName().contains("get" + colName.get(i))){
                    break;
                }
            }
            //System.out.println(i + " i " + j);
            Method m = getMethods.get(i);
            getMethods.set(i,getMethods.get(j));
            getMethods.set(j, m);
        }

    }
    return getMethods;
}

// ************ 调用所有的 Get()方法 ********************
public static void invokeAllGetMethod(Object obj)
{
    Class refClass = obj.getClass();
    //System.out.println(refClass);
```

```java
            Method[] methodArray = refClass.getMethods();
            for (Method m : methodArray) {
                //System.out.println(m);
                if(m.getName().contains("get")){
                    try {
                        System.out.println(m.getName());
                        System.out.println(m.invoke(obj, null));
                    } catch (IllegalAccessException ex) {
                        Logger.getLogger(ClassRefect.class.getName()).log(Level.SEVERE, null, ex);
                    } catch (IllegalArgumentException ex) {
                        Logger.getLogger(ClassRefect.class.getName()).log(Level.SEVERE, null, ex);
                    } catch (InvocationTargetException ex) {
                        Logger.getLogger(ClassRefect.class.getName()).log(Level.SEVERE, null, ex);
                    }
                }
            }
        }
    }
}
```

继承表格数据模型的抽象类 AbstractTableModel，并实现其抽象方法的 SimpleTableModel<T>类的具体实现如下。

```java
package sdstudentapp.gui.util;

import java.lang.reflect.InvocationTargetException;
import java.lang.reflect.Method;
import java.util.List;
import java.util.logging.Level;
import java.util.logging.Logger;
import javax.swing.table.AbstractTableModel;

public class SimpleTableModel<T> extends AbstractTableModel
{
    protected List<String> cols;
    protected List<T> rows;
    protected List<String> colName;

    public SimpleTableModel(List<String> cols, List<T> rows, List<String> colName) {
        this.cols = cols;
        this.rows = rows;
        this.colName = colName;
    }
    public List<String> getCols() {
        return cols;
    }
    public void setCols(List<String> cols) {
        this.cols = cols;
    }
    public List<T> getRows() {
        return rows;
    }
    public void setRows(List<T> rows) {
        this.rows = rows;
```

```java
    }

    @Override
    public int getRowCount() {
        return rows.size();
    }

    @Override
    public int getColumnCount() {
        return cols.size();
    }

    @Override
    public String getColumnName(int column) {
        return cols.get(column);
    }

    @Override
    public Object getValueAt(int rowIndex, int columnIndex) {
        try {
            List<Method> getMethods = ClassRefect.getAllGetMethod(rows.get(rowIndex),colName);
            return getMethods.get(columnIndex).invoke(rows.get(rowIndex), null);
        } catch (IllegalAccessException ex) {
            Logger.getLogger(SimpleTableModel.class.getName()).log(Level.SEVERE, null, ex);
        } catch (IllegalArgumentException ex) {
            Logger.getLogger(SimpleTableModel.class.getName()).log(Level.SEVERE, null, ex);
        } catch (InvocationTargetException ex) {
            Logger.getLogger(SimpleTableModel.class.getName()).log(Level.SEVERE, null, ex);
        }
        return "";
    }
}
```

主界面 StudentJFrame 中 JTable 加载数据的代码如下。

```java
package sdstudentapp.gui;

import sdstudentapp.gui.util.SimpleTableModel;
import java.util.ArrayList;
import java.util.List;
import javax.swing.JOptionPane;
import sdstudentapp.dal.Entity.Student;
import sdstudentapp.dal.daoimpl.StudentDaoImpl;

public class StudentJFrame extends javax.swing.JFrame {

    private List<String> cols;
    private List<Student> rows;
    private StudentDaoImpl studentDaoImpl;
    private SimpleTableModel<Student> simpleTableModel;
    private List<String> colName;
    /**
     * Creates new form StudentJFrame
     */
```

```java
public StudentJFrame() {
    initComponents();
    cols = new ArrayList<>();
    cols.add("ID");
    cols.add("姓名");
    cols.add("学号");
    cols.add("年龄");
    cols.add("联系方式");
    cols.add("地址");

    colName = new ArrayList<>();
    colName.add("Sid");
    colName.add("Sname");
    colName.add("Snumber");
    colName.add("Sage");
    colName.add("Sphone");
    colName.add("Saddress");

    studentDaoImpl = new StudentDaoImpl();
    rows = studentDaoImpl.getAllStudent();
    simpleTableModel = new SimpleTableModel<Student>(cols,rows,colName);
    jTable1.setModel(simpleTableModel);

}
```

通过 studentDaoImpl 的 getAllStudent()方法获取数据库中的所有学生信息,将其封装到 SimpleTableModel<Student>的对象中,jTable1 通过 setModel()方法加载 simpleTableModel 对象进行数据展示,学生管理系统的程序运行结果如图 14.53 所示。

图 14.53 学生管理系统的程序运行结果

系统界面所涉及的类如图 14.54 所示的 UML 类图。

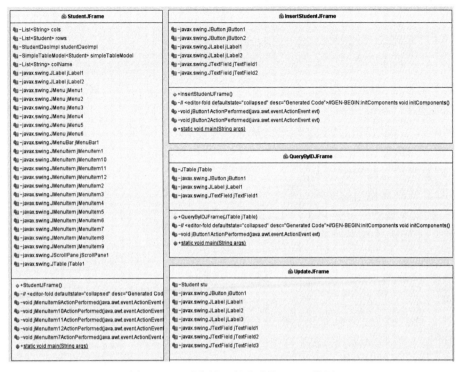

图 14.54　系统界面所涉及的 UML 类图

单击菜单栏的"编辑"菜单，然后单击"插入菜单项"，在插入窗体中可填写学生信息插入到数据库中，运行界面如图 14.55 所示。

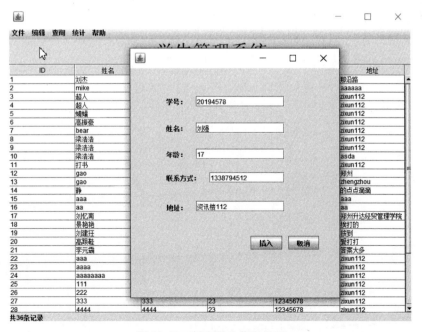

图 14.55　插入学生信息界面

对学生信息操作的主要功能均已封装在了 DAO 中,界面主要负责调用,这里就不再赘述,感兴趣的读者可自行实现,也可参考本教材附带的源程序。

小 结

数据库编程是 Java 编程中比较重要的知识点,主要使用 JDBC 来连接数据库。JDBC 是由一系列连接(Connection)语句、SQL 语句(Statement)和结果集(ResultSet)构成的,它们都包含在 java.sql 包中,其主要作用概括起来有如下三个方面。

(1) 建立与数据库的连接。
(2) 向数据库发起查询请求。
(3) 处理数据库返回的结果。

因此,数据库编程主要是以上三个步骤的操作。需要注意的是,不同的数据库对应不同的数据库驱动程序,在编写程序时一定要区别对待。

习 题

1. 什么是 JDBC? JDBC 提供了哪些主要功能?
2. JDBC 有哪两种应用结构? 每种应用结构有哪些特点?
3. JDBC 驱动程序有哪 4 种类型? 每种类型驱动程序的主要功能是什么?
4. JDBC 具有哪些主要特点?
5. JDBC 数据库访问流程是什么?
6. JDBC URL 一般有哪两种格式?
7. JDBC API 提供了哪些常用的类与接口? 它们有什么主要功能?
8. 针对表 book_shop 数据库中的表 book,使用 JDBC API 设计一个程序,该程序能够完成对 book 表的插入、删除、修改等操作。
9. 编写一个程序,以书号、书名、作者为顺序输出 book_shop 中 book 表的内容。

参 考 文 献

[1] 程杰.Java7面向对象程序设计教程[M].北京:清华大学出版社,2013.
[2] 王宗亮.Java程序设计任务驱动式实训教程-微课版[M].3版.北京:清华大学出版社,2019.
[3] 潘浩.Java程序设计实践教程[M].2版.北京:北京邮电大学出版社,2018.
[4] Deitel H M,Deitel P J.Java程序设计教程[M].袁兆山,等译.北京:机械工业出版社,2002.
[5] Eckel B.Thinking in Java[M].北京:机械工业出版社,2002.
[6] 王克宏.最新Java 2核心类库详解(上、下)[M].北京:清华大学出版社,1999.
[7] 耿祥义,张跃平.Java 2实用教程[M].5版.北京:清华大学出版社,2017.
[8] 耿祥义,张跃平.Java面向对象程序设计[M].北京:清华大学出版社,2010.
[9] 杨武,刘贞.Java编程及应用[M].北京:高等教育出版社,2004.
[10] 仵博,池瑞楠,张丽涓.Java高级编程实用教程[M].北京:清华大学出版社,2006.
[11] 刘海霞.网络程序设计:基于Java 8[M].北京:北京邮电大学出版社,2017.
[12] 季久峰,刘洪涛.Java编程详解(微课版)[M].北京:人民邮电出版社,2019.
[13] 吴亚峰,纪超.Java SE 6.0编程指南[M].北京:人民邮电出版社,2007.
[14] 黑马程序员.Java基础案例教程[M].北京:人民邮电出版社,2016.

图书资源支持

感谢您一直以来对清华版图书的支持和爱护。为了配合本书的使用,本书提供配套的资源,有需求的读者请扫描下方的"书圈"微信公众号二维码,在图书专区下载,也可以拨打电话或发送电子邮件咨询。

如果您在使用本书的过程中遇到了什么问题,或者有相关图书出版计划,也请您发邮件告诉我们,以便我们更好地为您服务。

我们的联系方式:

地　　址: 北京市海淀区双清路学研大厦 A 座 701

邮　　编: 100084

电　　话: 010-83470236　010-83470237

资源下载: http://www.tup.com.cn

客服邮箱: 2301891038@qq.com

QQ: 2301891038(请写明您的单位和姓名)

书 圈

扫一扫,获取最新目录

课程直播

用微信扫一扫右边的二维码,即可关注清华大学出版社公众号"书圈"。